"十三五"应用型本科院校系列教材/计算机类

主　编　金巨波　徐秀丽
副主编　梁　妍　于海霞
　　　　原　梦　吴　越
主　审　葛　雷

大学计算机基础教程

（第2版）

Fundamental Courses of Colledge Computer

哈爾濱工業大學出版社

内容提要

本书内容包括计算机系统概述、Windows 10 操作系统及应用 、Office 2016 办公软件应用及 Internet 网络与应用等内容。

本书将计算机基础知识与基本应用有机结合,力求做到基础知识全面、实践操作清晰、实践性强、例题丰富。

本书可作为应用型本科院校非计算机专业计算机基础课程教材,也可作为计算机基础入门教材。

图书在版编目(CIP)数据

大学计算机基础教程/金巨波,徐秀丽主编. —2 版. —哈尔滨:哈尔滨工业大学出版社,2021.8(2024.1 重印)

ISBN 978 -7 -5603 -9511 -1

Ⅰ.①大… Ⅱ.①金… ②徐… Ⅲ.①电子计算机 - 高等学校 - 教材 Ⅳ.①TP3

中国版本图书馆 CIP 数据核字(2021)第 118530 号

策划编辑 杜 燕
责任编辑 刘 瑶
封面设计 卞秉利
出版发行 哈尔滨工业大学出版社
社 址 哈尔滨市南岗区复华四道街 10 号 邮编 150006
传 真 0451 - 86414749
网 址 http://hitpress. hit. edu. cn
印 刷 哈尔滨市工大节能印刷厂
开 本 787mm×1092mm 1/16 印张 22.75 字数 540 千字
版 次 2018 年 8 月第 1 版 2021 年 8 月第 2 版
2024 年 1 月第 3 次印刷
书 号 ISBN 978 -7 -5603 -9511 -1
定 价 47.80 元

序

哈尔滨工业大学出版社策划的《“十三五”应用型本科院校系列教材》即将付梓,诚可贺也。

该系列教材卷帙浩繁,凡百余种,涉及众多学科门类,定位准确,内容新颖,体系完整,实用性强,突出实践能力培养。不仅便于教师教学和学生学习,而且满足就业市场对应用型人才的迫切需求。

应用型本科院校的人才培养目标是面对现代社会生产、建设、管理、服务等一线岗位,培养能直接从事实际工作、解决具体问题、维持工作有效运行的高等应用型人才。应用型本科与研究型本科和高职高专院校在人才培养上有着明显的区别,其培养的人才特征是:①就业导向与社会需求高度吻合;②扎实的理论基础和过硬的实践能力紧密结合;③具备良好的人文素质和科学技术素质;④富于面对职业应用的创新精神。因此,应用型本科院校只有着力培养“进入角色快、业务水平高、动手能力强、综合素质好”的人才,才能在激烈的就业市场竞争中站稳脚跟。

目前国内应用型本科院校所采用的教材往往只是对理论性较强的本科院校教材的简单删减,针对性、应用性不够突出,因材施教的目的难以达到。因此亟须既有一定的理论深度又注重实践能力培养的系列教材,以满足应用型本科院校教学目标、培养方向和办学特色的需要。

哈尔滨工业大学出版社出版的《“十三五”应用型本科院校系列教材》,在选题设计思路上认真贯彻教育部关于培养适应地方、区域经济和社会发展需要的“本科应用型高级专门人才”精神,根据前黑龙江省委书记吉炳轩同志提出的关于加强应用型本科院校建设的意见,在应用型本科试点院校成功经验总结的基础上,特邀请黑龙江省9所知名的应用型本科院校的专家、学者联合编写。

本系列教材突出与办学定位、教学目标的一致性和适应性,既严格遵照学科体系的知识构成和教材编写的一般规律,又针对应用型本科人才培养目标及与之相适应的教学特点，精心设计写作体例，科学安排知识内容，围绕应用讲授理论，做到“基础知识够用、实践技能实用、专业理论管用”。同时注意适当融入新理论、新技术、新工艺、新成果，并且制作了与本书配套的PPT多媒体教学课件，形成立体化教材，供教师参考使用。

《“十三五”应用型本科院校系列教材》的编辑出版，是适应“科教兴国”战略对复合型、应用型人才的需求，是推动相对滞后的应用型本科院校教材建设的一种有益尝试，在应用型创新人才培养方面是一件具有开创意义的工作，为应用型人才的培养提供了及时、可靠、坚实的保证。

希望本系列教材在使用过程中，通过编者、作者和读者的共同努力，厚积薄发、推陈出新、细上加细、精益求精，不断丰富、不断完善、不断创新，力争成为同类教材中的精品。

前　言

“大学计算机基础教程”作为高等院校非计算机专业学生的一门必修课程，以传授学生计算机基础知识及技能、计算机网络知识为目的，为后续计算机和专业相关课程的学习奠定基础。

本书将计算机基础知识与基本应用有机结合，力求做到基础知识全面、实践操作清晰、实践性强、例题丰富。书中介绍了计算机系统概述、Windows 10 操作系统及应用、Office 2016 办公软件应用及计算机网络与应用等内容。全书共 6 章，第 1 章介绍了计算机基础知识、计算机发展史及当前发展状况；第 2 章介绍了 Windows 10 操作系统及应用；第 3、4、5 章分别对 Word 2016 文字处理软件、Excel 2016 电子表格处理软件及 PowerPoint 2016 演示文稿制作软件的使用做详细介绍；第 6 章介绍了计算机网络与应用。

本书由金巨波、徐秀丽任主编，并负责全书的统稿和修改，梁妍、于海霞、原梦、吴越任副主编。具体分工如下：第 1、4 章由徐秀丽编写；第 2 章由原梦编写；第 3 章由梁妍编写；第 5 章由于海霞编写；第 6 章由吴越编写。全书由葛雷教授担任主审。本书在编写过程中得到了黑龙江财经学院的领导和财经信息工程学院教师的大力支持，在此一并表示诚挚的谢意。

限于编者的能力和水平，本书难免存在疏漏或不足之处，恳请读者批评指正。

编　者

2021 年 5 月

目　　录

第 1 章

计算机系统概述

随着计算机技术、多媒体技术和通信技术的迅猛发展,特别是计算机互联网的全面普及,全球信息化已成为人类发展的大趋势,计算机的应用已经渗透到各个领域,成为人们工作、生活和学习不可或缺的重要组成部分。掌握计算机基础知识,提高实际操作能力,是 21 世纪对人才的基本要求。

1.1 计算机的发展与应用

电子计算机,俗称“计算机”,是一种电子化的信息处理工具。人们也经常用“计算机”来指代电子计算机。计算机是由一系列电子元件组成的设备,主要进行数值计算和信息处理。它不但可以进行加、减、乘、除等算数运算,而且可以进行与、或、非等逻辑运算。计算机技术是信息处理技术的核心技术。

计算机(Computer)是一种能够输入信息、存储信息,并按照人们事先编制好的程序对信息进行加工处理,最后输出人们所需要的结果的自动高速执行的电子设备。

1.1.1 计算机的产生

自从人类文明形成,人类就不断地追求先进的计算工具,计算作为人类从社会生活、生产中总结出的一门知识,经历了漫长的从简单到复杂、从低级到高级的发展。

19 世纪初,法国的 J. 雅卡尔用穿孔卡片来控制纺织机。受此启发,英国的 C. 巴贝奇于 1822 年制造了差分机,在 1834 年又设计了分析机。他曾设想根据穿孔卡上的指令进行任何数学运算的可能性,并设想了现代计算机所具有的大多数其他特性,可惜由于机械技术等原因没有最后实现。世界计算机先驱中的第一位女性爱达在帮助巴贝奇研究分析机时,曾建议用二进制数代替原来的十进制数。

19 世纪末,美国的 H. 霍列瑞斯发明了电动穿孔卡片计算机,使数据处理机械化。他将该计算机用于人口调查,获得了极大成功。此外,他还开办了制表公司,后被 CTR 公司收购,以后发展成为制造电子计算机的垄断企业——国际商业机器公司,简称 IBM。

1936 年,图灵发表了一篇开创性的论文,提出了一种抽象的计算模型“图灵机”的设想,论证了通用计算机产生的可能性。

德国的 K. 楚泽在 1941 年、美国的 H. H. 艾肯在 1944 年分别采用继电器造出“自动程控计算机”。巴贝奇分析机中原定由蒸汽驱动的齿轮被继电器取代，基本上实现了 100 多年前巴贝奇的理想。

第二次世界大战期间，由于军事上的迫切需要，美国军方要求宾夕法尼亚大学研制一台能进行更大量、更复杂、更快速和更精确计算的计算机。目前，国内公认的世界上第一台电子计算机 ENIAC（Electronic Numerical Integrator And Computer，电子数字积分仪与计算机）于 1945 年底在美国宾夕法尼亚大学竣工，于 1946 年 2 月正式投入使用，如图 1－1 所示。ENIAC 的主要元件采用的是电子管，共使用了 1 500 个继电器、18 000 多个电子管，占地 170 m^2，重达 30 多 t，耗电 150 kW，造价 48 万美元。这台计算机每秒能完成 5 000 次加法运算或 400 次乘法运算，比当时最快的计算工具快 300 倍，是继电器计算机的 1 000 倍、手工计算的 20 万倍。它使科学家们从复杂的计算中解脱出来，它的诞生标志着人类进入了一个崭新的信息革命时代。

ENIAC 诞生后，数学家冯·诺依曼提出了重大的改进理论，主要有两点：一是电子计算机应该以二进制为运算基础；二是电子计算机应采用“存储程序”方式工作，并且进一步明确指出了整个计算机的结构应由五个部分组成，即运算器、控制器、存储器、输入装置和输出装置。这些理论的提出解决了计算机运算自动化的问题和速度配合问题，对后来计算机的发展起到了决定性的作用。直至今天，绝大部分的计算机还是采用冯·诺依曼方式工作。

图 1－1　ENIAC 计算机

1.1.2　计算机的发展

从第一台计算机诞生至今的 70 多年里，计算机的主要元件经过了电子管、晶体管、集成电路和超大规模集成电路四个阶段的发展，其体积越来越小，功能越来越强，价格越来越低，应用越来越广泛，目前计算机正朝着智能化方向发展。

1. 第 1 代计算机

1946～1958 年,电子管计算机时代。

主要特点:主要电子元件为真空电子管,以汞延迟线、磁芯等为主存,以纸带、卡片、磁鼓、磁带等为辅存,因此体积庞大、造价高、耗电量大、存储空间小、可靠性差且寿命短。没有系统软件,编制程序只能采用机器语言和汇编语言,不便于使用。计算机的运算速度低,每秒只能运算几千至几万次,主要用来进行军事和科研中的科学计算。

2. 第 2 代计算机

1959～1965 年,晶体管计算机时代。

主要特点:主要电子元件为晶体管,以磁芯为主存,以磁带、磁带库和磁盘等为辅存,因此较电子管计算机体积减小了许多、造价低、功耗小、存储空间加大、可靠性高、寿命长且输入和输出方式有所改进。开始出现用于科学计算的 FORTRAN 和用于商业事务处理的 COBOL 等高级程序设计语言及批处理系统,编制程序和操作方便了许多。软件业诞生,出现了程序员等新的职业。计算机的运算速度提高到每秒几百万次,通用性也有所增强,应用领域扩展到数据处理和过程控制中。

3. 第 3 代计算机

1966～1970 年,集成电路计算机时代。

主要特点:主要电子元件为中、小规模集成电路,以半导体存储器为主存,以磁带、磁带库和磁盘等为辅存,体积进一步减小,造价更低、功耗更小、存储空间更大、可靠性更高、寿命更长且外部设备(以下简称“外设”)也有所增加;出现了 BASIC 和 PASCAL 等更多的高级语言,操作系统和编译系统得到进一步完善,且出现了结构化的程序设计方法,使编制程序和操作更方便了。计算机的运算速度提高到每秒近千万次,功能进一步增强,应用领域全面扩展到工商业和科学界。

4. 第 4 代计算机

1971 年至今,大、超大规模集成电路计算机时代。

主要特点:主要电子元件为大、超大规模集成电路,以集成度很高的半导体存储器为主存,以磁盘和光盘等为辅存,因此体积越来越小,造价越来越低,功耗越来越小,存储空间越来越大,寿命越来越长且外设越来越多;出现了更多的高级程序语言,系统软件和应用软件发展迅速,编制程序和操作更加方便;运算速度达每秒上亿次至百万亿次,功能越来越丰富。随着计算机网络的空前发展,计算机的应用领域扩展到人类社会生活的各个领域。

5. 第 5 代计算机

进入 20 世纪 90 年代以后,随着科学技术的高速发展,以及计算机的新工艺、新技术和新功能不断推陈出新,计算机的应用范围更广泛、功能更强大。计算机发展至今已经开始进入第 5 代,可以模仿人的思维活动,具有推理、思维、学习及声音与图像的识别能力等。第 5 代计算机将随着人工智能技术的发展,具备类似于人的某些智慧,其应用范围和对人类生活的影响是难以想象的。

1.1.3　计算机的分类

计算机的种类繁多,分类方法也多种多样,可以按处理的对象、用途、规模、工作模式和字长等进行分类，详见表 1－1。

表 1－1　计算机的分类

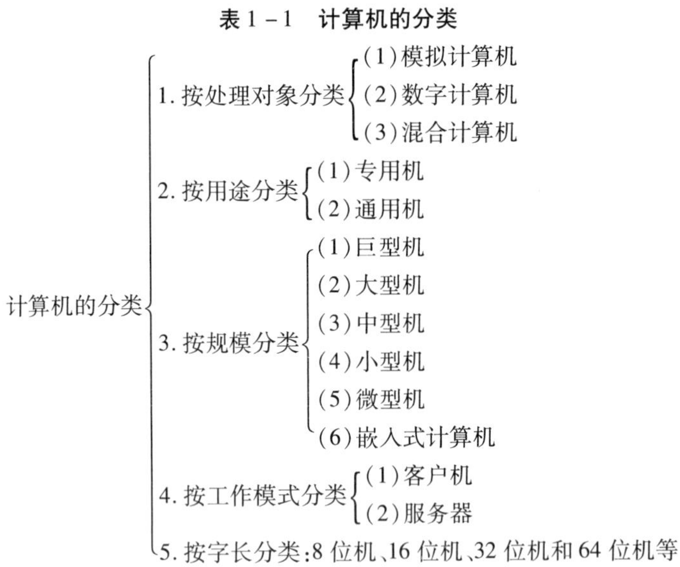

- 计算机的分类
  - 1. 按处理对象分类
    - (1)模拟计算机
    - (2)数字计算机
    - (3)混合计算机
  - 2. 按用途分类
    - (1)专用机
    - (2)通用机
  - 3. 按规模分类
    - (1)巨型机
    - (2)大型机
    - (3)中型机
    - (4)小型机
    - (5)微型机
    - (6)嵌入式计算机
  - 4. 按工作模式分类
    - (1)客户机
    - (2)服务器
  - 5. 按字长分类：8 位机、16 位机、32 位机和 64 位机等

1. 按处理对象分类

根据计算机处理数据的表示方法可将计算机分为模拟计算机、数字计算机和混合计算机三大类。

(1)模拟计算机。

模拟计算机又称“模拟式电子计算机”，问世较早，是一种以连续变化的电流或电压来表示被处理数据的电子计算机，即各个主要部件的输入和输出都是连续变化着的电压、电流等物理量。其优点是速度快，适用于解高阶微分方程或自动控制系统中的模拟计算；缺点是处理问题的精度差、电路结构复杂、抗外界干扰能力极差和通用性差，目前已很少见。

(2)数字计算机。

数字计算机是目前电子计算机行业中的主流，其处理的数据是断续的电信号，即用“离散”的电位高低来表示数据。在数字计算机中，程序和数据都用“0”和“1”两个数字组成的二进制编码来表示，通过算术逻辑部件对这些数据进行算术运算和逻辑运算。这种处理方式上的差异使得它的组成结构和性能优于模拟式电子计算机。其运算精度高、存储量大、通用性强，适合于科学计算、信息处理、自动控制、办公自动化和人工智能等方面的应用。

(3)混合计算机。

混合计算机兼有模拟计算机和数字计算机的优点，既能处理模拟物理量，又能处理数字信息。混合计算机一般由模拟计算机、数字计算机和混合接口三部分组成，其中模拟计算机部分承担快速计算的工作，数字计算机部分则承担高精度运算和数据处理的工作。其优点是运算速度快、计算精度高、逻辑运算能力强、存储能力强和仿真能力强，主要应用于航空航天、导弹系统等实时性的复杂系统中。这类计算机往往结构复杂，设计困难,价格昂贵。

2. 按用途分类

按计算机的用途可将计算机分为专用机和通用机两类。

(1)专用机。

专用计算机是针对一个或一类特定的问题而设计的计算机。它的硬件和软件根据解决某问题的需要而专门设计。专用机具有能有效、高速和可靠地解决某问题的特性,但适应性差,一般应用于过程控制。例如,导弹、火箭、飞机和车载导航专用机等。

(2)通用机。

通用机适应能力强、应用范围广,是为解决各种类型的问题而设计的计算机。它具有一定的性能,可连接多种外设,也可安装多种系统软件和应用软件,功能齐全,通用性强。一般的计算机多属此类。

3. 按规模分类

按计算机的规模可将计算机分为巨型机、大型机、中型机、小型机、微型机和嵌入式计算机。

(1)巨型机。

巨型机又称“超级计算机”,它是所有计算机类型中运算速度最高、存储容量最大、功能最强、价格最贵的一类计算机,其浮点运算速度已达每秒万亿次,主要用在国家高科技领域和国防尖端技术中,如天气预报、航天航空飞行器设计和原子能研究等。

巨型机代表了一个国家的科学技术发展水平。美国、日本是生产巨型机的主要国家,俄罗斯及英国、法国、德国次之。我国在 1983 年、1992 年、1997 年分别推出了“银河Ⅰ”“银河Ⅱ”和“银河Ⅲ”,进入了生产巨型机的行列。2004 年 6 月 21 日,据美国能源部劳伦斯·伯克利国家实验室当日公布的最新全球超级计算机 500 强名单,“曙光 4000A”以每秒 11 万亿次的峰值速度位列全球第 10 位,这是中国高性能计算产品首次跻身世界超级计算机 10 强。高性能计算机的研制成功使中国成为继美国、日本之后第 3 个能制造和应用十万亿次商用高性能计算机的国家。

(2)大型机。

大型机即大型主机,又称“大型计算机”或“主干机”,速度没有巨型机那样快,通常由许多中央处理器协同工作,有超大的内存、海量的存储器,使用专用的操作系统和应用软件。大型主机一般应用在网络环境中,是信息系统的核心,承担主服务器的功能,比如提供 FTP 服务、邮件服务和 WWW 服务等。

(3)中型机。

其速度没有大型机快,功能类似大型机,价格比大型机便宜。

(4)小型机。

小型机是指运行原理类似于微型机和服务器,但体系结构、性能和用途又与它们截然不同的一种高性能计算机。与大、中型机相比较,小型机具有规模小、结构简单、设计周期短、价格便宜、便于维修和使用方便等特点。不同品牌的小型机架构大不相同,其中还有各制造厂自己的专利技术,有的还采用小型机专用处理器,因此,小型机是封闭专用的计算机系统。小型机主要应用在科学计算、信息处理、银行和制造业等领域。

(5)微型机。

微型机简称“微机”“微计算机”或“PC(Personal Computer)机”,指由大规模集成电路组成的,以微处理器为核心的、体积较小的电子计算机。微型机比小型机体积更小、价格更低、使用更方便。微型机问世虽晚,却发展得非常迅速且应用非常广泛。由微型机配以相应的外设及足够的软件构成的系统叫作微型计算机系统,就是我们通常说的“计算机”。

另外,有一类高档微机称为“工作站”。这类计算机通常具备强大的显示输出系统、存储系统和较强的处理图形与图像的能力、数据运算能力,一般应用于计算机辅助设计及制造 CAD/CAM、动画设计、GIS 地理信息系统、平面图像处理和模拟仿真等商业和军事领域。需要说明的是,在网络系统中也有“工作站”的概念,泛指客户机。

(6)嵌入式计算机。

嵌入式系统是指集软件和硬件为一体,以计算机技术为基础,以特定应用为中心,其软、硬件可删减,符合某应用系统对功能、可靠性、体积、成本、功耗等综合性严格要求的专用计算机系统。嵌入式计算机具有软件代码小、响应速度快和高度自动化等特点,特别适用于要求实时和多任务的体系。嵌入式计算机在应用数量上远远超过了各种计算机。一台计算机的内、外部设备中就包含了多个嵌入式微处理器,如声卡、显卡、显示器、键盘、鼠标、硬盘、Modem、网卡、打印机、扫描仪和 USB 集线器等均是由嵌入式微处理器控制的。

嵌入式系统几乎存在于生活中的所有电器设备中,如掌上 PDA、MP3、MP4、手机、移动计算设备、数字电视、电视机顶盒、汽车、多媒体、电子广告牌、微波炉、电饭煲、数码相机、冰箱、家庭自动化系统、电梯、空调、安全系统、POS 机、蜂窝式电话、ATM 机、智能仪表和医疗仪器等。

4. 按工作模式分类

按工作模式可将计算机分为客户机和服务器。

(1)客户机。

客户机又称“工作站”,指连入网络的用户计算机,PC 机即可胜任。客户机可以使用服务器提供的各种资源和服务,且仅为使用该客户机的用户提供服务,是连接用户和网络的接口。

(2)服务器。

服务器是指对其他计算机提供各种服务的高性能的计算机,是整个网络的核心。它为客户机提供文件服务、打印服务、通信服务、数据库服务、应用服务和电子邮件服务等。服务器也可由微机来充当,只是运算速度要比高性能的服务器慢。比如,一台 PC 机在网络上为其他计算机提供 FTP 服务,那么它就是一台服务器,当然,运算速度要比高性能的服务器慢。

目前,高性能的微型机已达到几十年前巨型机的运算速度,使得它与工作站、小型机、中型机乃至大型机之间的界限已越来越不明显。大、中和小型机逐渐趋向于融合到服务器中,有演变为不同档次的服务器的趋势。

5. 按字长分类

字长即计算机一次所能传输和处理的二进制位数。按字长可将计算机分为 8 位机、

16 位机、32 位机和 64 位机等。

1.1.4　计算机的特点

计算机凭借传统信息处理工具所不具备的特点，如运算速度快、计算精度高、具有逻辑判断能力、“记忆”能力强、高度自动化等，深入到社会生活的各个方面，应用领域越来越广泛。

1. 运算速度快

计算机的一个突出特点是具有相当快的运算速度，计算机的运算速度已由早期的每秒几千次发展到现在的每秒几万亿次，这是人工计算无法比拟的。计算机的出现极大地提高了工作效率，有许多计算量大的工作需人工计算几年才能完成，而用计算机“瞬间”即可轻而易举地完成。

2. 计算精度高

尖端科学研究和工程设计往往需要高精度的计算。计算机具有一般的计算工具无法比拟的高精度，计算精度可达到十几位、几十位有效数字，也可以根据需要达到任意的精度，比如可以精确到小数点以后上亿位甚至更高。

3. 具有逻辑判断能力

计算机除了能够完成基本的加、减、乘、除等算术运算外，还具有进行与、或、非和异或等逻辑运算的能力。因此，计算机具备逻辑判断能力，能够处理逻辑推理等问题，这是传统的计算工具所不具备的功能。

4.“记忆”能力强，存储容量大

计算机的存储系统可以存储大量数据，这使计算机具有了“记忆”能力，并且这种“记忆”能力仍在不断增强。目前的计算机存储容量越来越大，存储时间也越来越长，这也是传统的计算工具无法比拟的。

5. 高度自动化

计算机的工作方式是先将程序和数据存放在存储器中，工作时自动依次从存储器中取出指令、分析指令并执行指令，一步一步地进行下去，无须人工干预，这一特点是其他计算工具所不具备的。

1.1.5　计算机的应用

目前，计算机的主要应用领域有科学计算、信息处理、过程控制、网络与通信、计算机辅助领域、多媒体、虚拟现实和人工智能等。

1. 科学计算

科学计算即数值计算，是指依据算法和计算机功能上的等价性，应用计算机处理科学与工程中所遇到的数学计算。世界上第一台计算机就是为此而设计的。在现代科学研究和工程技术中，经常会遇到一些有算法但运算复杂的数学计算问题，这些问题用一般的计算工具来解决需要相当长的时间，而用计算机来处理却很方便。比如天气预报，如果利用人工计算则可能导致结果失去时效性，而利用计算机则可以较准确地预测几天、几周甚至几个月的天气情况。

2. 信息处理

科学计算主要是计算数值数据，数值数据被赋予一定的意义，就变成了非数值数据，即信息。信息处理也称“数据处理”，指利用计算机对大量数据进行采集、存储、整理、统计、分析、检索、加工和传输，这些数据可以是数字、文字、图形、声音或视频。信息处理往往算法相对简单而处理的数据量较大，其目的是管理大量的、杂乱无章的甚至难以理解的数据，并根据一些算法利用这些数据得出人们需要的信息，应用领域如银行账务管理、股票交易管理、企业进销存管理、人事档案管理、图书资料检索、情报检索、飞机订票、列车查询和企业资源计划等。信息处理已成为计算机应用的一个主要领域。

3. 过程控制

过程控制又称“实时控制”，是指利用计算机及时地采集和检测数据，并按某种标准状态或最佳值进行自动控制。过程控制广泛应用于航天、军事、社会科学、农业、冶金、石油、化工、水电、纺织、机械、医药、现代管理和工业生产中，可以将人们从复杂和危险的环境中解脱出来，可以代替人们进行繁杂的和重复的劳动，从而改善劳动条件、减轻劳动强度、提高生产率、提高质量、节省劳动力、节省原材料、节省能源和降低成本。

4. 网络与通信

计算机网络是计算机技术和通信技术结合的产物，它把全球大多数国家联系在一起。信息通信是计算机网络最基本的功能之一，我们可以利用信息高速公路传递信息。资源共享是网络的核心，它包括数据共享、软件共享和硬件共享。分布式处理是网络提供的基本功能之一，它包括分布式输入、分布式计算和分布式输出。计算机网络在网络通信、信息检索、电子商务、过程控制、辅助决策、远程医疗、远程教育、数字图书馆、电视会议、视频点播及娱乐等方面都具有广阔的应用前景。

5. 计算机辅助领域

计算机辅助设计（CAD）是指用计算机辅助人们进行各类产品设计，从而减轻设计人员的劳动强度、缩短设计周期和提高质量。随着计算机性能的提高、价格的降低、计算机辅助设计软件的发展和图形设备的发展，计算机辅助设计技术已广泛应用于软件开发、土木建筑、服装、汽车、船舶、机械、电子、电气、地质和计算机艺术等领域。

计算机辅助制造（CAM）是指用计算机辅助人们进行生产管理、过程控制和产品加工等操作，从而改善工作人员的工作条件、提高生产自动化水平、提高加工速度、缩短生产周期、提高劳动生产率、提高产品质量和降低生产成本。计算机辅助制造已广泛应用于飞机、汽车、机械、家用电器和电子产品等行业。

计算机集成制造系统（CIMS）是计算机辅助设计系统、计算机辅助制造系统和管理信息系统相结合的产物，有集成化、计算机化、网络化、信息化和智能化等优点。它可以提高劳动生产力、优化产业结构、提高员工素质、提高企业竞争力、节约资源和促进技术进步，从而为企业和社会带来更多的效益。

计算机辅助技术应用的领域还有很多，如计算机辅助教学（CAI）、计算机辅助计算（CAC）、计算机辅助测试（CAT）、计算机辅助分析（CAA）、计算机辅助工程（CAE）、计算机辅助工艺过程设计（CAPP）、计算机辅助研究（CAR）、计算机辅助订货（CAO）和计算机辅助翻译（CAT）等。

6. 多媒体

多媒体(Multimedia)是指两种以上媒体的综合,包括文本、图形、图像、动画、音频和视频等多种形式。多媒体技术是利用计算机综合处理各种信息媒体,并能进行人机交互的一种信息技术。多媒体技术的发展使计算机更实用化,使计算机由科研院所、办公室和实验室中的专用工具变成了信息社会的普通工具,广泛应用于工业生产管理、军事指挥与训练、股票债券、金融交易、信息咨询、建筑设计、学校教育、商业广告、旅游、医疗、艺术、家庭生活和影视娱乐等领域。

7. 虚拟现实

虚拟现实(Virtual Reality)又称"灵境",是利用计算机模拟现实世界,产生一个具有三维图像和声音的逼真的虚拟世界。用户通过使用交互设备,可获得视觉、听觉、触觉和嗅觉等感觉。近年来,虚拟现实技术已逐渐应用于城市规划、道路桥梁、建筑设计、室内设计、工业仿真、军事模拟、航天航空、文物古迹、地理信息系统、医学生物、商业、教育、游戏和影视娱乐等领域。

8. 人工智能

人工智能(Artificial Intelligence,AI)是计算机科学的一个重要的且处于研究最前沿的分支,它研究智能的实质,并企图生产出一种能像人一样进行感知、判断、理解、学习、问题求解等思考活动的智能机器。

人工智能是自然科学和社会科学交叉的一门边缘学科,涉及计算机科学、数学、信息论、控制论、心理学、仿生学、不定性论、哲学和认知科学等诸多学科。该领域的研究包括机器人、语音识别、图像识别、自然语言处理和专家系统等。实际应用有智能控制、机器人、语言和图像理解、遗传编程、机器视觉、指纹识别、人脸识别、视网膜识别、虹膜识别、掌纹识别、专家系统、医疗诊断、智能搜索、定理证明、博弈和自动程序设计等。

1.1.6　计算机文件

计算机文件(或称文件、计算机档案、档案),是存储在某种长期储存设备上的一段数据流。所谓"长期储存设备"一般指磁盘、光盘、磁带等。其特点是所存信息可以长期、多次使用,不会因为断电而消失。

为了便于管理和控制文件而将文件分成若干种类型。由于不同系统对文件的管理方式不同,因而它们对文件的分类方法也有很大差异。为了方便系统和用户了解文件的类型,在许多操作系统中都把文件类型作为扩展名缀在文件名的后面,在文件名和扩展名之间用"."号隔开。下面是常用的几种文件分类方法。

1. 根据文件的性质和用途分类

(1)系统文件:由系统软件构成的文件。大多数的系统文件只允许用户调用,但不允许用户去读,更不允许修改;有的系统文件不直接对用户开放。

(2)用户文件:由用户的源代码、目标文件、可执行文件或数据等所构成的文件。用户将这些文件委托给系统保管。

(3)库文件:由标准子例程及常用的例程等所构成的文件。这类文件允许用户调用,但不允许修改。

2. 按数据形式分类

(1)源文件:由源程序和数据构成的文件。通常由终端或输入设备输入的源程序和数据所形成的文件都属于源文件。它通常由 ASCII 码或汉字组成。

(2)目标文件:把源程序经过相应语言的编译程序编译过,但尚未经过链接程序链接的目标代码所构成的文件。它属于二进制文件。通常,目标文件所使用的后缀名是“. obj”。

(3)可执行文件:指把编译后所产生的目标代码再经过链接程序链接后所形成的文件。

3. 根据系统管理员或用户所规定的存取控制属性分类

(1)只执行文件:只允许被核准的用户调用执行,不允许读,更不允许写。

(2)只读文件:只允许文件主及被核准的用户去读,但不允许写。

(3)读写文件:允许文件主和被核准的用户去读或写的文件。

4. 根据文件的组织形式和系统对其的处理方式分类

(1)普通文件:由 ASCII 码或二进制码组成的字符文件。一般用户建立的源程序文件、数据文件、目标代码文件及操作系统自身代码文件、库文件、实用程序文件等都是普通文件,它们通常存储在外存储设备上。

(2)目录文件:由文件目录组成,用来管理和实现文件系统功能的系统文件,通过目录文件可以对其他文件的信息进行检索。由于目录文件也是由字符序列构成的,因此对其可进行与普通文件一样的各种文件操作。

1.2 计算机热点技术

1.2.1 中间件技术

中间件(Middleware)是处于操作系统和应用程序之间的软件,也有人认为它应该属于操作系统的一部分。人们在使用中间件时,往往是一组中间件集成在一起构成一个平台(包括开发平台和运行平台),但在这组中间件中必须要有一个通信中间件,即中间件 = 平台 + 通信,这个定义也限定了只有用于分布式系统中才能称为中间件,同时还可以把它与支撑软件和实用软件区分开来。具体地说,中间件屏蔽了底层操作系统的复杂性,使程序开发人员面对一个简单而统一的开发环境,减少程序设计的复杂性,将注意力集中在自己的业务上,不必再为程序在不同系统软件上的移植而重复工作,从而大大减少了技术上的负担。中间件带给应用系统的,不只是开发的简便、开发周期的缩短,也减少了系统的维护、运行和管理的工作量,还减少了计算机总体费用的投入。

中间件具有如下特点:

(1)满足大量应用的需要。

(2)运行于多种硬件和操作系统(OS)平台。

(3)支持分布计算,提供跨网络、硬件和 OS 平台的透明性的应用或服务的交互。

(4)支持标准的协议。

(5)支持标准的接口。

1.2.2　普适计算

普适计算(Pervasive Computing 或 Ubiquitous Computing)又称普存计算、普及计算。这一概念强调和环境融为一体的计算,而计算机本身则从人们的视线里消失。在普适计算模式下,人们能够在任何时间、任何地点以任何方式进行信息的获取与处理。科学家表示,普适计算的核心思想是小型、便宜、网络化的处理设备广泛分布在日常生活的各个场所,计算设备将不只依赖命令行、图形界面进行人机交互,而更依赖“自然”的交互方式,计算设备的尺寸将缩小到毫米级甚至纳米级。在普适计算的环境中,无线传感器网络将广泛普及,在环保、交通等领域发挥作用;人体传感器网络会大大促进健康监控及人机交互等的发展。各种新型交互技术(如触觉显示、OLED 等)将使交互更容易、更方便。

普适计算的目的是建立一个充满计算和通信能力的环境,同时使这个环境与人们逐渐地融合在一起。在这个融合空间中,人们可以随时随地、透明地获得数字化服务。在普适计算环境下, 整个世界是一个网络的世界, 数不清的为不同目的服务的计算和通信设备都连接在网络中, 在不同的服务环境中自由移动。

普适计算的含义十分广泛,所涉及的技术包括移动通信技术、小型计算设备制造技术、小型计算设备上的操作系统技术及软件技术等。间断连接与轻量计算(即计算资源相对有限)是普适计算最重要的两个特征。普适计算的软件技术就是要实现在这种环境下的事务和数据处理。在信息时代,普适计算可以降低设备使用的复杂程度,使人们的生活更轻松、更有效率。实际上,普适计算是网络计算的自然延伸,它使得不仅个人计算机,而且其他小巧的智能设备也可以连接到网络中,从而方便人们即时地获得信息并采取行动。目前,IBM 已将普适计算确定为电子商务之后的又一重大发展战略,并开始了端到端解决方案的技术研发。IBM 认为,实现普适计算的基本条件是计算设备越来越小,方便人们随时随地携带和使用。在计算设备无时不在、无所不在的条件下,普适计算才有可能实现。

1.2.3　网格计算

网格计算即分布式计算,是一门计算机科学。它研究如何把一个需要非常巨大的计算能力才能解决的问题分成许多小的部分,然后把这些部分分配给许多计算机进行处理,最后把这些计算结果综合起来得到最终结果。举例来说,利用世界各地成千上万志愿者的计算机的闲置计算能力,通过因特网,用户可以分析来自外太空的电信号,寻找隐蔽的黑洞,并探索可能存在的外星智慧生命;用户可以寻找超过 1 000 万位数字的梅森质数;用户也可以寻找并发现对抗艾滋病毒更为有效的药物。分布式计算用于完成需要惊人的计算量的庞大项目。

分布式计算是利用互联网上计算机的 CPU 的闲置处理能力来解决大型计算问题的一种计算科学。比起其他算法,分布式计算具有以下几个优点:

(1)稀有资源可以共享。

(2)通过分布式计算可以在多台计算机上平衡计算负载。

(3)可以把程序放在最适合运行它的计算机上。

其中,共享稀有资源和平衡负载是计算机分布式计算的核心思想之一。

实际上,网格计算就是分布式计算的一种。如果说某项工作是分布式的,那么,参与这项工作的一定不只是一台计算机,而是一个计算机网络,显然这种“蚂蚁搬山”的方式具有很强的数据处理能力。

1.2.4 云计算

云计算(Cloud Computing)是基于互联网的相关服务的增加、使用和交付模式,通常涉及通过互联网来提供动态易扩展且经常是虚拟化的资源。“云”是网络、互联网的一种比喻说法。过去在图中往往用云来表示电信网,后来也用来表示互联网和底层基础设施的抽象。因此,云计算甚至可以让用户体验每秒10万亿次的运算能力,这么强大的计算能力可以模拟核爆炸、预测气候变化和市场发展趋势。用户通过计算机、笔记本、手机等方式接入数据中心,按自己的需求进行运算。

云计算是使计算分布在大量的分布式计算机上,而非本地计算机或远程服务器中,企业数据中心的运行将与互联网更相似。这使得企业能够将资源切换到需要的应用上,根据需求访问计算机和存储系统,如同从古老的单台发电机模式转向了电厂集中供电的模式。它意味着计算能力也可以作为一种商品进行流通,就像煤气、水、电一样,取用方便,费用低廉。最大的不同在于,它是通过互联网进行传输的。

被普遍接受的云计算具有很多特点,包括超大规模、虚拟化、高可靠性、高可扩展性、按需服务、极其廉价等。

从技术上看,大数据与云计算的关系就像一枚硬币的正反面一样密不可分。大数据必然无法用单台的计算机进行处理,必须采用分布式计算架构。它的特色在于对海量数据的挖掘,但它必须依托云计算的分布式处理、分布式数据库、云存储和虚拟化技术。

1.2.5 物联网

物联网是新一代信息技术的重要组成部分,也是信息化时代的重要发展阶段。其英文名称是“Internet of things(IoT)”。物联网最初在1999年被提出,即通过射频识别(RFID、RFID+互联网)、红外感应器、全球定位系统、激光扫描器、气体感应器等信息传感设备,按约定的协议,把任何物品与互联网连接起来,进行信息交换和通信,以实现智能化识别、定位、跟踪、监控和管理的一种网络。简而言之,物联网就是“物物相连的互联网”。

中国物联网校企联盟将物联网定义为当下几乎所有技术与计算机、互联网技术的结合,实现物体与物体之间的环境及状态信息的实时共享和智能化的收集、传递、处理、执行。从广义上讲,当下涉及信息技术的应用都可以纳入物联网的范畴。国际电信联盟(ITU)发布的《ITU互联网报告2005:物联网》,对物联网做了如下定义:通过二维码识读设备、射频识别(RFID)装置、红外感应器、全球定位系统和激光扫描器等信息传感设备,按约定的协议,把任何物品与互联网相连接,进行信息交换和通信,以实现智能化识别、定位、跟踪、监控和管理的一种网络。物联网的提出为国家智慧城市建设奠定了基础,实现了智慧城市的互联互通、协同共享。

物联网在实际应用上的发展需要各行各业的参与,并且需要国家政府的主导及相关法规政策的扶持。物联网的发展具有规模性、广泛参与性、管理性、技术性、物的属性等特征,其中,技术是最关键的问题。物联网技术是一项综合性的技术,是一项系统,国内还没有哪家公司可以全面负责物联网整个系统的规划和建设,理论上的研究已经在各行各业展开,而实际应用还仅局限于行业内部。关于物联网的规划和设计及研发的关键在于RFID、传感器、嵌入式软件及传输数据计算等领域的研究。

物联网用途广泛,遍及智能交通、环境保护、政府工作、公共安全、平安家居、智能消防、工业监测、环境监测、路灯照明管控、景观照明管控、楼宇照明管控、广场照明管控、老人护理、个人健康、花卉栽培、水系监测、食品溯源、敌情侦查和情报搜集等多个领域。

1.2.6　大数据

大数据(Big Data),指无法在一定时间范围内用常规软件工具进行捕捉、管理和处理的数据集合,是需要新处理模式才能具有更强的决策力、洞察发现力和流程优化能力的海量、高增长率和多样化的信息资产。从技术上看,大数据必然无法用单台计算机进行处理,必须采用分布式架构。分布式架构的特色在于对海量数据进行分布式数据挖掘。但它必须依托云计算的分布式处理、分布式数据库和云存储、虚拟化技术。

大数据需要特殊的技术来有效地处理大量的容忍经过时间内的数据。适用于大数据的技术,包括大规模并行处理(MPP)数据库、数据挖掘、分布式文件系统、分布式数据库、云计算平台、互联网和可扩展的存储系统。

数据最小的基本单位是bit,按由小到大的顺序给出所有单位:bit、Byte、KB、MB、GB、TB、PB、EB、ZB、YB、BB、NB、DB。

当今社会是一个高速发展的社会,科技发达,信息流通快,人们之间的交流越来越密切,生活也越来越方便,大数据就是这个高科技时代的产物。阿里巴巴集团创始人马云在演讲中提到,未来的时代将不是IT时代,而是DT的时代,DT就是“Data Technology”,即数据科技,这说明大数据对于阿里巴巴集团来说举足轻重。有人把数据比喻为蕴藏能量的煤矿。煤炭按照性质有焦煤、无烟煤、肥煤、贫煤等分类,而露天煤矿、深山煤矿的挖掘成本又不一样。与此类似,大数据并不在“大”,而在于“有用”,价值含量、挖掘成本比数量更为重要。对于很多行业而言,如何利用这些大规模数据是赢得竞争的关键。

1.3　信息在计算机内部的表示与存储

为了更好地学习和使用计算机,并为学习计算机网络等课程打好基础,学习计算机的数据表示方式、数制转换和信息编码是很有必要的。

在计算机中,程序、数值数据和非数值数据都是以二进制编码的形式存储的,即用“0”和“1”组成的序列表示。计算机之所以能识别数字、文字、图形、声音和动画的二进制编码,是因为它们采用的编码规则不一样。

1.3.1 数制

数制又称“计数制”，是人们用符号和规则来计数的科学方法。在日常生活中，人们在算术计算上通常采用十进制计数法，如使用个、十、百、千和万等为计数单位；在计时上通常采用七进制、十二进制和六十进制等，如每星期7天、每年12个月和每分钟60秒等；在角度计量上通常采用六十进制、三百六十进制和弧度制等，如1度60分和1圆周360度等。当然，还有许多各种各样的计数制。

不论哪种计数制，其使用的符号和规则都有一定的规律和特点，都有各自的数码、基数和位权。数码是指采用的符号，基数是指数码的个数，位权表示某位具有的“权力”。如十进制的数码有0、1、2、3、4、5、6、7、8、9等，基数是10，个位的位权是一，十位的位权是十，百位的位权是百，采用“逢十进一”和“借一当十”的运算规则。

与学习和使用计算机有关的计数制有二进制、八进制、十进制和十六进制，这几种计数制的数码、基数、位权、规则和英文表示见表1-2。

表1-2　与学习和使用计算机有关的几种计数制

进制	数码	基数	位权	规则	英文标识
二进制	0,1	2	2^i	逢二进一	B
八进制	0~7	8	8^i	逢八进一	O
十进制	0~9	10	10^i	逢十进一	D
十六进制	0~9,A,B,C,D,E,F	16	16^i	逢十六进一	H

为了区分不同计数制的数，常用以下几种方法表示：

(1)括号外面加数字下标。

(2)英文标识下标。

(3)数字后面加相应的英文字母标识。

例如，十进制数的220可以表示为$(220)_{10}$或$(220)_D$或220D。二进制数的1010可以表示为$(1010)_2$或$(1010)_B$或1010B。

1.3.2 数制转换

1. *R*进制数转换成十进制数

在十进制中，345.67可以表示为

$$3\times10^2+4\times10^1+5\times10^0+6\times10^{-1}+7\times10^{-2}=345.67$$

其中10^2就是百位的权，10^1就是十位的权，10^0就是个位的权。可以看出，某位的位权恰好是基数的某次幂。因此，可以将任何一种计数制表示的数写成与其位权有关的多项式之和，则一个R进制数N可以表示为

$$N=a_i\times R^i+\cdots+a_1\times R^1+a_0\times R^0+a_{-1}\times R^{-1}+\cdots+a_{-j}\times R^{-j}$$

其中，a_i是数码；R是R进制的基数；R^i是a_i所在位的位权。这种方法称为“按权展开”。

例如：

$$(1010.11)_B = 1\times2^3+0\times2^2+1\times2^1+0\times2^0+1\times2^{-1}+1\times2^{-2}=(10.75)_D$$

$$(123.4)_O = 1\times8^2+2\times8^1+3\times8^0+4\times8^{-1}=(83.5)_D$$

$$(2E.9A)_H = 2\times16^1+14\times16^0+9\times16^{-1}+10\times16^{-2}=(46.601)_D$$

2. 十进制数转换成 *R* 进制数

将十进制数转换成 R 进制数，其整数部分可采用除以 R 取余数的方法，其小数部分可采用乘以 R 取整数的方法，然后把整数部分和小数部分相加即可。如果用乘以 R 取整的方法出现取不尽的情况，则可以根据要求进行保留小数，通常采取“低舍高入”的方法，对于二进制来说就是“0 舍 1 入”。下面以十进制转二进制为例说明此方法。

例如，将 $(124.375)_D$ 转换成二进制数：

(1)整数部分。

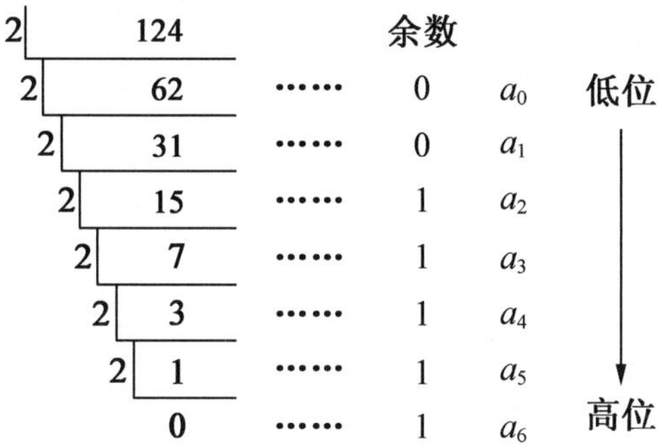

除数	商		余数		
2	124				
2	62	……	0	a_0	低位
2	31	……	0	a_1	↓
2	15	……	1	a_2	↓
2	7	……	1	a_3	↓
2	3	……	1	a_4	↓
2	1	……	1	a_5	↓
	0	……	1	a_6	高位

因此，$(124)_D = (1111100)_B$。

(2)小数部分。

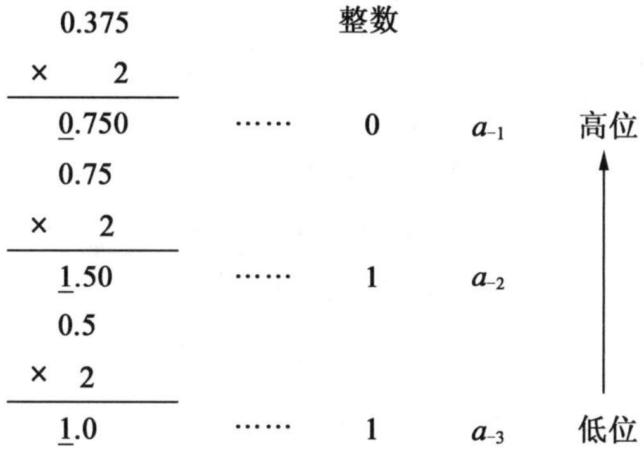

计算		整数		
0.375 × 2 = 0.750	……	0	a_{-1}	高位
0.75 × 2 = 1.50	……	1	a_{-2}	↑
0.5 × 2 = 1.0	……	1	a_{-3}	低位

因此，$(0.375)_D = (0.011)_B$，而 $(124.375)_D = (1111100.011)_B$。

3. 二进制数转换成八进制数和十六进制数

由于 $2^3 = 8^1$，$2^4 = 16^1$，因此二进制转换成八进制和十六进制比较简单。

将二进制数转换成八进制数，只要将二进制数以小数为界，分别向左右两边按 3 位分组，不足 3 位用 0 补足，然后计算出每组的数值即可。

十进制与二进制、八进制和十六进制的对应关系见表 1－3。

表 1-3 十进制与二进制、八进制和十六进制的对应关系

十进制数	二进制数	八进制数	十六进制数
0	0000	0	0
1	0001	1	1
2	0010	2	2
3	0011	3	3
4	0100	4	4
5	0101	5	5
6	0110	6	6
7	0111	7	7
8	1000	10	8
9	1001	11	9
10	1010	12	A
11	1011	13	B
12	1100	14	C
13	1101	15	D
14	1110	16	E
15	1111	17	F

例如,将$(1111100.011)_B$转换成八进制数的方法如下:

001　111　100　.　011　二进制数
↓　↓　↓　　↓　↓
1　7　4　.　3　八进制数

将二进制数转换成十六进制数,只要将二进制数以小数点为界,分别向左右两边按 4 位分组,不足 4 位用 0 补足,然后计算出每组的数值即可。

例如,将$(1111100.011)_B$转换成十六进制数的方法如下:

0111　1100　.　0110　二进制数
↓　↓　　↓　↓
7　C　.　6　十六进制数

4. 八进制数和十六进制数转换成二进制数

将八进制数转换成二进制数,只要将八进制数的每一位分别用 3 位二进制表示,然后再去掉打头的 0 即可。

例如，将$(345.67)_O$转换成二进制数的方法如下：

3	4	5	.	6	7	八进制数
↓	↓	↓		↓	↓	↓
011	100	101	.	110	111	
11	100	101	.	110	111	二进制数

将十六进制数转换成二进制数，只要将十六进制数的每一位分别用 4 位二进制表示，然后再去掉打头的零即可。

例如，将$(345.67)_H$转换成二进制数的方法如下：

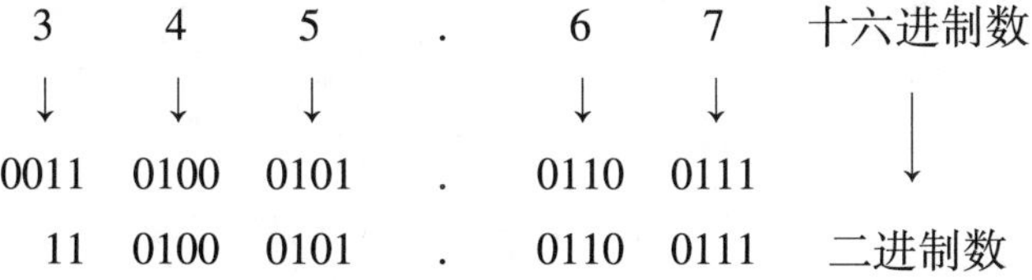

5. 八进制和十六进制的相互转换

将八进制数转换成十六进制数，可先将八进制数转换成二进制数或者十进制数，然后再转换成十六进制数。

将十六进制数转换成八进制数，可先将十六进制数转换成二进制数或者十进制数，然后再转换成八进制数。

1.3.3　计算机中的编码

1. 数值数据的表示

(1)机器数和真值。

在计算机中，通常用“0”表示正，用“1”表示负，用这种方法表示的数称为机器数。所谓真值就是数真正的值，称数的值为真值是为了同机器数相区别。

(2)定点数和浮点数。

在计算机中一般用 8 位、16 位和 32 位等二进制码表示数据。计算机中表示数的方法一般有定点表示法和浮点表示法。定点表示法是指在计算机中小数点不占用二进制位，规定在固定的地方。这种小数点固定的数称为定点数。定点数又分为定点整数和定点小数。

2. 西文字符编码

目前，国际上普遍采用美国国家信息交换标准字符码(American Standard Code for Information Interchange，ASCII)表示英文字符、标点符号、数字和一些控制字符。ASCII 码的每个字符由 7 位二进制编码组成，通常用一个字节表示，它包括 128 个元素，见表 1 - 4。有了 ASCII 码，我们就可以直接通过键盘把英文字符输入到计算机中。

表 1-4　7 位 ASCII 码表

低 4 位	高 3 位 $a_6a_5a_4$							
$a_3a_2a_1a_0$	000	001	010	011	100	101	110	111
0000	NUL	DLE	SP	0	@	P	`	p
0001	SOH	DC1	!	1	A	Q	a	q
0010	STX	DC2	“	2	B	R	b	r
0011	ETX	DC3	#	3	C	S	c	s
0100	EOT	DC4	$	4	D	T	d	t
0101	ENQ	NAK	%	5	E	U	e	u
0110	ACK	SYN	&	6	F	V	f	v
0111	BEL	ETB	′	7	G	W	g	w
1000	BS	CAN	(	8	H	X	h	x
1001	HT	EM	)	9	I	Y	i	y
1010	LF	SUB	*	:	J	Z	j	z
1011	VT	ESC	+	;	K	[	k	{
1100	FF	FS	,	<	L	\	l	|
1101	CR	GS	-	=	M	]	m	}
1110	SO	RS	.	>	N	^	n	~
1111	SI	US	/	?	O	_	o	DEL

3. 中文字符编码

为了能把中文字符通过英文标准键盘输入到计算机中，就必须为汉字设计输入编码。为了在计算机中处理和存储中文字符，就必须为中文字符设计交换码和内码。为了显示输出中文字符，就必须为中文字符设计输出字形码。

(1)输入码。

输入码即输入编码。现在通常使用的输入编码有拼音码、字形码和混合编码。

(2)交换码和机内码。

交换码即国标码。我国于 1980 年制定了用于中文字符处理的国家标准 GB/T 2312—1980。

机内码又称“内码”，是用于在计算机中处理、存储和传输中文字符的代码。中文字符数量较多，常用两个字节表示。为了与 ASCII 码相区别，中文字符编码的两个字节的最高位都为“1”，而 ASCII 码的最高位为“0”。

(3)输出字形码。

输出字形码是表示汉字字形的字模编码，通常用点阵等方式表示，属于图形编码，存储在字模库中。

4. 其他信息在计算机中的表示

(1)位图。

位图又称为“点阵图像”,是像素的点的集合。这些点通过不同顺序的排列和颜色差异就可以构成图形。用 Windows 操作系统的画图程序就可以绘制位图。当把位图放大时,就可以看到像素点被放大成无数个小方块儿。这时再从远处看,图像又是连续的。位图被存储在以“bmp”为扩展名的文件中,这个文件通常包括位图的高、宽、色彩格式、分辨率、颜色数和大小等信息。

(2)音频。

音频一般指频率在 20 ~ 20 000 Hz 的声音信号,一般包括波形声音、语音和音乐等。常见的音频存储格式有 wav、MIDI、mp3、rm 和 wma 等。

(3)视频。

视频(Video)指连续变化的影像。常见的视频存储格式有 mpeg、avi、rm、mov、asf、wmv、DivX 和 rmvb 等。

1.4　计算机的系统组成

一个完整的计算机系统是计算机硬件系统和计算机软件系统的有机结合。计算机硬件系统是指看得见、摸得着的构成计算机的所有实体设备的集合。计算机软件系统是指为计算机的运行、管理和使用而编制的程序的集合,它的组成如表 1 - 5 所示。

表 1 - 5　计算机的系统组成

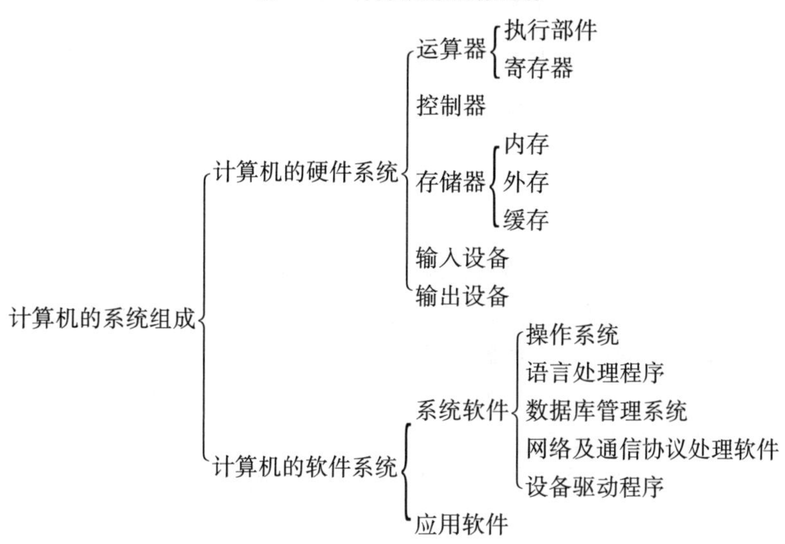

1.4.1　冯·诺依曼原理

美籍匈牙利数学家冯·诺依曼在 1945 年提出了关于计算机组成和工作方式的设

想。迄今为止,尽管现代计算机制造技术已有极大发展,但是就其系统结构而言,大多数计算机仍然遵循他的设计思想,这样的计算机称为冯·诺依曼型计算机。

冯·诺依曼设计思想可以概括为以下 3 点:

(1)采用存储程序控制方式。将事先编制好的程序存储在存储器中,然后启动计算机工作,运行程序后的计算机无须操作人员干预,能自动逐条取出指令、分析指令和执行指令,直到程序结束或关机,即由程序来控制计算机自动运行。

(2)计算机内部采用二进制的形式表示指令和数据。根据电子元件双稳工作的特点,在电子计算机中采用二进制,且采用二进制将大大简化计算机的逻辑线路。

(3)计算机硬件系统分为运算器、控制器、存储器、输入设备和输出设备 5 大部分。

冯·诺依曼设计思想标志着自动运算的实现,为计算机的设计提供了基本原则并树立了一座里程碑。

1.4.2 计算机硬件系统

冯·诺依曼提出的计算机“存储程序”的思想决定了计算机硬件系统由五大部分组成:运算器、控制器、存储器、输入设备和输出设备。

1. 运算器

运算器(Arithmetic Unit)是计算机中进行各种算术运算和逻辑运算的部件,由执行部件、寄存器和控制电路三部分组成。

(1)执行部件。

执行部件是运算器的核心,称为算术逻辑单元(Arithmetic and Logic Unit,ALU)。由于它能进行加、减、乘、除等算术运算和与、或、非、异或等逻辑运算,而这正是运算器的功能,经常有人用 ALU 代表运算器。

(2)寄存器。

运算器中的寄存器是用来寄存被处理的数据、中间结果和最终结果的,主要有累加寄存器、数据缓冲寄存器和状态条件寄存器。

(3)控制电路。

控制 ALU 进行哪种运算。

2. 控制器

控制器(Controller)是指挥和协调运算器及整个计算机所有部件完成各种操作的部件,是计算机指令的发出部件。控制器主要由程序计数器、指令寄存器、指令译码器、时序产生器和操作控制器等组成。控制器就是通过这些部分,从内存取出某程序的第一条指令,并指出下一条指令在内存中的位置,对取出的指令进行译码分析,产生控制信号,准备执行下一条指令,直至程序结束。

计算机中最重要的部分就是由控制器和运算器组成的中央处理器(Central Processing Unit,CPU)。

3. 存储器

存储器是计算机的记忆部件,用来存放程序和数据等计算机的全部信息。根据控制器发出的读、写和地址等信号对某地址存储空间进行读取或写入操作。按存储器的读写功能分为随机读写存储器(Random-Access Memory,RAM)和只读存储器(Read-Only Memory,ROM)。RAM 指既能读出又能写入的存储器,ROM 指一般情况下只能读出不能写入的存储器。写入 ROM 中的程序称为固化的软件,即固件。

计算机的存储系统由高速缓存(CACHE)、内存储器(内存,也称主存)和外存储器(外存,也称辅存)3 级构成。

(1)外存。

外存指用来存放暂时不运行的程序和数据的存储器,一般采用磁性存储介质或光存储介质,可通过输入/输出接口连接到计算机上。外存的优点是成本低、容量大和存储时间长;缺点是存取速度慢,且 CPU 不能直接执行存放在外存中的程序,需将想要运行的程序调入内存才能运行。

常见的外存有硬盘、软盘、光盘和优盘等。

(2)内存。

内存指用来存放正在运行的程序和数据的存储器,一般采用半导体存储介质。内存的优点是速度比外存快,CPU 能直接执行存放在内存中的程序;缺点是成本高,且断电时所存储的信息将消失。

由 CPU 和内存构成的处理系统称为冯·诺依曼型计算机的主机。

(3)高速缓存

由于 CPU 的速度越来越快,内存的速度无法跟上 CPU 的速度,因此形成了“瓶颈”,从而影响了计算机的工作效率,如果在 CPU 与内存之间增加几级与 CPU 速度匹配的高速缓存,可以提高计算机的工作效率。

在 CPU 中就集成了高速缓存,用于存放当前运行程序中最活跃的部分。其优点是速度快;缺点是成本高、容量小。

4. 输入设备

输入设备是指向计算机输入程序和数据等信息的设备,包括键盘、鼠标、摄像头、扫描仪、光笔、语音输入器和手写输入板等。

5. 输出设备

输出设备指计算机向外输出中间过程和处理结果等信息的设备,包括显示器、投影仪、打印机、绘图仪和语音输出设备等。

有些设备既是输入设备又是输出设备,如触摸屏、打印扫描一体机和通信设备等。

输入设备、输出设备和外存都属于外部设备,简称外设。

1.4.3　计算机软件系统

只有硬件系统的计算机称为“裸机”,想要它完成某些功能,就必须为它安装必要的软件。软件(Software)泛指程序和文档的集合。一般将软件划分为系统软件和应用软件,系统软件和应用软件构成了计算机的软件系统。

1. 系统软件

系统软件是指协调管理计算机软件和硬件资源,为用户提供友好的交互界面,并支持应用软件开发和运行的软件。它主要包括操作系统、语言处理程序、数据库管理系统、

网络及通信协议处理软件和设备驱动程序等。

(1)操作系统。

操作系统(Operating System,OS)是负责分配管理计算机软件和硬件的资源,控制程序运行,提供人机交互界面的一大组程序的集合,是典型的系统软件。它的功能主要有进程管理、存储管理、作业管理、设备管理和文件管理等。常见的操作系统有 DOS、Windows、Mac OS、Linux 和 Unix 等。

制造计算机硬件系统的厂家众多,生产的设备也是品种繁多,为了有效地管理和控制这些设备,人们在硬件的基础上加载了一层操作系统,用它通过设备的驱动程序来跟计算机硬件打交道,使人机有了一个友好的交互窗口。可以说操作系统是计算机硬件的管理员,是用户的服务员。

(2)语言处理程序。

计算机语言一般分为机器语言、汇编语言和高级语言等。

计算机只能识别和执行机器语言。机器语言是一种由二进制码“0”和“1”组成的语言。不同型号的计算机的机器语言也不一样。由机器语言编写的程序称为机器语言程序,它是由“0”和“1”组成的数字序列,很难理解和记忆,且检查和调试都比较困难。

由于机器语言不好记忆和输入,人们通过助记符的方式把机器语言抽象成汇编语言。汇编语言是符号化了的机器语言。用汇编语言写的程序叫汇编语言源程序,计算机无法执行,必须将汇编语言源程序翻译成机器语言程序才能由计算机执行,这个翻译的过程称为汇编,完成翻译的计算机软件称为汇编程序。

机器语言和汇编语言是低级语言,都是面向计算机的。高级语言是面向用户的。比如 C、C + + 、VB、VC、Java、C#和各种脚本语言等。用高级语言书写的程序称为源程序,需要以解释方式或编译方式执行。解释方式是指由解释程序解释一句高级语言后立即执行该语句。编译方式是指将源程序通过编译程序翻译成机器语言形式的目标程序后再执行。

汇编程序、解释程序和编译程序等都属于语言处理程序。

(3)数据库管理系统。

数据库管理系统(Database Management System,DBMS)是位于用户与操作系统之间的一层操纵和管理数据库的大型软件,用户对数据库的建立、使用和维护都是在 DBMS 管理下进行的,应用程序只有通过 DBMS 才能对数据库进行查询、读取和写入等操作。

常见的数据库管理程序有 Oracle、SQL Server、MySQL、DB2 和 Visual FoxPro 等。

(4)网络及通信协议处理软件。

网络通信协议是指网络上通信设备之间的通信规则。在将计算机连入网络时,必须安装正确的网络协议,这样才能保证各通信设备和计算机之间能正常通信。常用的网络协议有 TCP/IP 协议、UDP 协议、HTTP 协议和 FTP 协议等。

(5)设备驱动程序。

设备驱动程序简称“驱动程序”,是一种可以使计算机和设备正常通信的特殊程序。可以把它理解为是给操作系统看的“说明书”,有了它,操作系统才能认识、使用和控制相应的设备。要想使用某个设备,就必须正确地安装该设备的驱动程序。不同厂家、不同产品和不同型号的设备的驱动程序一般都不一样。

2. 应用软件

应用软件是指为用户解决各类问题而制作的软件。它拓宽了计算机的应用领域，使计算机更加实用化。比如，Microsoft Office 就是用于信息化办公的软件，它加快了计算机在信息化办公领域应用的步伐。应用软件种类繁多，如压缩软件、信息化办公软件、图像处理软件、影像编辑软件、游戏软件、防杀病毒软件、网络监控系统、财务软件和备份软件等。

1.5 计算机的工作原理

1.5.1 计算机指令系统

迄今为止，尽管计算机多次更新换代，但其基本工作原理仍是存储程序控制，即事先把指挥计算机如何进行操作的程序存入存储器中，运行时只需给出程序的首地址，计算机就会自动逐条取出指令、分析指令和执行指令，通过完成程序规定的所有操作来实现程序的功能。

1. 指令及其格式

指令就是命令，是能被计算机识别并执行的二进制编码，它规定了计算机该进行哪些具体操作。一条指令通常由操作码和地址码两部分构成。操作码指出计算机应进行什么操作，如果该操作需要对象，则由地址码指出该对象所在的存储单元地址。要想计算机完成某一功能，一般需要很多条指令的配合来实现，因此一台计算机要有很多条功能各异的指令，如算术运算指令、逻辑运算指令、数据传送指令、输入和输出指令等。一台计算机所有能执行的指令的集合称为这台机器的指令系统。不同类型的计算机的指令系统也各不相同。

计算机是通过执行指令来处理各种数据的。一条指令实际上包括两种信息即操作码和地址码。操作码（Operation Code，OP）用来表示该指令所要完成的操作（如加、减、乘、除、数据传送等），其长度取决于指令系统中的指令条数。地址码用来描述该指令的操作对象，它或者直接给出操作数，或者指出操作数的存储器地址或寄存器地址（即寄存器名）。

计算机的指令格式与机器的字长、存储器的容量及指令的功能都有很大的关系。如何合理、科学地设计指令系统中的指令格式，使指令既能给出足够的信息，又使其长度尽可能地与机器的字长相匹配，以节省存储空间，缩短取指时间，提高机器的性能，这是指令格式设计中的一个重要问题。

2. 指令的分类与功能

计算机指令系统一般有下列几类指令：

（1）数据处理指令。

对数据进行运算和变换。例如，加、减、乘、除等算术运算指令；与、或、非等逻辑运算指令；移位指令、比较指令等。

（2）数据传送指令。

将数据在存储器之间、寄存器之间，以及存储器与寄存器之间进行数据传送。例如，取数指令将存储器某一存储单元中的数据读入寄存器;存数指令将寄存器中的数据写入某一存储单元。

(3)程序控制指令。

控制程序中指令的执行顺序。例如,条件转移指令、无条件转移指令、转子程序指令等。

(4)输入/输出指令。

包括各种外围设备的读、写指令等。有的计算机将输入/输出指令包含在数据传送指令类中。

(5)状态管理指令。

包括如实现存储保护、中断处理等功能的管理指令。

1.5.2 计算机的基本工作原理

计算机工作过程中主要有两种信息流:数据信息和指令控制信息。数据信息指的是原始数据、中间结果、结果数据等,这些信息从存储器读入运算器进行运算,所得的计算结果再存入存储器或传送到输出设备。指令控制信息是由控制器对指令进行分析、解释后向各部件发出的控制命令,指挥各部件协调地工作。计算机的工作过程就是执行指令的过程,这一切都在控制器的指挥下进行。

下面结合图1-2简要说明计算机的基本工作原理。计算机的工作过程如下:

(1)由输入设备输入程序和数据到内存中,如果想要长期保存则需保存到外存中。

(2)运行程序时,将程序和数据从外存调入内存。

(3)从内存中取出程序的第一条指令送往控制器。

(4)通过控制器分析指令的要求,然后根据指令的要求从内存中取出数据送到运算器进行运算。

(5)将运算的结果送至内存,如需输出再由内存送至输出设备。

(6)从内存中取出下一条指令送往控制器。

(7)重复(4)(5)和(6),直到程序结束。

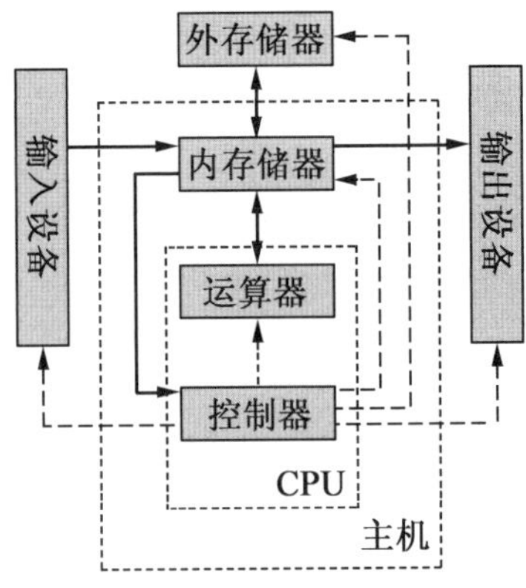

图1-2 计算机工作过程

1.6　计算机的主要技术指标及性能评价

1.6.1　计算机的主要技术指标

衡量计算机性能的常用指标有运算速度、基本字长、内存指标和外存指标等。

1. 运算速度

由于计算机执行不同的运算所需的时间不同，只能用等效速度或平均速度来衡量。一般用计算机每秒所能执行的指令条数或所能进行多少次基本运算来体现运算速度，单位是MIPS(每秒百万条指令数)。

2. 字长

字长指CPU一次所能处理的二进制位数。字长为8位的计算机称8位机，字长为16位的计算机称为16位机，字长为32位的计算机称为32位机，字长为64位的计算机称为64位机。字长越长，计算机的处理能力就越强。

3. 主频

主频即CPU的时钟频率，是CPU内核(整数和浮点数运算器)电路的实际运行频率。一般称为CPU运算时的工作频率，简称主频。主频越高，单位时间内完成的指令数也越多。

4. 内存容量

内存是CPU可以直接访问的存储器，正在执行的程序和数据都在内存中，内存大则可以运行比较大的程序，如果内存过小则有些大程序就不能运行，因此计算机的处理能力在一定程度上取决于内存的容量。内存的读写速度也是越快越好。

5. 外存指标

影响计算机性能的外存主要是硬盘，硬盘的容量越大，存储的程序和数据就越多，即读写可以安装更多的功能各异的系统软件、应用软件、影视娱乐资源和游戏等。硬盘的转数越高越好，即读写速度越快越好。

一台计算机性能的高低，不是由某个单项指标决定的，而是由计算机的综合情况决定的。购买计算机时一般在满足功能需求的基础上追求更高的性价比。性价比是指性能和价格的比值。

1.6.2　计算机的性能评价

对计算机的性能进行评价，除上述的主要技术指标外，还应考虑如下几个方面：

1. 系统的兼容性

系统的兼容性一般包括硬件的兼容、数据和文件的兼容、系统程序和应用程序的兼容、硬件和软件的兼容等。对用户来说，兼容性越好，则越便于硬件和软件的维护和使用；对机器而言，更有利于机器的普及和推广。

2. 系统的可靠性

计算机系统正常工作的能力要求计算机系统首先是可靠的，或者一旦计算机系统发生故障，它应该具有容错的能力，又或者系统出错后能迅速恢复。通俗地讲，即计算机系统最好不要出错，或者少出错，或者出错后能够及时恢复工作状态。计算机的可靠性包括硬件的可靠性和软件的可靠性。

3. 外设配置

计算机所配置的外设的性能高低也会对整个计算机系统的性能有所影响。例如，显示器有高、中、低分辨率，若使用分辨率较低的显示器，将难以准确显示高质量的图片；硬盘存储量的大小不同，选用低容量的硬盘，则系统就无法满足大信息量的存储需求。

4. 软件配置

计算机系统方便用户使用的用户感知度，这是用户选购计算机系统时会考虑的重要指标，通常是对软件系统来说的。比如，在 Windows 和 Unix 之间，一般用户倾向于使用 Windows 系统，只有专业人士或对安全性要求高的用户会使用 Unix 系统。

5. 性价比

性能一般指计算机的综合性能，包括硬件、软件等各方面；价格指购买整个计算机系统的价格，包括硬件和软件的价格。购买时应该从性能、价格两方面来考虑。性价比越高越好。

此外，在评价计算机的性能时，还要兼顾其多媒体处理能力、网络功能、功耗和对环境的要求，以及部件的可升级扩充能力等因素。

实验：PC 硬件系统组装

一、实验目的

1. 了解微型计算机的硬件构成。
2. 了解每种硬件设备的作用及配置。
3. 了解并掌握 PC 机硬件系统的组装方法。

二、实验内容

1. 认识计算机硬件。
2. 组装一台计算机。

实验要求

1. 冷启动计算机一次。
2. 热启动计算机一次。
3. 关闭计算机。

三、实验步骤

任务 1　认识计算机硬件

个人计算机（PC 机）一般由主机、显示器、键盘、鼠标和音响等组成，有的还配置了打印机、扫描仪和传真机等外部设备。微型计算机由主机和外设两部分组成。常见的台式计算机的外观如图 1－3 所示。

1. 主机

PC 机的主机箱内部各部件结构如图 1－4 所示,包括 CPU、主板、内存、外存、显卡、声卡和网卡等部分。

图 1－3　台式计算机

图 1－4　主机箱内部结构

(1)CPU:目前主流产品的 CPU 如图 1－5 所示。

(2)主板:如图 1－6 所示。

图 1－5　CPU

图 1－6　主板

(3)内存:如图 1－7 所示。

(4)外存:包括软盘、硬盘、光盘、U 盘、移动硬盘、各种存储卡等。

(5)显卡:如图 1－8 所示。

图 1－7　内存

图 1－8　显卡

(6)声卡:图 1－9 所示。

(7)网卡:如图 1－10 所示。

图 1－9　声卡

图 1－10　网卡

2. 外设

可分为输入设备和输出设备。

(1)输入设备:键盘、鼠标、扫描仪、麦克风等。

(2)输出设备:显示器、打印机、传真机、音响等。

任务 2　计算机组装方法及技巧

1. 装机前的准备

(1)制订装机方案,购买计算机配件。

(2)准备计算机软件:系统安装盘和驱动程序等。

(3)准备组装工具:必须准备一支适用的十字螺丝刀。此外,还可以准备尖嘴钳、镊子、万用表、一字螺丝刀等工具。

(4)装机前的注意事项:防静电;禁止带电操作;轻拿轻放所有部件;用螺丝刀紧固螺丝时,应做到适可而止。

2. 组装计算机硬件的一般步骤

(1)在主机箱上安装好电源。

主机电源一般安装在主机箱的上端或前端的预留位置,在将计算机配件安装到机箱中时,为了安装方便,一般应当先安装电源。将电源放置到机箱内的预留位置后,用螺丝刀拧紧螺丝,将电源固定在主机机箱内,如图 1－11 所示。

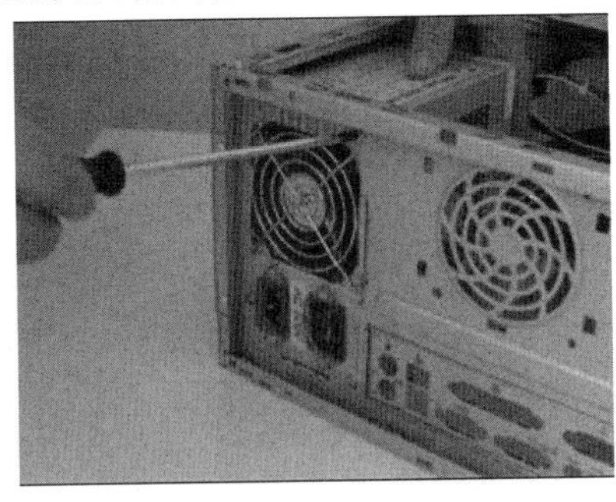

图 1－11　安装电源

(2)在主机板上安装 CPU。

第一步,安装 CPU。将主板上 CPU 插座的小手柄拉起,拿起 CPU,使其缺口标记正对插座上的缺口标记,然后轻轻放入 CPU。为了安装方便,CPU 插座上都有缺口标记[在图 1－12(a)中圈出位置],安装 CPU 时,需将 CPU 和 CPU 插座中的缺口标记对齐才能将 CPU 压入插座中。压下小手柄,将 CPU 牢牢地固定住[图 1－12(b)]。

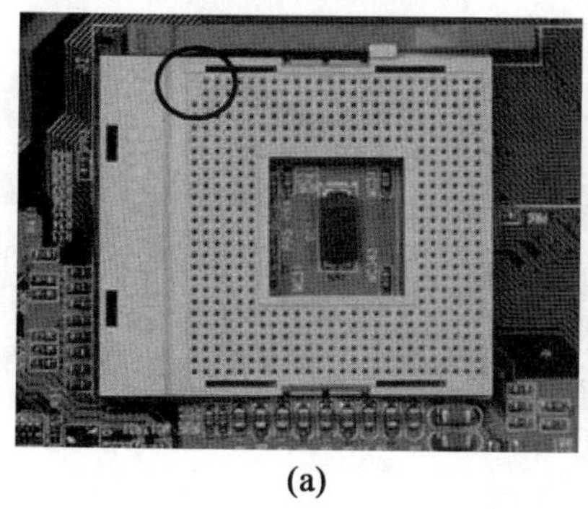
(a)

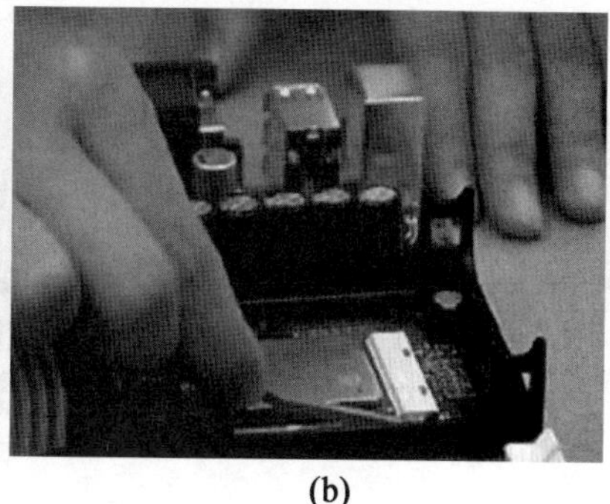
(b)

图 1－12　安装 CPU

第二步,安装 CPU 风扇。将导热硅胶均匀地涂在 CPU 核心上面,然后把风扇放在 CPU 上并将风扇固定在插座上。在插座的周围有一个风扇的支架,不同的风扇采取的固定方式不同。如图 1－13(a)所示,CPU 风扇是通过两条有弹性的铁架固定在插座上的。之后要将 CPU 风扇电源插入主板上 CPU 风扇的电源插口中。

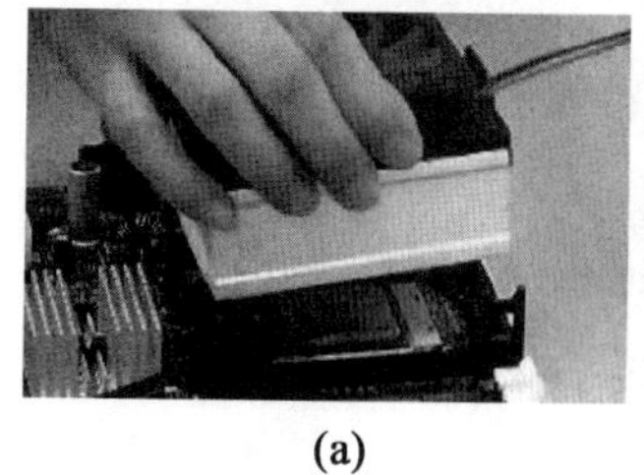
(a)

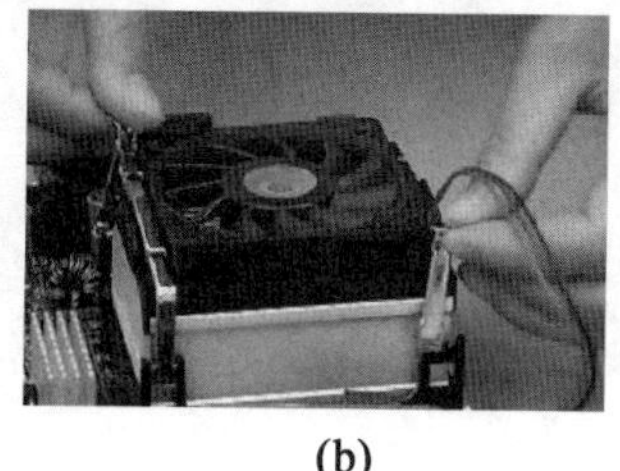
(b)

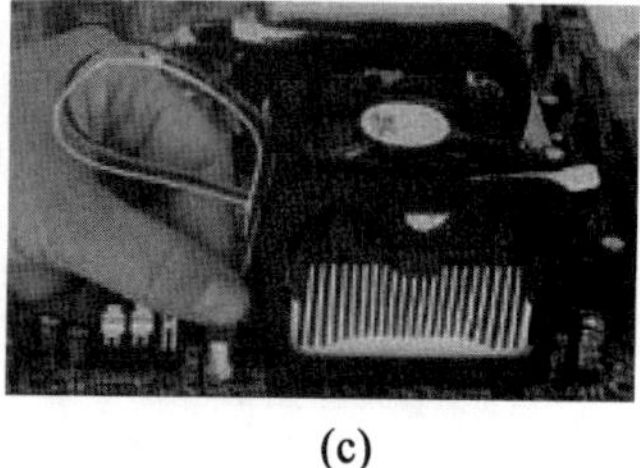
(c)

图 1－13　安装 CPU 风扇

(3)安装内存条。

拔开内存插槽两边的卡槽,对照内存"金手指"的缺口与插槽上的突起确认内存条的插入方向。将内存条垂直放入插座,双手拇指平均施力,将内存条压入插槽中,此时两边的卡槽会自动向内卡住内存条。当内存条确实安插到底后,卡槽卡入内存条上的卡勾定位,如图 1－14 所示。

图 1－14　安装内存条

(4)把主板固定到主机箱内。

将机箱水平放置,观察主板上的螺丝固定孔,在机箱底板上找到对应位置处的预留孔,将机箱附带的铜柱安装到这些预留孔上。这些铜柱不但有固定主板的作用,而且还有接地的功能。将主板放入机箱内,拧紧螺丝将主板固定在机箱内,如图 1 - 15(a)所示。连接主板电源线,如图 1 - 15(b)所示。将电源插头插入主板电源插座中,如图 1 - 15(c)所示。

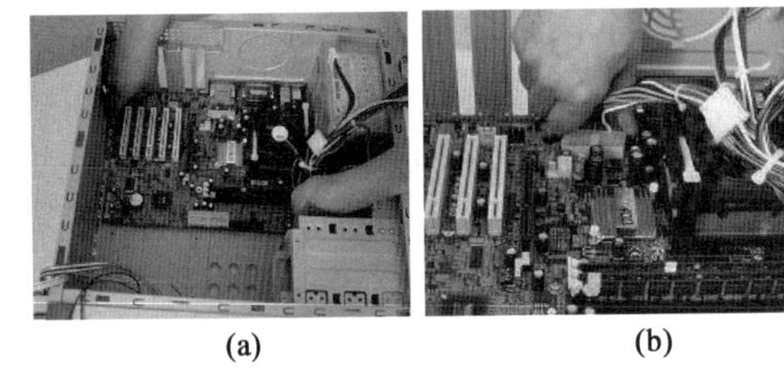

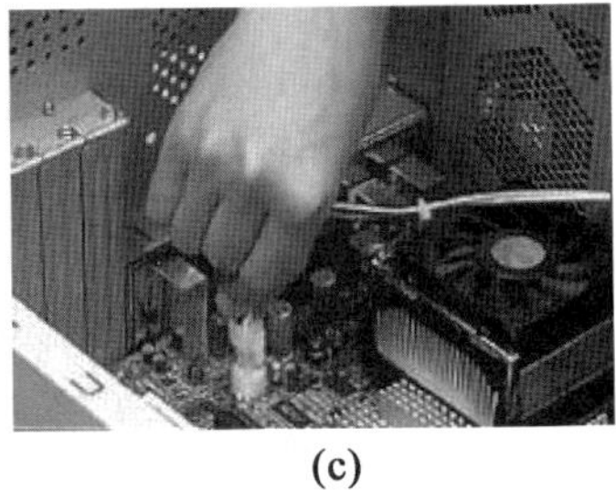

(a) (b) (c)

图 1 - 15 安装主板

(5)安装硬盘。

如图 1 - 16 所示安装好硬盘。

光盘驱动器的安装方法类似于硬盘的安装,用户可根据需要选择性地安装光盘驱动器。

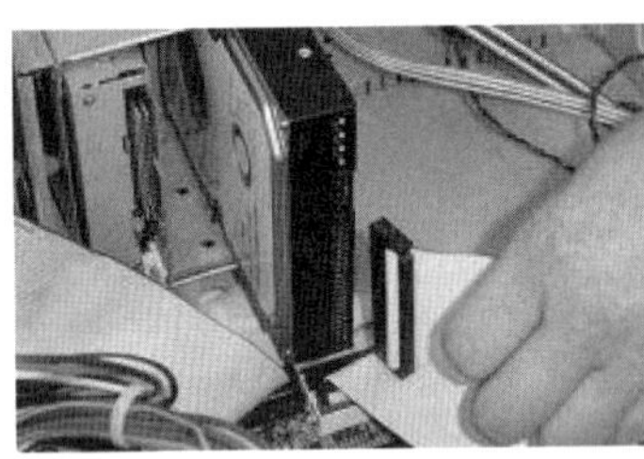

图 1 - 16 安装硬盘

(6)安装接口卡。

计算机上常见的接口卡有 AGP、PCI 与 ISA 三种,目前显卡多为 AGP 卡,网卡、声卡、调制解调器为 PCI 卡,ISA 卡已经很少用了。

计算机中的三种接口卡除了使用的插槽不同外,安装方法大致相同。根据接口卡的种类确定主板上的安装插槽。用螺丝刀将与插槽相对应的机箱插槽挡板拆掉。使接口卡挡板对准刚拆掉的机箱挡板处,将接口卡“金手指”对准主板插槽并用力将接口卡插入插槽内。插入接口卡时,一定要平均施力(以免损坏主板并保证顺利插入),保证接口卡与插槽紧密接触。显卡是 AGP 接口的,插装显卡时注意先按下插槽后面的小卡子,然后将显卡插在 AGP 插槽里,一直插到底,再把插槽后面的小卡子扳起来,固定好显示卡,如图 1 - 17 所示。

图 1－17　安装接口卡

(7)连接主板与机箱面板引出线。

机箱面板引出线是由机箱前面板引出的开关和指示灯的连接线，包括电源开关、复位开关、电源开关指示灯、硬盘指示灯、扬声器等的连接线。

计算机主板上有专门的插座(一般为 2 排 10 行)，用于连接机箱面板引出线，不同主板具有不同的命名方式，用户应根据主板说明书上的说明将机箱面板引出线插入到主板上相应的插座中，如图 1－18 所示。

图 1－18　安装连线

(8)连接键盘、鼠标、显示器、电源等。

①连接鼠标、键盘。

现在连接鼠标、键盘的接口大多是 USB 接口。如果鼠标、键盘的信号线插头为串口和 PS/2 口，应将其分别连接在主机的 9 针串行口和 PS/2 接口上。

②连接显示器。

连接线共 2 根，其中一根应插在显示器尾部的电源插孔上并用于连接电源，另一根应分别插在显示器尾部和机箱后侧显示器电源插孔，用于连接显示器和机箱。

③连接主机电源。

机箱后侧主机电源接口上有两只插座，一只是 3 孔显示器电源插座，另一只是 3 针电源输入插座。连接主机电源时将电源线的一端插头插入主机 3 针电源输入插座，再将另一端插入电源插座。

完成上述步骤后，在通电开机之前应仔细检查一遍，排除各种连接的疏漏。如果通电后，计算机可以正常启动，就可以根据需要安装操作系统和常用的各种软件了。

第 2 章 Windows 10 操作系统及应用

如果说硬件是计算机的躯体,那么软件则是它的灵魂。一台刚刚组装起来的计算机,在没有安装任何软件的情况下是不能运行与动作的,此时的计算机称为“裸机”。想要让计算机正常运行,必须安装操作系统和应用软件。

操作系统是系统软件的核心,它的性能在很大程度上直接决定了整个计算机系统的性能。在操作系统的支持下,计算机才能运行其他的软件。因此可以说,操作系统不但控制计算机的各个部件进行协调工作,同时它也是用户和计算机沟通的接口。

2.1 Windows 10 操作系统简介

操作系统(Operating System,OS),承担系统资源管理的任务,负责对系统中各类资源进行合理的调度和分配,以提高各类资源的利用率。

2.1.1 操作系统的定义

操作系统是直接控制和管理计算机系统资源(硬件资源、软件资源和数据资源),并为用户充分使用这些资源提供交互操作界面的程序集合,是直接运行在“裸机”上的最基本的软件系统,任何其他软件都必须在操作系统的支持下才能运行。

它的职能主要有两个:针对计算机硬件,有效地组织和管理计算机系统中的硬件资源(包括处理器、内存、硬盘、显示器、键盘、鼠标等各种外部设备);对应用程序或用户,提供简洁的服务功能接口,屏蔽硬件管理带来的差异性和复杂性,使得应用程序和用户能够灵活、方便、有效地使用计算机。为了完成这两个职能,操作系统需要起到资源管理器的作用,能在其内部实现中安全、合理地组织、分配、使用与处理计算机中的软硬件资源,使整个计算机系统能高效可靠地运行。计算机硬件、操作系统、系统程序、应用程序及用户之间的层次关系如图 2-1 所示,用户与计算机之间的交流,没有操作系统是无法完成的。

2.1.2 操作系统的作用与功能

操作系统主要用于管理硬件与软件资源,从资源管理的角度看,操作系统主要有五大功能，即处理器管理、设备管理、存储管理、作业管理和文件管理，它们之间的关系如图 2－1 所示。

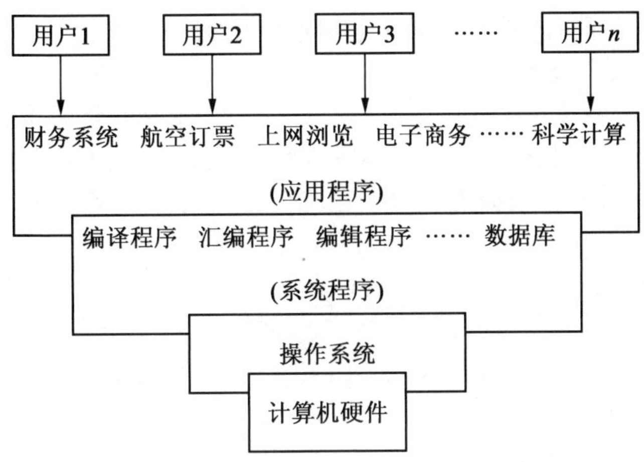

图 2－1　计算机硬件、操作系统、系统程序、应用程序及用户之间的关系

1. 处理器管理

处理器(CPU)管理又称进程管理，主要管理 CPU 资源，指当有多个进程要执行，如何调度 CPU 执行某一进程的行为。进程是指在内存中正在运行的程序，是程序在计算机上的一次执行过程。当运行一个程序时，就等于启动了一个或多个进程，而进程是由程序的运行产生的，程序运行结束时，进程也随之被撤消。

2. 设备管理

设备管理主要负责除了 CPU 和内存以外的所有 I/O 设备管理，是计算机外部设备与用户之间的接口。其实质是对硬件设备的管理，包括对输入输出设备的分配、初始化、维护与回收等，如管理音频输入输出等。

3. 存储管理

存储器管理主要是指针对内存储器的管理。其主要任务是分配内存空间，保证各作业占用的存储空间不发生矛盾，并使各作业在自己所属存储区中不互相干扰。计算机内存中如何存放程序，存放哪些程序，都需要操作系统来统一管理，达到合理利用内存空间的目的。

4. 作业管理

从用户的角度看，作业是系统为完成一个用户的计算任务(或一次事务处理)所做的工作总和。作业管理是为处理器管理做准备的，包括对作业的组织、调度和运行控制。当有多个用户同时要求使用计算机时，允许哪些作业进入，不允许哪些作业进入，以及如何执行等都属于作业管理的范畴。

5. 文件管理

由于系统的内存有限并且不能长期保存，故平时总是把它们以文件的形式存放在外存中，需要时再将它们调入内存。如何高效地对文件进行管理是操作系统想要实现的目标。文件管理支持文件的建立、存储、删除、修改等操作，解决文件的共享、保密和保护等问题，并提供方便的用户使用界面，是用户能够实现对文件按名存取。

2.1.3 操作系统的分类

操作系统按照不同的分类标准可分为不同类型的操作系统。

1. 根据操作系统的使用环境分类

(1)批处理操作系统。批处理操作系统出现于20世纪60年代,能最大化地提高资源的利用率和系统的吞吐量。其处理方式是系统管理员将用户的作业组合成一批作业,输入到计算机中,形成一个连续的作业流,系统自动依次处理每个作业,再由管理员将作业结果交给对应的用户。

(2)分时操作系统。分时操作系统可以实现多个用户共用一台主机,这在一定程度上节约了资源。借助于通信线路将多个终端连接起来,多个用户轮流地占用主机上的一个时间片处理作业。用户通过自己的终端向主机发送作业请求,系统在相应的时间片内响应请求并反馈响应结果,用户再根据反馈信息提出下一步请求,这样重复会话过程,直至完成作业。它是一种多用户系统,其特点是具有交互性、即时性、同时性和独占性。

(3)实时操作系统。实时操作系统是指计算机能实时响应外部事件的请求,在规定的时间内处理作业,并控制所有实时设备和实时任务协调一致工作的操作系统。实时操用系统追求的是在严格的时间控制范围内响应请求,具有高可靠性和完整性。

2. 根据操作系统的用户数目分类

(1)单用户操作系统。用户操作系统是指一台计算机在同一时间只能由一个用户使用,一个用户独自享用系统的全部硬件和软件资源。

(2)多用户操作系统。多用户操作系统可以支持多个用户同时登录,允许运行多个用户的进程。

3. 根据操作系统任务数目分类

(1)单任务操作系统。单任务操作系统指一个用户在同一时间只能运行一个应用程序(如早期的DOS操作系统等)。

(2)多任务操作系统。多任务操作系统指用户在同一时间可以运行多个应用程序(如Linux 、Unix、Windows 7等)。

4. 根据操作系统用户界面的形式分类

(1)字符界面操作系统。在字符界面操作系统中,用户只能在命令提示符后(如C:\>)输入命令才能操作计算机。其界面不友好,用户需要记忆各种命令,否则无法使用计算机(如Unix、DOS等)

(2)图形界面操作系统。图形界面操作系统的交互性好,用户不需要记忆命令,可根据界面的提示进行操作,简单易学(如Windows、Mac OS X等)。

2.1.4 Windows 操作系统的发展状况

微软公司自1985年推出Windows操作系统以来,其版本从最初运行在DOS下的Windows 3.0,到现在风靡全球的Windows XP、Windows 7、Windows 8和Windows 10。下面介绍几种常见的Windows系统版本。

1. Windows 95

1995 年 8 月 24 日,微软推出具有里程碑意义的 Windows 95。Windows 95 是第一个独立的 32 位操作系统,并实现真正意义上的图形用户界面,使操作界面变得更加友好。Windows 95 是单用户、多任务操作系统,它能够在一个时间片内处理多个任务,充分利用了 CPU 的资源空间,并提高了应用程序的响应能力。图 2 - 2 所示为 Windows 95 的桌面。

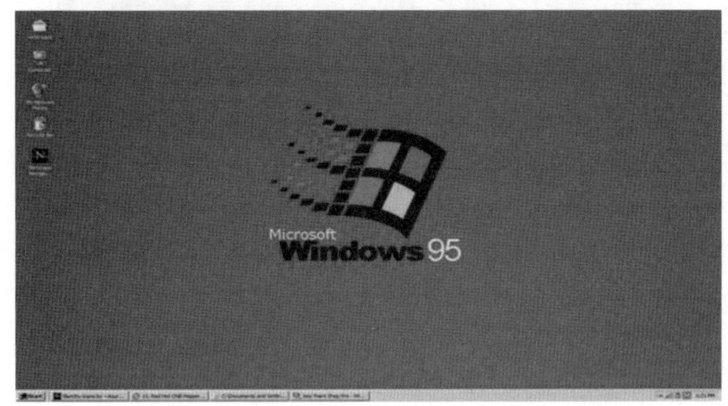

图 2 - 2 Windows 95 的桌面

2. Windows XP

2001 年 10 月 25 日,Windows 家族中极具开创性的版本 Windows XP(Experience)面世。Windows XP 具有全新的用户图形界面,整合了更多实用的功能,如防火墙、即时通信、媒体播放器等,加强了用户体验,促进了多媒体技术及数码设备的发展。Windows XP 的经典桌面是"蓝天白云",如图 2 - 3 所示。

图 2 - 3 Windows XP 的经典桌面

3. Windows 7

Windows 7 于 2009 年 10 月在中国正式发布。Windows 7 的设计主要围绕以下五个重点:第一,注重用户的个性化;第二,是基于应用服务的设计;第三,针对笔记本电脑的特有设计;第四,为视听娱乐的优化;第五,成为用户易用性的新引擎。现在的网络工作者大多还在用 Windows 7。图 2 - 4 为 Windows 7 的系统桌面背景。

图 2-4 Windows 7 的系统桌面背景

4. Windows 10

Windows 10 是微软公司新一代的操作系统，于 2015 年 7 月发布。Windows 10 拥有的触控界面为用户呈现了新体验，且实现了全平台覆盖，可以运行在手机、平板电脑、台式计算机以及服务器等设备中。Windows 10 在易用性和安全性方面有了极大的提升，除了针对云服务、智能移动设备、自然人机交互等新技术进行融合外，还对固态硬盘、生物识别、高分辨率屏幕等硬件进行了优化完善与支持。

Windows 10 共有家庭版、专业版、企业版、教育版、移动版、移动企业版和物联网核心版七个版本。每个版本针对不同的用户群体具有不同的功能。Windows 10 的标志如图 2-5 所示。

Windows 10 较之前版本相比，具有以下优点：

（1）Windows 10 的开始页面很美观，简洁明了。而且窗口设计回归成透明的样子，在菜单中也加了不少迷你元素，大大提升了用户的视觉体验。

（2）Windows 10 运行的流畅度大幅度提升。日常需要处理大量数据的用户完全不用担心 Windows 10 的运行流畅度。

图 2-5 Windows 10 的标志

2.2　Windows 10 操作系统基本操作

Windows 系统从之前的 Windows 95 版本发展到现在的 Windows 10 版本,可以说是发生了天翻地覆的变化。对于最新版本的 Windows 10 来说,需要用户快速学会基本的操作方法和技巧。

2.2.1　启动和退出

1. Windows 10 的启动

打开计算机电源,通过自检程序后,将显示欢迎界面,如果用户设置了用户名和登录密码,则会出现 Windows 10 的登录界面,如图 2-6 所示。用户需要在下方输入正确的用户名和密码并按 Enter 键,进入 Windows 10 的工作界面。

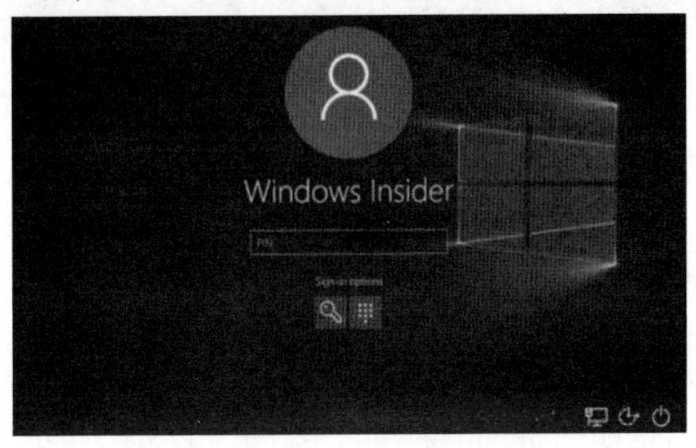

图 2-6　Windows 10 的登录界面

2. Windows 10 的退出

选择桌面左下角的"开始"→"电源"→"关机"按钮进行关机操作。或者可以按鼠标右键单击"开始"按钮,选择"关机或注销" 关机或注销(U) →"关机"命令,也可将计算机关闭。

关机时,计算机不会保存数据,需要用户保存好文件,若系统中有需要保存的程序,Windows 10 会询问用户是否要强制关机或者取消关机。

2.2.2　Windows 10 开始菜单

1."开始"菜单

Windows 10 系统中的开始菜单可以通过单击桌面左下角的"开始菜单"按键打开,还可以使用 Win 键打开,图 2-7 所示为打开后的"开始"菜单。计算机中几乎所有的应用都可以在"开始"菜单中找到并启动。菜单的左侧部分为"用户名""文档""图片""设置"和"电源"按钮;中间部分为最近添加项目和所有程序显示区域;右侧部分是用来固定磁贴或图标的区域,单击磁贴或图标可以方便快捷地打开相关应用。

在"开始"菜单的程序列表中,每一项应用除了文字外,还带有图案或文件夹和右侧向下的箭头。向下的箭头普遍存在于文件夹图标的那一项中,单击箭头会显示下一级子菜单，单击后箭头方向会变为向上，查看结束后可以再次单击箭头即可隐藏之前的子菜单。

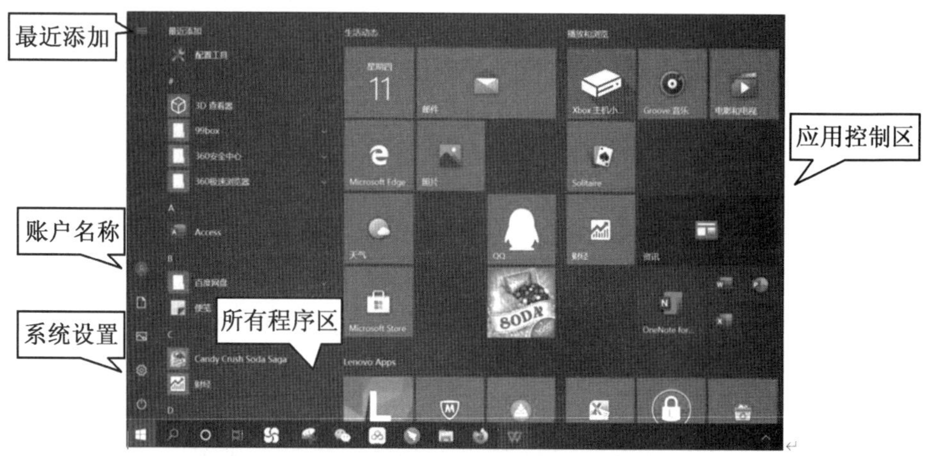

图 2-7 Windows 10 的“开始”菜单

“开始”菜单中各个部分的作用如下：

(1)最近添加区域：根据用户下载应用的日期进行排列，将最新添加的程序显示在该区域中，以便用户能够快速启动。

(2)所有程序区：区域内放置所有已安装的程序，按先英文名字(按程序名字的英文字母排序)，再按中文名字(按中文拼音字母的排序)进行排列。

(3)账户名称：单击“账户”头像，将显示“更改账户设置”“注销”和“锁定”三项。

(4)设置按钮：用于打开 Windows 设置窗口，包括系统、网络和 Internet、个性化、时间和语言、隐私等。

(5)应用控制区域：区域内的图标可以重新排列，调整大小，也可以将其删除。如果对开始菜单的默认布局并不满意，则可以使用鼠标单击并按住任意图标，然后将其拖到合适的地方。如果想调整在开始菜单中的任一图标，只需右键单击它，然后将鼠标悬停在“调整大小”选项，会出现小、中、宽和大四个选项。

2.“开始”菜单的设置

(1)单击“设置”按钮，打开 Windows 设置，选择“个性化”，在打开的窗口左侧选择“开始”选项，将会跳出如图 2-8 所示的设置页面。

(2)可以在“开始”菜单中显示更多的磁贴；显示应用列表；显示最近添加的应用等功能，在其上进行对应的“开”“关”设置。

2.2.3 Windows 10 桌面图标、查看图标及排列图标

1. 桌面图标

图标指代表各种应用程序、文档、文件、文件夹、快捷方式等各种对象的小图形。桌面图标一般分为三类：系统图标(指安装 Windows 10 以后，系统自动生成的图标)；应用程序图标；用户自己创建的图标。

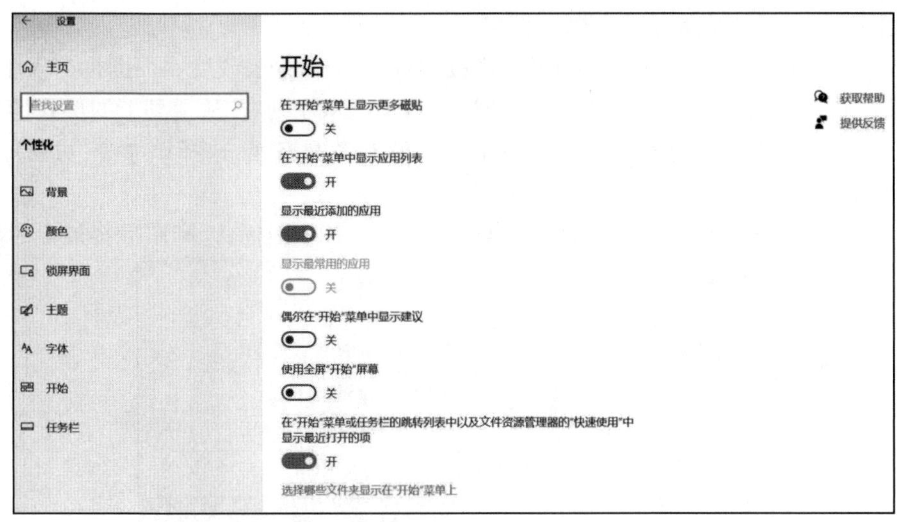

图 2－8　Windows 10 的"开始"菜单设置页面

当用户第一次启动 Windows 10 时，首先看到的桌面只显示"回收站"图标，用户可以通过单击"Windows 设置"→"个性化"→"主题"→"桌面图标设置"，来对五个系统图标是否在桌面上显示进行设置。Windows 10 桌面图标设置如图 2－9 所示。

图 2－9　Windows 10 桌面图标设置

桌面图标有一部分为快捷方式图标，其特征为带斜向上箭头的图标，为方便操作，可以方便快速地启动与其相对应的应用程序，与源文件的差别在于属性容量不同。

2. 查看桌面图标

桌面图标的大小是可以改变的，并且可以控制显示和隐藏。在"查看"命令的子菜单中又提供了三组命令，最上方的三个命令是用于改变桌面图标的大小，中间两个命令用于控制图标的排列。

在桌面的空白位置处单击鼠标右键。

在弹出的快捷菜单中单击"查看"命令，则弹出下一级图标子菜单，如图 2－10 所示。

根据需要选择相应的子菜单命令即可。

(1)“大图标”“中等图标”和“小图标”:选择这三个命令去改变桌面图标的大小。

(2)“自动排列图标”:选择该命令,图标将自动以从左到右、从上到下的形式排列。

(3)“将图标与网格对齐”:屏幕上有不可视的参考网格线,选择该命令,可将图标固定在指定的网格位置上,使图标间相互对齐。

(4)“显示桌面图标”:选择该命令,桌面上将展示各个图标,否则图标将被全部隐藏。

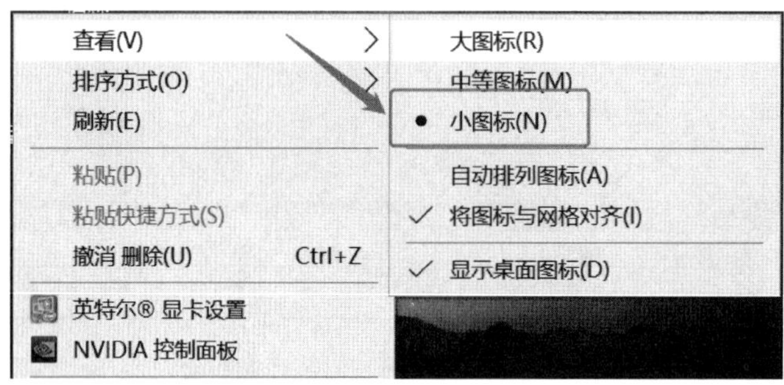

图 2-10 查看图标子菜单

3. 排列桌面图标

当桌面上的图标太多且放置无规律时,会让用户产生凌乱的感觉,降低使用效率,这时可以将整个桌面的图标重新排列,下面介绍“排序方式”命令。

(1)在桌面的空白处单击鼠标右键。

(2)在弹出的快捷菜单中单击“排序方式”命令,则弹出下一级子菜单,如图 2-11 所示。

(3)在子菜单中按照所选的方式选择相对应的命令,重新排序图标。一共有以下四种排序方式:

①“名称”:选择该命令,图标将按其名称的字母顺序进行排序。

②“大小”:选择该命令,将按文件大小顺序排列图标。如果图标是某个程序的快捷方式图标,则文件大小指的是快捷方式的容量大小。

③“项目类型”:选择该命令,将按桌面图标的类型顺序排列图标。例如,当桌面有多个 Office 软件时,则把它们排列在一起。

④“修改日期”:选择该命令,将按快捷方式图标最后的修改时间排列图标。

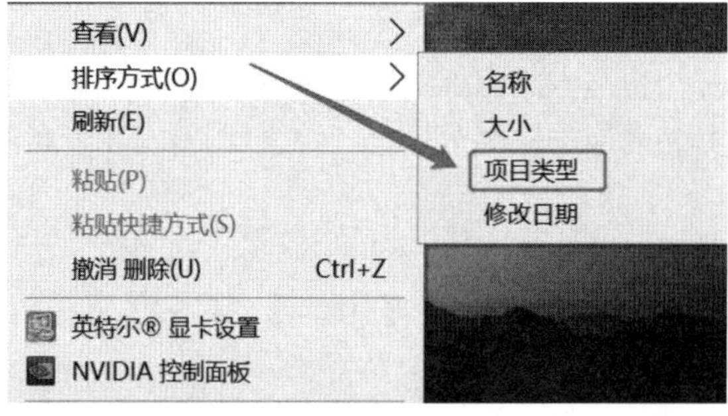

图 2-11 “排序方式”子菜单

2.2.4　任务栏

任务栏就是位于电脑桌面下方的那个小长条，可以帮助用户在开启其他窗口的同时快速打开其他程序、文件等。任务栏里可以显示软件及应用程序的图标、时间、输入法、声音、本地连接等内容。任务栏的最左侧是“开始”按钮、“搜索”框、“Cortana”中国微软小娜及“任务视图”，右侧是语言栏、工具栏、时钟区和通知区域等，最右侧为显示桌面按钮，中间区域为各应用程序分布区。

任务栏如图 2 – 12 所示。

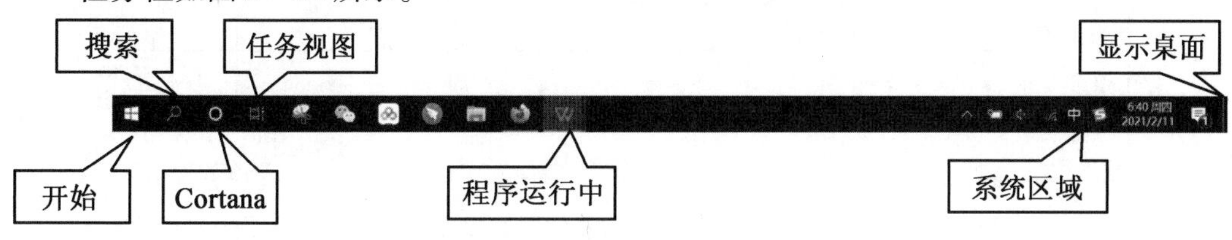

图 2 – 12　任务栏

(1)“搜索”按钮：这是 Windows 10 与其他之前版本的 Windows 系统相比出现的一大变化，用户可以使用搜索框快速地搜索并打开文件或程序。

(2)“Cortana”中国微软小娜：Cortana 是 Windows 10 的一个特色，可以通过语音识别快速搜索 Windows 10 上的软件、功能、设置等，对不是很熟悉电脑的人用处很大。

(3)“程序运行”区域：是任务栏的主题部分，显示了正在执行的任务。如果打开了窗口或程序，任务栏的主题部分将出现一个个按钮，分别代表已打开的不同窗口或程序，单击这些按钮，可以在打开的窗口之间切换。

(4)“系统区域”：显示系统时间、声音控制图标、网络连接状态图标、语言输入法等。

(5)“显示桌面”按钮：把鼠标放到任务栏最右侧的一竖条区域，单击后就可以立即返回到桌面。

在 Windows 10 中也可以根据个人喜好定制任务栏。鼠标右键单击任务栏的空白处，在弹出的快捷菜单中选择“任务栏设置”命令，出现“设置”窗口，选择“任务栏”功能选项可进行相应的设置。

2.2.5　窗口、对话框及窗口操作

在 Windows 10 中，几乎所有的操作都要在窗口中完成，窗口在屏幕上呈一个矩形，用来显示用户打开的程序、文件、文件夹等内容，构成了用户与计算机之间沟通的桥梁。

1. Windows 10 的窗口组成

不同程序的窗口有不同的布局和功能，下面以“计算机”窗口为例，介绍窗口的各个组成部分。“计算机”窗口主要由标题栏、地址栏、功能区、工作区域、状态栏及窗口缩放按钮组成，如图 2 – 13 所示。

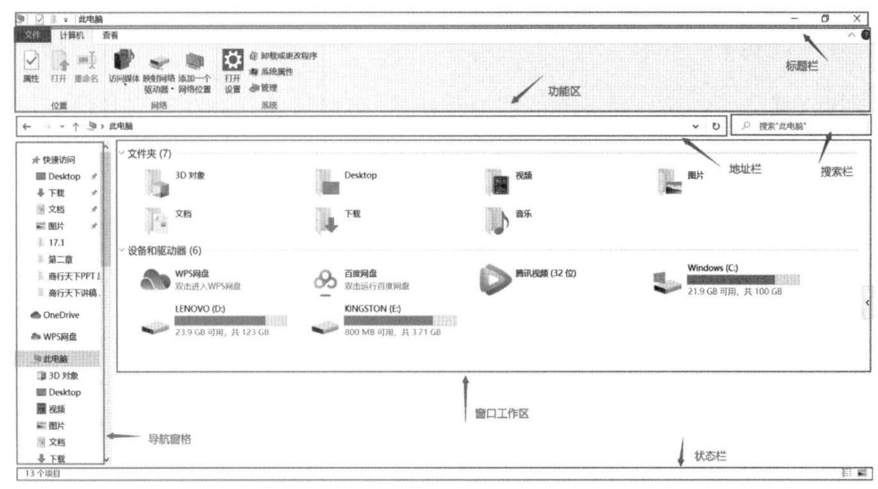

图 2－13　Windows 10 的计算机窗口

（1）标题栏。标题栏位于窗口最顶部，左侧有一个控制窗口大小和关闭窗口的"文件资源处理器"按钮，右侧是一个快速访问工具栏。这个部分的作用是显示当前窗口的名称，位于窗口的上面。

（2）地址栏。地址栏用于显示当前应用程序名、文件名等，用于显示当前程序或软件所处的路径，可在地址栏空白处单击鼠标，让地址栏以传统的方式显示。地址栏左侧为"前进"按钮和"后退"按钮，右侧为"刷新"按钮。

（3）功能区。功能区是以选项卡的方式显示的，里面存放了各种操作命令，要执行功能区中的操作命令，只需单击对应的操作名称即可。

（4）工作区域。这个部分在窗口的中间，也是主要部分，这里显示当前的工作状态，所有需要操作的步骤都可以在工作区域进行，并且显示计算机储存的文件。

（5）状态栏。这个部分在窗口的最下面，主要显示当前运行程序的信息，通过这部分可以清楚地了解当前运行程序的大小、状态、类型等信息。例如，选择某个磁盘时，状态栏中将显示该磁盘的已用空间和可用空间等信息。

（6）导航窗格。导航窗格分为"快速访问""One Drive""此电脑"和"网络"四大部分。

2. 最大化、最小化/还原与关闭窗口

每个窗口的右上角都有三个窗口控制按钮，其中，单击"最小化"按钮 — ，如图 2－14所示，窗口将化为一个按钮停放在任务栏上；单击"最大化"按钮 □，如图 2－15 所示，可以使窗口充满整个 Windows 桌面，处于最大化状态，这时"最大化"按钮会变成"还原"按钮 🗗；单击"还原"按钮，如图 2－16 所示，窗口又恢复到原来的大小。

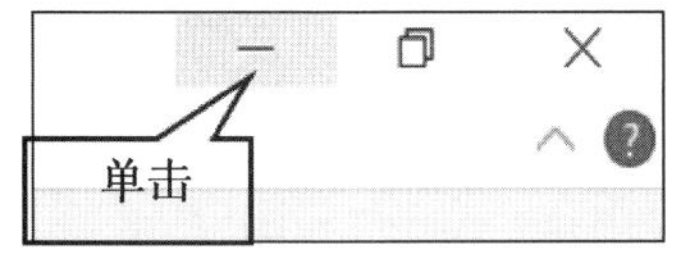

图 2－14　单击"最小化"按钮

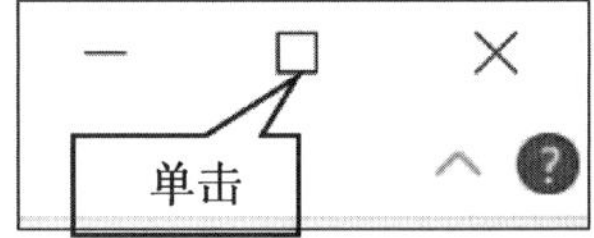

图 2－15　单击"最大化"按钮

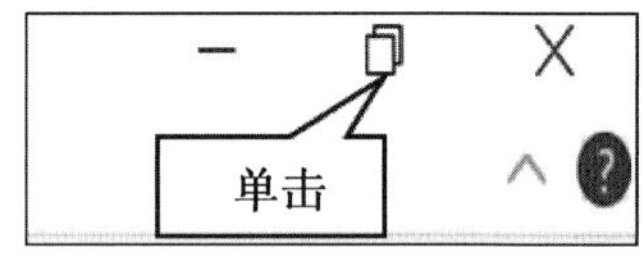

图 2－16　单击"还原"按钮

当需要关闭窗口时，直接单击标题栏右侧的“关闭”按钮 ✕ 即可。另外，单击菜单中的“文件”→“关闭”命令，也可以关闭窗口。

3. **调整窗口大小**

有些窗口可能会遮挡屏幕上其他窗口的内容，需要适当移动窗口的位置或者调整窗口大小。可以把鼠标放在窗口的边界，点住拖动可改变窗口的大小。注意，向屏幕最左侧或最右侧拖动时，窗口会呈半屏状态显示在桌面左侧或右侧，如图 2－17 所示。

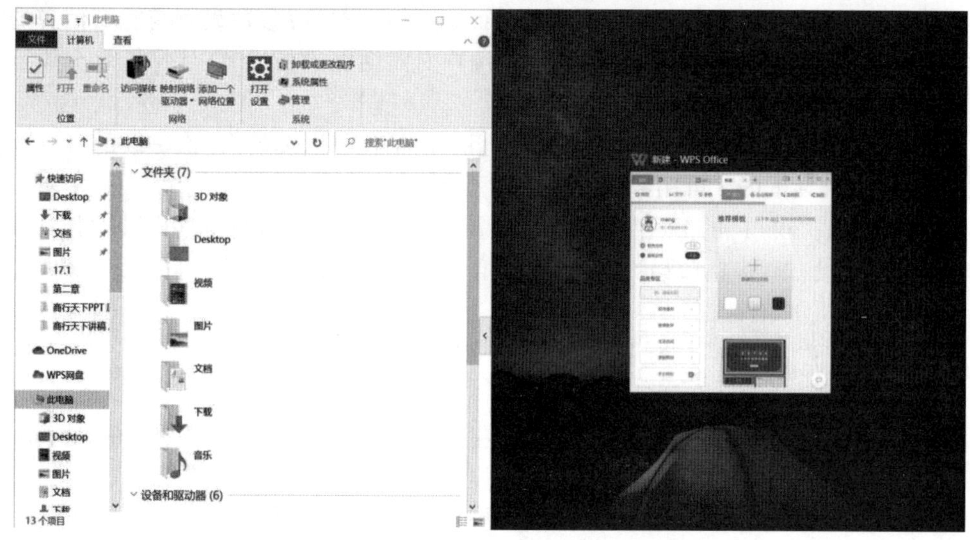

图 2－17　将窗口移至桌面左侧变成半屏显示

4. **切换窗口**

如果同时打开多个窗口，比如浏览器、游戏甚至播放器，那么掌握了窗口的快速切换，可以帮用户省去很多的切换查找时间。Windows 10 为用户提供了三种切换方法。

（1）通过任务栏中的按钮切换。将鼠标放到任务栏程序区域中的某个图标上，此时将展开所有打开的该类型文件的缩略图，单击某个缩略图即可切换到该窗口，在切换时其他同时打开的窗口将自动变为透明效果，如图 2－18 所示。

图 2－18　通过任务栏中的按钮切换

（2）Alt + Tab 快捷键切换。有些操作如果使用快捷键会大大提高效率，利用 Alt + Tab 快捷键进行切换窗口时，在桌面中间会显示各程序的预览小窗口。此时按住 Alt 键不放，每按一次 Tab 即可切换一次程序窗口，用户可以按照这种方法依次切换至自己需

要的程序窗口。

(3) Win + Tab 快捷键切换。在 Windows 10 中还可以利用 Win + Tab 快捷键进行 3D 窗口切换，是比较快速切换窗口的新方法。首先，按住 Win 键，然后按一下 Tab 键，即可在桌面显示各应用程序的 3D 小窗口，每按一次 Tab 键，即可按顺序切换一次窗口，放开 Win 键，即可在桌面显示最上面的应用程序窗口。

5. 对话框

对话框是系统与用户进行信息交互的界面，它是用户更改参数设置与提交信息的特殊窗口。“对话框”是人机交流的一种方式，用户对对话框进行设置，计算机就会执行相应的命令。

(1) 对话框与窗口的区别。从某种意义上讲，对话框可以理解为“次一级的窗口”，窗口里面是包含对话框的。可用以下两方法来区分。

区分方法 1：“窗口”的“对话框”中有最小化、最大化及关闭按钮，也可以调整大小；而“对话框”中没有最小化和最大化按钮，并且大小是固定的。因此，可以通过最大化与最小化按钮来区分“对话框”与“窗口”。

区分方法 2：“对话框”的标题栏有“确定”或者“取消”按钮。

(2) 对话框的组成。

①标题栏。标题栏在对话框的最上方，左侧显示对话框的名称，右侧一般是关闭和帮助按钮。

②选项卡。不同的对话框有不同的选项卡，单击某个选项卡，当前对话框里会出现该选项卡中的内容。标题栏和选项卡如图 2－19 所示。

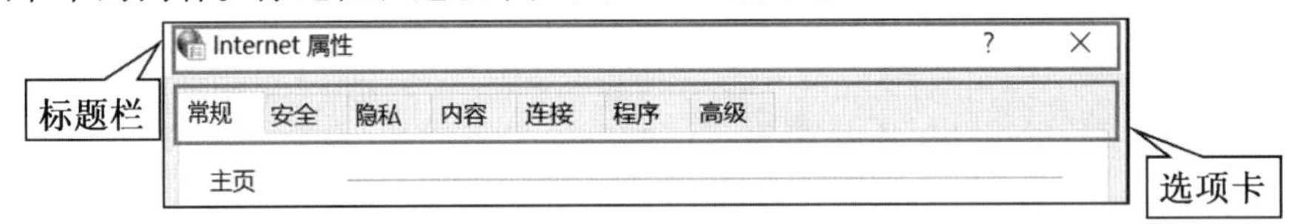

图 2－19　标题栏和选项卡

③单选框。单选框中是一些互相排斥的选项组，每次只能选择其中的一项，如图 2－20 所示。

④复选框。复选框中所有列出的各个选项不是互相排斥的，即每次可根据需要选择一项或者几项，如图 2－21 所示。

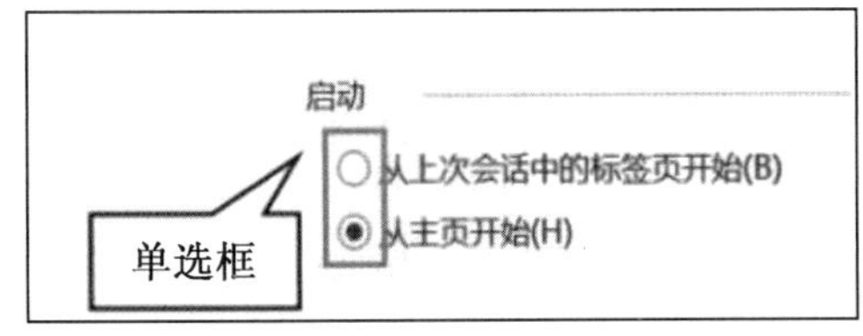

图 2－20　单选框

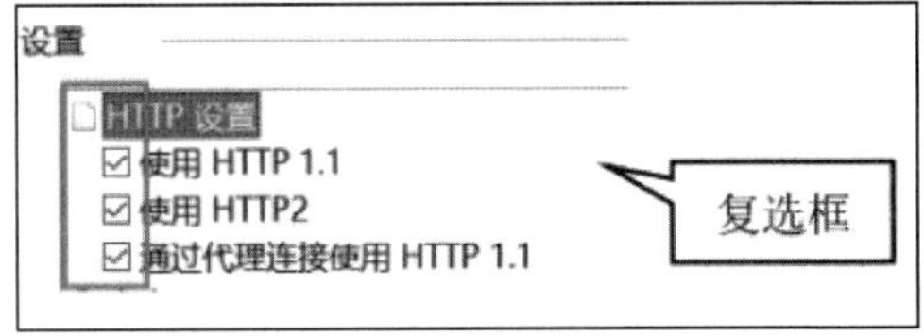

图 2－21　复选框

⑤下拉列表框。下拉列表框用于选择多重的项目。选中的项目将在列表栏内显示。单击下拉按钮，将会出现一系列的选项共用户选择，如图 2－22 所示。

⑥列表框。列表框可以显示多个选项，用户一次只能选择一项，有时会有滚动条。

⑦文本框。文本框可以接收用户输入的信息，以便正确地完成对话框操作。

⑧滑块。滑块由标尺和滑块组成。滑块的操作很简单，向某个方向移动滑块，其值增加；反之，其值减少，如图 2－23 所示。

图 2－22　下拉列表框

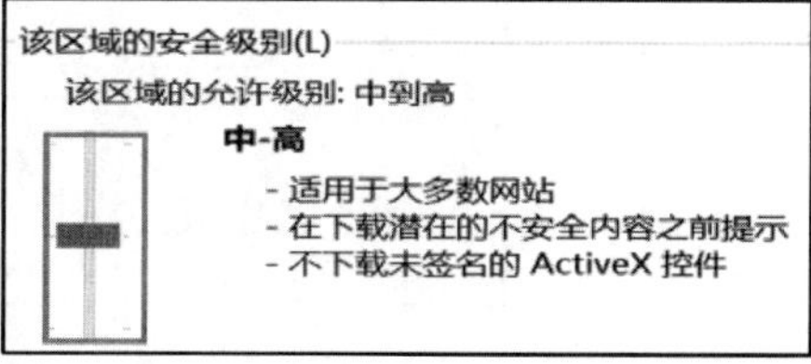

图 2－23　滑块

2.2.6　文件和文件夹

在长久使用计算机期间，操作或运行过的文件或文件夹也越来越多，如果不及时清理，就会造成计算机工作效率降低，从而影响其整体的运行速度，因此用户必须定期对文件进行管理。

1. 文件

计算机文件是以计算机硬盘为载体存储在计算机上的信息集合。文件可以是文本文档、图片、程序等。文件分为系统文件和用户文件，一般情况下，用户不能随意修改系统文件的内容，否则有可能使计算机出现问题，但可以根据需要创建或修改用户文件。

文件通常具有三个字母的文件扩展名，用于指示文件类型。文件名由两部分组成，两者之间用分隔符“.”分开，即“文件名. 扩展名”，如“试卷 1. docx”，其中“试卷 1”为名称，由用户自行定义，代表一个文件的实体；而“. docx”为扩展名，由计算机系统自行创建，代表一种文件类型。常见的文件及其扩展名如图 2－24 所示。

关于文件的命名，看似无足重轻，但实际上如果没有良好的命名规则进行必要的约束，一味地乱起名称，最终导致的结果就是整个网站或文件夹无法管理。所以，命名规则在这里同样非常重要。在 Windows 操作系统下命名文件时需要注意以下几点：

(1)文件名长度规定。任何一个文件名最多可使用 256 个英文字符，如果使用中文字符则不能超过 127 个汉字。

(2)可用字符规定。原则上可以利用键盘输入的英文字母、符号、空格、中文等均可以作为合法字符，但不能用在文件命名中的符号包括“:/? *" < > |”等。此外，如果空格用在文件名的第一个字符，则忽略不计。

(3)英文文件名大小写规定。如果使用英文文件名，则大小写不做区分，但系统可显示用户输入的大小写字符。

2. 文件夹

文件夹是一种计算机磁盘空间里面为了分类储存电子文件而建立独立路径的目录，“文件夹”就是一个目录，它提供了指向对应磁盘空间的路径地址。文件夹有多种类型，如文档、图片、相册、音乐等。使用文件夹最大的优点是为文件的共享和保护提供了方便。文件夹的命名规则与文件相同，但它通常没有扩展名，文件夹命名应易于记忆，便于

组织管理的名称,这样有利于查找。

扩展名	文件类型	典型软件
.exe	可执行文件	直接双击打开
.doc	Word 文件	Word
.txt	纯文本文件	
.rtf	Rich Text Format 格式	
.wps	WPS 文件	WPS Office
.ppt	PowerPoint 演示文稿	PowerPoint
.pps	PowerPoint 放映文件	
.wav	Windows 标准声音文件	Windows Media Player
.mid	乐器数字接口的音乐文件	
.mp3	MPEG Layer-3 声音文件	
.wma	Windows 音频格式文件	
.avi	Windows 视频文件	
.mpeg	MPEG 视频文件	
.wmv	流媒体视频文件	
.dat	VCD 视频文件	
.html , .htm	网页文件	IE
.swf	Flash 动画文件(IE 中需装有 Flash 播放插件)	
.txt	纯文本文件	

图 2-24　常见文件及其扩展名

3. 文件的路径

文件夹一般采用多层次结构(树状结构),在这种结构中每一个磁盘可当作大树的“树根”,里面的各级文件夹就是“树枝”,而文件就是“树叶”。在这种结构中每一个磁盘都有一个根文件夹,它包含若干子文件夹和文件。文件夹不但可以包含文件,而且可以包含下一级文件夹,以此类推形成的多级文件架构既帮助了用户将不同类型和功能的文件分类储存,又方便文件查找,还允许不同文件夹中文件拥有同样的文件名。文件夹树状层次结构如图 2-25 所示,因此 Tea 文件路径为 C:\music\pop\tea. mp3。

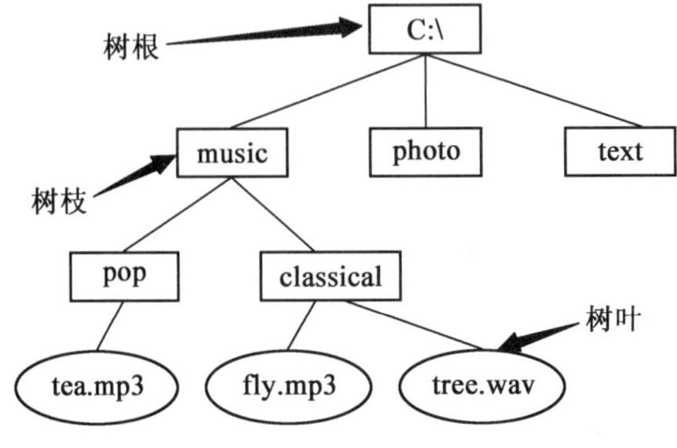

图 2-25　文件夹树状层次结构

4. 文件与文件夹的管理

对文件的管理主要包括新建、删除、移动、复制、重命名等。通过这些操作,对文件进行有选择的取舍和有秩序的存放。

(1)新建文件夹。文件夹的作用就是存放文件,可以对文件进行分类管理。在 Windows 操作系统下,用户可以根据需要自由创建文件夹,具体操作方法如下:

①首先鼠标右键单击已有文件夹的空白处。

②然后在弹出的下拉列表选项中鼠标左键单击"新建"。

③接着在弹出的子列表中单击"文件夹"。

④最后就会生成一个新的文件夹,并且要重新命名这个文件夹,默认名称为新建文件夹。

除了这种新建文件夹的常规方法外,不妨使用 Ctrl + Shift + N 快捷键,这样就能快速地新建文件夹,省时省事。

(2)重命名文件与文件夹。管理文件与文件夹时,应该根据其内容进行命名,这样可以通过名称判断文件的内容。如果需要更改已有文件或文件夹的名称,可以尝试下列方法:

方法 1:使用鼠标右键单击文件图标,在弹出的快捷菜单中选择"重命名"命令,然后输入新更改的文件名即可。

方法 2:选中文件,再选择菜单栏中的"文件"→"重命名"命令,输入新的文件名,然后按 Enter 键确认。

方法 3:单击文件图标上的标题,然后输入新的文件名即可。

(3)选择文件或文件夹。

在对文件或文件夹进行各种操作前,需要先选择该文件或文件夹,选择的方式主要有以下几种:

①选择单个文件或文件夹。用户直接用鼠标单击文件或文件夹图标即可选中,被选中的文件或者文件夹图标将呈蓝色透明状显示。

②选择多个相邻的文件或文件夹。有两种方法可以实现:第一种是直接用鼠标进行框选,这时被鼠标框选中的文件或文件夹将同时被选中;第二种是单击要选择的第一个文件或文件夹,然后同时按住 Shift 键再单击最后一个要选择的文件或文件夹,如图 2 - 26 所示。这时被单击的两个文件或文件夹之间的所有文件或文件夹都会被选中。

③选择多个不相邻的文件或文件夹。首先需要单击第一个要选择的文件或文件夹,然后同时按住 Ctrl 键并分别单击其他要选择的文件或文件夹即可,如图 2 - 27 所示。如果不小心多选了几个文件或文件夹,可以再次按住 Ctrl 键的同时继续单击多选中的文件或文件夹,这样可以取消选择。

④选择全部文件或文件夹。可以单击菜单栏中的"编辑"→"全选"命令,或者直接按 Ctrl + A 快捷键进行全选。

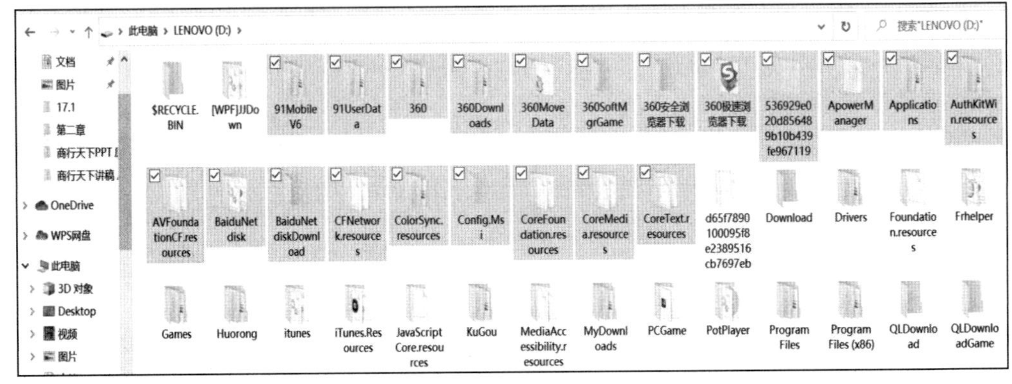

图 2 - 26　框选相邻的多个文件或文件夹

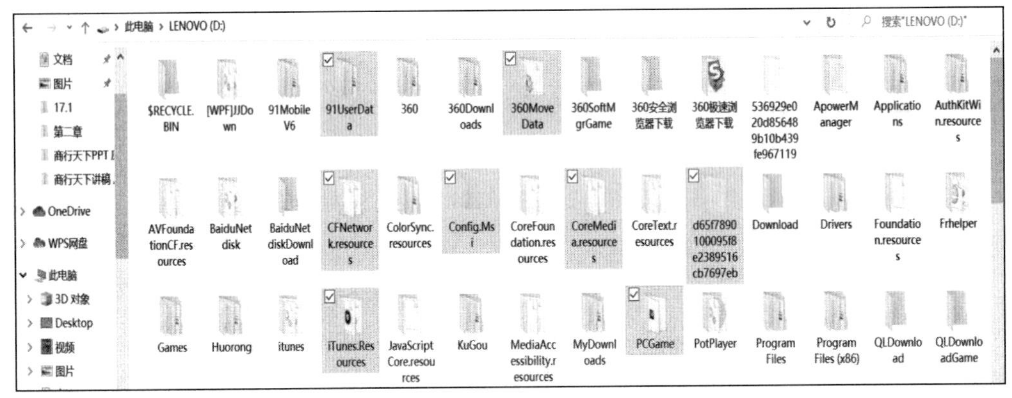

图 2 - 27　框选不相邻的多个文件或文件夹

(4)复制和移动文件或文件夹。

复制文件或文件夹相当于为文件或文件夹做一个备份,原文件夹下的文件或文件夹仍然存在;移动文件或文件夹是将文件或文件夹移动到另一个文件夹中,原来的位置就不再存在了。

①复制文件或文件夹。

方法 1:将光标指向所选的文件或文件夹,按住鼠标左键,可将文件或文件夹直接通过导航窗格拖送到目标位置后松开左键,但要注意的是,如果是在不同磁盘内复制,直接拖动即可;如果是在同一磁盘内复制,则需在拖动的同时按住 Ctrl 键,否则会显示为移动文件或文件夹,如图 2 - 28 所示。

方法 2:选中需要复制的文件或文件夹,再选择“主页”→“剪贴板”→“复制”命令,然后转换到目标位置,再次选择“主页”→“剪贴板”→“粘贴”命令,如图 2 - 29 所示。

方法 3:单击选中要复制的文件或文件夹,用鼠标右键点开快捷菜单,选择“复制”后再到目标位置单击鼠标右键,选择“粘贴”(还可以通过 Ctrl + C 快捷键和 Ctrl + V 快捷键来完成操作)。

②移动文件或文件夹。

方法 1:将光标指向所选的文件或文件夹,按住鼠标左键,可将文件或文件夹直接通过导航窗格拖送到目标位置后松开左键,但要注意的是,如果是在不同磁盘内移动,则需要在拖动的同时按住 Shift 键,否则会显示为复制文件或文件夹;如果是在同一磁盘内移动,则直接拖动即可,如图 2－30 所示。

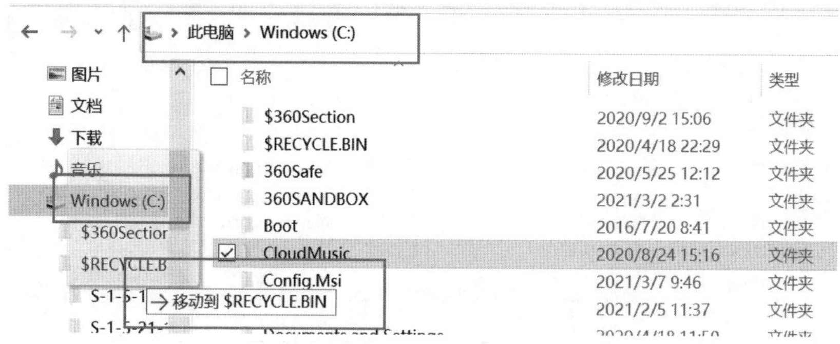

图 2－28　同磁盘的文件拖动显示为移动

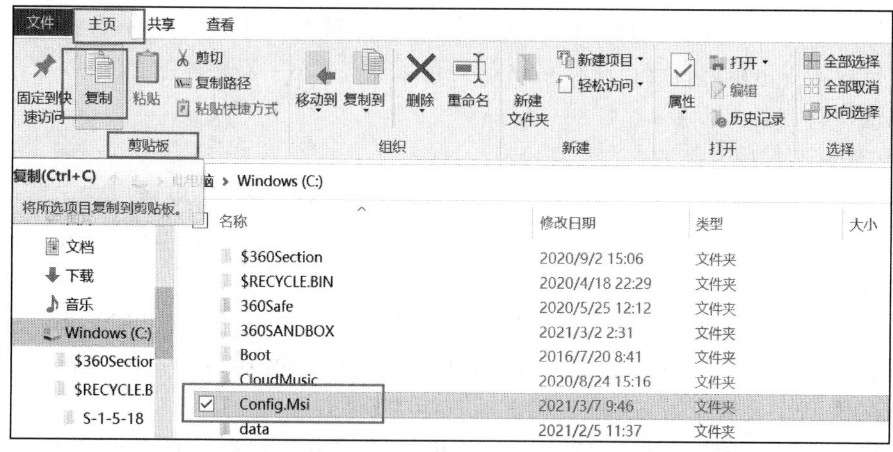

图 2－29　执行复制文件或文件夹命令

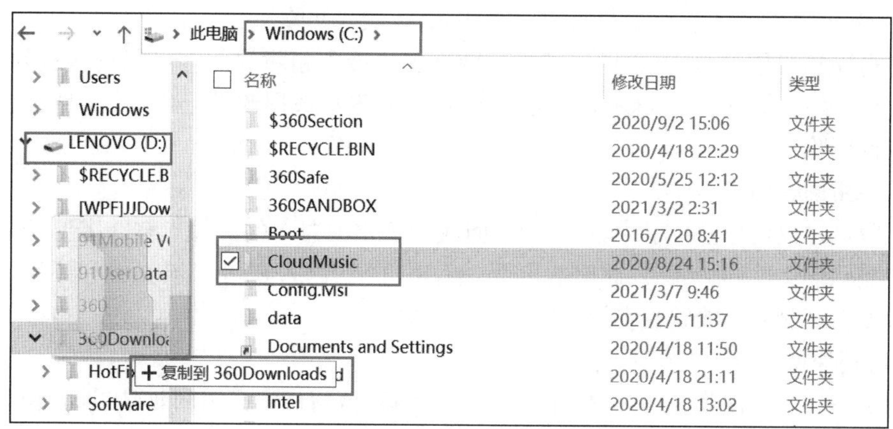

图 2－30　不同磁盘的文件拖动显示为复制

方法 2:选中需要移动的文件或文件夹,再选择“主页”→“剪贴板”→“剪切”命令,然

后转换到目标位置，再次选择“主页”→“剪贴板”→“粘贴”命令，如图 2－31 所示。

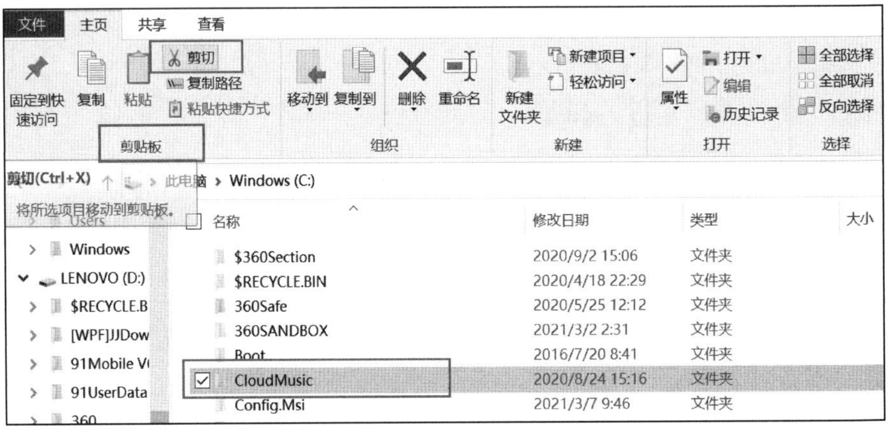

图 2－31　执行移动文件或文件夹命令

方法 3：单击选中要复制的文件或文件夹，用鼠标右键点开快捷菜单，选择“剪切”后再到目标位置单击鼠标右键，选择“粘贴”（还可以通过 Ctrl + X 快捷键和 Ctrl + V 快捷键来完成操作）。

（5）删除文件或文件夹。

对于不需要的文件或文件夹，用户应及时将其从磁盘上删除，以释放它们所占用的空间，否则文件或文件夹过多会占据大量的磁盘空间，影响计算机的运行速度。删除文件或文件夹的几种方法如下：

方法 1：选择要删除的文件或文件夹，再选择“主页”→“组织”→“删除”命令。

方法 2：选中文件或文件夹后鼠标右键单击文件图标，从快捷菜单中选择“删除”命令。

方法 3：选中要删除的文件或文件夹后直接按 Delete 键。

操作以上三种方法时都会弹出一个对话框，让用户进一步确认是否要将文件或文件夹放入回收站，用户在需要时还可以从回收站还原文件或文件夹。而若在删除文件的时候按住 Shift 键，则会被提示文件将被永久删除，不放入回收站。

值得注意的是，从 U 盘、可移动硬盘、网络服务器中删除的内容将被直接删除，而不会通过回收站。另外，当删除的内容超过回收站的容量或回收站已满时，文件也会被直接永久性删除。

5. 使用回收站

回收站可以看作是一个垃圾桶，专门回收硬盘驱动器上的文件。它的主要功能是存放用户删除的文件和文件夹，此时它们仍然存在于硬盘中，还可以被查看和还原。一旦在回收站彻底删除释放硬盘空间后则无法再还原。

（1）还原回收站中的文件或文件夹。

双击桌面上的回收站图标，打开“回收站”窗口，该窗口将显示回收站里的所有内容。如果要还原一个或多个文件或文件夹，在选定对象后在菜单栏中选择“回收站工具”→“还原”→“还原选定的项目”命令，如图 2－32 所示。如果要还原全部文件或文件夹，可选择“回收站工具”→ “还原”→“还原所有项目”命令，如图 2－33 所示。

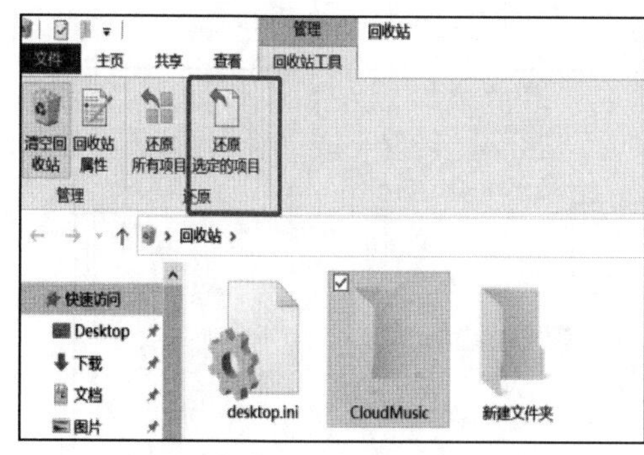

图 2－32　还原选定的项目

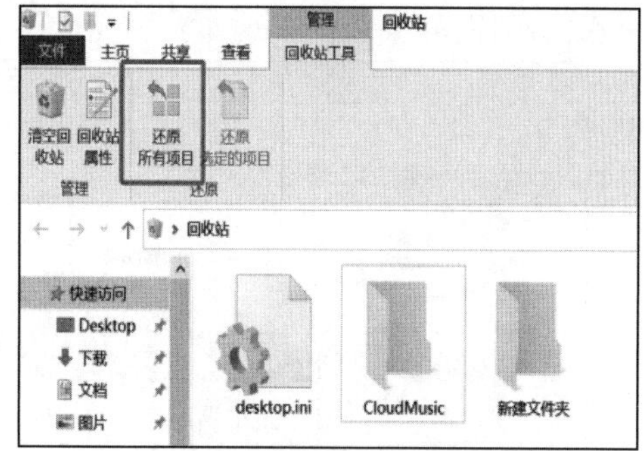

图 2－33　还原所有项目

(2)清空回收站。

当用户确定存放在回收站中的信息已全部无用后,就可以将其全部删除。如果想要删除一个或多个文件和文件夹,在选定对象后在菜单栏里选择“主页”→“组织”→“删除”命令。如果要彻底删除所有文件或文件夹,可任意选取下列一种操作方法:

方法 1:在“回收站”窗口中,在空白处单击鼠标右键,在弹出的快捷菜单中选择“清空回收站”命令。

方法 2:用鼠标右键单击桌面上的回收站图标,在弹出的快捷菜单中选择“清空回收站”命令。

方法 3:在“回收站”窗口中,选择“回收站工具”→“管理”→“清空回收站”命令。

一般清空回收站时会弹出一个信息提示,确认用户是否选择永久删除此文件或文件夹,确认后即可清空回收站。

2.2.7　磁盘维护

计算机(电脑)①在运行过程中都会产生垃圾文件。如果长时间不清理就会造成文件堆积,影响操作系统的运行,所以清理和维护磁盘是使用电脑的关键。应定期对磁盘进行软件的维护,删除垃圾文件及没有用的应用程序,整理磁盘碎片。

1. 格式化磁盘

电脑磁盘空间是有限的,一旦空间被占满,就会造成电脑运行缓慢,如果想让磁盘空间变大的话,可以通过对电脑进行格式化操作来完成。格式化磁盘有以下两种方法:

方法 1:通过“此电脑”窗口选择需要格式化的磁盘,单击鼠标右键;在弹出的快捷菜单中选择“格式化”命令,打开“格式化”对话框,进行格式化设置后单击“开始”即可,如图2－34所示。

方法 2:打开“磁盘管理”窗口,在需要格式化的磁盘上单击鼠标右键;在弹出的快捷菜单中选择“格式化”命令,或者直接选择窗口上的“操作”→“所有任务”→“格式化”命令,打开“格式化”对话框;在对话框中进行格式化参数的设置,然后单击“确认”按钮,完

① 考虑“此电脑”窗口及后文中涉及“电脑”字样的按钮,为叙述方便,行文中有时为叙述上与图呼应,出现“电脑”字样。

成格式化操作,如图 2－35 所示。

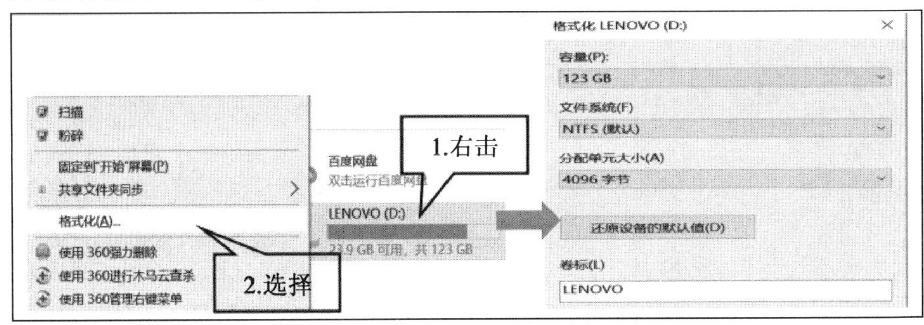

图 2－34　通过“计算机”窗口格式化磁盘

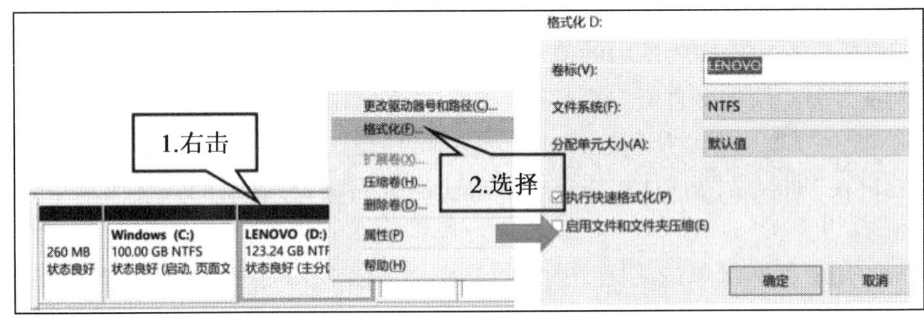

图 2－35　通过“磁盘管理”窗口格式化磁盘

设置对话框中的相关参数。

(1)容量:用于选择格式化磁盘的容量,Windows 将自动判断容量。

(2)文件系统:用于选择文件系统的类型,一般为 NTFS 格式。

(3)分配单元大小:用于指定磁盘分配单元的大小或者簇的大小,推荐使用默认设置。

(4)卷标:用于输入卷的名称,方便日后识别。卷标最多可以包含 11 个字符(包括空格)。

(5)格式化选项:用于选择格式化磁盘的方式。

格式化操作是破坏性的,所以格式化磁盘之前,一定要对重要资料进行备份,不要轻易进行格式化磁盘的操作。

2. 磁盘清理

电脑使用一段时间后,各个磁盘都积累了很多不需要的文件或者垃圾文件,占用内存空间,如已下载的程序文件、临时文件等,不仅占用磁盘空间,还会降低系统的处理速度,因此要定期进行磁盘清理,以释放磁盘空间。

磁盘清理程序可以帮助用户释放磁盘上的空间,该程序首选搜索驱动器,然后列出临时文件、Internet 缓存文件,以及完全可以删除的、不需要的文件,具体方法如下。

方法 1:打开“开始”菜单→“Windows 管理工具”→“磁盘清理”命令,打开“磁盘清理”对话框,选择驱动器,再单击“确定”按钮,如图 2－36 所示。

方法 2:在“此电脑”窗口中,用鼠标右键单击某个磁盘,并在弹出的快捷菜单中选择“属性”命令,再单击“常规”选项卡中的“磁盘清理”按钮。这时会弹出“磁盘清理”提示框,提示正在计算所选磁盘上能够释放多少空间,如图 2－37 所示。在完成计算和扫描后，系统列出指定磁盘上所有可删除的无用文件，在复选框勾选要删除的文件，单击“确定”按钮即可，如图 2－38 所示。

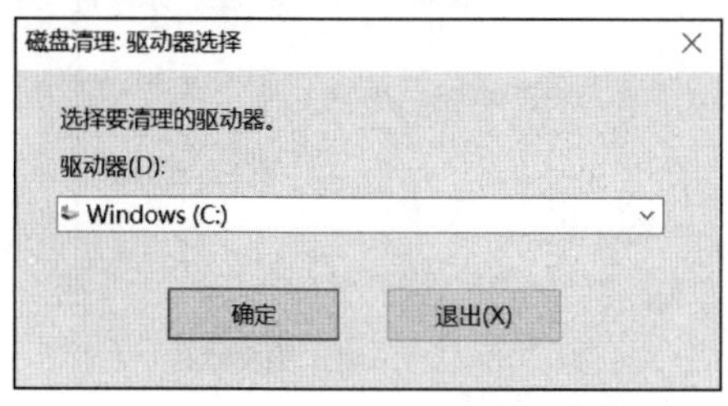

图 2－36　“驱动器选择”对话框

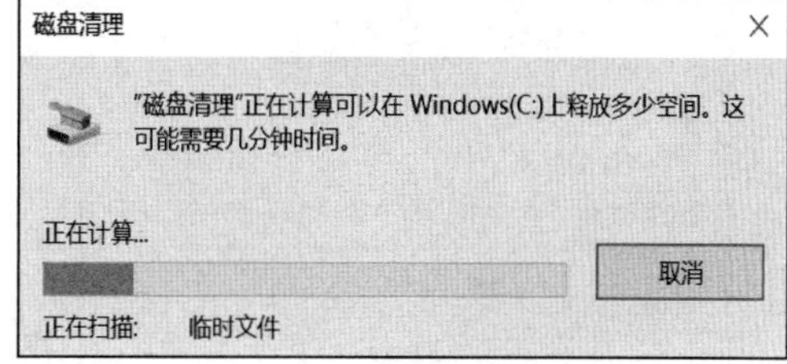

图 2－37　“磁盘清理”提示框

图 2－38　勾选磁盘上要删除的文件

3. 查看磁盘属性

磁盘属性通常包括磁盘的类型、文件系统、空间大小、卷标信息等常规信息，以及磁盘的查错、碎片整理等处理程序和磁盘的硬件信息等。查看磁盘的常规属性可进行如下操作：

（1）双击此电脑图标，打开“此电脑”对话框。

（2）鼠标右键单击要查看属性的磁盘图标，在弹出的快捷菜单中选择“属性”命令。

（3）打开“磁盘属性”对话框，选择“常规”选项卡，如图 2－39 所示。

（4）在该选项卡中，用户可以在最上面的文本框中键入该磁盘的卷标；在该选项卡的中部显示该磁盘的类型、文件系统、打开方式、已用空间及可用空间等信息；在该选项卡的下部显示该磁盘的容量，并用饼图的形式显示已用空间和可用空间的比例信息。

（5）切换到“工具”选项卡，还可以对该磁盘进行查错、碎片整理、优化等操作，如图 2－40 所示。

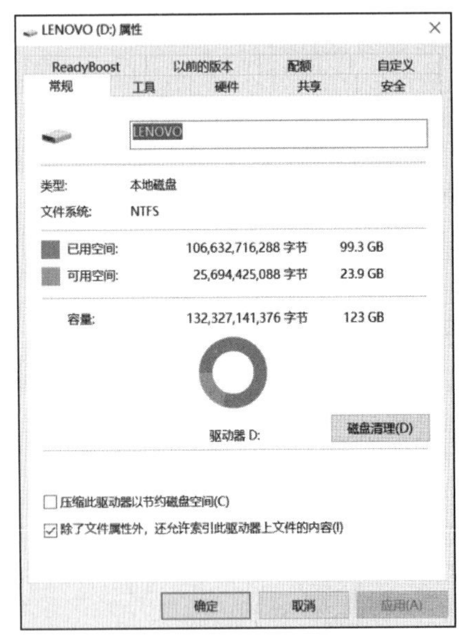

图 2 – 39 “属性”对话框

图 2 – 40 “工具”选项卡

4. 磁盘碎片化清理

计算机数据的存储是根据扇区、柱面存储的。这一存储方式在数据存储中的确有很大的优势，但是也有许多弊端。比如硬盘使用时间长了就会产生较多的磁盘碎片，从而影响写入、读取的性能。磁盘碎片是因为文件被分散保存到整个磁盘的不同地方，而不是连续地保存在磁盘的簇中形成的。为了提升磁盘的读写效率，用户要定期对磁盘碎片进行整理和优化。

操作步骤：选择“开始”菜单→“Windows 管理工具”→“磁盘整理和优化驱动器”命令，打开“优化驱动器”窗口后，选择指定的驱动器，单击“分析”按钮，进行磁盘分析。若磁盘碎片过多，系统会询问用户“是否需要进行优化”操作，单击“优化”按钮，系统会自动进行整理，如图 2 – 41 所示。

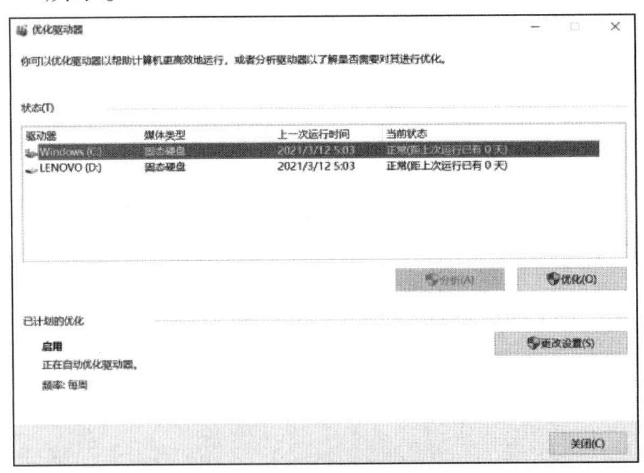

图 2 – 41 磁盘碎片化整理和优化

2.3　Windows 10 环境设置

电脑刚安装完后每次打开时系统桌面都是一样的，看久了难免会产生审美疲劳，为了迎合不同用户的审美和爱好，Windows 10 提供了允许用户自定义设置的系统环境，如设置桌面主题、外观颜色、屏幕保护、系统时间与日期等，通过更改这些选项，使计算机能够更加个性化，更好地为用户服务。

2.3.1　主题和背景

计算机桌面背景是一张可随时更改的图片，用户可以将系统自带的图片设置为桌面背景，也可以将自己制作的图片或者照片作为桌面背景。对 Windows 10 系统进行个性化设置的方法如下：

在系统桌面的空白处单击鼠标右键，在弹出的快捷菜单中选择“个性化”命令，打开个性化设置界面，如图 2－42 所示，单击相应的按钮进行个性化设置。

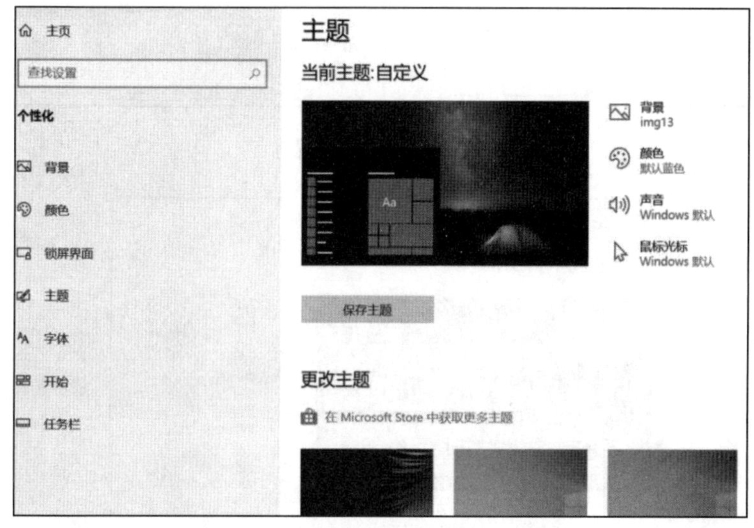

图 2－42　个性化设置界面

(1)单击“背景”按钮。在背景界面中用户可以更改背景为图片、纯色或幻灯片放映；图片可选择系统自带的图片或者在单击“浏览”按钮添加自定义的图片；单击选择契合度的下拉列表可以为桌面背景选择与桌面最匹配的放置方式。背景设置具体如图 2－43 所示。

(2)单击“主题”按钮。在主题界面中，用户可以自定义主题的背景、颜色、声音及星光鼠标等项目，设置完成后保存主题；还可以在下方的更改主题中直接使用系统自带的主题进行更换，如图 2－44 所示。

2.3.2　窗口颜色和外观

操作系统的颜色不是一成不变的，用户可以根据自己的喜好来自定义颜色。通过

“颜色”设置界面,用户可以为“开始”菜单、任务栏和操作中心以及标题栏和窗口边框设置不同的颜色。设置窗口颜色的具体操作步骤如下:

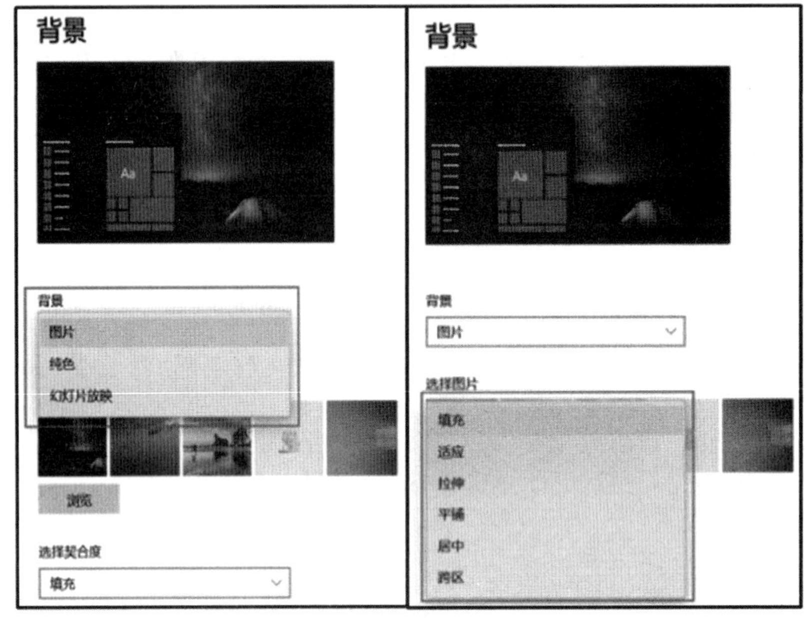

图 2-43 “背景”设置界面

图 2-44 “主题”设置界面

(1)在系统桌面的空白处单击鼠标右键,在弹出的快捷菜单中选择“个性化”命令,打开“个性化”窗口。

(2)在“个性化”窗口的左侧导航栏中单击“颜色”按钮,在打开的“颜色”界面中选择合适的颜色作为系统背景色(包括浅色、深色、自定义),还可以选择是否打开“透明”效果,如图 2 –45 所示。

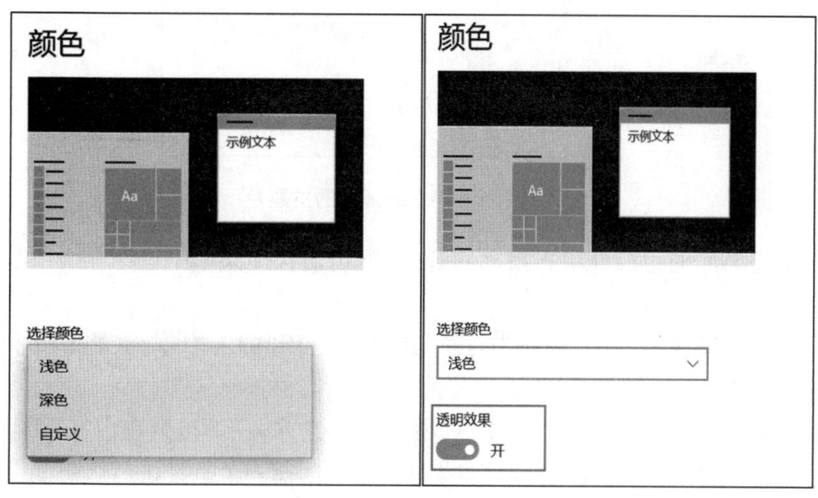

图 2 –45　颜色设置界面

(3)在下方的“主题色”选项中可以选择 Windows 10 自带的颜色,也可以根据用户自己的喜好选择自定义主题色,并可调节颜色的浓度,如图 2 –46 所示。

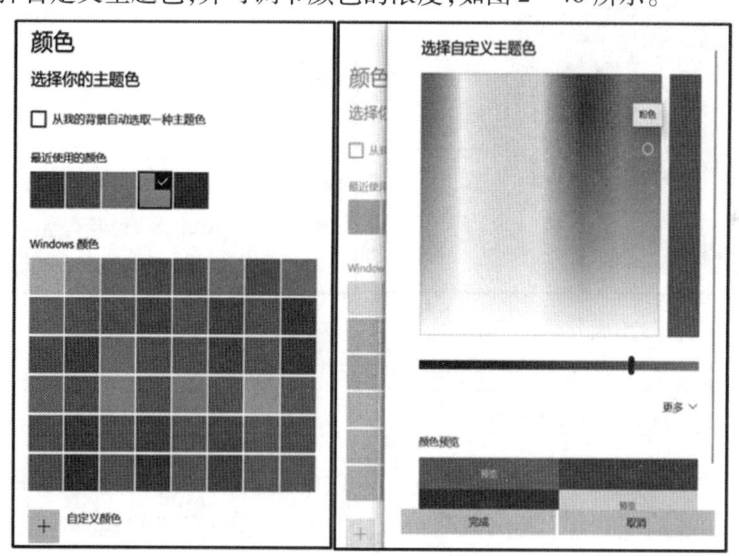

图 2 –46　“主题色”设置界面

(4)除此之外,用户还可以为“开始”菜单、任务栏和操作中心以及标题栏和窗口边框设置颜色,选好颜色后在想要显示主题色的区域复选框里勾选即可,如图 2 –47 所示。

2.3.3　系统声音设置

进行一些系统设置时,系统会发出提示音。很多用户希望进行系统声音设置来关闭这些声音或者对声音进行个性化的调节。下面介绍系统声音设置的具体步骤。

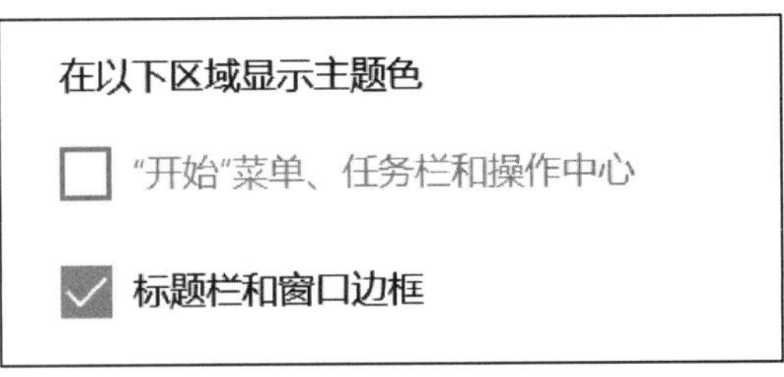

图 2－47　设置系统区域的主题色

(1)在系统桌面的空白处单击鼠标右键,在弹出的快捷菜单中选择“个性化”命令,打开个性化设置窗口。

(2)在个性化设置界面中,单击“主题”选项,在打开的“主题”设置界面中单击“声音”按钮,进入“声音”对话框,如图 2－48 所示。

(3)在“声音”对话框中选择“声音”选项卡,“声音方案”下拉列表中有系统附带的多种方案,任选其一后,可在下方“程序事件”列表框中选择一个事件进行试听。

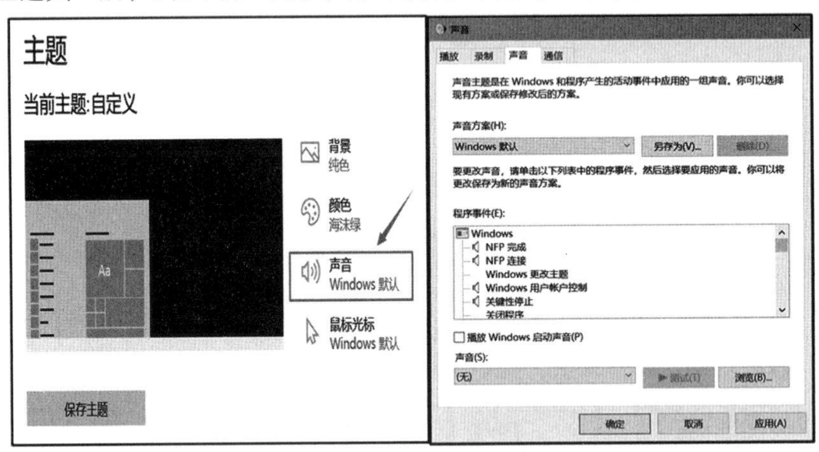

图 2－48　设置系统声音

2.3.4　设置屏幕保护程序

由于显示器工作时,电子枪不停地逐行发射电子束,荧光屏上有图像的地方就显示一个亮点。如果长时间让屏幕处于一个静止的画面,那些亮点的地方容易发生老化,为了不让计算机屏幕长时间显示一个画面,所以要设置屏幕保护。

用户设置好屏幕保护程序后,只需按任意键或者移动鼠标就可使电脑重新恢复工作状态。具体的设置步骤如下:

(1)在系统桌面空白处单击鼠标右键,在弹出的快捷菜单中选择“个性化”命令。

(2)在打开的“个性化”界面中单击“锁屏界面”选项,将滚动条拉到最下面,找到“屏幕保护程序设置”,如图 2－49 所示。

(3)单击后弹出“屏幕保护程序设置”对话框,如图 2－50 所示,在“屏幕保护程序”下拉列表中选择任意一种方案,如“变幻线”,如果选择“3D 文字”或者“照片”等,还需要单击右侧的“设置”按钮,进一步设置自定义的参数。

(4)需要在下方的数值框里设置等待时间,如果需要在退出屏保时输入密码,可选中“在恢复时显示登录屏幕”复选框。

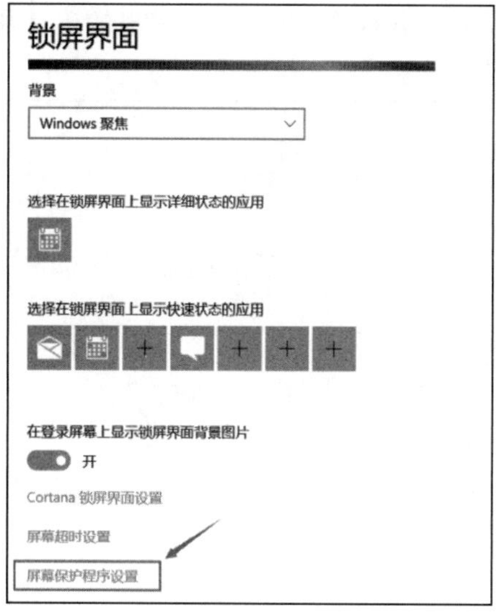

图 2－49　锁屏界面

(5)设置好后单击“应用”保存设置。

图 2－50　“屏幕保护程序设置”对话框

2.3.5　设置分辨率

显示器的分辨率影响着屏幕的可利用空间。分辨率越大,工作空间越大,显示的内容越多,用户可能会感到桌面上的图标文字、窗口标题及菜单文字会很小。为了不影响观看效果,可以自己设置屏幕分辨率。具体的操作步骤如下:

(1)在桌面空白处单击鼠标右键,在弹出的快捷菜单中选择“显示设置”按钮并单击,在打开的系统设置界面中选择“显示”选项。

(2)找到“显示”界面中的“显示分辨率”选项,如图 2-51 所示,单击“分辨率”下拉列表框,选择合适的值更改屏幕分辨率,更改后在弹出的确认界面中选择“保留更改”按钮,如图 2-52 所示。

显示
在上面所选择的显示器上让 HDR 和 WCG 视频、游戏和应用中的画面更明亮、更生动。
Windows HD Color 设置
缩放与布局
更改文本、应用等项目的大小
150% (推荐)
高级缩放设置
显示分辨率
1920 × 1080 (推荐)
显示方向
横向
旋转锁定
开

图 2-51　显示分辨率设置

图 2-52　显示分辨率保留更改

2.3.6　控制面板中的主要设置

控制面板一直是更改系统设置的主要程序,利用控制面板中的选项可以设置系统的外观和功能,还可以设置系统时间、添加/删除应用程序、设置网络连接、管理用户账户、更改辅助功能等。

在 Windows 10 中,这个页面被弱化隐藏,只需到设置中就可以更改系统。想要找到控制面板,需要单击任务栏下的搜索框,输入“控制面板”,再单击搜索出的选项即可。

1. 设置系统时间和日期

在任务栏右侧的位置显示当前系统的日期和时间,用户如果发现日期或时间不对,也可以手动进行更改,具体步骤如下:

(1)打开“控制面板”,找到“时钟和区域”选项,单击“日期和时间”按钮,如图 2-53

所示。

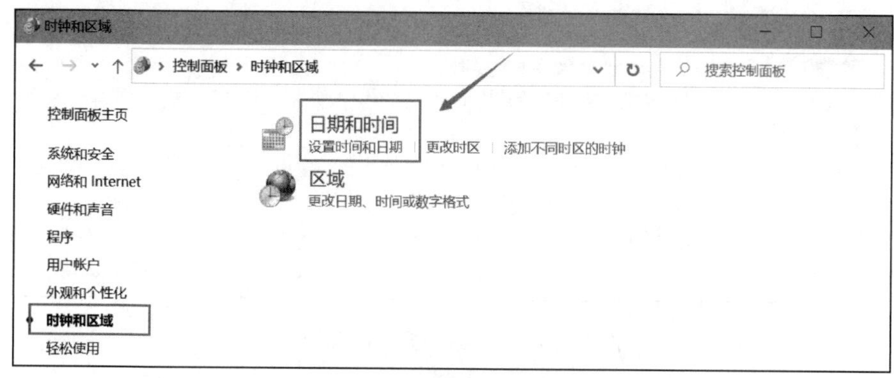

图 2 – 53　日期和时间设置

（2）在打开的“日期和时间”对话框中，可选择“更改日期和时间”，手动更改系统的当前日期和时间。也可选择下方的“更改时区”，根据自己实际所处的地理位置选择相应的时区，如图 2 – 54 所示。

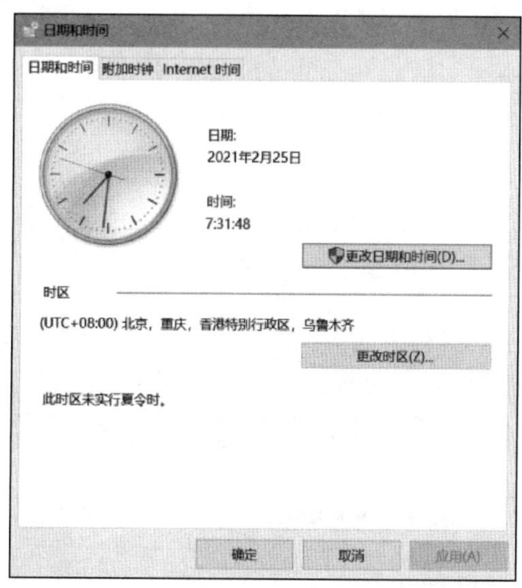

图 2 – 54　日期和时间以及更改时区设置

2. 更改电源设置

Windows 10 增强了自身的电源管理功能，使用户对系统电源的管理更加方便和有效。如果系统自带的电源设置无法满足用户要求，用户可以对其进行详细设置，具体操作如下：

（1）打开“控制面板”，单击“硬件与声音”选项，选择“更改计划设置”或者“选择或自定义，电源计划”并打开，如图 2 – 55 所示。

（2）在“选择或自定义电源计划”界面中，单击“更改计划设置”按钮，进一步修改关闭显示器的时间和自动进入睡眠状态的时间，如果还需要更详细的设置，则单击“更改高级电源设置”，如图 2 – 56 所示。

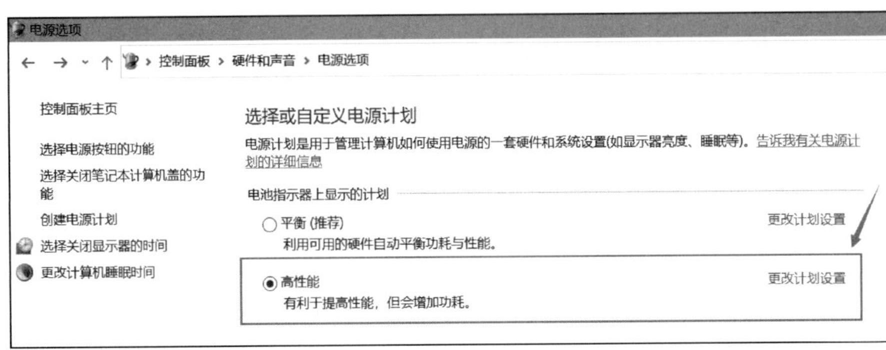

图 2－55　选择或自定义电源计划

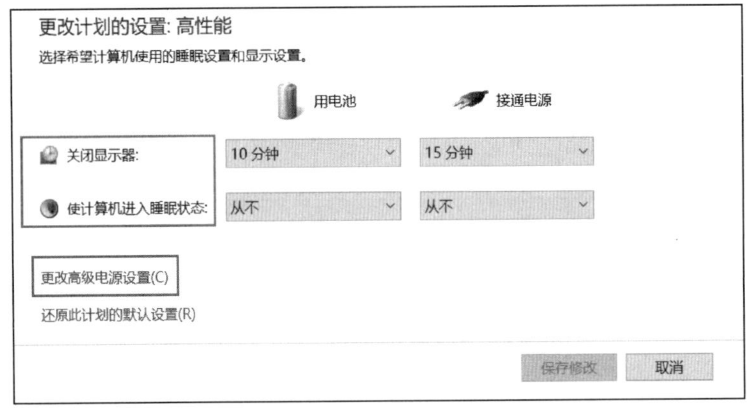

图 2－56　更改电源计划的设置

(3)在打开的“电源选项”对话框中，如图 2－57 所示，对所需改变的项目(如电源按钮和盖子、USB 设置、睡眠等)进行设置，并选择“应用”按钮。

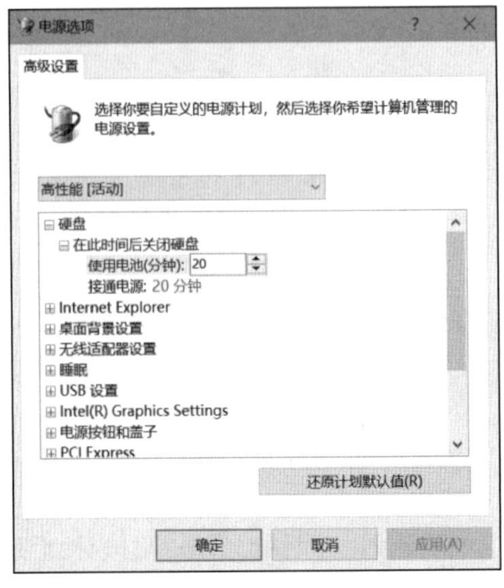

图 2－57　电源选项

(4)将所有选项设置完成后,返回到“编辑计划设置”窗口,单击“保存修改”按钮完成设置。

3. IE 配置

Internet Explorer(旧称 Microsoft Internet Explorer 和 Windows Internet Explorer,简称 IE),是微软所开发的图形用户界面网页浏览器。它集成了很多个性化、智能化、隐私保护的功能,方便用户使用。

Windows 10 中默认浏览器是 Microsoft Edge,用户可以根据需要将默认浏览器改为 IE,具体操作方法如下:

(1)打开“控制面板”,在界面中选择“程序”按钮,打开后在窗口中选择“默认程序”选项,弹出来的界面如图 2-58 所示。

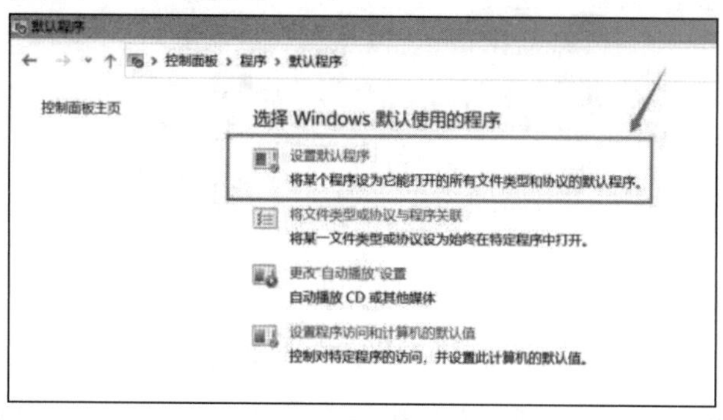

图 2-58 选择系统默认程序

(2)单击“设置默认程序”,在弹出来的“默认应用”系统设置页面上找到“Web 浏览器”。

(3)单击“Web 浏览器选项”,在弹出的列表里选择“Internet Explorer”,如图 2-59 所示。

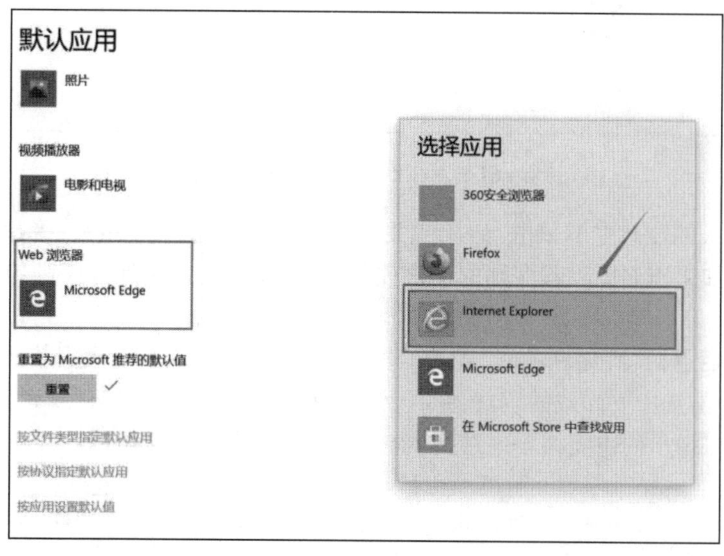

图 2-59 “选择应用”对话框

(4)设置完成后,默认浏览器就已改为 IE 浏览器了。

4. 添加或删除应用程序

打开刚安装好的 Windows 10 时,系统自带的应用程序并没有很多,为了方便用户日常使用,需要通过控制面板进行添加或者删除程序。具体的操作步骤如下:

(1)打开"控制面板",控制面板里有三种查看方式,分别是类别、大图标和小图标。在类别模式中选择"卸载程序"按钮或者在图标模式中选择"程序和功能"按钮,如图 2-60和图 2-61 所示。

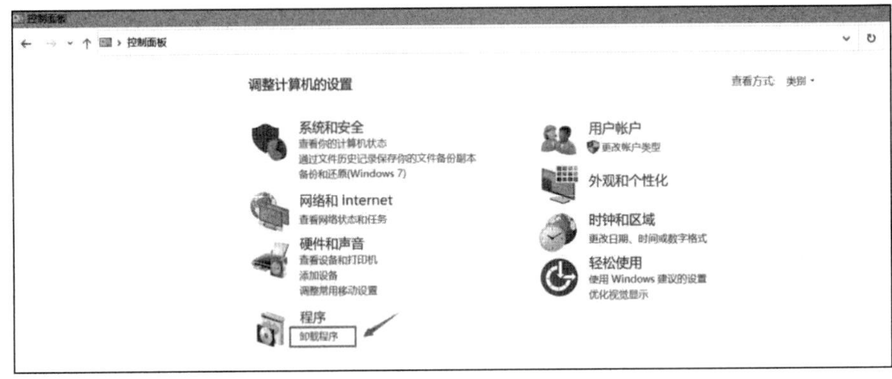

图 2-60 类别模式下的"卸载程序"

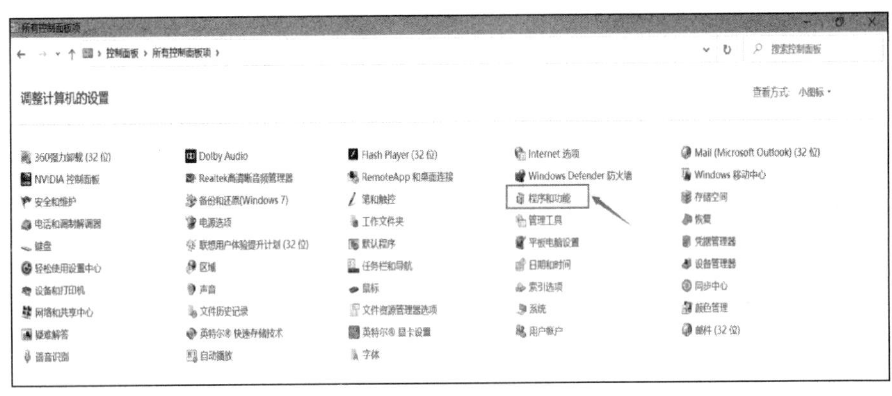

图 2-61 图标模式下的"程序和功能"

(2)在进入的窗口左侧单击"启用或关闭 Windows 功能"文字链接,弹出"Windows 功能"对话框。如果需要删除程序则取消该项的选择;如果需要添加程序则勾选该项,如图 2-62 所示。

(3)设置后返回"程序和功能"窗口,此页面显示系统当前所有已安装的工具软件,从程序列表中单击选中要卸载的程序,单击列表框上方的"卸载"按钮,或者直接选中后单击鼠标右键,在弹出的快捷菜单中选择"卸载"命令,如图 2-63 所示。

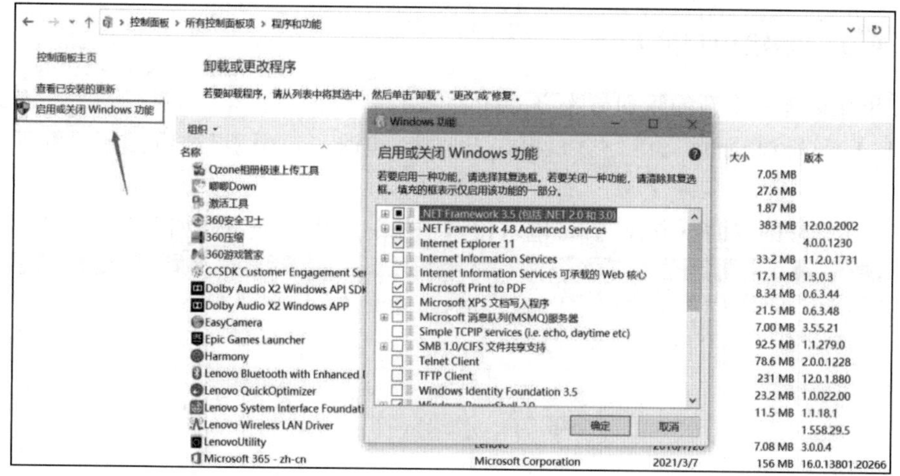

图 2－62　Windows 功能对话框

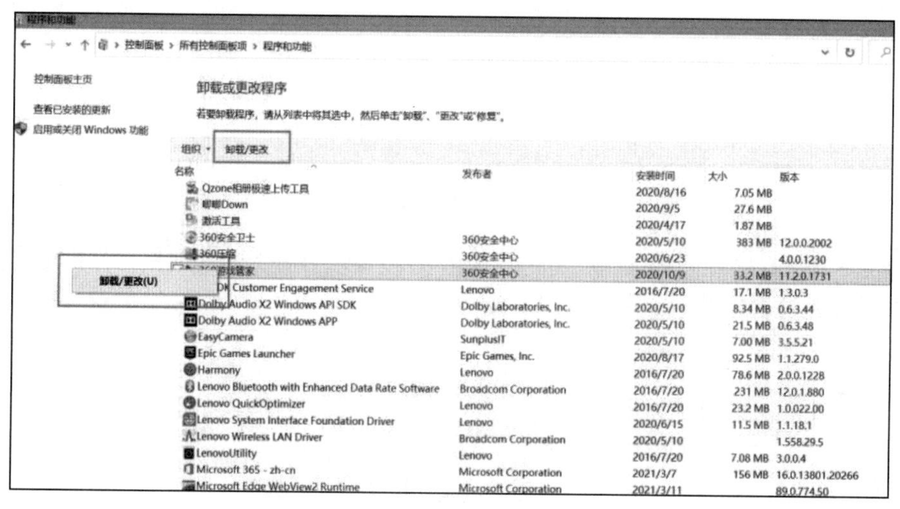

图 2－63　程序卸载

2.4　用户账户管理

用户账户是由将用户定义到某一系统的所有信息组成的记录，账户为用户或计算机提供安全凭证，包括用户名和用户登录所需要的密码，以及用户使用以便用户和计算机能够登录到网络并访问域资源的权利与权限。

Windows 10 支持多用户操作使用，同一台计算机可以容纳保留不同的账户对操作系统的环境设置，所以 Windows 要求每一台计算机至少有一个管理员账户。

Windows 10 中有三种类型的账户，除了可以对计算机进行最高级别控制的管理员账户，还包括标准账户（用于日常计算）以及来宾账户（主要针对需要临时使用计算机的账户）。

2.4.1　创建用户账户

如果想创建一个新的管理员账户,具体的操作步骤如下:

(1)打开“控制面板”,在“类别”模式下选择“更改账户类型”选项,进入“管理账户”窗口。

(2)在打开的界面下方找到“在电脑设置中添加新用户”选项,如图2-64所示。

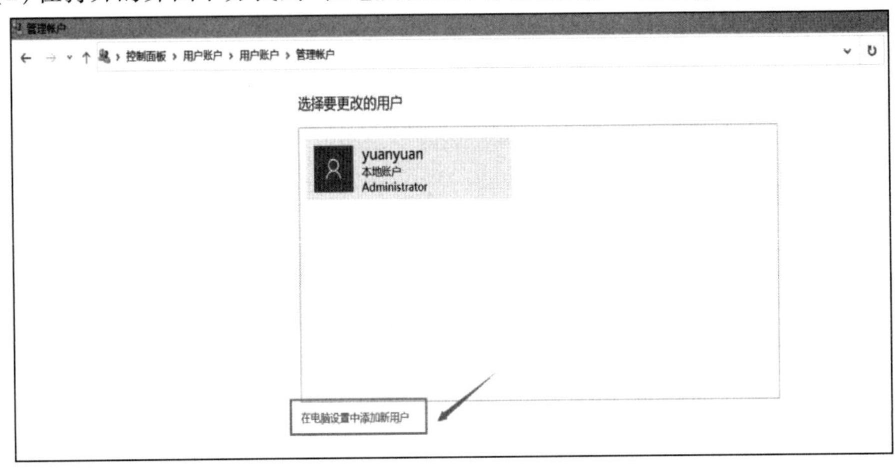

图2-64　管理账户窗口

(3)在设置界面左侧单击“家庭和其他人员”选项,在中间“其他用户”下面选择“将其他人添加到这台电脑”按钮,如图2-65所示。

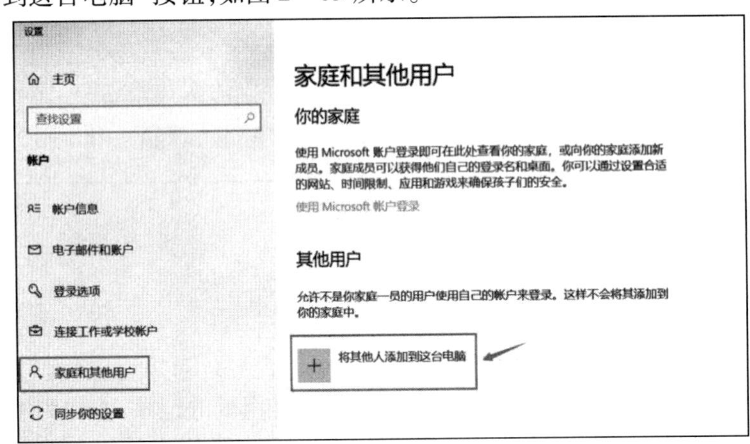

图2-65　将其他人添加到这台电脑

(4)单击后进入“Microsoft账户”界面,输入添加人的用户名和密码以及提示问题与答案,然后单击“下一步”按钮,如图2-66所示。

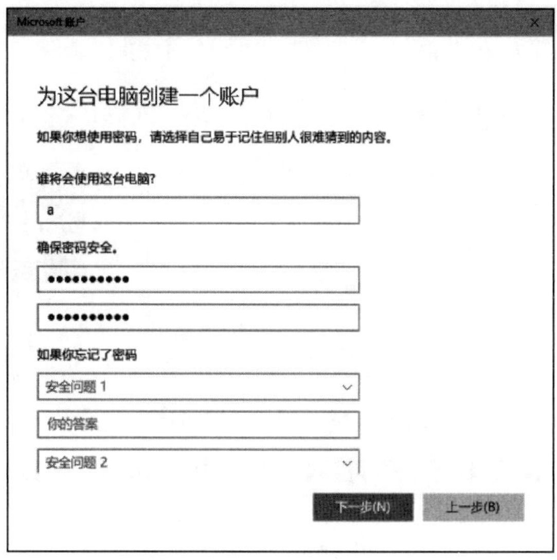

图 2－66　创建新用户窗口

（5）信息输入完成后，单击“下一步”按钮，即可返回原页面，此时名称为“a”的新账户已经创建成功，如图 2－67 所示。

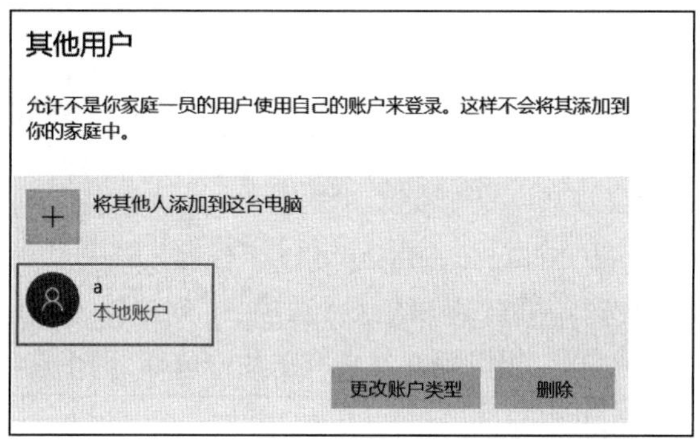

图 2－67　新账户创建成功

2.4.2　更改账户密码

如果想要更改账户密码，具体的操作如下：

（1）打开“控制面板”下的“用户账户”选项，在“用户账户”子窗口下选择“更改账户信息”下面的“管理其他账户”按钮并单击，如图 2－68 所示。

（2）在跳转后的页面里需要选择要更改的用户，选择新创建的账户 a 并单击。

（3）在打开的“更改账户”页面中，单击左侧“更改密码”选项并按要求更改密码，最后保存设置，如图 2－69 所示。

2.4.3　更改账户头像

为新创建的账户“a”设置头像，具体的方法如下：

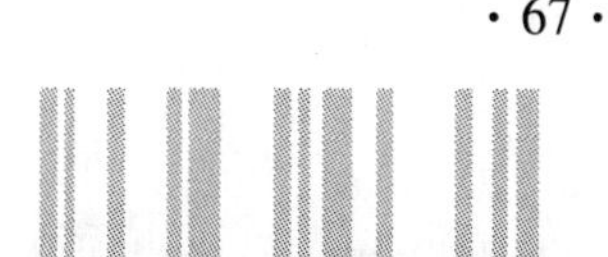

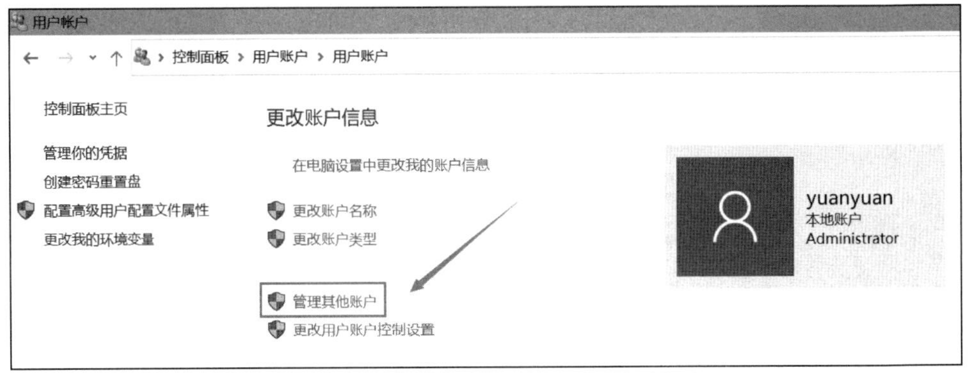

图 2－68　管理其他账户

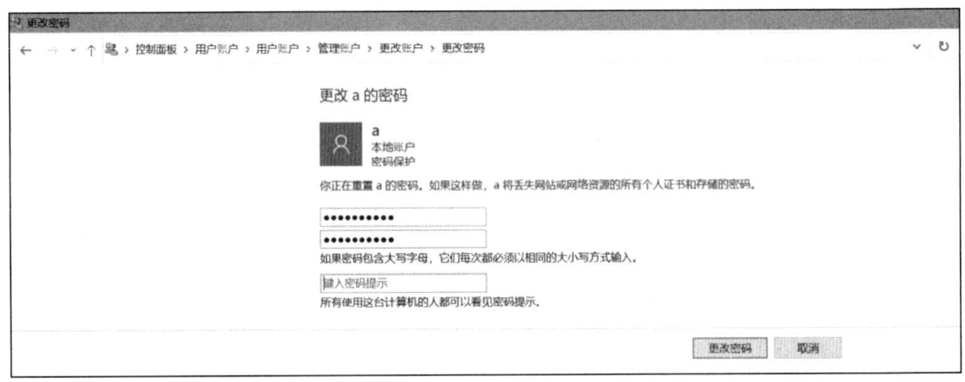

图 2－69　更改密码

(1)打开“Windows 设置”窗口，单击进入“账户”界面。

(2)在“账户”界面中选择左侧“账户信息”选项，可创建新头像。

(3)在“创建头像”区域内有“相机”和“从现有图片中选择”两个选项，如图 2－70 所示。

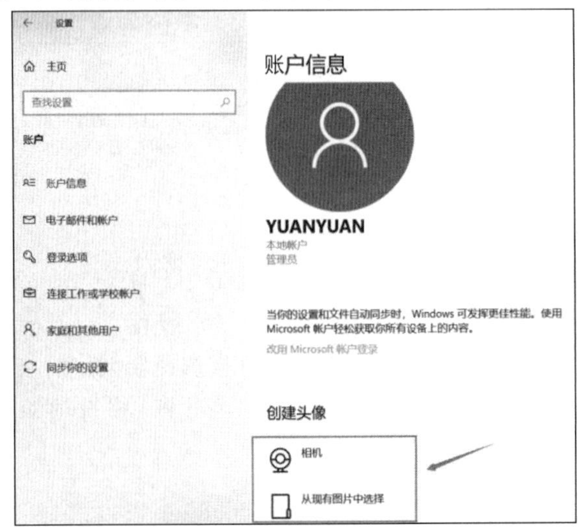

图 2－70　更改账户头像

2.4.4　切换账户

如果想从当前使用的账户切换到创建的新账户 a 中，具体操作步骤如下：

（1）单击“开始”按钮，打开“开始”菜单。

（2）单击上方的个人账户头像，在弹出的子菜单下方会看到新创建的账户头像，单击头像即可进行账户切换，如图 2－71 所示。

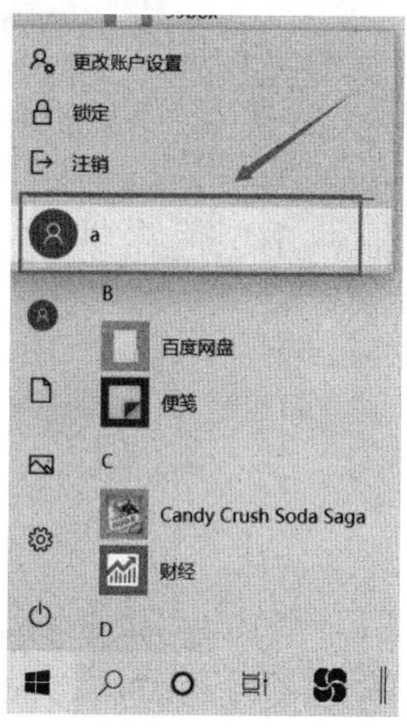

图 2－71　切换账户

2.4.5　删除账户

删除账户需要使用管理员账户登录系统，并且不能删除当前正在使用的账户。具体操作步骤如下：

（1）检查当前登录用户是否为管理员账户，如果不是，则要切换到管理员账户。

（2）打开“控制面板”，进入“用户账户”窗口，选择“删除用户账户”选项。

（3）在跳转到的“管理账户”页面中，选择要更改的账户，这里需要选择账户 a。

（4）选择账户 a 后，进入“更改 a 的账户”窗口，单击“删除账户”，如图 2－72 所示。

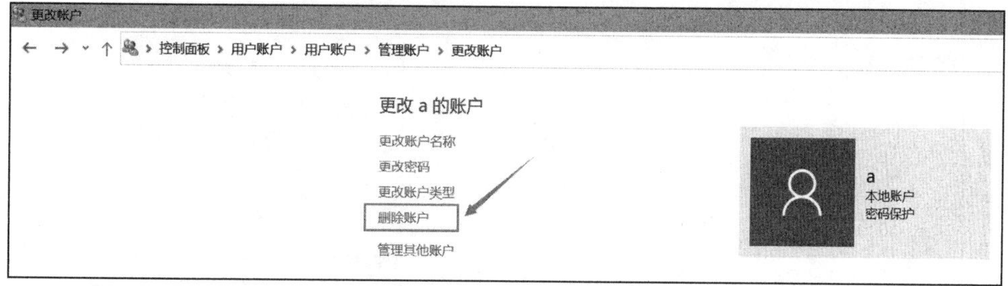

图 2－72　删除账户 a

（5）进入“删除账户”窗口后，系统会再次确认是否保留账户 a 里的文件，可选择“删除文件”或“保留文件”,如图 2－73 所示。

(6)选择完毕,账户 a 经再次确认后被删除。

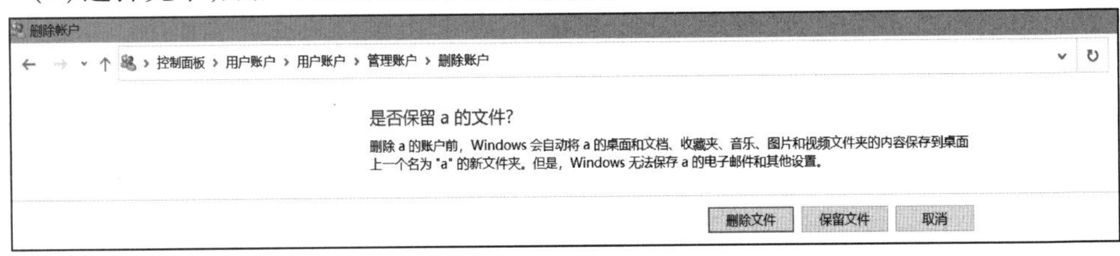

图 2－73　是否保留账户 a 文件

2.5　Windows 10 附件中的实用程序

Windows 10 自带的附件在功能上较之前的版本相比有了明显的提升和改变,界面也更加简单,极大地改善了用户体验感,如画板、截图工具等,都是一些非常好用的小工具。下面介绍几个有代表性的小程序。

2.5.1　计算器

Windows 10 中的计算器提供了四个种类:标准型、科学型、程序员和日期计算。对基本数学使用标准型模式、对高级计算使用科学型模式、对二进制代码使用程序员模式,使用日期计算模式来处理日期。

首先,打开“开始”菜单,在菜单栏中找到“计算器”应用,通过“打开导航” ☰ 按钮来切换计算模式,默认标准下打开的是标准型计算器,如图 2－74 所示。

除了四种基本的计算器类型外,在导航中还可以使用“转换器”命令,货币、客量、长度、速度等常用物理量的单位换算一应俱全,如图 2－75 所示。

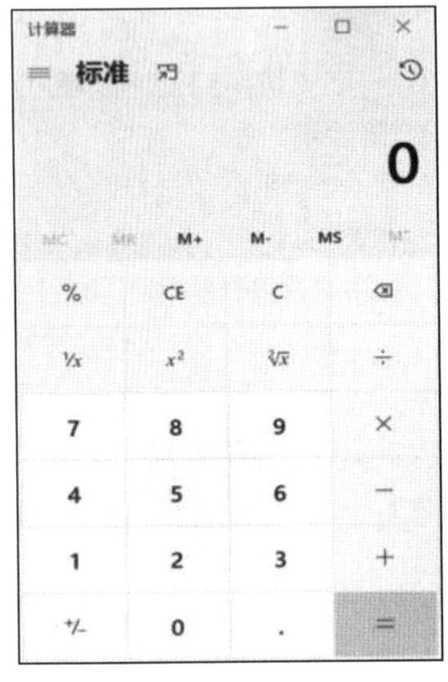

图 2－74　标准型计算器

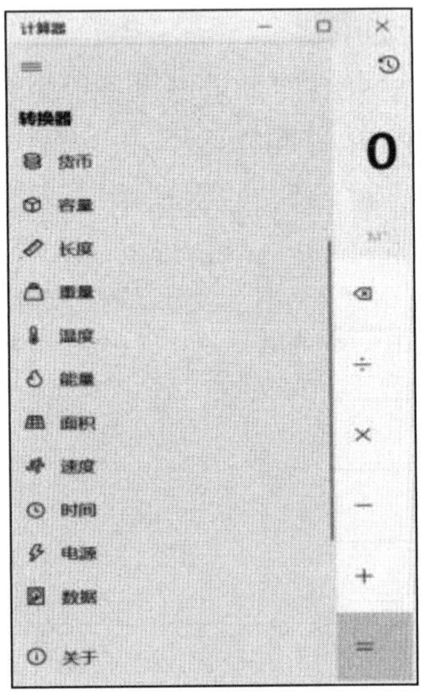

图 2－75　单位“转换器”

2.5.2　录音机

大多数 Windows 10 的用户在进行录音之前,都会下载一些第三方的录音软件。殊不知,下载录音软件不仅会给系统增加负担,而且很有可能会带来一些病毒。事实上,Windows 10 的本身就自带了一个录音功能,用户只要学会使用这个录音功能,就能大幅提高录音效率。具体方法如下:

(1)打开“开始”菜单,在应用列表里找到“录音机”并打开。

(2)Windows 10 的“录音机”窗口十分简洁明了,如图 2－76 所示。在录制前需要确保计算机上装有声卡和扬声器,还要有麦克风和其他音频输入装备。

(3)单击窗口中间的麦克风图标即可进行录制。

(4)录制完成后可单击中间的结束按钮完成录制,如图 2－77 所示。结束按钮下方为“暂停”键和“添加标记”键。

(5)录制结束后可即时回放录音,回放页面下方包括“共享”“剪裁”“删除”“重命名”等功能,可对音频做进一步的处理。

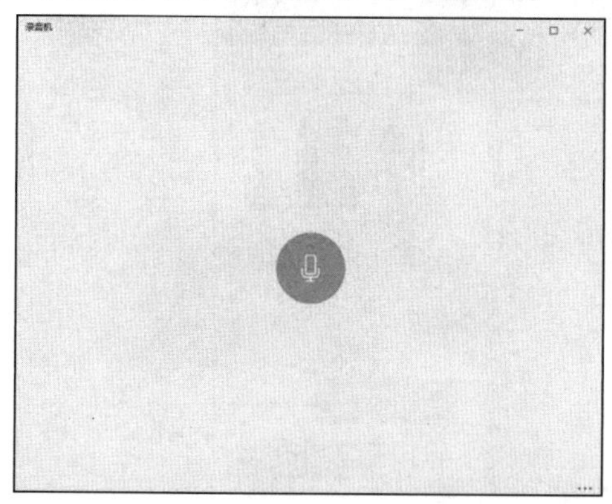

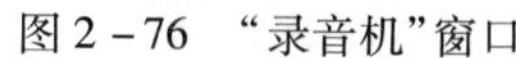

图 2－76　“录音机”窗口

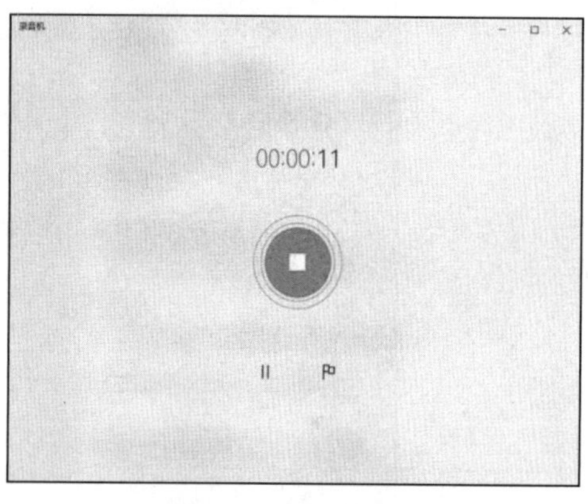

图 2－77　“录音机”暂停窗

2.5.3　画图

画图工具是 Windows 附件中最基本也是最经典的作图工具。在 Windows 10 版本中,画图工具的功能变得更加强大,界面也更加美观简洁。在“开始”菜单的“Windows 附件”中可找到“画图”程序,画图“界面”如图 2－78 所示。

“画图”窗口的顶部为标题栏,标题栏左侧为快速访问工具栏,通过此工具栏,可以进行一些存储、撤消等基本操作。“标题”处于它的右侧。

标题栏下方为菜单栏和画图工具的功能区,菜单栏中包含三个菜单项:文件、主页和查看。

大部分的画图工具集中在“主页”上,包括剪贴板、图像、工具、形状、粗细和颜色等功能区。功能区最右侧有一个“使用画图 3D 进行编辑”的功能,这是 Windows 10 版本新加入的功能,单击它可跳转到“画图 3D”窗口进行绘制,如图 2－79 所示。在这个页面中,用户可以绘制 2D、3D 形状,还可以加入背景贴纸和文本,或将 2D 图片转成 3D 场景。

图 2－78　“画图”界面

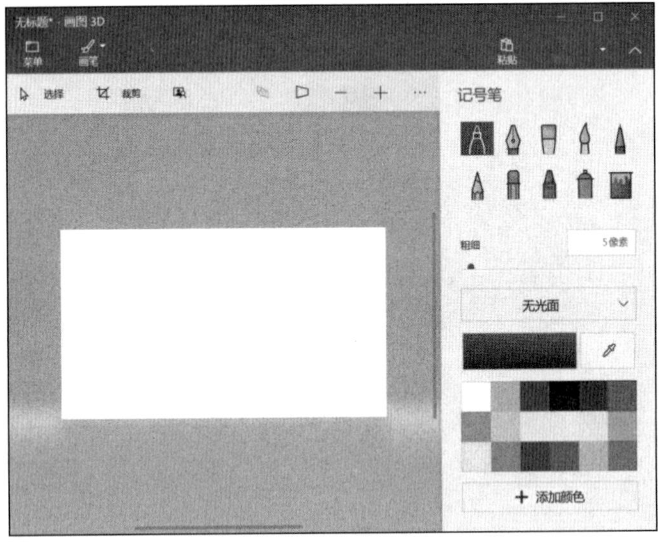

图 2－79　“画图 3D”窗口

2.5.4　远程桌面连接

电脑开启远程桌面程序能够帮助用户更好地控制另一端的电脑，这是远程桌面最强大的功能。用户可以通过这个程序远程访问对方的所有应用程序、文件和网络资源，实现实时操作。下面介绍其连接方法。

(1)首先需要在连接之前对计算机进行设置。打开“控制面板”，在“系统”选项中单击“允许远程访问”。在打开的“系统属性”对话框中，勾选“允许远程协助连接这台计算机”复选框，如图 2－80 所示，并确认已应用。

(2)选择 Windows 10 附件中的“远程桌面连接”，打开“远程桌面连接”对话框，单击“显示选项”按钮，在打开的下拉窗口中对远程连接进行设置，如图 2－81 所示。

图 2－80　允许远程访问

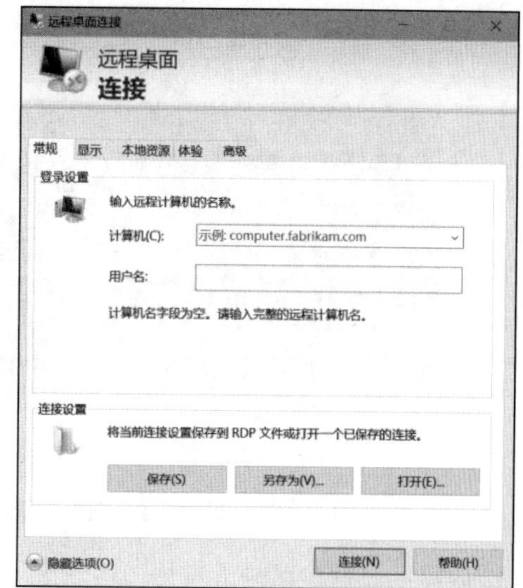

图 2－81　远程桌面连接

(3)在“常规”选项卡的“计算机”下拉列表框中需输入要连接的计算机，一般用 IP 地址标识，用户名一般为“Administrator”。在“显示”选项卡里可选择远程桌面的大小以及远程会话的颜色深度。在其他选项卡中对其他属性也可进行详细设置。

(4)设置好之后单击“连接”按钮，输入密码即可连接到远程的计算机上。连接成功后，就可以正常使用远程计算机了。

2.6　输　入　法

使用计算机时最频繁遇到的问题就是汉字的输入。如何才能快速地录入文字呢?除了加强练习外，选择一种合适的输入法、掌握正确的鼠标与键盘的使用方法都是十分重要的。

2.6.1　键盘和鼠标操作

键盘和鼠标是计算机的输入设备，输入文字首先离不开键盘和鼠标的帮助，因此学会熟练使用键盘和鼠标是提高打字速度、提升工作效率的关键。

1. 键盘的操作

(1)键盘的基本结构。键盘通常有功能键区、主键盘区、编辑键区和状态指示灯组成，如图 2－82 所示。

①功能键区。功能键区位于键盘的最上方，由 Esc、F1 ~ F12 共 13 个键组成。Esc 键称为返回键或取消键，用于退出应用程序或者取消操作命令。

图 2－82　功能键区/主键盘区/编辑键区/辅助键区/状态指示灯

②键盘区。键盘区是最常用的键盘区域，由 26 个字母键、10 个数字键以及一些符号和控制键组成。下面对一些常用键位做特别说明。

Enter 键：回车键。将数据或命令送入计算机时按 Enter 键。

Space 键：空格键。空格键用于输入空格并向右移动光标，是键盘中最长的键，左右手都很方便控制。

Shift 键：上档键。按下该键的同时再按下某双字符键即可输入该键的上档字符。

Ctrl 键：控制键。该键一般不单独使用，通常和其他键组合使用，例如 Ctrl＋S 表示保存。

Alt 键：换挡键。换挡键与其他键组合成特殊功能键。

（2）键盘的使用。了解了键盘的基本功能与结构后，接下来需要掌握如何使用键盘。使用键盘的关键在于掌握正确的指法，养成良好的习惯，熟悉键盘录入的操作技巧，才能真正提高键盘的输入速度。

①键盘操作的基本要领是双手、盲打。双手是指左手管左半边键盘，右手管右半边键盘，以 G 和 H 为分界线，如图 2－83 所示。

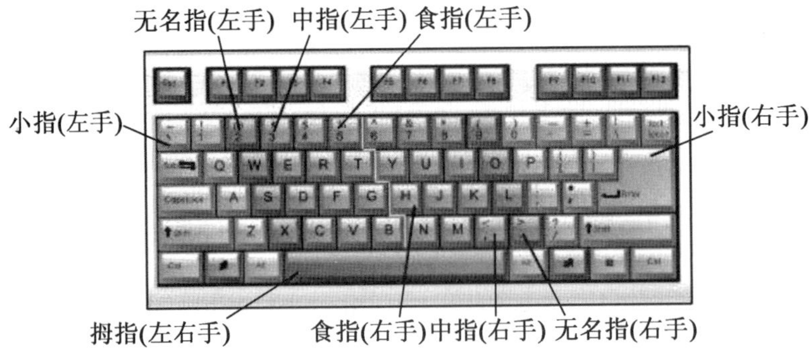

图 2－83　正确的键盘“十指分工”

②手指排队。左手的食指放在 F 键上，其他三个手指依次排列，拇指侧面轻轻挨在空格键上，手指自然弯曲，手心是空心的，右手食指先放在 J 键上，然后其他几个指头依次

排列,拇指侧面轻轻挨着空格键,手的重量落在手臂上。

③手腕别动,伸展一下手指,再收回来,放好后抬头挺胸,坐直,脚放平,两个关节肘挨着腰,把肩往下沉,放松但不要影响呼吸,要求是抬头、挺胸、卡腰。

2. 鼠标的操作

鼠标作为计算机必备的输入设备,使计算机的操作过程变得更加方便、流畅。在使用鼠标时,整个手掌呈自然放松,搭放在鼠标上,由鼠标来承载手部重量的一种使用方式。使用该种姿势握持鼠标时,由于手掌完全搭放在鼠标之上,需要鼠标能够对手掌各部分提供全面均匀的支撑感,所以对人体工学造型具有较高的要求。掌心全部与鼠标背部贴合,拇指、无名指与中指自然伸直共同操作鼠标。食指和中指自然平放在鼠标按键上。单击按键时,指腹与按键接触;移动时,手腕随鼠标移动,此姿势由于鼠标活动范围大,手常自然地放在鼠标上,不易疲劳,如图 2-84 所示。

图 2-84　正确的鼠标握姿

鼠标的操作方式包含以下几种:

(1)单击。鼠标指向某一目标对象后,快速按下鼠标左键并松开。这种操作称之为单击。单击的作用是选中该目标对象。

(2)双击。鼠标指向某一目标对象后,快速地连续两次按下鼠标左键,然后松开鼠标。这种操作称之为双击。双击的作用是打开目标对象。比如打开一个程序窗口或者运行一个程序软件的方法就是使用鼠标在该程序软件的图标上双击鼠标左键。

(3)拖动。将鼠标指针指向某一个目标对象,然后按下鼠标左键不松手,移动鼠标指针到另一个位置,松开鼠标左键。这种操作称为拖动。拖动操作的作用是把目标对象移动到另一个位置。

(4)指向。移动鼠标,把鼠标指针指向某一个目标。这种操作称为指向。

2.6.2　安装、删除输入法

在 Windows 操作系统中,一般通过任务栏右侧的系统区域来选择输入法,除了系统自带的微软输入法外,用户也可以根据需要添加和删除输入法。

1. 内置输入法的添加与删除。

Windows 10 操作系统默认自带了输入法,而且排序靠前,初次使用 Windows 10 的用户对这种打字技巧不太熟悉，输入法也不是常用的，对于这类输入法，可以按照如下方法添加或删除。

(1)单击任务栏右侧的输入法图标，从弹出的快捷菜单中选择“语言首选项”，如图2-85所示。

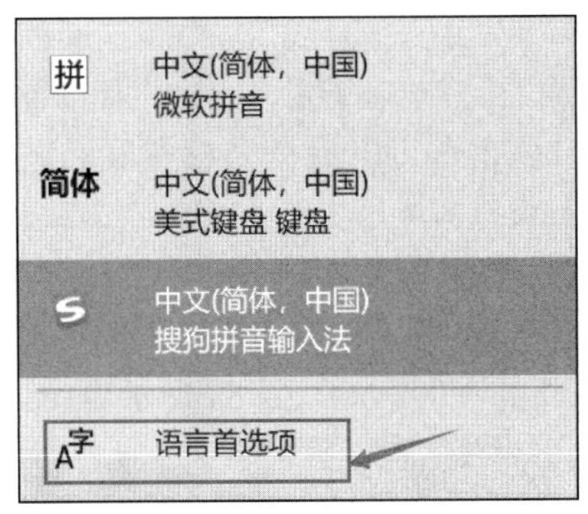

图2-85　语言首选项

(2)在打开的设置界面中可以看到首选语言区域下方有中文(中华人民共和国)并单击，打开后单击“选项”按钮。

(3)在键盘设置界面左侧可以看到电脑上已经打开的输入法，选中不需要的输入法，再单击“删除”键，即可删除此输入法，如图2-86所示。

(4)如果想要添加其他输入法，例如某拼音输入法，单击“添加键盘”后，选中要添加的输入法即可，如图2-87所示。

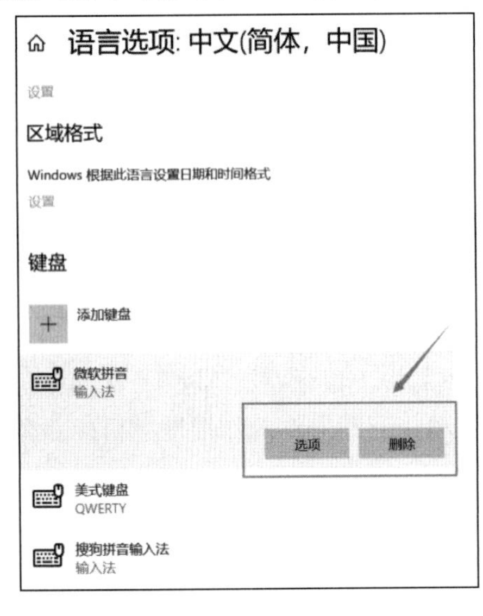

图2-86　删除输入法

图2-87　添加输入法

2. 外部输入法的安装

如果电脑在添加时没有可选的输入法，需要在电脑上安装此输入法，在百度中找到某拼音输入法，然后下载安装软件，安装好后参照上面的操作步骤再添加。

2.6.3　切换输入法

输入中文时首先要选择自己熟练的中文输入法。对于众多系统自带的输入法以及后期外部安装的输入法，需要学会快速地切换，可以按 Shift + Ctrl 快捷键进行切换。操作时先按住 Ctrl 键不放再按 Shift 键。每按一次 Shift 键，都会在已经安装的输入法之间按顺序循环切换。

或者，可以通过鼠标选择输入法。单击任务栏右侧的输入法图标，可以打开一个输入法列表，在其中单击要使用的输入法即可。

2.6.4　特殊符号的输入

通过中文输入法的强大功能可以插入特殊符号。以微软输入法为例，如图 2 – 88 所示。

图 2 – 88　微软输入法

1. “中/英文切换”按钮

单击该按钮，可以在当前的汉字输入法与英文输入法之间进行切换。

2. “全角/半角切换”按钮

单击该按钮，可在全角和半角之间进行切换。全角方式时，输入的数字、英文等均占两字节，即一个汉字的宽度；半角方式时，输入的数字、英文均占一个字节，即半个汉字的宽度。

3. “中/英文标点切换”按钮

单击该按钮，可以在中文标点与英文标点之间进行切换。如果该按钮显示空心标点，表示对应中文标点；如果该按钮显示实心标点，表示对应英文标点。

4. “特殊符号”输入

以搜狗输入法为例，单击搜狗语言状态栏中的“输入方式”，选择“特殊符号”选项，可打开“特殊符号”列表，会出现符号集成的页面。在页面中有五个选项，特殊符号一栏里是各种图形、箭头之类的符号，而数字符号则有各种各样的数字符号，包括带圈的、带括号的、罗马数字等，而数字/单位栏里则有一些常用公式符号，如图 2 – 89 所示。

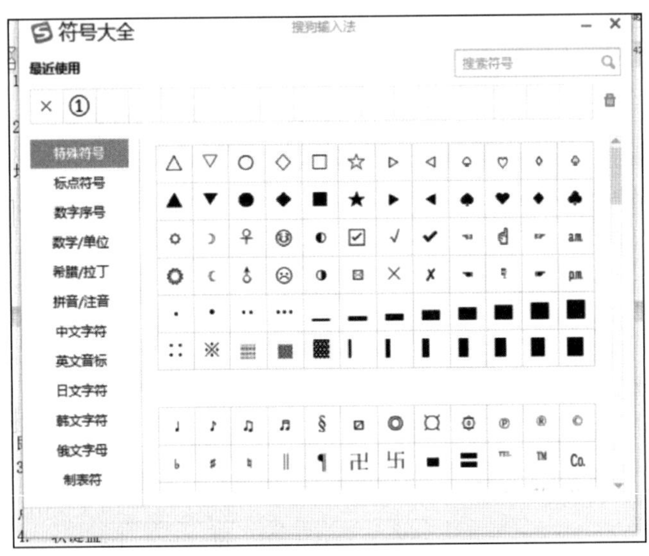

图 2－89　搜狗输入法中的“特殊符号”

思 考 题

1. 什么是操作系统？它的五大功能分别是什么？
2. 任务栏的组成部分有哪些？
3. Windows 屏幕保护程序是否可以保护个人隐私？
4. 窗口和对话框的区别主要有哪些？
5. 简述文件和文件夹的命名特征。
6. Windows 10 操作系统按其使用环境分类可分成哪几类？并简述其特征。

第 3 章

Word 2016

Word 是微软公司推出的 Office 办公软件的核心组件之一，它是一个功能强大的文字处理软件，使用它不仅可以进行简单的文字处理，还能制作出图文并茂的文档，以及进行长文档的排版和特殊版式编排等操作。本章将介绍 Word 2016 的相关知识，包括基本操作、文本编辑、文档排版、表格应用、图文混排、长文档编辑和邮件合并等内容。

Word 2016 在拥有旧版本功能的基础上，还增加了图标、搜索框、垂直和翻页及移动页面等新功能。

Word 2016 可以打开低版本的 Word 文档，当打开低版本文档之后，Word 会在标题栏以“兼容模式”作为后缀加以提示。值得注意的是，为了保证 Word 2016 能够正常运行，在兼容模式下有些新功能会被禁用。为了让 Word 2016 文档能够通用于不同版本，特别是低版本用户，可以将文档另存为低版本格式。

3.1 Word 2016 工作界面

当 Word 2016 启动后，就可以进入其操作界面。Word 2016 的操作界面由快速访问工具栏、标题栏、功能选项卡、功能区、文档编辑区等组成，其窗口组成如图 3－1 所示。

Word 窗口各组成部分的功能如下。

（1）快速访问工具栏：位于整个操作窗口的左上方，用于放置一些常用工具按钮，在默认情况下包括“保存”“撤消”“恢复”三个按钮。用户可以根据需要添加新的按钮，通过单击快速访问工具栏最右边的下拉按钮，在需要添加的功能前打钩即可。

（2）功能选项卡：用于切换功能区，单击功能选项卡的相应名称，便能完成功能选项卡的切换，如从“开始”选项卡切换到“插入”选项卡。

（3）标题栏：用于显示当前正在编辑的文档名称。

（4）功能区：用于放置编辑文档时所需的功能按钮。系统将功能区的按钮根据功能划分为一个一个的组，称为工作组。

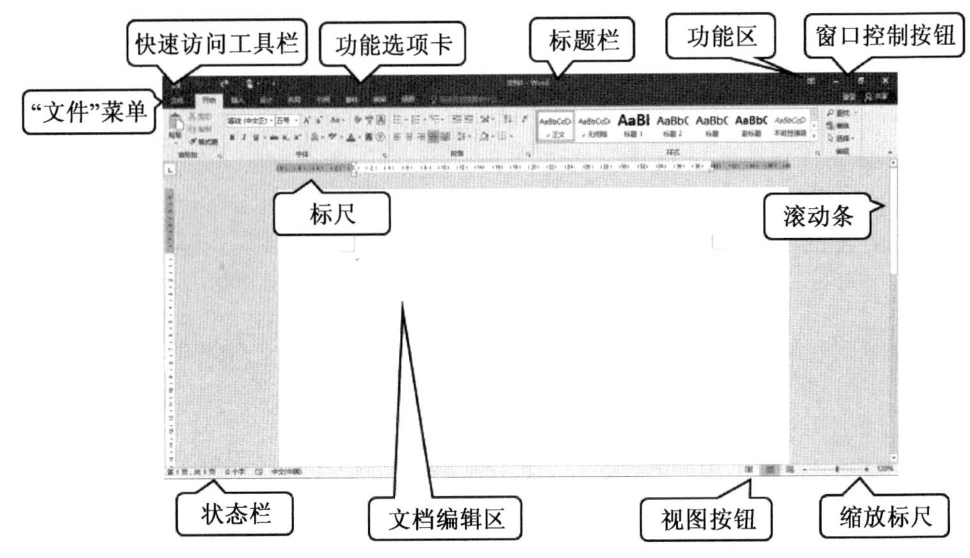

图 3－1　Word 2016 工作界面

（5）窗口控制按钮：包括“最小化”“最大化”“关闭”三个按钮，“最小化”和“最大化”按钮，主要用于对文档窗口大小进行控制，“关闭”按钮可以关闭当前文档。

（6）“文件”菜单：用于打开“保存”“打开”“关闭”“新建”“打印”等针对文件的操作命令。

（7）标尺：包括水平标尺和垂直标尺，用于显示或定位文本所在的位置。

（8）滚动条：分为水平滚动条和垂直滚动条，拖动滚动条可以查看窗口中没有完全显示的文档内容。

（9）状态栏：用于显示当前文档的页数、字数、拼写和语法状态、使用的语言、输入状态等信息。

（10）文档编辑区：用于显示或编辑文档内容的工作区域，编辑区中不停闪烁的光标称为插入点，用于输入文本内容和插入各种对象。

（11）视图按钮：用于切换文档的视图方式，选择相应的选项卡，便可切换到相应视图。Word 2016 提供了“页面视图”“阅读视图”“Web 版式视图”“大纲视图”及“草稿视图”五种视图方式。

（12）缩放标尺：用于对编辑区的显示比例和缩放尺寸进行调整，用鼠标拖动缩放滑块后，标尺左侧会显示缩放的具体数值。

3.2　Word 2016 基本操作

Word 2016 中的文档操作主要包括新建文档、保存文档、打开文档、关闭文档、打印文档等。

3.2.1　新建文档

新建文档主要分为新建空白文档和根据模板新建文档两种方式，下面分别进行介绍。

1. 新建空白文档

启动 Word 2016 后，软件会自动新建一个名为“文档 1”的空白文档，除此之外，新建空白文档还有以下几种方法：

(1)通过“新建”命令新建：选择“文件”→“新建”命令，在界面右侧显示空白文档和带模板的文档样式，这里直接选择“空白文档”选项即可，如图 3－2 所示。

(2)通过快速访问工具栏新建：单击“自定义快速访问工具栏”按钮，在打开的下拉列表中选择“新建”选项，然后单击快速访问工具栏中的“新建”按钮。

(3)通过快捷键新建：直接按 Ctrl ＋ N 快捷键。

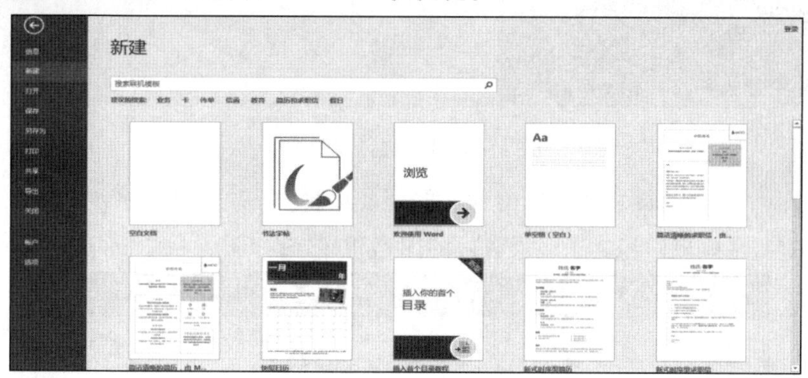

图 3－2　新建空白文档

2. 根据模板新建文档

根据模板新建文档是指利用 Word 2016 提供的某种模板来创建具有一定内容和样式的文档。

例题 3－1　根据 Word 提供的“精美求职信”模板创建文档，具体操作如下：

(1)选择“文件”→“新建”命令；在界面右侧选择“精美求职信”选项，如图 3－3 所示。

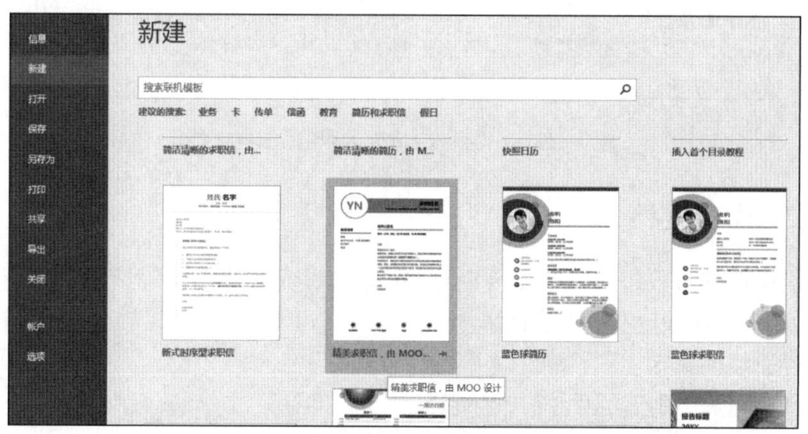

图 3－3　根据模板新建文档

(2)在打开的提示对话框中,单击“创建”按钮,如图 3-4 所示。

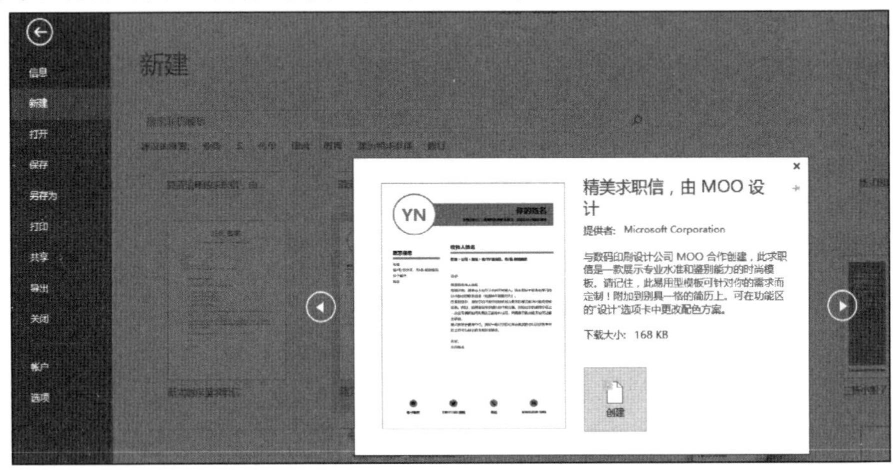

图 3-4 单击“创建”按钮

(3)此时,Word 将自动从网络中下载所选的模板,稍后将根据所选模板创建一个新的 Word 文档,且模板中包含了已设置好的内容和样式,如图 3-5 所示。

图 3-5 根据模板“精美求职信”创建文档

3.2.2 保存文档

在编辑文档的过程中可能会出现断电、死机或系统自动关闭等情况。为了避免不必要的损失,用户应该及时保存文档。

1. 保存新建的文档

新建文档以后,用户可以将其保存起来。

(1)单击“文件”按钮,在弹出的界面中选择“另存为”选项。

(2)弹出“另存为”界面,在界面中选择“浏览”选项。

(3)弹出“另存为”对话框，在“保存位置”列表框中选择合适的保存位置，在“文件名”文本框中输入文件名，然后单击“保存”按钮，如图 3 - 6 所示。

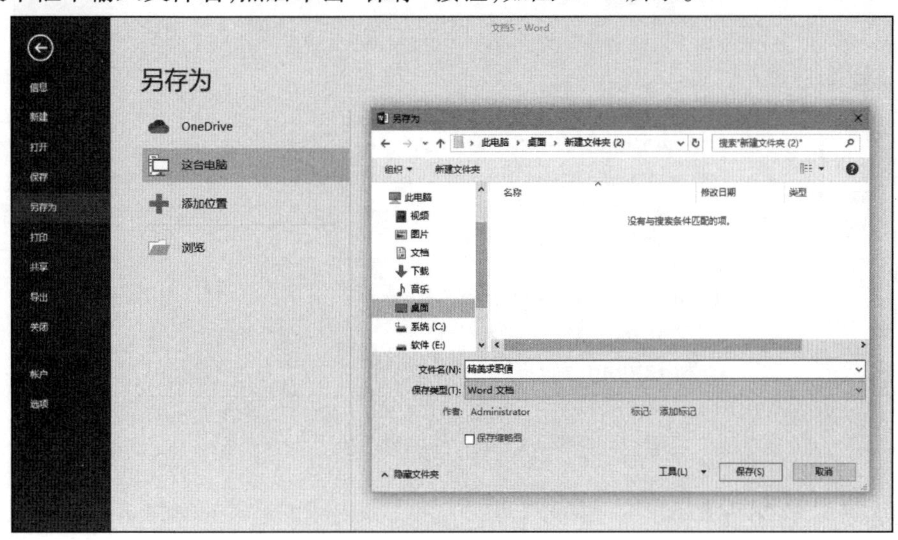

图 3 - 6　保存新建的文档

2. 保存已有的文档

用户对已经保存过的文档进行编辑后，如果文档的文件名、保存位置、保存类型都不变，可以使用以下几种方法保存，此时不再出现“另存为”对话框。

(1)单击“快速访问工具栏”中的“保存”按钮。

(2)单击“文件”按钮，在弹出的界面中选择“保存”选项。

(3)按 Ctrl + S 快捷键。

3. 另存文档

用户对已有文档进行编辑后，根据实际需要可以另存为其他类型的文档，也可以修改文件名或者修改保存位置。

另存文档的步骤如下：用户可依次选中“文件”→“另存为”→“浏览”选项，弹出“另存为”对话框，再根据需要选择合适的保存位置，在“文件名”文本框中输入想修改的文件名，在“保存类型”下拉列表中选择想要保存的文档类型，然后单击“保存”按钮。

4. 设置自动保存

使用 Word 的自动保存功能，可以在断电或死机的情况下最大限度地减少损失。

(1)在 Word 文档窗口中单击“文件”按钮，在弹出的界面中选择“选项”。

(2)弹出“Word 选项”对话框，切换到“保存”选项卡，在“保存文档”组合框中的“将文件保存为此格式”下拉列表框中选择文件的保存类型，默认选择“word 文档(*.docx)”选项。

(3)选中“保存自动恢复时间信息时间间隔”复选框，并在其右侧的微调框中设置文档自动保存的时间间隔，默认将文档自动保存的时间间隔设置为“10 分钟”，设置完毕单击“确定”按钮，如图 3 - 7 所示。

图 3－7　设置自动保存

3.2.3　关闭文档

文档编辑完成，就可关闭文档。

文档的关闭可以使用以下方法：

（1）单击文档窗口右上角窗口控制按钮区的“关闭”按钮。

（2）选择“文件”→“关闭”命令。

（3）按下 Alt + F4 快捷键。

提示：当关闭未保存的文档时，Word 会自动打开提示对话框，询问关闭前是否保存文档。其中，单击“保存”按钮可保存后关闭文档；单击“不保存”按钮可不保存直接关闭文档；单击“取消”按钮取消关闭操作。

3.2.4　视图方式

Word 2016 提供了页面视图、阅读版式视图、Web 版式视图、大纲视图及草稿视图，这五种视图能以不同角度和方式来显示文档。下面详细介绍这五种视图的功能和作用。

1. 文档的视图方式

（1）页面视图。

页面视图是最常用的视图，它的浏览效果和打印效果完全一样，即“所见即所得”。页面视图用于编辑页眉、页脚，调整页边距，处理分栏和插入各种图形对象。文档的页面视图可效果如图 3－8 所示。

（2）阅读版式视图。

阅读版式视图是便于在计算机屏幕上阅读文档的一种视图。文档页面在屏幕上充分显示，大多数的工具栏被隐藏，只保留导航、批注和查找字词等工具。阅读版式视图效果如图 3－9 所示。

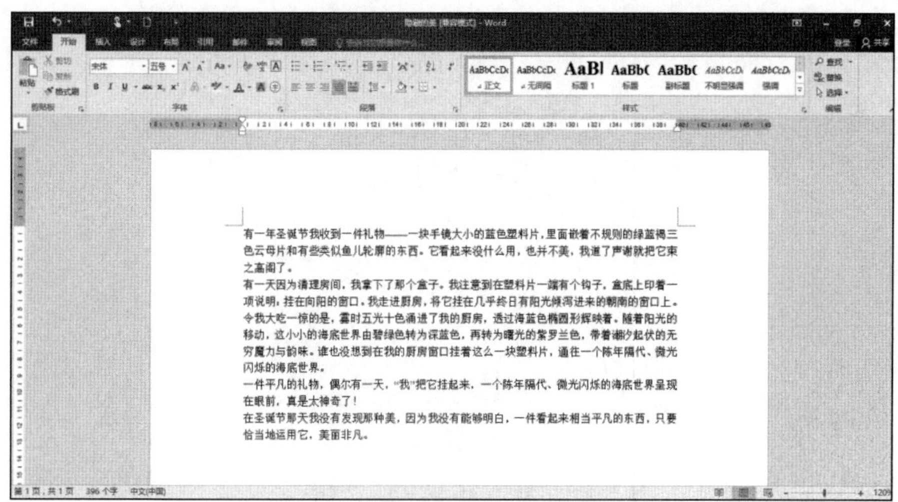

图 3－8　页面视图效果

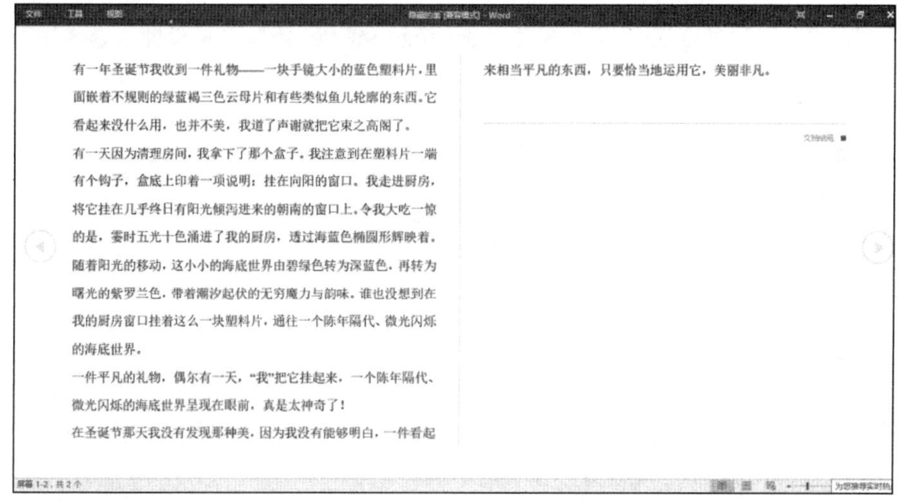

图 3－9　阅读版式视图效果

在文档阅读版式视图的右上角，可以通过设置“视图”选项来设置阅读版式视图的显示方式，如图 3－10 所示。

（3）Web 版式视图。

Web 版式视图是文档在 Web 浏览器中的显示外观，将显示为不带分页符的长页面，并且表格、图形将自动调整以适应窗口的大小，还可以把文档保存为 HTML 格式。其视图效果如图 3－11 所示。

（4）大纲视图。

大纲视图以缩进文档标题的形式显示文档结构的级别，并显示大纲工具。大纲视图显示文档结构默认为显示 3 级。大纲视图效果如图 3－12 所示。

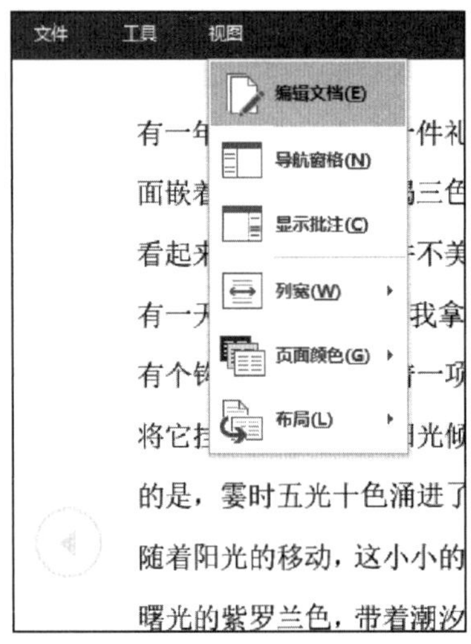

图 3－10　阅读版式视图的显示方式

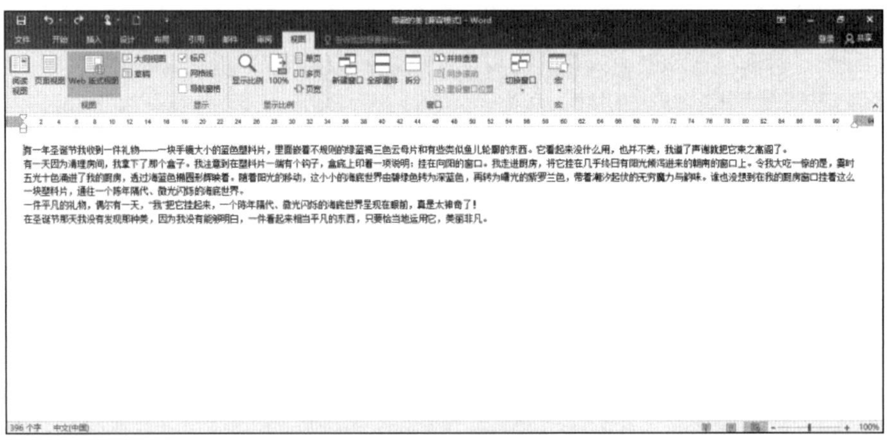

图 3－11　Web 版式视图效果

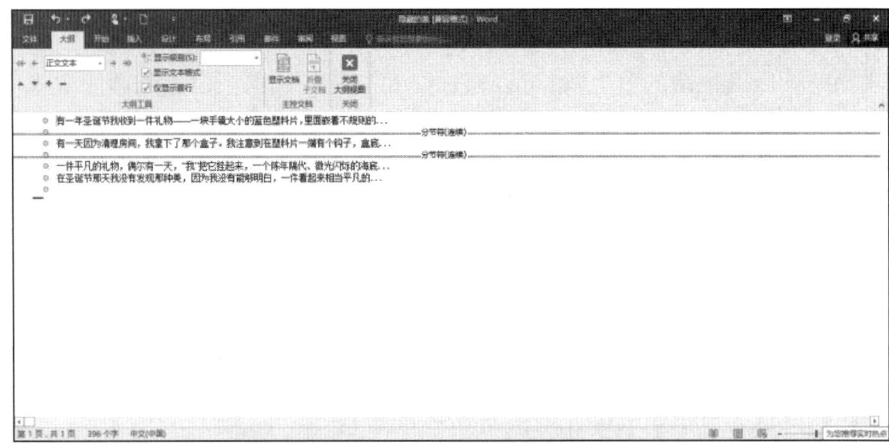

图 3－12　大纲视图效果

(5)草稿视图。

在草稿视图中,可以输入、编辑和设置文本格式,但草稿视图只显示文本格式,简化了页面布局,可以快速地输入和编辑文本。草稿视图效果如图 3－13 所示。

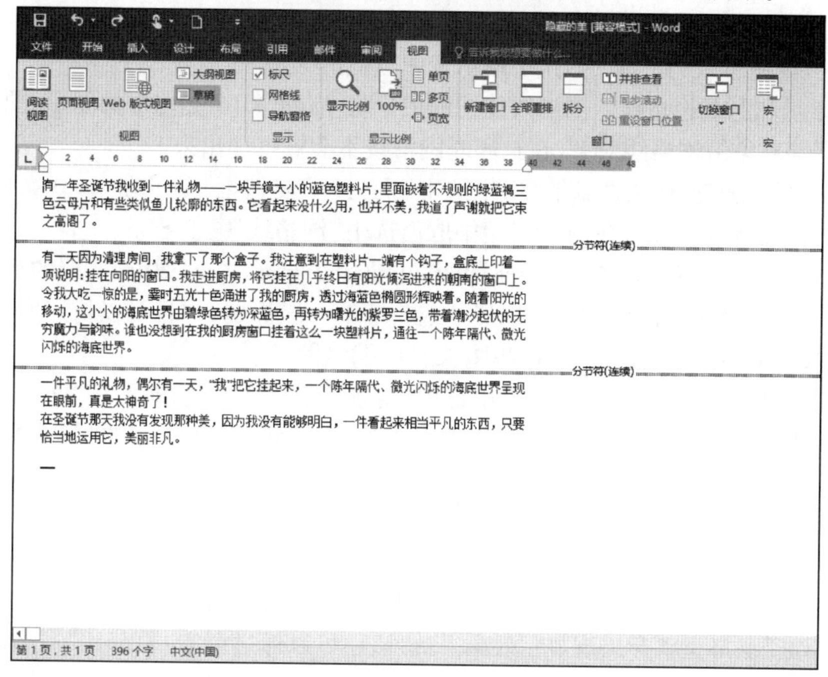

图 3－13　草稿视图效果

2. 视图的切换

单击"视图"选项卡,在"视图"组中分别单击"页面视图""阅读视图""Web 版式视图""大纲视图""草稿视图"按钮,可以将文档的视图分别切换到五种视图模式,如图 3－14所示。

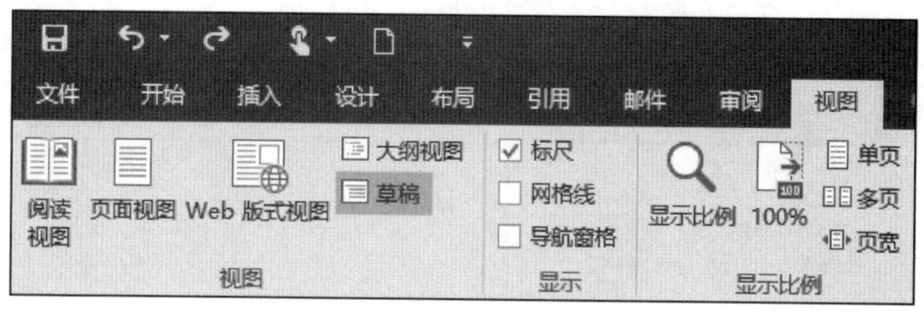

图 3－14　视图窗口的切换

"页面视图""阅读视图""Web 版式视图",还可以通过单击 Word 窗口底部的"视图切换区"中的相应按钮来进行切换,如图 3－15 所示。

图 3－15　窗口底部的"视图切换区"

3. 显示方式

(1)显示和隐藏标尺。“标尺”是 Word 2016 编辑软件中的一个重要工具,包括水平标尺和垂直标尺,用于显示 Word 文档的页边距、段落缩进、制表符等。

单击“视图”选项卡,在“显示”组中选中“标尺”复选框,在 Word 文档中就可以显示标尺。若要隐藏标尺,在“显示”组中取消选中“标尺”复选框。

(2)显示和隐藏网格线。网格线能帮助用户将 Word 2016 文档中的图形、图像、文本框、艺术字等对象沿网格线对齐,在打印时网格线不会被打印出来。

单击“视图”选项卡,在“显示”组中选中“网格线”复选框,则可在 Word 文档中显示网格线。若要隐藏网格线,在“显示”组中取消选中“网格线”复选框。

(3)显示和隐藏导航窗格。“导航”窗格主要用于显示 Word 2016 文档的标题大纲,用户可以单击文档结构图中的标题以展开或收缩下一级标题,并且可以快速定位到标题对应的正文内容,还可以显示 Word 2016 文档的缩略图。

单击“视图”选项卡,在“显示”组中选中“导航窗格”复选框,即可在 Word 文档的左侧显示“导航窗格”,如果要隐藏“导航窗格”,在“显示”组中取消选中的“导航窗格”复选框。

4. 调整文档的显示比例

单击“视图”选项卡,在“显示比例”组中单击“显示比例”按钮,弹出“显示比例”对话框,如图 3-16 所示。用户可以根据需要选中某种方案来调整文档的显示比例,对话框下方的“预览”窗口里就会出现显示效果。此外,还可以通过调整“百分比”右边的上下箭头来微调显示比例,或者直接在“百分比”编辑框中输入要设置的显示比例;设置好显示比例后,单击“确定”按钮,返回 Word 文档,文档按调整显示比例后的效果显示。

用户还可以单击文档窗口右下角的“视图显示比例缩放区”中的缩小按钮“-”或放大按钮“+”来调整文档的缩放比例,如图 3-17 所示。

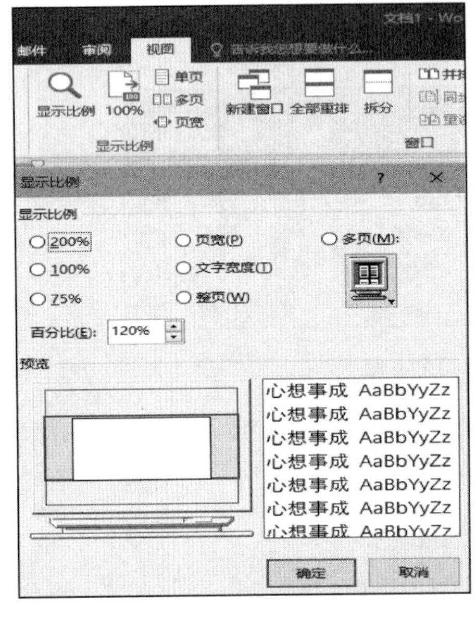

图 3-16 调整显示比例

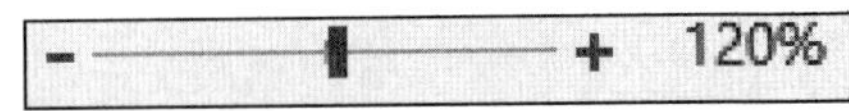

图 3-17 视图显示比例缩放比例

3.2.5　打印预览和打印

打印文档之前，应对文档内容进行预览，通过预览效果来对文档中不妥的地方进行调整，直到预览效果符合需要后，再按需要设置打印份数、打印范围等参数，并最终执行打印操作。

1. 打印预览

打印预览是指在计算机中预先查看打印的效果，可以避免在不预览的情况下，打印出不符合需求的文档，从而浪费纸张的情况。预览文档的方法为选择“文件”→“打印”命令，在右侧的界面中即可显示文档的打印效果，如图 3－18 所示。

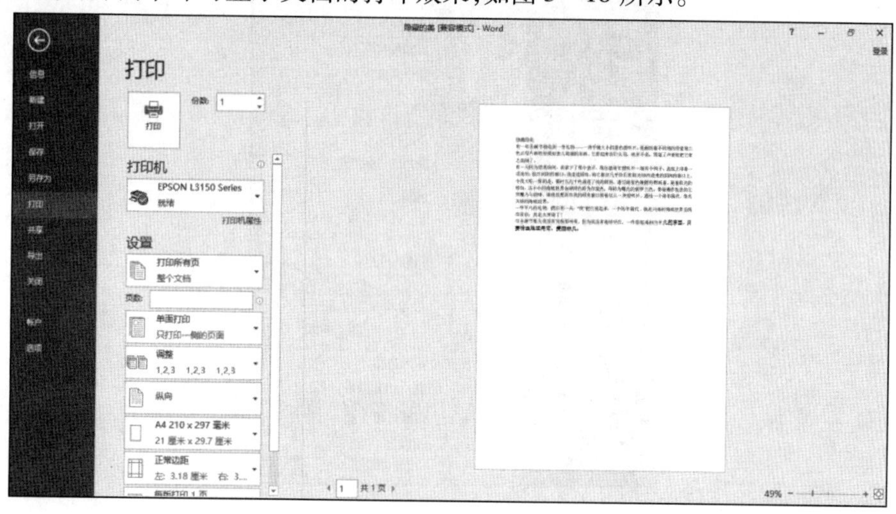

图 3－18　打印预览

利用界面底部的参数可辅助预览文档内容，各参数的作用分别如下：

（1）“页数”栏：在其中的文本框中直接输入所需预览内容所在的页数，按 Enter 键或单击其他空白区域即可跳转至该页面；也可通过单击该栏两侧的“上一页”按钮和“下一页”按钮逐页预览文档内容。

（2）“显示比例”栏：单击该栏左侧的“显示比例”按钮，可在打开的“显示比例”对话框中快速设置需要显示的预览比例；拖动该栏中的滑块可直观调整预览比例；单击该栏右侧的“缩放到页面”按钮，可快速将预览比例调整为显示整页文档的比例，如图 3－19 所示。

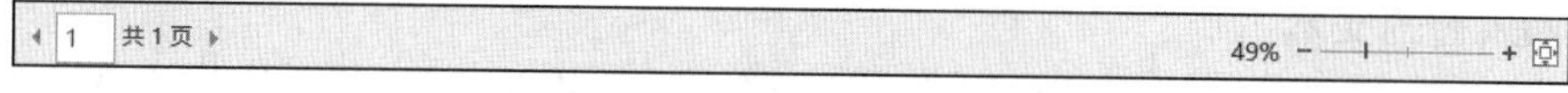

图 3－19　打印预览参数

2. 打印文档

预览无误后，便可进行打印设置并打印文档。打印制作好的文档的方法为：首先将打印机正确连接到计算机上，然后打开需打印的文档，选择“文件”→“打印”命令，在右侧的“份数”数值框中设置打印份数，在“设置”栏中分别设置打印方向、打印纸张的大小、单面或双面打印、打印顺序以及打印页数等参数。如果想设置更加详细的打印参数，则需

单击页面右下角的“页面设置”超链接，在打开的“页面设置”对话框中进行设置。完成设置后，单击“打印”按钮即可打印文档，如图 3－20 所示。

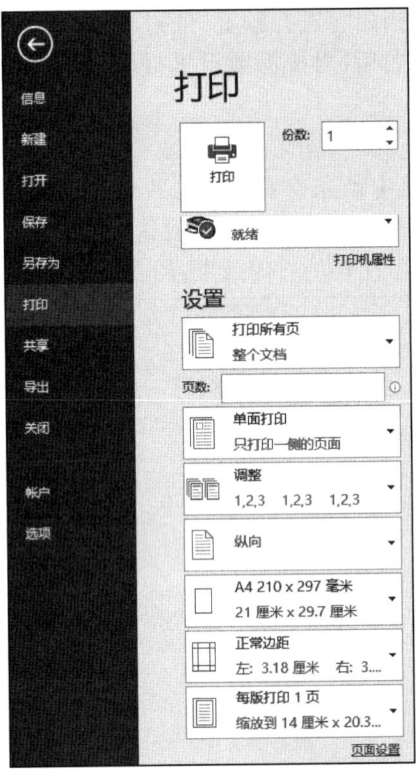

图 3－20　打印文档

3.3　Word 2016 输入与编辑文档

Word 有强大的文字排版、表格处理、数据统计及图文混排功能，用户对文档进行复杂的排版前，必须掌握对文档最基本的操作，如文本的输入、选择、复制、粘贴、移动、查找、替换等操作。

3.3.1　文本输入和文本格式

1. 输入普通文本

（1）确定插入点。在指定的位置进行文字的插入、修改或删除等操作时，要先将插入点移动到该位置，然后才能进行相应的操作。

（2）当输入完一段文本后，按 Enter 键分段。

（3）删除输入过程中错误的文字，需将插入点定位到有错误的文本处，按 Delete 键可删除插入点右边的字符，按 Backspace 键可删除插入点左边的字符。

2. 输入标点符号

（1）键盘直接输入。在不同的输入法下，键盘上对应的标点符号会相应有所差距。

（2）软键盘输入。以搜狗输入法为例，在输入法工具栏中，右击键盘图标，弹出“软键盘”快捷菜单，如图 3－21 所示。在其中选择“标点符号”菜单项，即可用鼠标通过软键盘输入需要的标点符号。

3. 输入日期和时间

用户在编辑文档的过程中往往需要输入日期和时间，如果用户需要用当前的日期和时间，则可使用 Word 自带的插入日期和时间功能。

将光标定位在文档中需要插入日期和时间的位置，然后切换到“插入”选项卡，在“文本”组中单击“日期和时间”按钮，弹出“日期和时间”对话框，如图 3－22 所示。在“可用格式”列表框中选择一种日期格式，例如选择“2021/1/18Monday”选项，单击“确定”按钮，此时，当前日期就以选择的格式插入到了 Word 文档中。

用户还可以使用快捷键输入当前日期和时间。按下 Alt＋Shift＋D 快捷键，即可输入当前的系统日期；按下 Alt＋Shift＋T 快捷键，即可输入当前的系统时间。

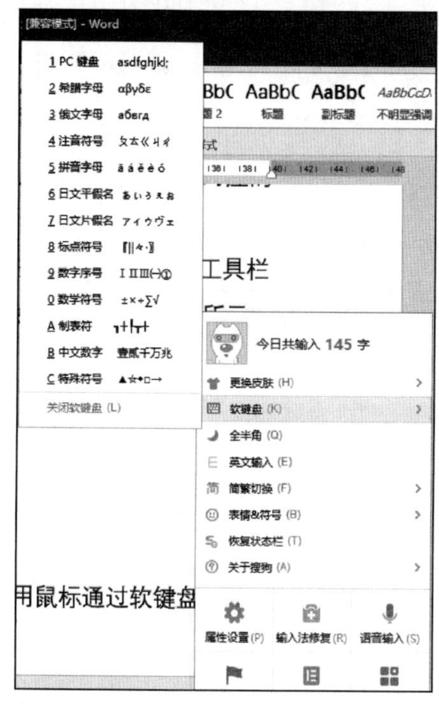

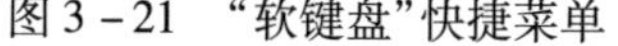
图 3－21　“软键盘”快捷菜单

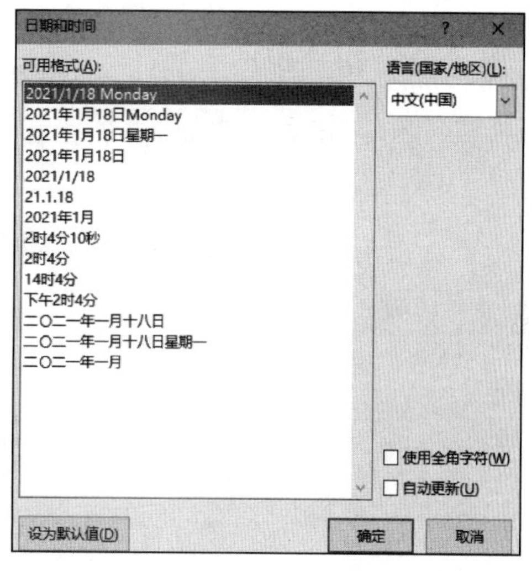

图 3－22　“日期和时间”对话框

4. 插入符号与特殊字符

在 Word 2016 中，一些符号与特殊字符不能输入，只能插入。

（1）插入符号。选择“插入”选项卡，单击“符号”组中的“符号”按钮，出现如图 3－23 所示的“符号”面板；如果“符号”面板中没有所需要的符号，可以单击下面的“其他符号”选项，出现如图 3－24 所示的“符号”对话框，在“符号”选项卡中单击“字体”右侧的下拉按钮，在打开的下拉列表中选中合适的子集，然后在符号表格中选中需要的符号，再单击“插入”按钮。

（2）插入特殊字符。在如图 3－24 所示的“符号”对话框中，选择“特殊字符”选项卡,切换到特殊字符列表框,如图 3-25 所示。假如要插入一个“注册”字符,则选中该字符,再单击“插入”按钮;或者双击该字符,也可立即插入文档中。其他特殊字符的插入,可采用同样的方法。这些符号和特殊字符除了可以插入外,也像普通字符一样可以复制。

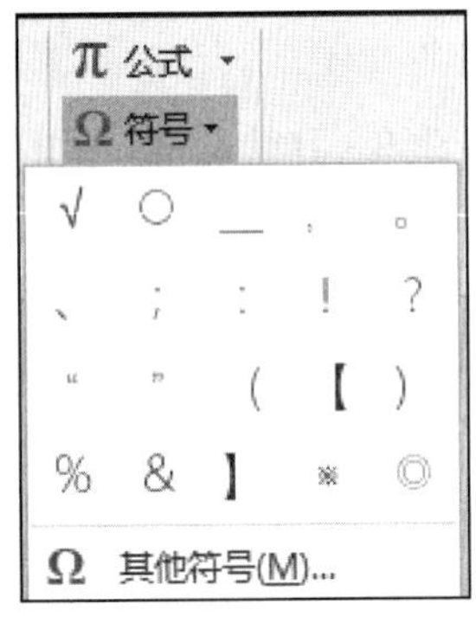

图 3-23 “符号”面板

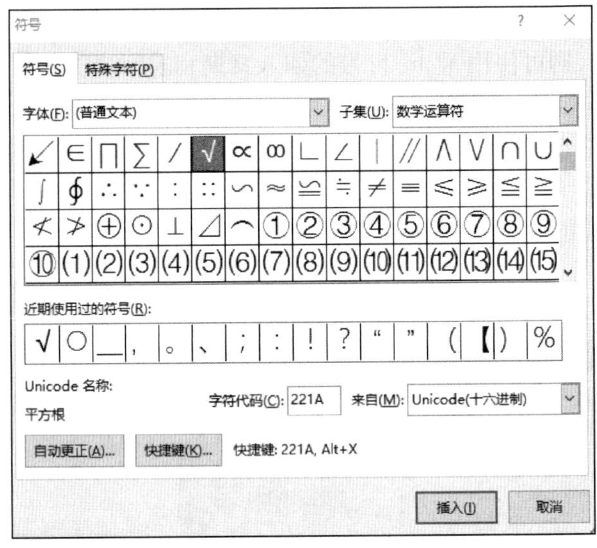

图 3-24 “符号”对话框

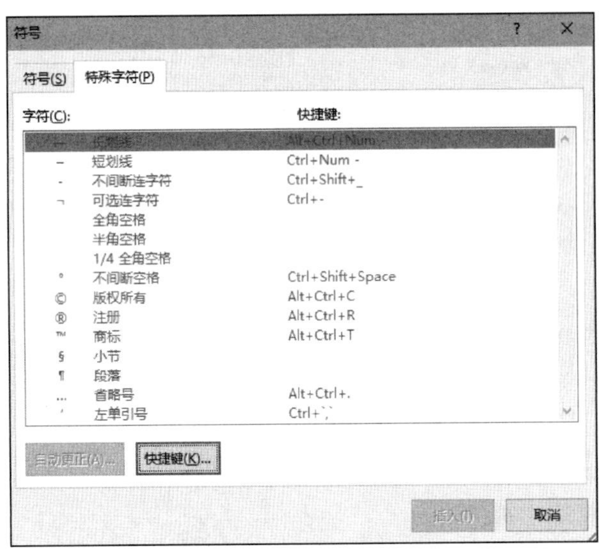

图 3-25 “特殊字符”列表框

5. 文本的“插入”与“改写”

Word 2016 有“插入”和“改写”两种录入状态。在“插入”状态下,输入的文本将插入当前光标所在位置,光标后面的文字将按顺序后移;而在“改写”状态下,输入的文本将把光标后的文字替换掉,其余的文字位置不改变。

Word 2016 默认是“插入”状态,并且默认用 Insert 键控制改写模式。切换“插入”和

“改写”状态有以下两种常用的方法：

（1）单击状态栏的“插入”/“改写”键切换成所需的状态。当处于插入状态时，单击状态栏“插入”键即可切换为“改写”状态；反之，当处于“改写”状态时，单击状态栏“改写”键即可切换为“插入”状态。

（2）使用键盘上的 Insert 键切换“插入”和“改写”状态。如果当前是“插入”状态，按一次 Insert 键将切换到“改写”状态；如果当前是“改写”状态，那么按一次 Insert 键换到“插入”状态。

3.3.2　选择、查找及替换

文档编辑是指对文档内容进行添加、删除、修改、查找、替换等一系列操作。一般在进行这些操作时，需先选定操作对象，然后进行操作。

1. 文本的选定

（1）鼠标选定。

①拖动选定。将鼠标指针移动到要选择部分的第一个文字的左侧，拖动至要选择部分的最后一个文字右侧，此时被选中的文字呈反白显示。

②利用选定区。在文档窗口的左侧有一空白区域，称为选定区，当鼠标移动到此处时，鼠标指针变成右上箭头。这时就可以利用鼠标对一行、一段或整个文档来进行选定操作，操作方法如下：

单击鼠标左键：选中箭头所指向的一行。

双击鼠标左键：选中箭头所指向的一段。

三击鼠标左键：可选定整个文档。

（2）键盘选定。将插入点定位到要选定的文本起始位置，按住 Shift 键的同时，再按相应的光标移动键，和 Shift 键与 Ctrl 键配合便可将选定的范围扩展到相应的位置。

Shift + ↑：选定上一行。

Shift + ↓：选定下一行。

Shift + PgUp：选定上一屏。

Shift + PgDn：选定下一屏。

Shift + Ctrl + →：右选取一个字或单词。

Shift + Ctrl + ←：左选取一个字或单词。

Shift + Ctrl + Home：选取到文档开头。

Shift + Ctrl + End：选取到文档结尾。

Ctrl + A：选定整个文档。

（3）组合选定。

①选定一句：将鼠标指针移动到指向该句的任何位置，按住 Ctrl 键并单击鼠标左键。

②选定连续区域：将插入点定位到要选定的文本起始位置，按住 Shift 键的同时，将鼠标放在结束位置并单击鼠标左键，可选定连续区域。

③选定矩形区域：按住 Alt 键，利用鼠标拖动出欲选择的矩形区域。

④选定不连续区域：按住 Ctrl 键，再选择不同的区域。

⑤选定整个文档：将鼠标指针移到文本选定区，按住 Ctrl 键并单击鼠标左键。

2. 查找与替换

在编辑文本时，经常需要对文本进行查找和替换操作，Word 2016 提供了功能强大的查找和替换功能。

（1）查找。查找的操作步骤如下：

打开文档，选择“开始”功能选项卡，在“编辑”组中选择“查找”选项。弹出“导航”窗格。在“导航”窗格的文本框中输入要查找的内容。如“计算机”，此时文档中的“计算机”字样将在文档窗口中呈黄色突出显示状态。“导航”窗格及查找结果如图 3－26 所示。

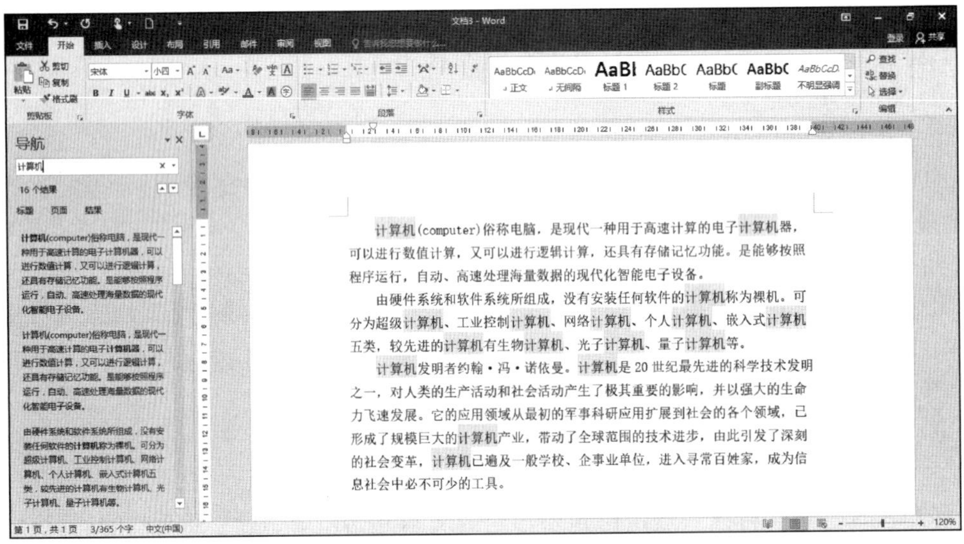

图 3－26　进行文本查找的“导航”窗格

若需要更详细地设置查找匹配条件，可以选择“开始”功能选项卡，在“编辑”组中选择“查找”→“高级查找”，打开“查找和替换”对话框，单击“更多”按钮，此时的对话框如图 3－27 所示。单击“更多”按钮后会出现新的搜索选项，可继续操作，此时按钮文本变成“更少”。

（2）替换。Word 的替换功能不仅可以将整文档中查找到的整个文本替换掉，而且还可以有选择性地替换。操作步骤如下：

①打开文档，选择“开始”功能选项卡，在“编辑”组中选择“替换”选项，打开“查找和替换”对话框。

②在“查找内容”下拉列表框中输入要查找的内容，在“替换为”下拉列表框中输入要替换的内容，如图 3－28 所示。

③若单击“替换”按钮，只替换当前一个，继续向下替换可再次单击此按钮；若单击“查找下一处”按钮，Word 将不替换当前找到的内容，而是继续查找下一处要查找的内容，查找到时是否替换，由用户决定。如果想提高工作效率，单击“全部替换”按钮，Word 会将满足条件的内容全部替换。

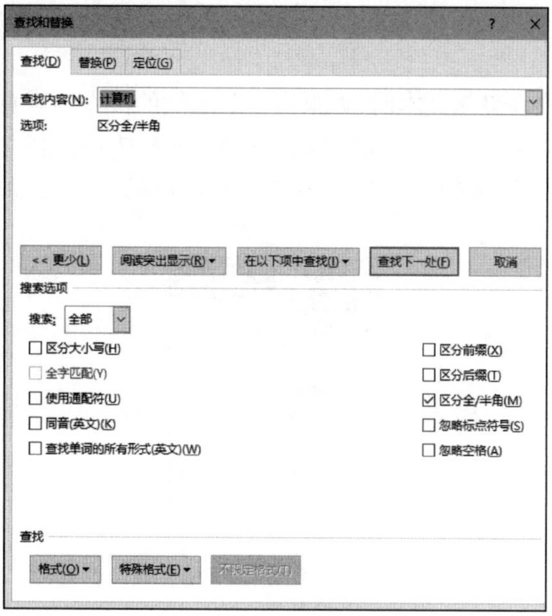

图 3－27　“查找和替换”对话框

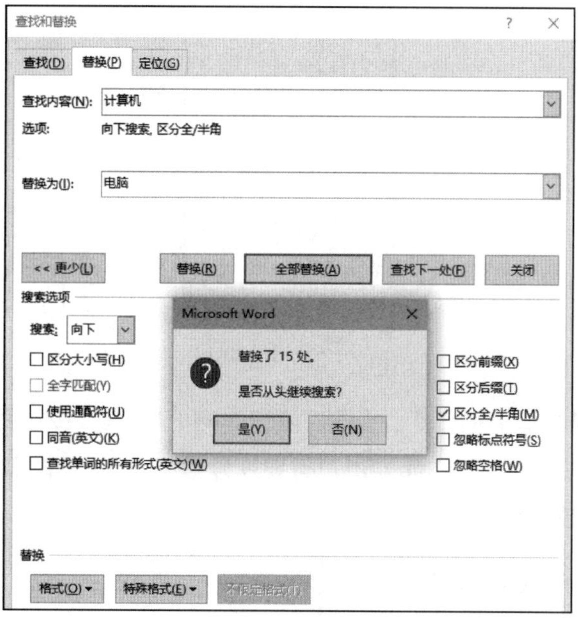

图 3－28　“替换”操作

同样，替换功能除了能用于一般文本外，也能查找并替换带有格式的文本和一些特殊的符号等。在“查找和替换”对话框中，单击“更多”按钮，可进行相应的设置，相关内容可参考“查找”操作。

3. 撤消与恢复操作

当进行文档编辑时，难免会出现输入错误，或在排版过程中出现误操作，在这些情况下，撤消和恢复以前的操作就显得很重要。Word 提供了撤消和恢复操作来修改这些错误和误操作。

(1)撤消。当用户在编辑文本时，如果对以前所做的操作不满意，要恢复到操作前的状态，可单击快速访问工具栏上“撤消”按钮右侧的下拉按钮，因为里面保存了可以撤消的操作。无论单击列表中的哪一项，该项操作及其以前的所有操作都将被撤消，如图 3－29 所示。

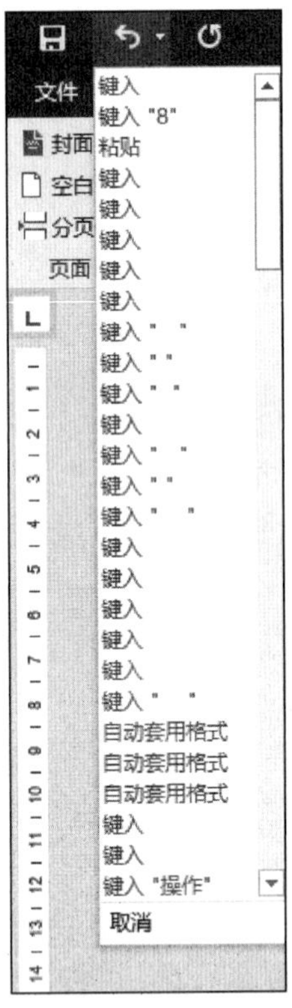

图 3－29　撤消操作

(2)恢复。在经过撤消操作后，“撤消”按钮右侧的“恢复”按钮图标会变成图标，表明已经进行过撤消操作，如果用户想要恢复被撤消的操作，只需要单击快速访问工具栏上的“恢复”按钮即可。

3.3.3　移动和复制文本

1. 移动文本

移动文本是指将选择的文本从当前位置移动到文档的其他位置。在输入文字时，如果需要修改某部分内容的先后次序，可以通过移动操作进行相应的调整。例如，将第一段文字移动到第二段文字之后，如图 3－30 和图 3－31 所示。

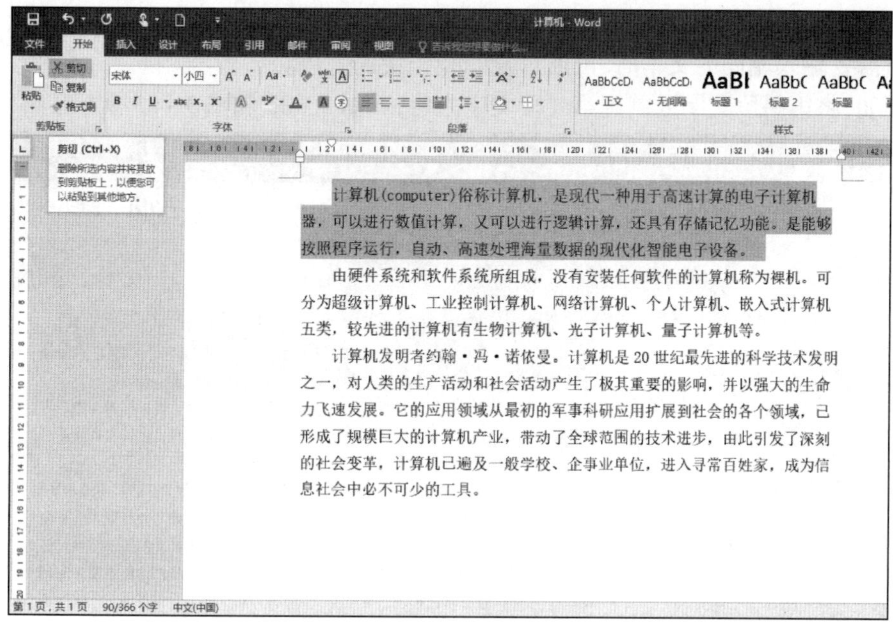

图 3－30　“剪切”操作

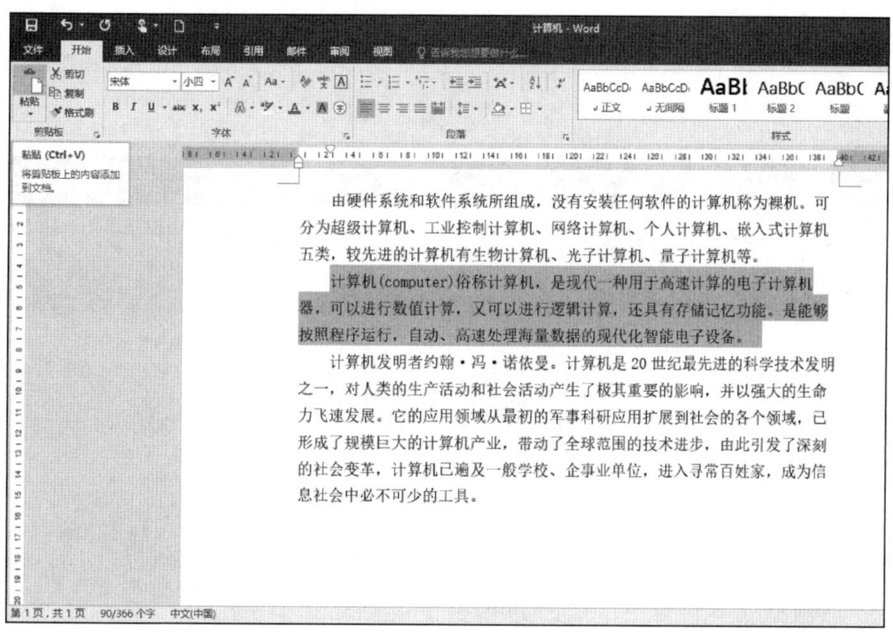

图 3－31　“粘贴”操作

有以下两种基本操作方法：

（1）使用剪贴板：先选中要移动的文本，单击“开始”选项卡中功能区的“剪贴板”组中的“剪切”命令，定位插入点到目标位置，再单击“剪贴板”组中的“粘贴”命令。

（2）使用鼠标：先选中要移动的文本，将选中的文本拖动到插入点位置。

2. 复制文本

当需要输入相同的文本时，可通过复制操作快速完成。

例如，将第一段文字复制到第二段文字之后，如图 3－32 和图 3－33 所示。

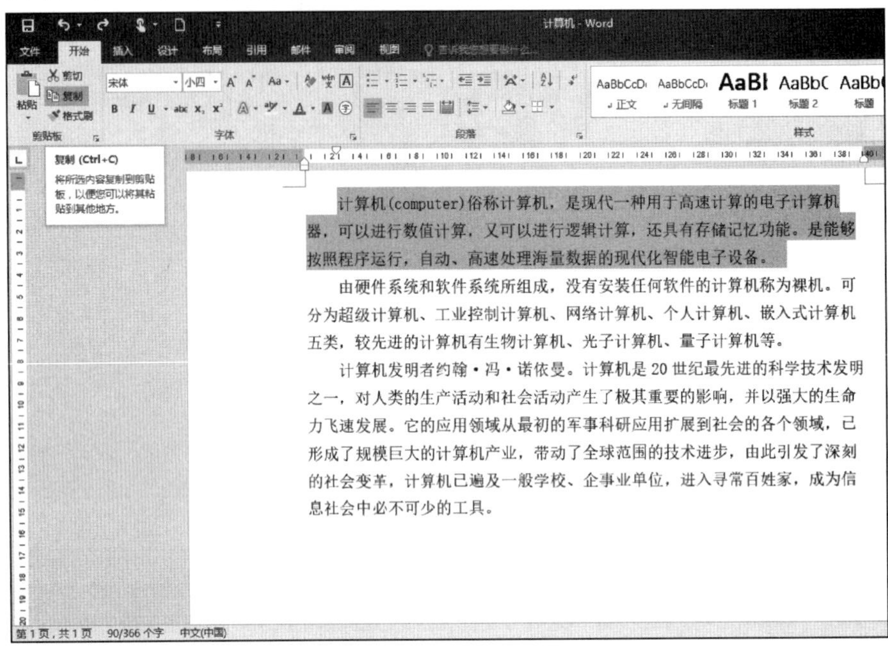

图 3－32 “复制”操作

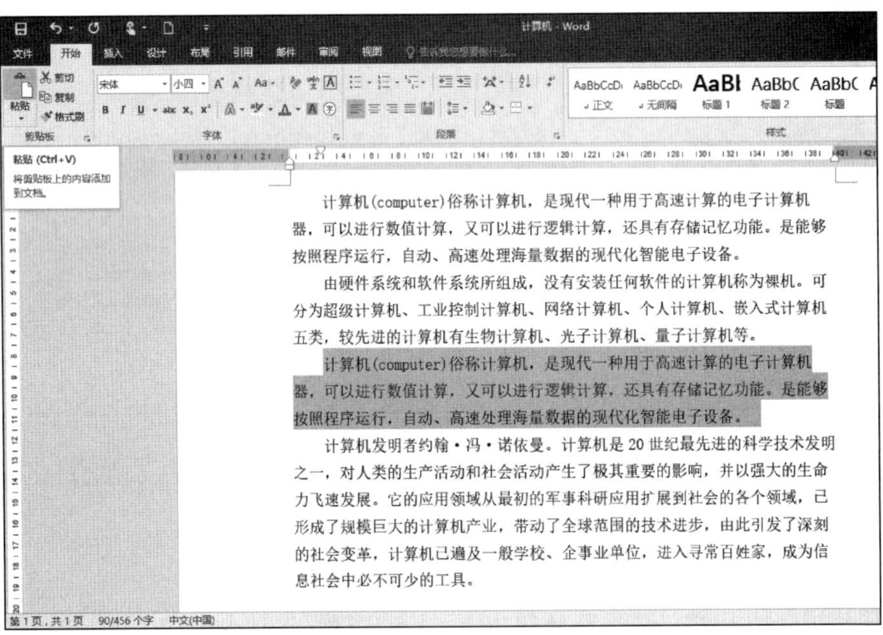

图 3－33 “粘贴”操作

有两种基本操作，方法如下：

(1)使用剪贴板:先选中要复制的文本,单击“开始”选项卡功能区的“剪贴板”组中的“复制”命令,定位插入点到目标位置,再单击“剪贴板”组中的“粘贴”命令。只要不修改剪贴板的内容,连续执行“粘贴”操作就可以实现一段文本的多处复制。

(2)使用鼠标:先选中要复制的文本,按住 Ctrl 键的同时拖动鼠标到插入点位置,释放鼠标左键和 Ctrl 键。

复制与移动两种操作的区别在于:移动文本后原位置的文本消失,复制文本后原位置的文本仍然存在。

3. 删除文本

删除文本是将文本从文档中去掉,选中要操作的文本,然后按下 Delete 键或 Backspace 键就可以完成删除操作。

例题 3－2　输入和编辑学习计划。

小李是一名大学生,开学第一天,辅导老师要求大家针对大学生涯制作一份电子版的学习计划。接到任务后,小李先思考了自己的大学学习计划,形成大纲,然后利用 Word 2016 的相关功能完成了对学习计划文档的编辑。辅导老师对学习计划的要求如下。

(1)新建一个空白文档,并将其以“学习计划”为名保存。

(2)在文档中通过空格或即点即输方式输入图 3－34 所示的文本。将“2020 年 9 月”文本移动到文档末尾的右下角。

(4)查找全文中的“自己”并替换为“自身”。

(5)将文档标题“学习计划”修改为“计划”。

(6)撤消和恢复上一步操作,然后保存文档。

操作步骤:

(1)创建“学习计划”文档,输入文档内容。启动 Word 2016 后将自动新建一个空白文档,用户也可手动创建文档,单击“开始”按钮,在打开的“开始”菜单中选择“所有程序”→“Word”。选择“文件”→“新建”命令,在打开的窗口中选择“空白文档”选项,都可新建一个空白的文档。

将输入法切换至中文输入法,输入文档标题“学习计划”文本。输入正文文本,按 Enter 键换行,使用相同的方法输入其他文本,效果如图 3－34 所示。

学习计划

2020 年 9 月

大一的学习任务相对轻松,可适当参加社团活动,担任一定的职务,提高自己的组织能力和交流技巧,为毕业求职面试练好兵。

在大二这一年里,既要稳抓基础,又要做好由基础向专业过渡的准备,让自己变得更加专业,水平更高。这一年,要拿到一两张有分量的英语和计算机证书,并适当选修其他专业的课程,让自己的知识多元化。多参加有益的社会实践、义工活动,尝试到与自己专业相关的单位兼职,多体验不同层次的生活,培养自己的吃苦精神和社会责任感,以便适应突飞猛进的社会发展。

大三目标既已锁定,应该系统地学习,将以前的知识重新归纳,把未过关的知识点弄明白,专业水平达到一定的层次,多参加各种比赛以及活动,争取拿到更多的奖项及荣誉。除此之外,我们更应该多到校外参加实践活动,多与社会接触,多与人交际,以便了解社会形势,更好地适应社会,更好地就业。

大四要进行为期两个月的实习,将对我们进行真正的考验,必须搞好这次的实习,积累好的经验,为求职作好准备,其次是编写好个人求职材料,参加招聘活动,同时完成好毕业论文及答辩,圆满完成大学学习和生活。

图 3－34　输入文档内容

(2)移动文本。选择正文的“2020 年 9 月”文本,在“开始”→“剪贴板”组中单击“剪切”按钮或按 Ctrl + X 快捷键,在文档右下角双击定位文本插入点,在“开始”→“剪贴板”组中单击“粘贴”按钮,或按 Ctrl + V 快捷键,即可移动文本。

(3)查找和替换文本。将文本插入点定位到文档开始处,在“开始”→“编辑”组中单击“替换”按钮或按 Ctrl + H 快捷键。打开“查找和替换”对话框,分别在“查找内容”和“替换为”文本框中输入“自己”与“自身”。单击“全部替换”,效果如图 3 – 35 所示。

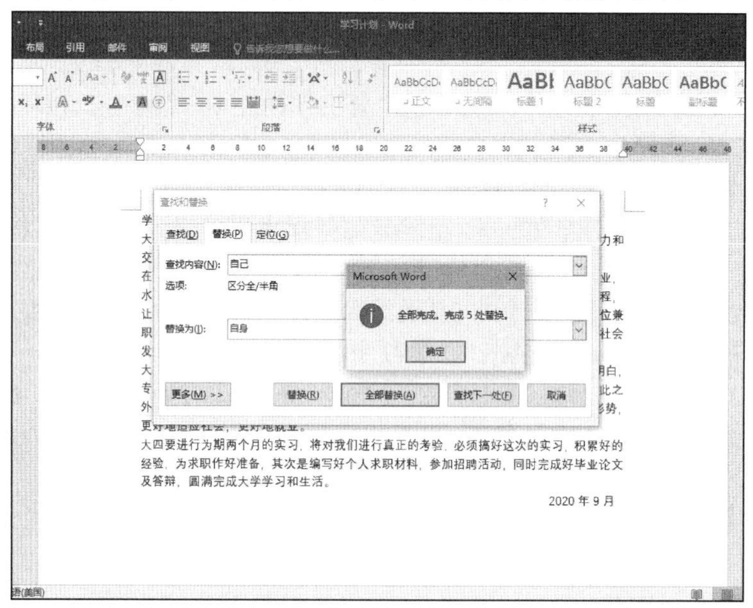

图 3 – 35　查找和替换

(4)撤消与恢复操作。

将文档标题“学习计划”修改为“计划”。单击“快速访问栏”工具栏中的“撤消”按钮,或按 Ctrl + Z 快捷键,即可恢复到将“学习计划”修改为“计划”前的文档效果。

(5)保存“学习计划”文档。选择“文件”→“保存”命令,打开“另存为”窗口,在列表中提供了“最近”“OneDrive”“这台电脑”“添加位置”和“浏览”五种保存方式,选择“浏览”打开“另存为”对话框。在“地址栏”下拉列表中选择文档的保存路径,在“文件名”文本框中输入文件名“学习计划”,完成后单击“保存”按钮即可。

3.4　Word 2016 文档排版

文档排版是指对文档外观的一种美化。用户可以对文档格式进行反复修改,直到对整个文档的外观满意和符合用户阅读要求为止。文档排版包括字符格式化、段落格式化和页面设置等。

3.4.1　字符排版

字符排版是指对字符的字体、字号、字形、颜色、字间距、文字效果等进行设置。设置字符格式可以在字符输入前或输入后进行,输入前可以通过选择新的格式设置将要输入的格式;对已输入的字符格式进行修改,只需选定需要进行格式设置的字符,然后对选定的字符进行格式设置即可。字符格式的设置是用“开始”选项卡功能区中的“字体”组和“字体”对话框等方式实现的。

1.“开始”选项卡中的“字体”组

“字体”组如图 3－36 所示。

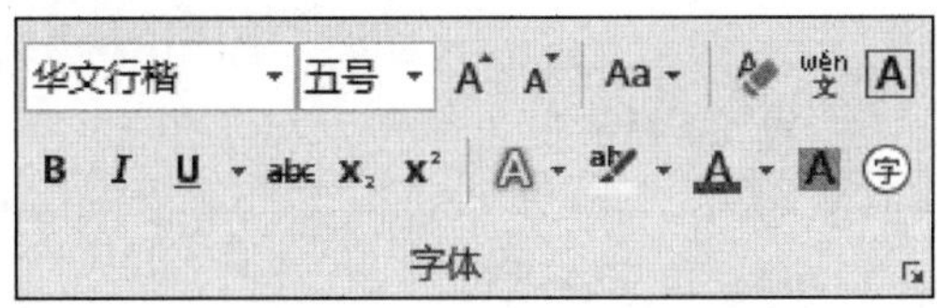

图 3－36　“字体”组

为了能更好地了解“字体”组,表 3－1 中给出了各命令的功能介绍。

表 3－1　“字体”中各按键组的功能

按键	名称	功能
华文行楷	字体	更改字体(包含各种 Windows 已安装的中英文字体,Word 2016 默认的中文字体是宋体,英文字体是 Times New Roman)
五号	字号	更改文字的大小
A	增大字体	增加文字大小
A	缩小字体	缩小文字大小
Aa	更改大小写	将选中的所有文字更改为全部大写、全部小写或其他常见的大小写形式,全角半角的切换
	清除格式	清除所选文字的所有格式设置,只留下纯文本
wén 文	拼音指南	可以在中文字符上添加拼音
A	字符边框	在一组字符或句子周围应用边框
B	加粗	选定文字加粗
I	倾斜	使选定文字倾斜

续表 3－1

按键	名称	功能
U ▾	下划线	在选定文字的下方绘制一条线,单击下三角按钮可选择下划线的类型
abc	删除线	绘制一条穿过选定文字中间的线
x_2	下标	设置下标字符
x^2	上标	设置上标字符
A ▾	文本效果	通过应用文本效果(如阴影或发光)来为文本添加效果
ab ▾	突出显示	给选定的文字添加背景色
A ▾	字体颜色	更改文字颜色
A	字符底纹	为所选文本添加底纹背景
字	带圈字符	所选的字符添加圈号,可选择缩小文字和增大圈号,也可以选择不同形状的圈

2."字体"对话框

单击"开始"选项卡功能区中"字体"组的右下角按钮,表示有命令设置对话框,打开对话框(即单击)可以进行相应的各项功能的设置,显示"字体"对话框。

(1)"字体"对话框的"字体"选项卡。利用"字体"选项卡可以进行字体相关设置,如图 3－37 所示。

①改变字体:在"中文字体"列表框中选择中文字体,在"西文字体"列表框中选择英文字体。

②改变字形:在"字形"列表框中选择字形,如常规、倾斜、加粗、倾斜加粗等。

③改变字号:在"字号"列表框中选择字号,有汉字和数字两种方式。

④改变字体颜色:单击"字体颜色"下拉列表框设置字体颜色。

如果想使用更多的颜色可以单击"其他颜色…",打开"颜色"对话框,如图 3－38 所示。

单击"标准"选项卡可以选择标准颜色,在"自定义"选项卡中可以自定义颜色来设置具体颜色。

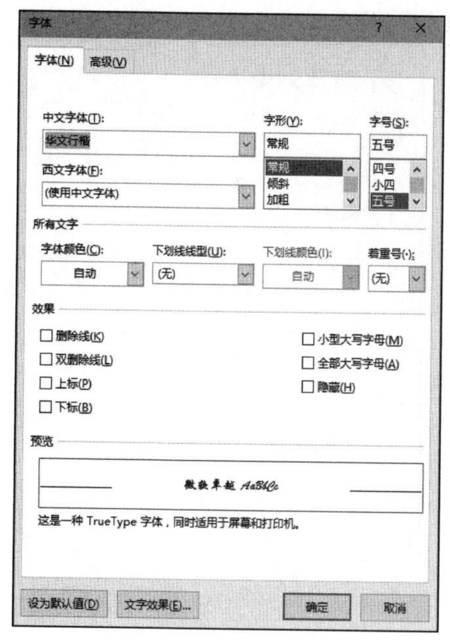

图 3 – 37　“字体”对话框的“字体”选项卡

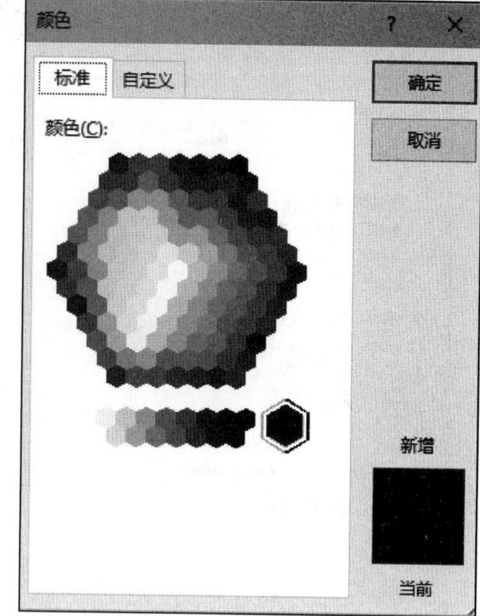

图 3 – 38　“颜色”对话框

⑤设置下划线：可配合使用“下划线线型”和“下划线颜色”下拉列表框来设置下划线。

⑥设置着重号：在“着重号”下拉列表框中选定着重号标记。

⑦设置其他效果：在“效果”选项区域中，可以设置删除线、双删除线、上标、下标、小型大写字母等字符效果。

(2)“高级”选项卡。利用“高级”选项卡可以进行字符间距设置。“高级”选项卡如图 3 – 39 所示。

①字符间距：在“间距”下拉列表框中可以选择“标准”“加宽”和“紧缩”三个选项。选择“加宽”或“紧缩”时，可以在右侧的“磅值”数值框中输入所要“加宽”或“紧缩”的磅值。

②位置：在“位置”下拉列表框中可以选择“标准”“提升”和“降低”三个选项。选择“提升”或“降低”时，可以在右侧的“磅值”数值框中输入所要“提升”或“降低”的磅值。

③为字体调整字间距：选中“为字体调整字间距”复选框后，从“磅或更大”数值框中选择字体大小，Word 会自动设置选定字体的字符间距。

(3)“文字效果”按钮。

利用“文字效果”按钮可以进行字符的特殊效果设置。单击“文字效果”按钮，弹出“设置文本效果格式”对话框，如图 3 – 40 所示，在该对话框中可以进行各种文本效果的设置。

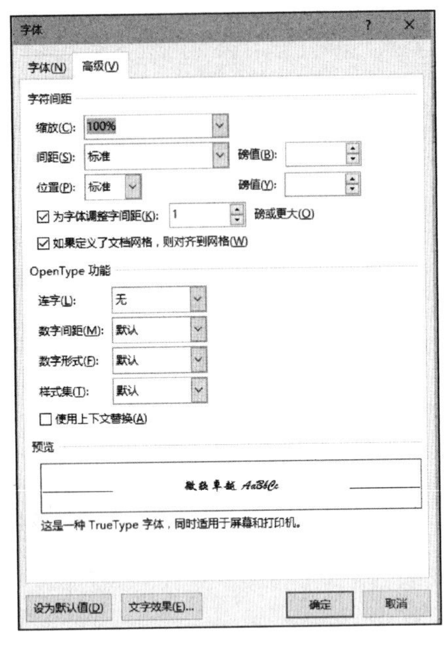

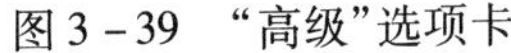

图 3－39 “高级”选项卡

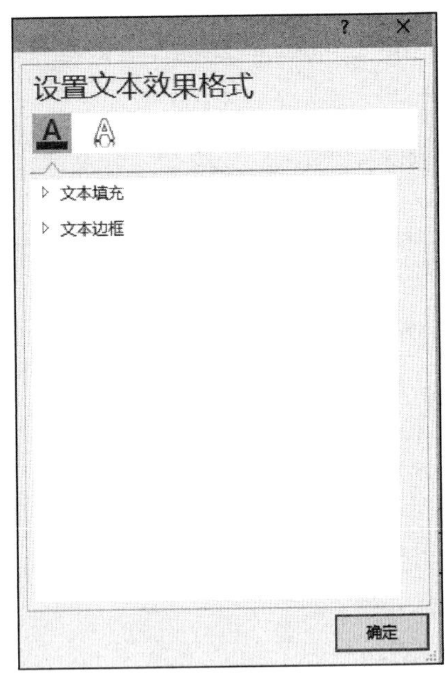

图 3－40 “设置文本效果格式”对话框

3. 复制字符格式

复制字符格式是将一个文本的格式复制到其他文本中，使用“开始”选项卡功能区“剪贴板”组中的“格式刷”按钮可以达到目的。操作步骤如下：

(1) 选中已编排好字符格式的源文本或将光标定位在源文本的任意位置处。

(2) 单击“剪贴板”组中的“格式刷”按钮，鼠标指针变成刷子形状。

(3) 在目标文本上拖动鼠标，即可完成格式复制。

若将选定格式复制到多处文本块上，则需要双击“格式刷”按钮，然后按照上述步骤(3)完成复制。若取消复制，则单击“格式刷”按钮或按 Esc 键，鼠标恢复原状。

3.4.2 段落排版

段落格式化指对整个段落的外观进行处理。段落可以由文字、图形和其他对象所构成，段落以 Enter 键作为结束标识符。有时也会遇到这种情况，即录入没有到达文档的右侧边界就需要另起一行，而又不想开始一个新的段落，此时可按 Shift + Enter 键，产生一个手动换行符(软回车)，可实现既不产生一个新的段落又可换行的操作。

如果需要对一个段落进行设置，只需将光标定位于段落中即可，如果要对多个段落进行设置，首先要选中这几个段落，单击“开始”选项卡功能区“段落”组中的按钮来进行相应的设置，如图 3－41 所示。

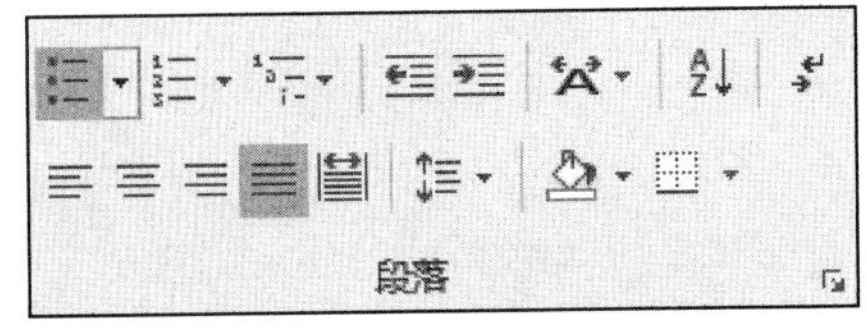

图 3－41 “段落”组

为了能更好地了解“段落”组，表 3－2 中给出了各命令的简单功能介绍。

表 3－2　“段落”组中各按键的功能

按键	名称	功能
	项目符号	创建项目符号列表
	编号	创建编号列表
	多级列表	创建多级列表以组织项目或创建大纲
	减少缩进量	靠近边距移动段落
	增加缩进量	增加段落的缩进级别
	中文版式	自定义中文或混合文字的版式
	排序	按字母顺序或数字顺序排列当前所选内容
	显示/隐藏编辑标记	显示段落标记和其他隐藏的格式符号
	对齐方式	左对齐、居中、右对齐、两端对齐、分散对齐
	行和段落间距	选择文本行之间或段落之间显示的间距
	底纹	更改所选文本、段落或表格单元格的背景颜色
	边框	为所选内容添加或删除边框

1. 设置段落间距及行间距

段落间距是指两个段落之间的距离，行间距是指段落中行与行之间的距离，Word 默认的行间距是单倍行距。

利用“开始”选项卡功能区。在“段落”组中设置段落间距、行间距的步骤如下：

(1)选定要改变间距的文档内容。

(2)单击“开始”选项卡功能区“段落”组中的“行和段落间距” 按钮；或单击“开始”

选项卡功能区“段落”组右下角带有标记的按钮，表示有命令设置对话框，打开对话框（即单击）可以进行相应的各项功能设置。“段落”对话框如图3－43所示。

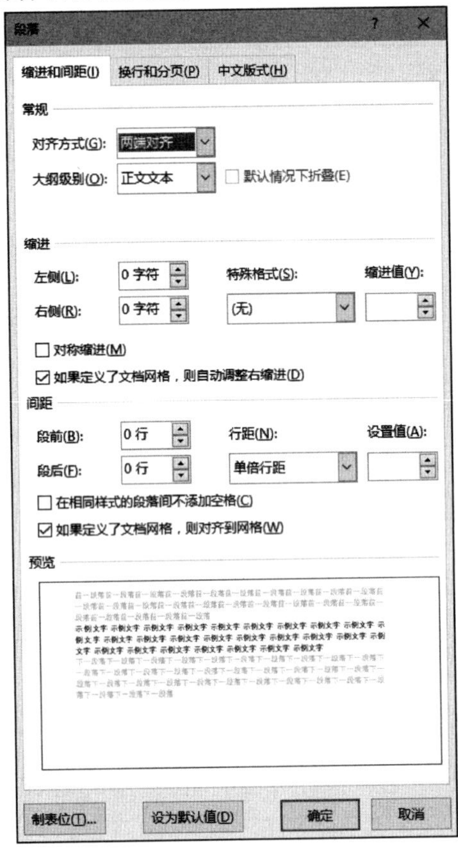

图3－43 “段落”对话框

（3）单击“缩进和间距”选项卡，在“间距”选项中的“段前”和“段后”数值框中输入间距值，可调节段前和段后的间距。

（4）在“行距”下拉列表框中选择行间距，若选择“固定值”或“最小值”选项，需要在“设置值”数值框中输入所需的数值；若选择“多倍行距”选项，需要在“设置值”数值框中输入所需行数。

（5）设置完成后，单击“确定”按钮。

2. 段落缩进

段落缩进是指段落文字的边界相对于左、右页边距的距离。

（1）用标尺设置。Word窗口的标尺如图3－44所示。

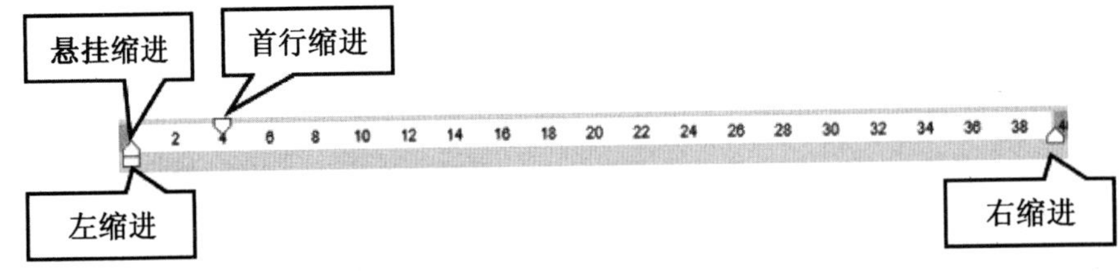

图3－44 标尺

使用标尺设置段落缩进的操作如下:

①选定要进行缩进的段落或将光标定位在该段落上。

②拖动相应的缩进标记,向左或向右移动到合适位置。

(2)利用“开始”选项卡进行操。

①单击“开始”选项卡功能区中的“段落”组右下角带有标记的按钮,打开“段落”对话框。

②在“缩进和间距”选项卡中的“特殊格式”下拉列表框中选择“悬挂缩进”或“首行缩进”,在“缩进”区域设置左、右缩进。

③单击“确定”按钮。

(3)利用“段落”组进行操作。

单击“段落”组中的“减少缩进量”按钮或“增加缩进量”按钮,可以完成所选段落左移或右移一个汉字位置。

3. 段落的对齐方式

段落的对齐方式包括左对齐、居中对齐、右对齐、两端对齐和分散对齐,Word 默认的对齐格式是两端对齐。

如果要设置段落的对齐方式,则应先选中相应的段落,再单击“段落”组中相应的对齐方式按钮;或利用“段落”组中“段落”选项卡的对齐方式完成。操作步骤如下:

(1)单击“段落”组右下角带有标记的按钮,显示“段落”对话框,打开“缩进和间距”选项卡。

(2)在“对齐方式”下拉列表框中选择相应的对齐方式。

(3)单击“确定”按钮。

段落的对齐效果如图 3-45 所示。

4. 边框和底纹

为起到强调作用或美化文档的作用,可以为指定的段落、图形或表格等添加边框和底纹。添加边框和底纹的操作步骤如下:

(1)先选定要添加边框和底纹的文档内容。

(2)单击“开始”选项卡功能区中的“段落”组,选择“边框”按钮,选择“边框和底纹”命令,弹出“边框和底纹”对话框,如图 3-46 所示。

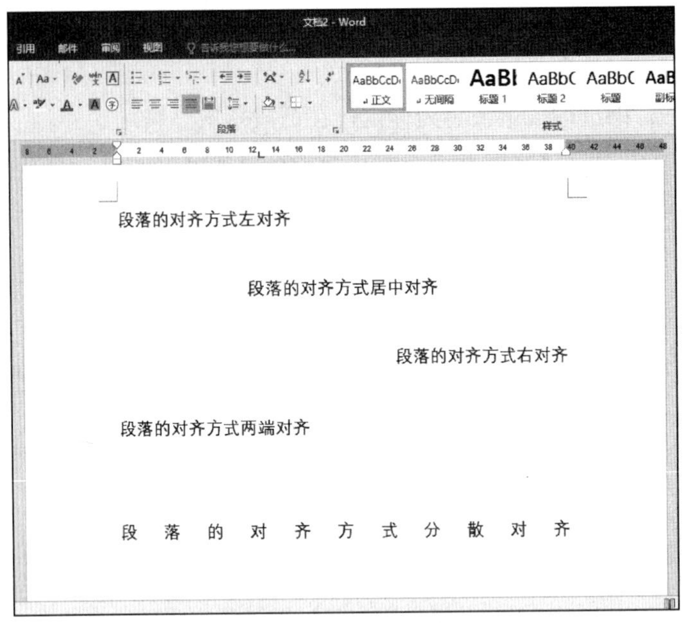

图 3－45　段落的对齐效果

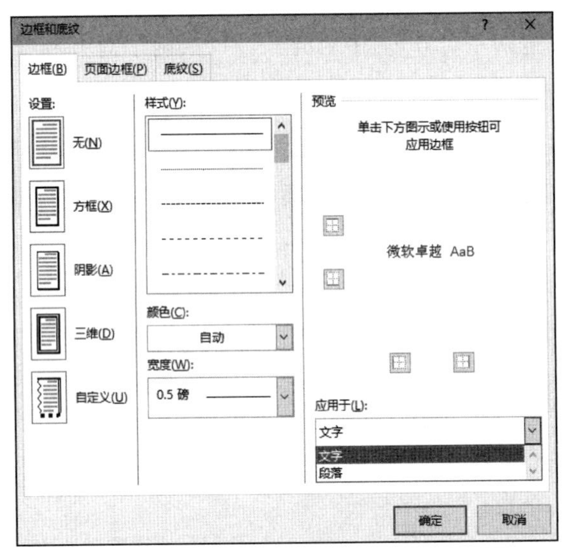

图 3－46　“边框和底纹”对话框

例题 3－3　为文档的标题行添加浅绿色的底纹，为“在校大学生当兵政策及入伍条件”下方的整段文本添加边框和“白色，背景 1，深色 15%”的底纹。源文件如图 3－47 所示。

操作步骤：

(1)选择标题行，在“段落”组中单击“底纹”按钮右侧的下拉按钮，在打开的下拉列表中选择“浅绿”选项，如图 3－48 所示。

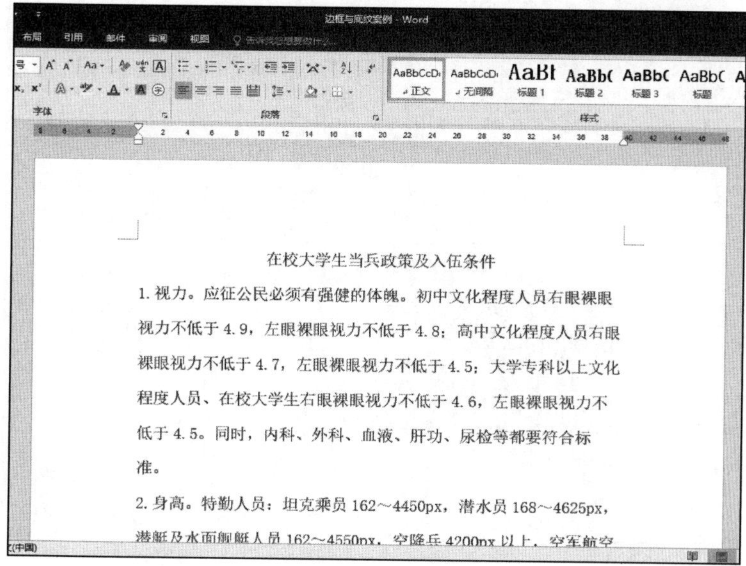

图 3－47　源文件

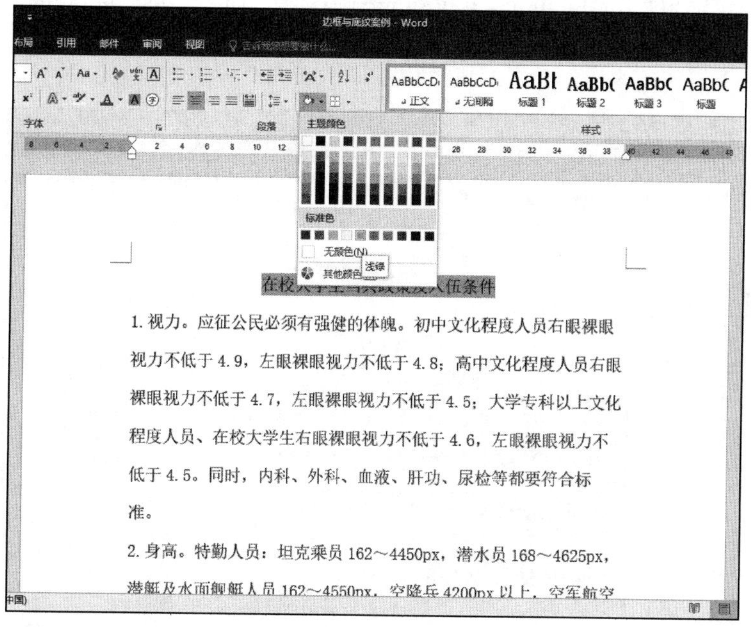

图 3－48　设置底纹

（2）选择标题下方的整个段落；在“段落”组中单击“下框线”按钮右侧的下拉按钮；在打开的下拉列表中选择“边框和底纹”选项，在打开的“边框和底纹”对话框中单击“边框”选项卡，在“设置”栏中选择“方框”选项，在“样式”列表框中选择“＝”选项，如图 3－49 所示。

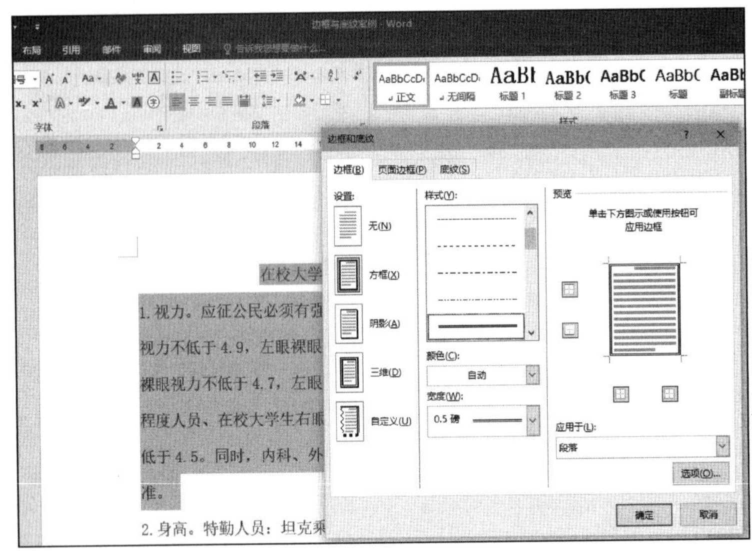

图 3－49　设置边框

单击“底纹”选项卡，在“填充”下拉列表框中选择“白色，背景 1，深色 15%”选项，如图 3－50 所示，单击“确定”按钮。完成后用相同的方法为其他段落设置边框与底纹样式。

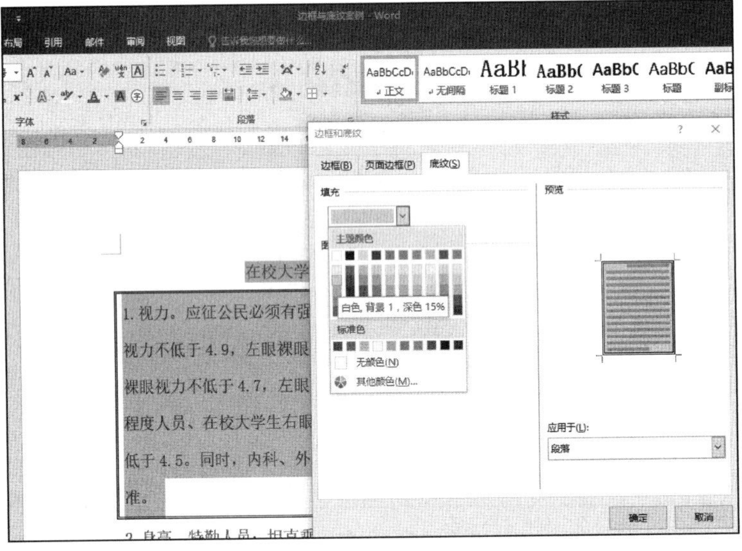

图 3－50　设置底纹

5. 项目符号和编号

对一些需要分类阐述的条目，可以添加项目符号和编号，既可起到强调的作用，也可以起到美化文档的作用。

(1)添加项目符号。

①选定文本内容。

②选择“开始”选项卡功能区，单击“段落”组中的“项目符号”下拉三角按钮，打开

“项目符号”下拉列表,如图3-51所示。

③选择所需要的项目符号,若对提供的符号不满意,可以单击“定义新项目符号”按钮,弹出“定义新项目符号”对话框,如图3-52所示。单击“符号”按钮,弹出“符号”对话框,如图3-53所示。

④设置完成后,单击“确定”按钮。

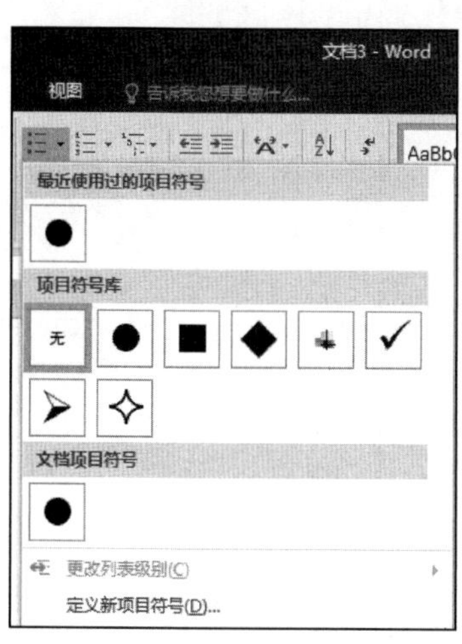

图3-51　“项目符号”下拉列表

图3-52　“定义新项目符号”对话框

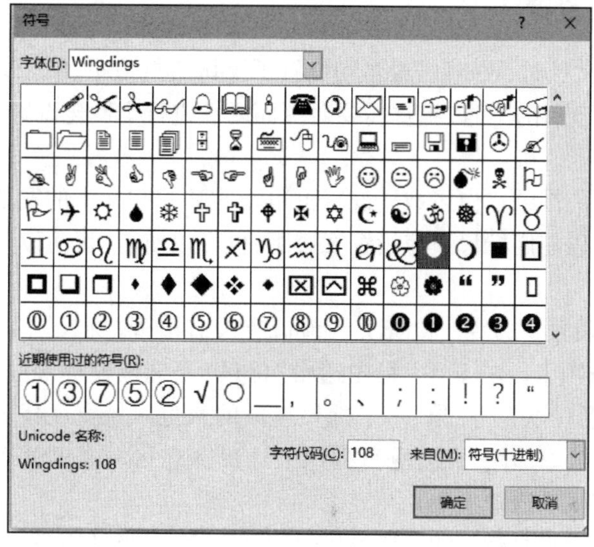

图3-53　“符号”对话框

(2)添加编号。

①选定要设置编号的段落。

②选择“开始”选项卡功能区,单击“段落”组中的“编号”下拉三角按钮,在“编号库”区域中选择相应的内容。

③若对提供的编号不满意,也可以单击“定义新编号格式”按钮,弹出“定义新编号格式”对话框。在“定义新编号格式”对话框中对“编号样式”和“字体”等相应内容进行设置,如图 3－54 所示。

④单击“确定”按钮。

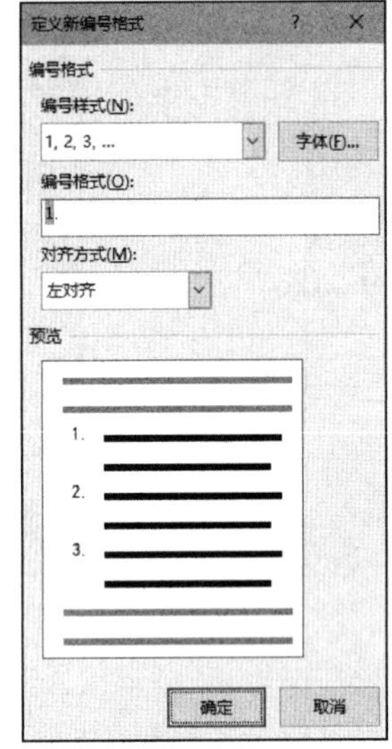

图 3－54 “定义新编号格式”对话框

3.4.3 页面设置

在建立 Word 文档时,Word 已经自动设置了默认的页边距、纸张大小、纸张方向等页面属性。在打印之前,用户可以根据需要对页面属性进行个性化设置。

1.设置页边距

页边距是页面周围的空白区域。设置页边距能够控制文本的宽度和长度,还可以留出装订边。用户可以使用标尺快速设置页边距,也可以使用“页面设置”对话框来设置页边距。

(1)使用标尺设置页边距。检查文档窗口有没有出现“标尺”,如果没有“标尺”,那么切换到“视图”选项卡,在“显示”组中选中“标尺”复选框使标尺显示在文档窗口。标尺分为“灰色—白色—灰色”三段,水平标尺左侧的灰色区域宽度代表左边距大小,右侧的灰色区域宽度代表右边距宽度;垂直标尺上边的灰色区域高度代表上边距大小,下边的灰色区域高度代表下边距大小。

将鼠标指针置于垂直标尺的灰白区域分隔线位置,其形状将变为垂直方向的双向箭头时,按住鼠标左键上下拖动,即可改变上下页边距;将鼠标指针置于水平标尺的灰白区域分隔线位置,其形状将变为水平方向的双向箭头时,按住鼠标左键左右拖动,即可改变左右页边距。

(2)使用“页面设置”对话框设置页边距。如果需要精确设置页边距,就必须使用“页面设置”对话框来进行设置。在“布局”选项卡“页面设置”组中单击“页边距”按钮,在弹出的下拉菜单中选择“自定义边距”菜单项，打开“页面设置”对话框并自动切换到“页边距”选项卡，如图 3－55 所示。在“页边距”区域中，根据实际需要在“上”“下”“左”“右”文本框中分别输入页边距的数值。

2. 设置装订线和纸张方向

如果需要设置装订线，则在“页面设置”对话框的“页边距”选项卡中，在“页边距”组的“装订线”编辑框中输入装订线的宽度值，在“装订线位置”下拉列表中根据需要选择“左”或“上”选项。如果需要设置纸张方向，在“纸张方向”组中选择“纵向”或“横向”选项来设置纸张方向。

3. 设置纸张大小

Word 2016 默认的打印纸张为 A4，其宽度为 21 厘米，高度为 29.7 厘米，且页面方向为纵向。如果实际需要的纸型与默认设置不一致，就会造成分页错误，此时必须重新设置纸张类型。

在“布局”选项卡的“页面设置”组中单击“纸张大小”按钮，在弹出的下拉菜单中选择“其他纸张大小”菜单项，打开“页面设置”对话框并自动切换到“纸张”选项卡，如图 3－56所示。

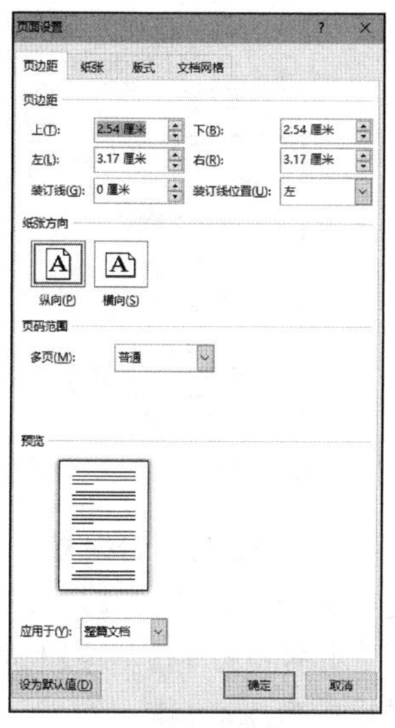

图 3－55　“页面设置”对话框

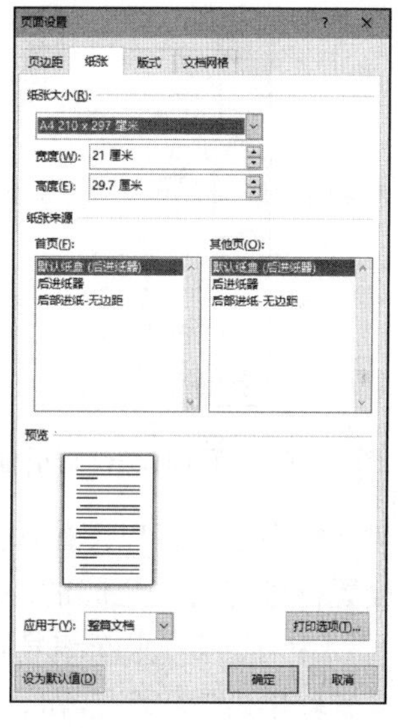

图 3－56　设置纸张

在该选项卡中单击“纸张大小”下拉列表右侧的下拉按钮，在打开的下拉列表中选择一种纸型；还可以在“宽度”和“高度”编辑框中设置具体的数值来自定义纸张的大小。在“纸张来源”组中设置打印机的送纸方式：在“首页”列表中选择首页的送纸方式；在“其他页”列表中设置其他页的送纸方式。在“应用于”下拉列表中选择当前设置的应用范围。单击“打印选项”链接，可在弹出的“Word 选项”对话框的“打印选项”组中进一步设置打印属性。设置完成后，单击“确定”按钮即可退出“页面设置”对话框。

4. 设置版式

Word 2016 提供了设置版式的功能，可以设置有关页眉和页脚、页面垂直对齐方式以及行号等特殊的版式选项。

单击“布局”选项卡“页面设置”组右下角的扩展按钮，打开“页面设置”对话框，切换到“版式”选项卡，如图3－57所示。

在该选项卡中的“节的起始位置”下拉列表中选择节的起始位置，用于对文档分节。在“页眉和页脚”组中可确定页眉和页脚的显示方式：如果需要奇数页和偶数页不同，可选中“奇偶页不同”复选框；如果需要首页不同，可选中“首页不同”复选框。在“页眉”和“页脚”编辑框中可设置页眉和页脚距边界的具体数值。在“垂直对齐方式”下拉列表中可设置页面的一种对齐方式。

在“预览”区域中单击“行号”按钮，弹出“行号”对话框，选中“添加行号”复选框，如图3－58所示。

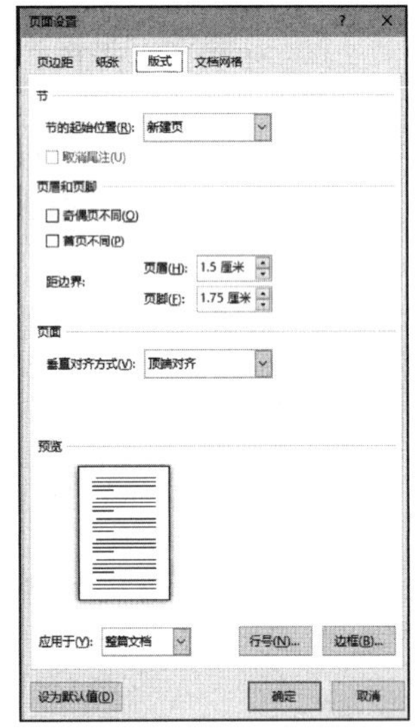

图3－57 “页面设置”对话框的“版式”选项卡

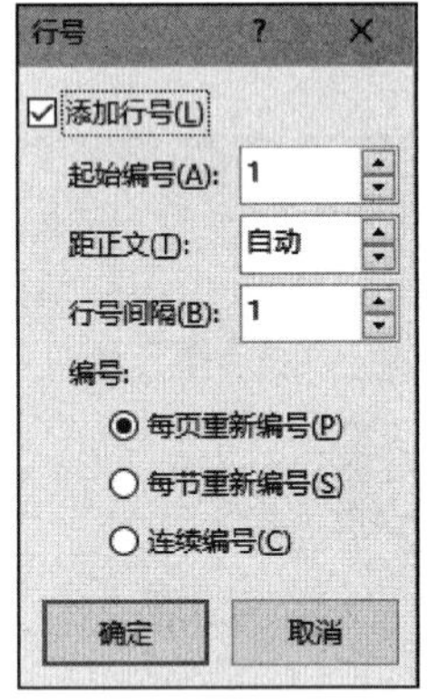

图3－58 “行号”对话框

在该对话框中可进行以下操作：在“起始编号”编辑框中设置起始编号；在“距正文”编辑框中设置行号与正文之间的距离；在“行号间隔”编辑框中设置每几行添加一个行号。“编号”组中有“每页重新编号”“每节重新编号”“连续编号”三个按钮，可根据需要对其进行设置。单击“确定”按钮，即可看到添加行号后的效果。

5. 设置文字方向

设置文字方向的步骤如下：

(1)选定要设置文字方向的文本。

(2)单击“布局”选项卡功能区“页面设置”组中的“文字方向”按钮，在弹出的列表中选择“文字方向选项”命令，打开“文字方向－主文档”对话框，如图3－59所示。

也可以单击“布局”选项卡“页面设置”组右下角的扩展按钮，打开“页面设置”对话框，切换到“文档网络”选项卡，如图3－60所示，在其中的“文字排列”中设置文字方向。

图 3－59　“文字方向－主文档”对话框

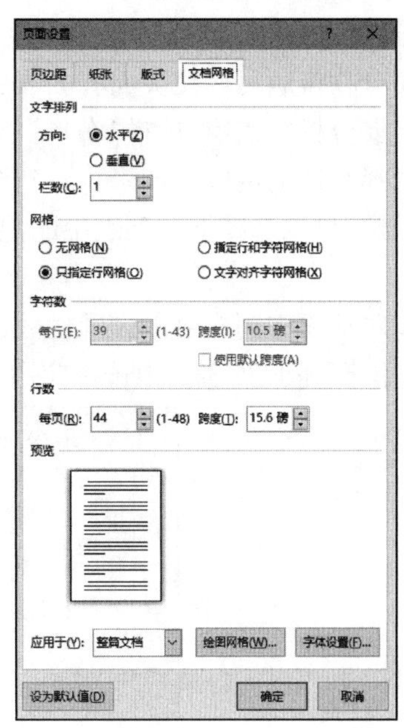

图 3－60　“页面设置”对话框中“文档网络”选项卡

3.4.4　首字下沉、悬挂及分栏

1. 首字下沉

首字下沉是指段落的第一个字下沉几行。这种排版方式在各种报纸或杂志上随处可见，它不仅丰富了页面，而且使读者一看便知文章的起始位置在哪里。设置首字下沉方法如下：

选中一个段落，使用“插入”选项卡“文本”功能区中的“首字下沉”命令，在下拉列表中直接选择“下沉”或“悬挂”设置；如果用户想修改首字下沉的参数，也可以选择下拉列表中的“首字下沉选项”命令，在弹出的“首字下沉”对话框中设置首字字体和下沉行数等，如图 3－61 所示。

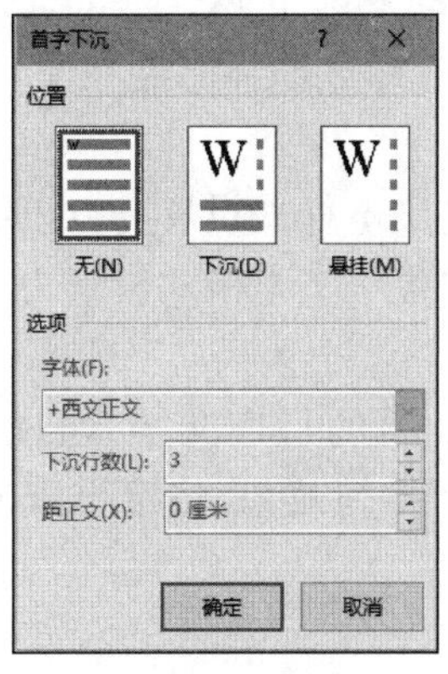

图 3－61　“首字下沉”对话框

2. 分栏

使用分栏排版可以使页面看上去更加生动丰富，设置分栏排版的方法如下：

选定要分栏的内容，选择“布局”选项卡“页面设置”功能区中的“分栏”命令，在下拉列表中选择合适的内容。如果找不到合适的分栏情况，或者用户想要对分栏的情况做更详细的设定，可以选择下拉列表中的“更多分栏”命令，弹出“分栏”对话框，如图3－62所示。

在该对话框中用户可以设置栏数、栏宽、栏间距以及是否在两栏之间加分隔线等，最后在“应用于”下拉列表框中选择应用范围，设置完成单击“确定”按钮。

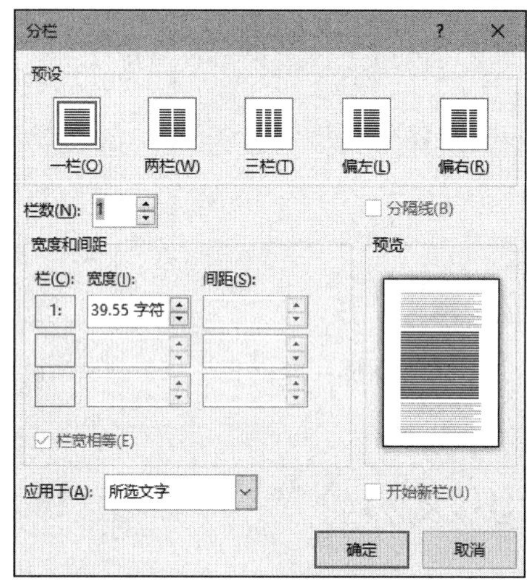

图3－62 “分栏”对话框

例题3－4 制作“活动安排”文档。

在制作活动安排类型的文档时，可以将版式制作得灵活一些，如设置特殊格式、添加边框和底纹等，目的是引起读者的兴趣，使其关注文档的内容。下面制作一个“活动安排”文档，源文件如图3－63所示。

具体操作如下：

(1)设置首字下沉。打开“活动安排.docx”文档，通过“首字下沉”对话框设置正文第一个文本“下沉2行”，字体为“方正综艺简体”，距正文0.2厘米，颜色为红色。其效果如图3－64所示。

(2)设置带圈字符。先将标题文本样式设置为方正综艺简体、二号、居中，然后在“带圈字符”对话框中依次将标题中的各个文本格式设置为“增大圈号”，圈号为“菱形”的带圈字符样式。

(3)设置双行合一。选择第二行的日期文本，通过“双行合一”对话框设置样式为“[ ]”的双行合一效果，并调整文字排列效果，将字号修改为“四号”。其效果如图3－65所示。

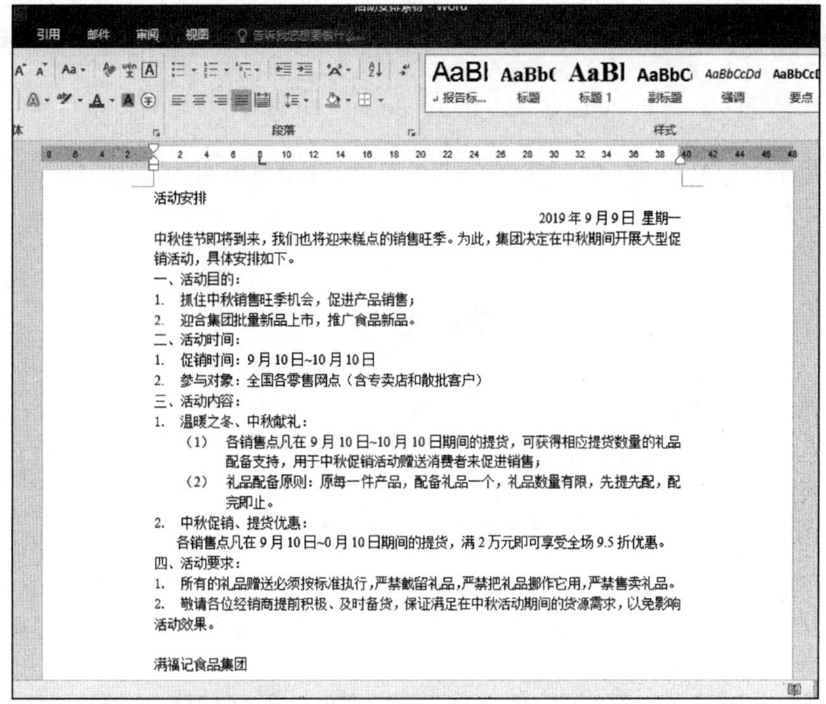

活动安排

2019 年 9 月 9 日 星期一

中秋佳节即将到来，我们也将迎来糕点的销售旺季。为此，集团决定在中秋期间开展大型促销活动，具体安排如下。

一、活动目的：

1. 抓住中秋销售旺季机会，促进产品销售；
2. 迎合集团批量新品上市，推广食品新品。

二、活动时间：

1. 促销时间：9 月 10 日~10 月 10 日
2. 参与对象：全国各零售网点（含专卖店和散批客户）

三、活动内容：

1. 温暖之冬、中秋献礼：
   （1） 各销售点凡在 9 月 10 日~10 月 10 日期间的提货，可获得相应提货数量的礼品配备支持，用于中秋促销活动赠送消费者来促进销售；
   （2） 礼品配备原则：原每一件产品，配备礼品一个，礼品数量有限，先提先配，配完即止。
2. 中秋促销、提货优惠：

各销售点凡在 9 月 10 日~0 月 10 日期间的提货，满 2 万元即可享受全场 9.5 折优惠。

四、活动要求：

1. 所有的礼品赠送必须按标准执行，严禁截留礼品，严禁把礼品挪作它用，严禁售卖礼品。
2. 敬请各位经销商提前积极、及时备货，保证满足在中秋活动期间的货源需求，以免影响活动效果。

满福记食品集团

图 3－63　“活动安排”文档源文档

图 3－64　首字下沉

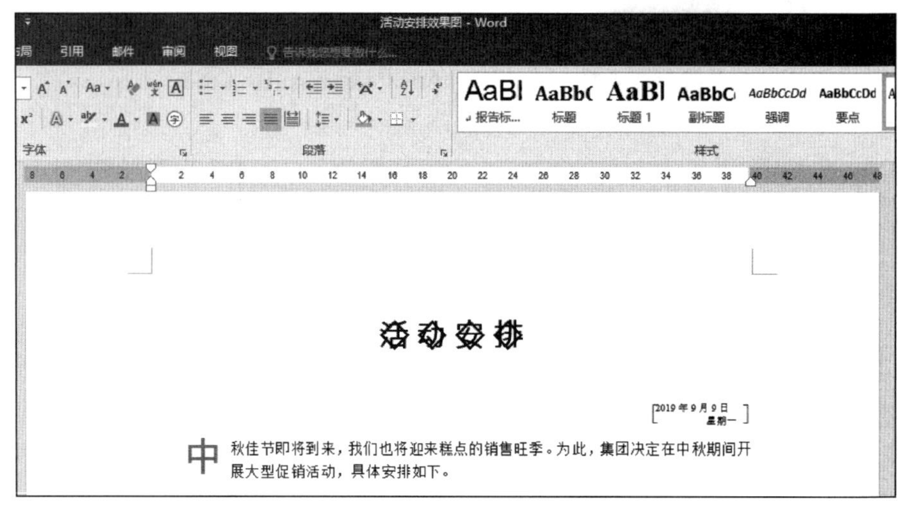

图 3－65　特殊格式设置

(4)设置分栏。选择除第 1 段外的其他正文文本,通过“行和段落间距”按钮设置段间距为 1.15,然后将编号为(1)和(2)的两段文本分为两栏排版,通过 Enter 键调整分栏。其效果如图 3－66 所示。

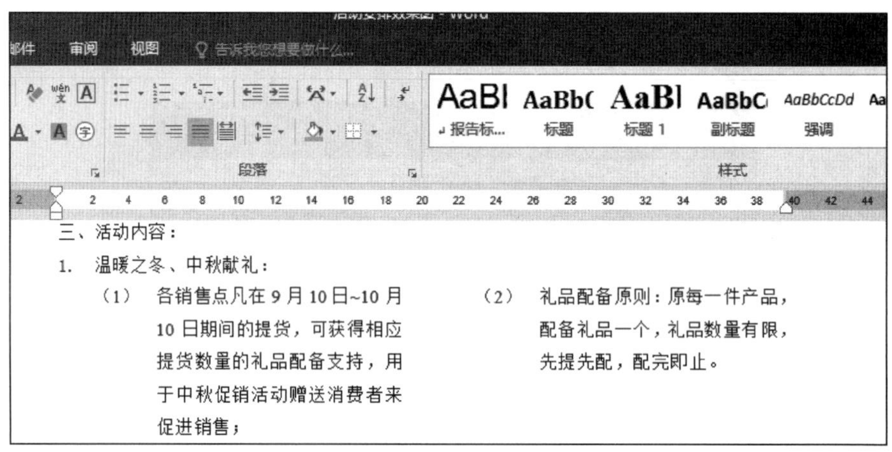

图 3－66　分栏

(5)设置合并字符。将最后一行文本右对齐,然后选择“满福记食品”文本,通过“合并字符”对话框设置字符格式为方正综艺简体、12 磅。其效果如图 3－67 所示。

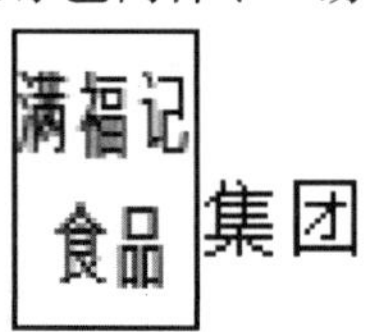

图 3－67　合并字符

(6)设置字符边框。为第(5)步合并字符后的文本添加字符边框。

(7)设置段落边框。分别为“一”“二”“三”“四”这四段文本添加段落边框,边框样式为第四种虚线、绿色、上边框线和左边框线。

(8)设置字符底纹。为“促销时间”后方的文本添加字符底纹。

(9)设置段落底纹。分别为添加了段落边框的段落添加底纹效果,底纹样式为黄色、5%图案。其效果如图 3－68 所示。

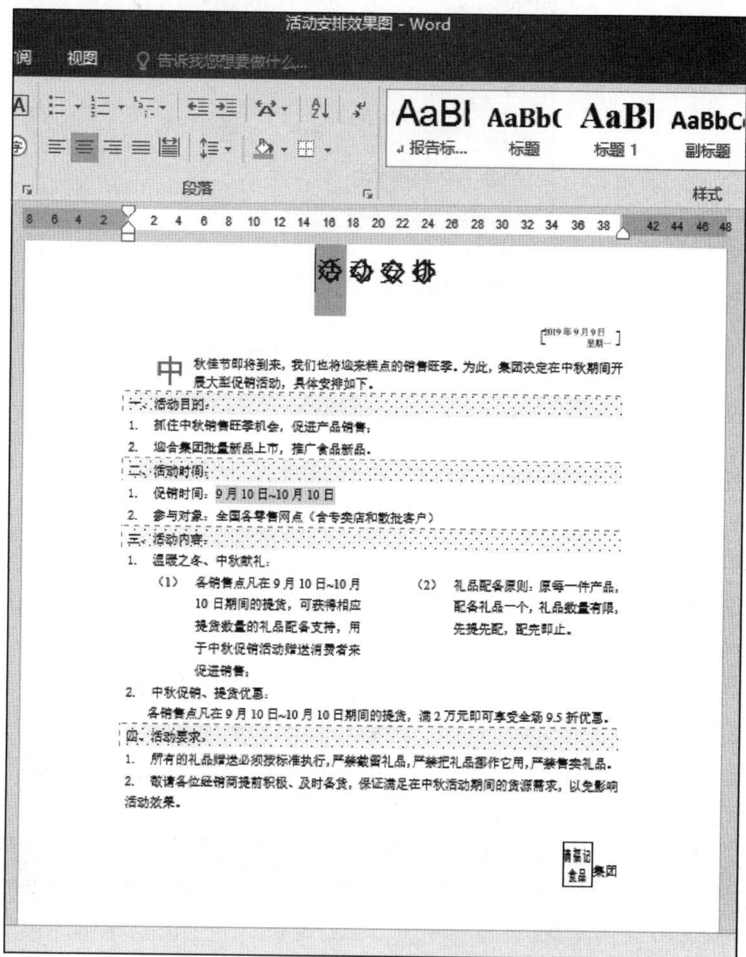

图 3－68　效果图

3.5　Word 2016 表格

表格是由许多行和列的单元格组成的。在表格的单元格中可以随意添加文字或图形,也可以对表格中的数字数据进行排序和计算。

3.5.1　插入表格

1. 使用“插入表格”对话框创建表格

将光标定位到需要插入表格的起始位置,切换到“插入”选项卡,单击“表格”组中的“表格”按钮,在弹出的下拉列表框中选择“插入表格”选项,弹出“插入表格”对话框,如

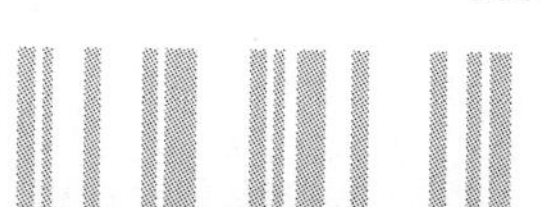

图 3－69 所示。

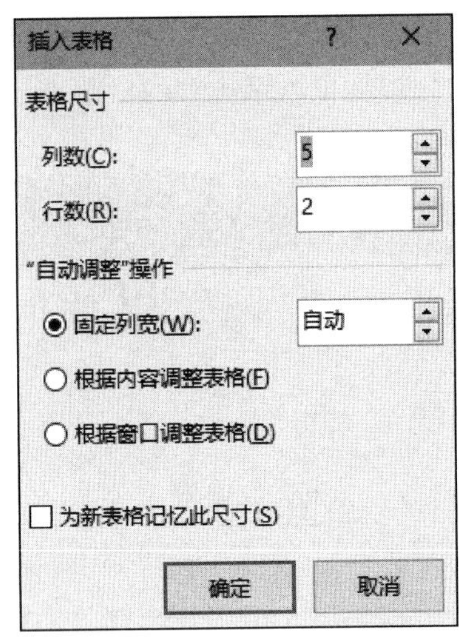

图 3－69 “插入表格”对话框

在“列数”“行数”文本框中输入表格的行数和列数，然后选中“固定列宽”单选按钮，单击“确定”按钮，即可在 Word 文档中插入一个表格。

2. 使用表格网格创建表格

使用表格网格是最快捷的创建表格的方法，适合创建行数与列数比较少并且具有规范的行高和列宽的简单表格，具体的操作步骤如下：

切换到“插入”选项卡，单击“表格”组中的“表格”按钮，在“插入表格”选项的网格中按住鼠标左键拖动鼠标选择所需的行数和列数，如图 3－70 所示。松开鼠标即可在光标插入点的位置自动插入相对应的表格。通过这种方式插入的表格会占满当前页面的全部宽度，用户可以通过修改表格属性设置表格的尺寸。

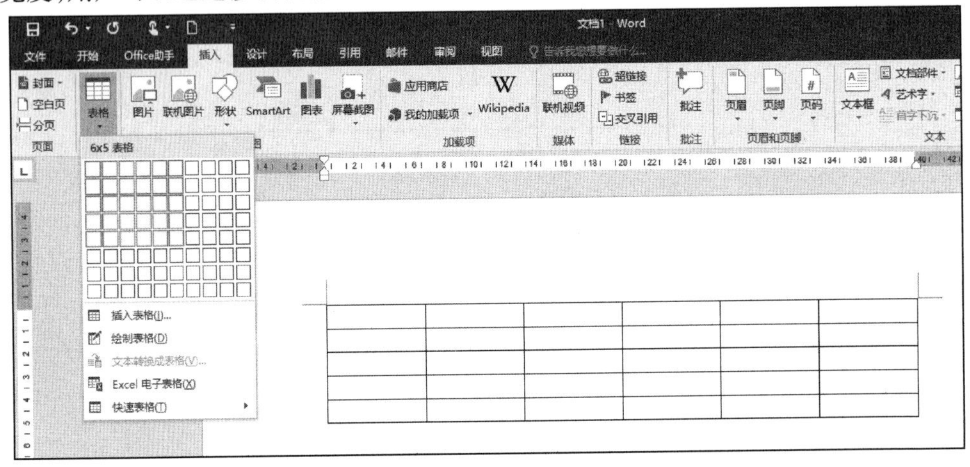

图 3－70 使用表格网格创建表格

3. 手动绘制表格

切换到“插入”选项卡，单击“表格”组中的“表格”按钮，然后在弹出的下拉列表中选择“绘制表格”选项，在鼠标指针变成铅笔形状时，将笔形鼠标移动到插入表格的起始位置，按住鼠标左键向右下角拖动即可绘制一个虚线框，释放鼠标左键，此时绘制的虚线矩形框变为实线框，至此就绘制出了表格的外边框。将鼠标指针移动到表格的外边框内，然后按住鼠标左键并拖动鼠标指针依次绘制表格的行与列即可。

4. 使用“快速表格”命令

Word 2016 为用户提供了“快速表格”命令，通过选择“快速表格”命令，用户可直接选择系统设置好的表格格式，从而快速创建新的表格。使用“快速表格”命令创建表格的具体操作步骤如下：

切换到“插入”选项卡，单击“表格”组中的“表格”按钮，在弹出的下拉列表中选择“快速表格”，如图 3－71 所示。在弹出的子选项中选择合适的样式，就可在文档中插入该表格，用户可根据需要进行简单的修改。

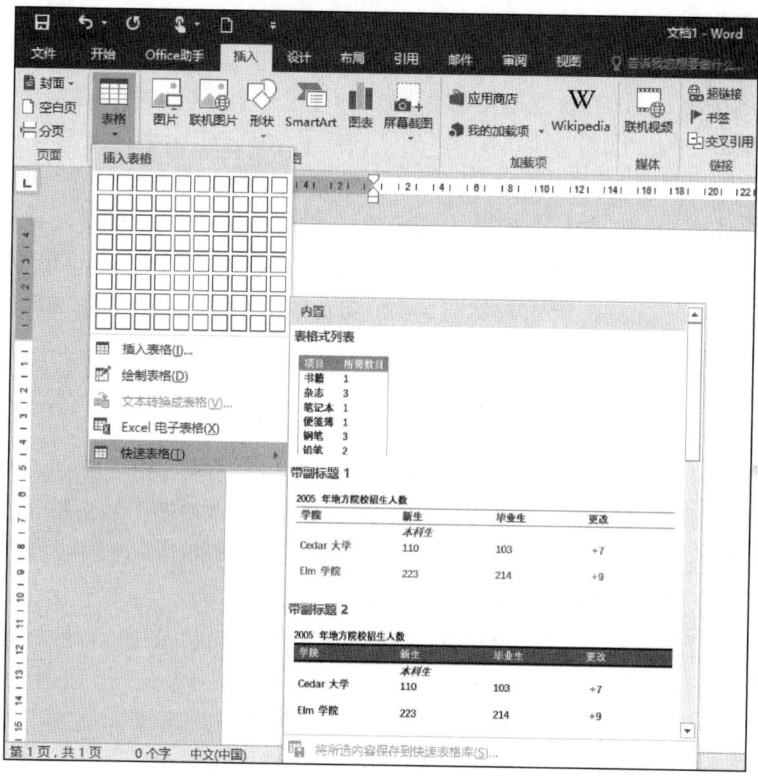

图 3－71　快速表格

3.5.2　编辑表格

1. 选定表格

(1)用鼠标选定单元格、行或列。

(2)使用选择按钮选择表格对象。

使光标位于表格中，选择“表格工具”的“布局”选项卡，在“表”组中单击“选择”按钮，弹出选择列表。如图 3－72 所示，在其中根据需要选择相应的表格对象。

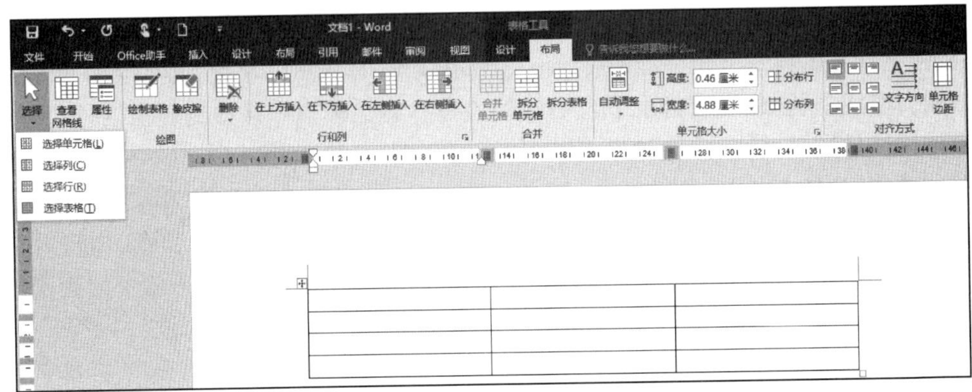

图 3－72　使用选择按钮选择表格对象

2. 插入行或列

(1)插入行。选中与需要插入行相邻的行,然后单击鼠标右键,在弹出的快捷菜单中选择“插入”菜单项,在其级联菜单中根据需要单击“在上方插入行”或“在下方插入行”选项。或者单击“表格工具”的“布局”选项卡,在“行和列”组中根据需要单击“在上方插入”或“在下方插入”按钮,这样,在所选定行的上边或下边就会插入一个空行。

(2)插入列。插入列的方法与插入行的方法类似。选中与需要插入列相邻的列,然后单击鼠标右键,在弹出的快捷菜单中选择“插入”菜单项,在其级联菜单中根据需要单击“在左侧插入列”或“在右侧插入列”选项。或者单击“表格工具”的“布局”选项卡,在“行和列”组中根据需要单击“在左侧插入”或“在右侧插入”按钮,这样,在所选定列的左边或右边就会插入一个空列。

3. 删除表格对象

(1)删除行。选定要删除的行,然后单击鼠标右键,在弹出的快捷菜单中单击“删除行”菜单项,即可删除选定的行。或者单击“表格工具”的“布局”选项卡,在“行和列”组中单击“删除”按钮,在弹出的下拉列表中选择“删除行”即可删除选定的行。

(2)删除列。删除列的方法与删除行的方法类似。

(3)删除单元格。选定要删除的单元格,单击鼠标右键,在弹出的快捷菜单中选择“删除单元格”菜单项或者单击“表格工具”的“布局”选项卡,在“行和列”组中单击“删除”按钮,在弹出的下拉列表中选择“删除单元格”,弹出“删除单元格”对话框,如图 3－73 所示。然后根据需要选中合适的单选按钮,最后单击“确定”按钮。

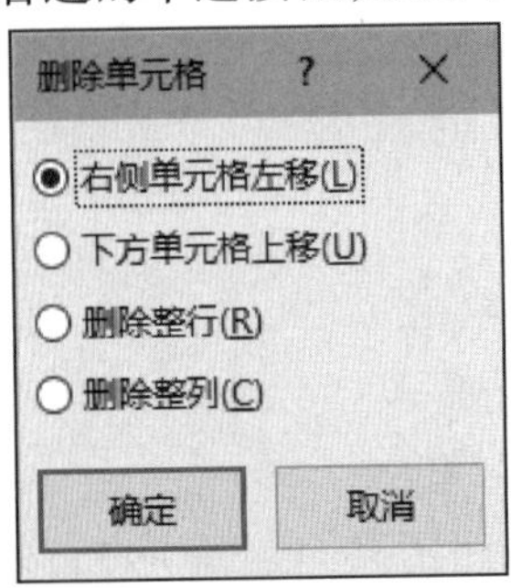

图 3－73　“删除单元格”对话框

(4)删除表格。选定要删除的表格,然后单击鼠标右键,在弹出的快捷菜单中选择"删除表格"菜单项,即可删除选定的表格。或者单击"表格工具"的"布局"选项卡,在"行和列"组中单击"删除"按钮,在弹出的下拉列表中选择"删除表格"即可删除选定的表格。

4. 合并或拆分单元格

(1)合并单元格。选定要合并的单元格,在"表格工具"的"布局"选项卡的"合并"组中,单击"合并单元格"按钮。

(2)拆分单元格。选定要拆分的单元格,在"表格工具"的"布局"选项卡的"合并"组中,单击"拆分单元格"按钮,弹出"拆分单元格"对话框,如图 3 - 74 所示。在"列数""行数"编辑框中输入要拆分的列数和行数。

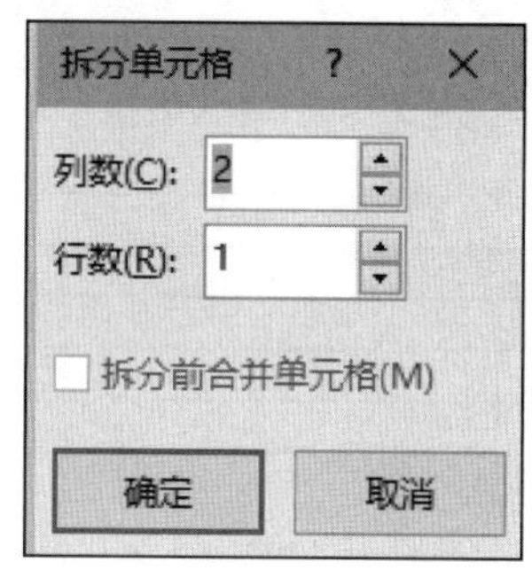

图 3 - 74　"拆分单元格"对话框

5. 表格的拆分

将光标置于要拆分的那一行的任意单元格中,然后切换到"表格工具"的"布局"选项卡,在"合并"组中单击"拆分表格"按钮,这样就在光标所在的行上方插入一个空白段,即把表格拆分成两个表格。

6. 设置标题行的重复显示

一个表格可能会占用多页,有时需要每页的表格都具有同样的标题行即表头,可设置标题行重复显示,具体的操作步骤如下:选定第 1 页表格中的一行或多行标题行,切换到"表格工具"的"布局"选项卡,在"数据"组中单击"重复标题行"按钮。

例题 3 - 5　创建并编辑"个人简历"表格。

简历类文档通常采用表格的形式进行排版,以使条理更加清晰。下面创建个人简历文档,并在其中创建、编辑表格,具体操作如下:

(1)插入表格。新建一个名为"个人简历"的空白文档,在其中插入一个 8 行 2 列的表格,如图 3 - 75 所示。

(2)插入行和列。在第 2 行单元格下方插入 5 个空白行,在第 2 列单元格右侧插入一列单元格,效果如图 3 - 76 所示。

(3)合并单元格。先合并第 1 行单元格,再分别合并第 6、9、12 行单元格,最后在合并后的单元格中输入相关的文本,如图 3 - 77 所示。

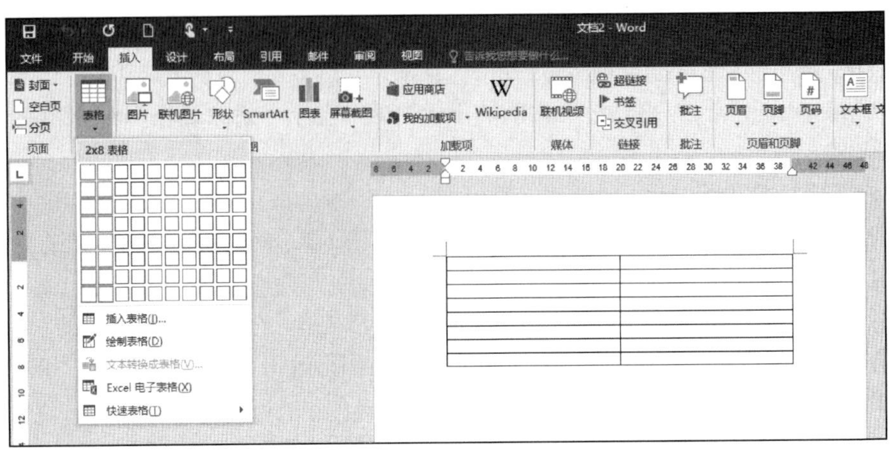

图 3-75　插入表格

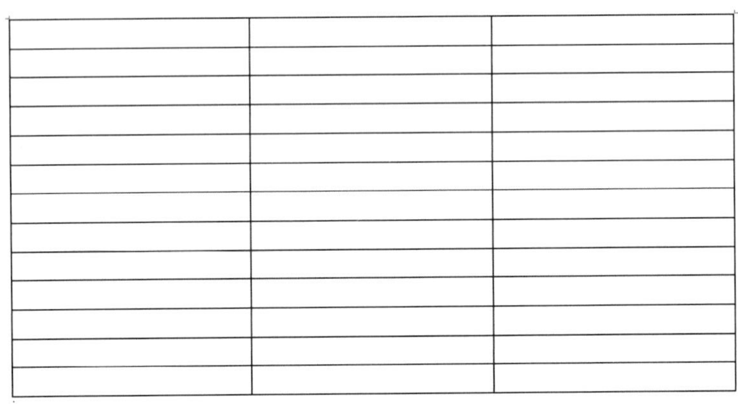

图 3-76　插入行和列

基本信息		
受教育经历		
工作经历		
自我评价		

图 3-77　合并单元格

(4)拆分单元格。将第 2 行、第 3 行的第 1 列单元格拆分为 3 列，再继续使用合并与拆分单元格的方式修改表格，并输入相关文本，效果如图 3-78 所示。

<table>
<tr><td colspan="7">基本信息</td></tr>
<tr><td>姓名</td><td></td><td>性别</td><td></td><td>出生年月日</td><td></td><td rowspan="4"></td></tr>
<tr><td>民族</td><td></td><td>学历</td><td></td><td>政治面貌</td><td></td></tr>
<tr><td>身份证号</td><td colspan="2"></td><td>工作年限</td><td colspan="2"></td></tr>
<tr><td>居住地</td><td colspan="2"></td><td>户口所在地</td><td colspan="2"></td></tr>
<tr><td colspan="7">受教育经历</td></tr>
<tr><td colspan="2">时间</td><td colspan="2">学校</td><td colspan="3">学历</td></tr>
<tr><td colspan="7"></td></tr>
<tr><td colspan="7">工作经历</td></tr>
<tr><td>时间</td><td colspan="2">所在公司</td><td colspan="2">担任职位</td><td colspan="2">离职原因</td></tr>
<tr><td colspan="7"></td></tr>
<tr><td colspan="7">自我评价</td></tr>
<tr><td colspan="7"></td></tr>
</table>

图 3 – 78　个人简历效果图

3.5.3　格式化表格

1. 设置表格中的文本格式

可以使用 Word 文档设置字体格式的方法来设置表格中的文本格式。选定表格中的文本，使用“开始”选项卡的“字体”组，或者使用“字体”对话框，或者使用所选文本的右上角弹出的格式设置浮动工具栏设置。

2. 调整行高和列宽

(1)拖动鼠标调整行高和列宽。将“I”形鼠标指针移到表格的行边界线上，当鼠标指针变成“上、下指向的分裂箭头”时，按住鼠标左键，此时出现一条水平的虚线，拖动鼠标到所需的新位置，释放鼠标左键即可调整行高。

将“I”形鼠标指针移到表格的列边界线上，当鼠标指针变成“左、右指向的分裂箭头”时，按住鼠标左键，此时出现一条垂直的虚线，拖动鼠标到所需的新位置，释放鼠标左键即可调整列宽。

(2)使用“表格属性”对话框调整行高和列宽。若要准确地指定表格的行高和列宽，则可以在“表格属性”对话框中设置。

①调整行高。选中要调整的行，然后单击鼠标右键，在弹出的快捷菜单中选择“表格属性”菜单项，弹出“表格属性”对话框，切换到“行”选项卡，如图 3 – 79 所示。选中“指定高度”复选框，然后在其右侧的编辑框中输入行高的数值，单击“确定”按钮即可完成设置。

②调整列宽。选中要调整的列，然后单击鼠标右键，在弹出的快捷菜单中选择“表格属性”菜单项，弹出“表格属性”对话框，切换到“列”选项卡，选中“指定高度”复选框，然后在其右侧的文本框中输入列宽的数值，单击“确定”按钮即可完成设置。

图 3－79 “表格属性”对话框

(3)平均分布行列。如果需要表格的全部或部分行高或列宽相等,则可以使用平均分布行列的功能。该功能可以使选择的每行或每列都使用平均值作为行高或列宽。

使光标定位于表格中,切换到“表格工具”的“布局”选项卡,在“单元格大小”组中单击“分布行”或“分布列”按钮,即可平均分布所有的行或列。

或者选定要平均分布的行或列,单击鼠标右键,在弹出的快捷菜单中选择“平均分布各行”或“平均分布各列”菜单项,也可平均分布所选行或所选列。

3. 设置对齐方式

(1)设置单元格对齐。选定单元格,切换到“表格工具”的“布局”选项卡,根据需要在“对齐方式”组中选择相应的对齐方式,如图 3－80 所示。

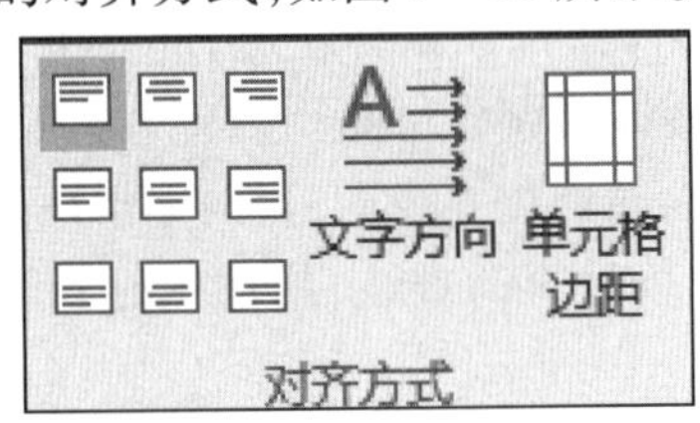

图 3－80 单元格对齐方式

(2)设置表格对齐方式。选定表格,选择“表格工具”的“布局”选项卡,在“表”组中单击“属性”按钮,打开“表格属性”对话框,在其中可设置表格对齐方式,如图 3－81 所示。

4. 设置表格的边框

选择需要设置边框的表格或单元格,切换到“表格工具”的“设计”选项卡,在“边框”组中单击“边框”按钮下方的下拉按钮,在下拉菜单中选择“边框和底纹”菜单项,打开“边框和底纹”对话框,选择“边框”选项卡,如图 3－82 所示。

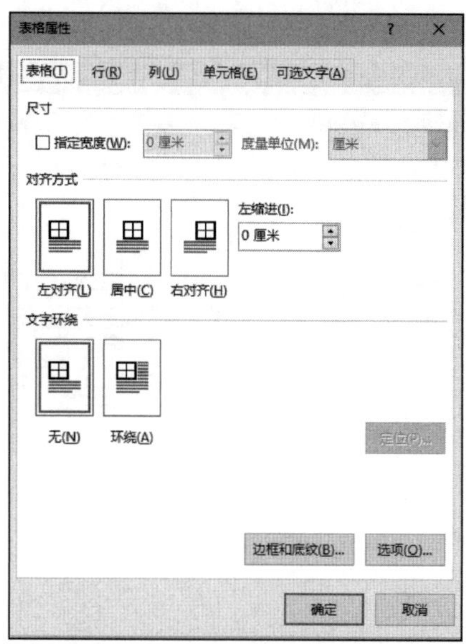

图 3－81　设置表格对齐方式

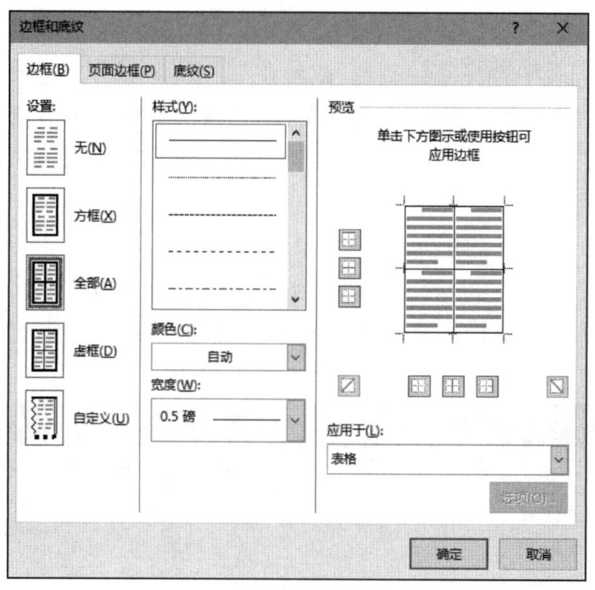

图 3－82　“边框和底纹”对话框

在“设置”选项组中选择“全部”选项，在“样式”下拉列表中选择一种边框样式，在“颜色”下拉列表中选择边框颜色，在“宽度”下拉列表中选择边框宽度，在“应用于”下拉列表中选择“表格”或“单元格”，在右边的预览框会显示添加边框的效果，设置完毕后单击“确定”按钮。

5. 设置表格的底纹

选择需要设置底纹的表格或单元格，切换到“表格工具”的“设计”选项卡，在“边框”组中单击“边框”按钮下方的下拉按钮，在下拉菜单中选择“边框和底纹”菜单项，打开

“边框和底纹”对话框，选择“底纹”选项卡，如图 3－83 所示。

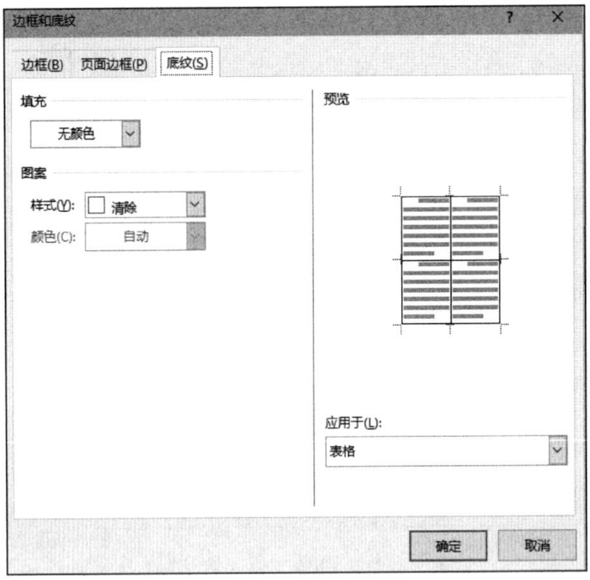

图 3－83　设置表格底纹

在“填充”下拉列表中选择底纹颜色，或者在“图案”区域分别选择图案样式和图案颜色，在“应用于”下拉列表框中选择“表格”或“单元格”，在右边预览框会显示效果，设置完毕后单击“确定”按钮。

6. 绘制斜线表头

把光标定位在表头所在的单元格中，单击“表格工具”的“设计”选项卡“表格样式”组中的“边框”按钮下方的下拉按钮，在弹出的下拉列表中选择“斜下框线”选项；然后在斜线表头的右边按实际需要输入文字；按 Enter 键换行，在斜线表头的左边按实际需要输入文字，如图 3－84 所示。

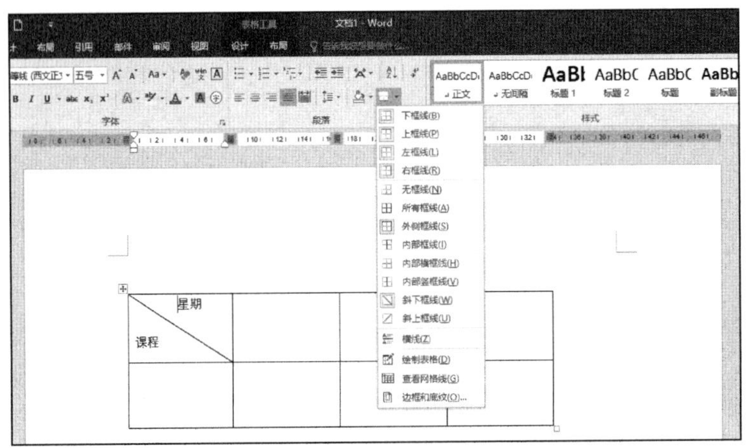

图 3－84　绘制斜线表头

7. 套用内置的表格样式

Word 2016 提供了一些现成的表格样式，其中已经定义了表格中的各种格式，用户可以直接选择需要的表格样式，而不必逐个设置表格的各种格式。使用方法如下：选定表格，选择“表格工具”的“设计”选项卡，单击“表格样式”组的样式列表右下侧的“其他”按钮，打开 Word 2016 内置的表格样式列表，然后根据需要选择合适的表格样式套用，如图 3－85 所示。

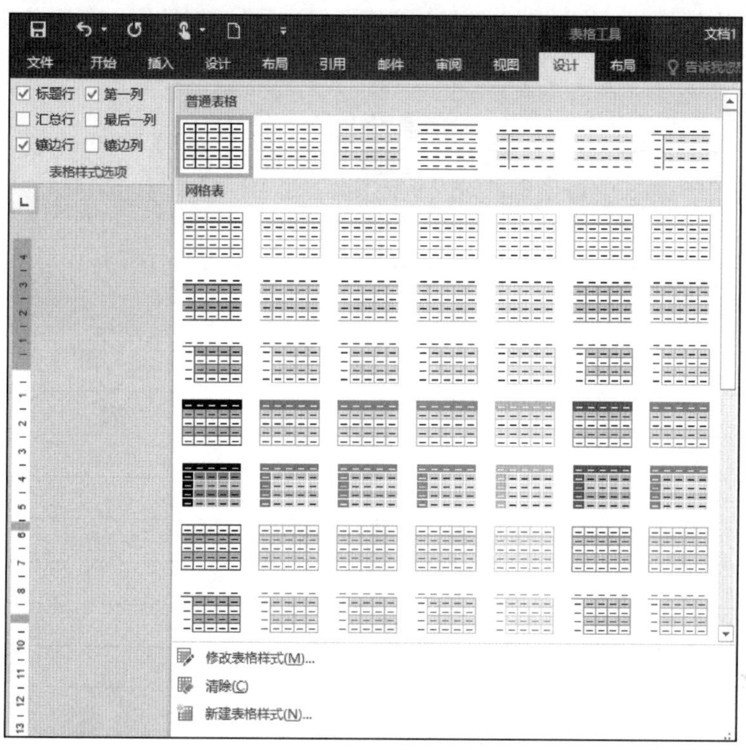

图 3－85　Word 内置的表格样式列表

8. 移动表格和缩放表格

选定表格或者将光标定位于表格中时，在表格的左上方和右下方会显示移动标记和缩放标记，如图 3－86 所示。

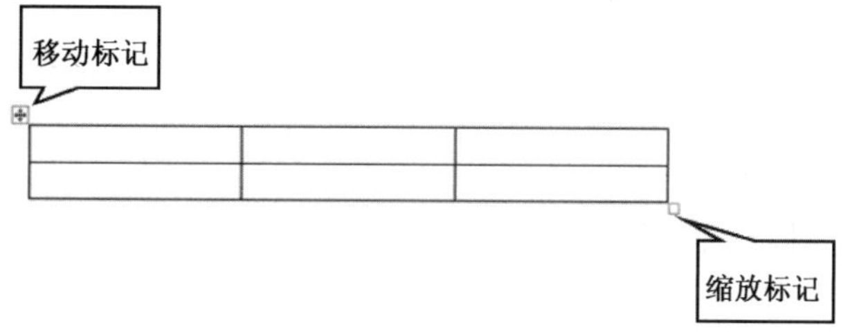

图 3－86　表格的移动标记和缩放标记

（1）移动表格。可将鼠标指针指向左上角的移动标记，然后按下鼠标左键拖动鼠标，在拖动过程中会有一个虚线框随之移动，当虚线框到达需要的位置后，释放鼠标左键即

可将表格移动到指定位置。

(2)缩放表格。可将鼠标指针指向右下角的缩放标记,然后按下鼠标左键拖动鼠标,拖动过程中也有一个虚线框表示缩放尺寸,当虚线框尺寸符合需要后,释放鼠标左键即可将表格缩放为需要的尺寸。

例题 3-6 对上例表格进行美化。

(1)设置行高。设置表格的行高为"0.8 厘米",再手动增加第 1 行单元格的行高。

(2)设置对齐方式。设置表格文本上下居中对齐,设置倒数第 4 行平均分布列,如图 3-87 所示。

<table>
<tr><td colspan="7">基本信息</td></tr>
<tr><td>姓名</td><td></td><td>性别</td><td></td><td>出生年月日</td><td></td><td rowspan="4"></td></tr>
<tr><td>民族</td><td></td><td>学历</td><td></td><td>政治面貌</td><td></td></tr>
<tr><td>身份证号</td><td colspan="2"></td><td>工作年限</td><td colspan="2"></td></tr>
<tr><td>居住地</td><td colspan="2"></td><td>户口所在地</td><td colspan="2"></td></tr>
<tr><td colspan="7">受教育经历</td></tr>
<tr><td colspan="2">时间</td><td colspan="3">学校</td><td colspan="2">学历</td></tr>
<tr><td colspan="7"></td></tr>
<tr><td colspan="7">工作经历</td></tr>
<tr><td colspan="2">时间</td><td colspan="2">所在公司</td><td colspan="2">担任职位</td><td>离职原因</td></tr>
<tr><td colspan="7"></td></tr>
<tr><td colspan="7">自我评价</td></tr>
<tr><td colspan="7"></td></tr>
</table>

图 3-87 设置对齐方式

(3)应用表格样式。为表格应用"网格表 1 浅色-着色 2"样式。

(4)设置边框和底纹。为表格外边框添加"双实线,1/2pt 着色 2"样式的主题边框,然后为表格第 1 行和倒数第 2 行、第 5 行、第 8 行设置底纹样式为"橙色,个性色 6,淡色 60%",最后在文档开始处输入标题,并设置文本格式为黑体、四号、居中对齐。调整行高,效果如图 3-88 所示。

3.5.4 排序和公式计算

1. 表格中数据的排序

表格中的数据可以按需要进行排序,方法如下:

(1)将插入点放到要排序的表格中。

(2)单击"表格工具布局"选项卡"数据"功能区的"排序"按钮,打开"排序"对话框,如图 3-89 所示。

个人简历

<table>
<tr><td colspan="8">基本信息</td></tr>
<tr><td>姓名</td><td></td><td>性别</td><td></td><td>出生年月日</td><td></td><td colspan="2" rowspan="4"></td></tr>
<tr><td>民族</td><td></td><td>学历</td><td></td><td>政治面貌</td><td></td></tr>
<tr><td>身份证号</td><td colspan="2"></td><td>工作年限</td><td colspan="2"></td></tr>
<tr><td>居住地</td><td colspan="2"></td><td>户口所在地</td><td colspan="2"></td></tr>
<tr><td colspan="8">受教育经历</td></tr>
<tr><td colspan="3">时间</td><td colspan="3">学校</td><td colspan="2">学历</td></tr>
<tr><td colspan="8"></td></tr>
<tr><td colspan="8">工作经历</td></tr>
<tr><td colspan="2">时间</td><td colspan="2">所在公司</td><td colspan="2">担任职位</td><td colspan="2">离职原因</td></tr>
<tr><td colspan="8"></td></tr>
<tr><td colspan="8">自我评价</td></tr>
<tr><td colspan="8"></td></tr>
</table>

图 3－88　表格美化效果图

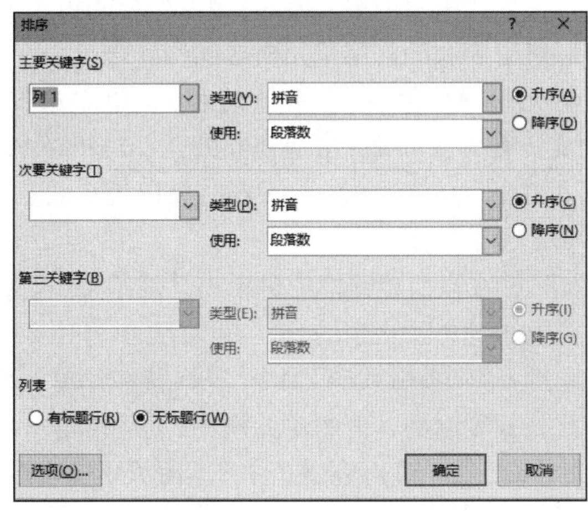

图 3－89　“排序”对话框

(3)在主要关键字栏下先选择要排序的列名。

(4)在“类型”下拉列表框中选择按笔画、数字、日期和拼音排序。

(5)选定“升序”或“降序”按钮，最后单击“确定”按钮。

如果需要按多个关键字排序，还可以设置次要关键字和第三关键字排序参数。另外，根据所选数据区域有无标题行选择“有标题行”或“无标题行”按钮。

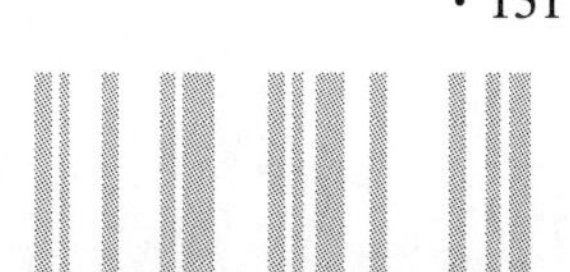

2. 表格中的计算

在 Word 中，对表格中的数据可以进行求和、求平均值等数据统计，具体操作如下：

(1)将插入点放在要放置计算结果的单元格。

(2)单击“表格工具布局”选项卡“数据”功能区的“fx 公式”按钮，弹出“公式”对话框，如图 3-90 所示。

如果 Word 默认给出的公式非用户所需，可以将其从“公式”框中删除。在“粘贴函数”框中选择所需的公式，然后在公式的括号中输入单元格引用，就可对所引用单元格的内容进行函数计算。注意函数前的“=”号必须保留。

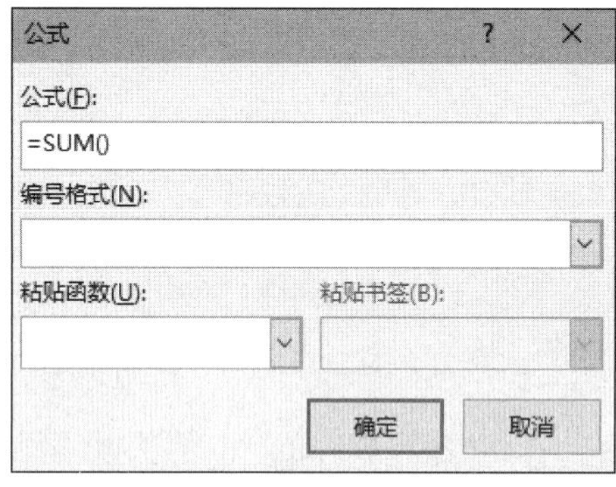

图 3-90　表格“公式”对话框

可以用像 A1、A2、B1、B2 这样的形式引用表格中的单元格。其中的字母代表列，而数字代表行。

引用单独的单元格：在公式中引用单元格时，用逗号分隔单个单元格。

引用连续的单元格：选定区域的首尾单元格之间用冒号分隔。

例如，如果要计算单元格 A1 和 B4 中数值的和，应建立这样的公式：=SUM(A1,B4)。要计算第一列中前 3 行 A1:A3 的和，应建立公式：=SUM(A1:A3)。

(3)在“编号格式”框中输入数字的格式。例如，要以带小数点的百分比显示数据，请单击 0.00%。

(4)单击“确定”按钮，就在当前单元格中显示出计算结果，这实际上是在此单元格中插入了一个计算公式，要显示此单元格中的公式，可以先单击计算结果，然后单击鼠标右键，在弹出的快捷菜单中选择“切换域代码”命令，这样就在此单元格中显示出计算公式。有些情况下，也可以把此公式复制到其他的单元格中，然后单击鼠标右键，在弹出的快捷菜单中选择“更新域”命令，就会自动调整公式中单元格的地址，在新单元格中显示出对应的计算结果。

例题 3-7　表格的计算。

(1)打开素材文件，如图 3-91 所示。

(2)在表格最下面插入一行，合并单元格，填入文字“平均总分”；最右面插入一列，填入文字“总分”。

(3)用公式计算每个人的总分和所有人的平均总分，填入对应单元格中；表格最上面插入一行，填入文字“成绩单”，设置此行合并居中。

(4)表格外框线改为 1.5 磅双实线,内框线改为 0.75 磅单实线。

姓名	数学	语文	英语
李明	85	92	93
王丽	94	84	93

图 3-91　素材文件

具体操作步骤如下:

(1)选定表格最后一行,单击“表格工具布局”选项卡“行和列”功能区“在下方插入”按钮,再单击“表格工具布局”→“合并”→“合并单元格”按钮,然后输入文字“平均总分”。选定表格最右一列,单击“表格工具布局”→“行和列”→“在右侧插入”按钮,在第一行输入文字“总分”。

(2)单击“李明”行的总分单元格,单击“表格工具布局”→“数据”→“fx 公式”按钮,在“公式”对话框的“公式”框中输入“=SUM(LEFT)”,单击“确定”按钮。用同样方法计算其他人的总分。单击右下角单元格,单击“表格工具布局”→“数据”→“fx 公式”按钮,在“公式”对话框的“公式”框中输入“=AVERAGE(e2:e3)”,单击“确定”按钮。选定表格第一行,单击“表格工具布局”→“行和列”→“在上方插入”按钮,再单击“表格工具布局”→“合并”→“合并单元格”按钮,然后输入文字“成绩单”,单击“开始”→“段落”→“居中”按钮。

(3)选中表格,选择“表格工具设计”→“边框”→“笔画粗细”为 1.5 磅,“笔样式”为双实线,“边框”下拉列表中选择“外侧框线”命令;再选择“表格工具设计”→“边框”→“笔画粗细”为 0.75 磅,“笔样式”为单实线,“边框”下拉列表中选择“内部框线”命令。其效果图如图 3-92 所示。

成绩单				
姓名	数学	语文	英语	总分
李明	85	92	93	270
王丽	94	84	93	271
平均总分				270.5

图 3-92　成绩单效果图

3.5.5　表格和文本的转换

1. 表格转化成文本

将表格转化成文本,可以指定逗号、制表符、段落标记或其他字符作为转换时分隔文本的字符。具体操作如下:

(1)选定要转换成文本的行或整个表格。

(2)单击“表格工具布局”选项卡“数据”功能区的“转换为文本”按钮,弹出“表格转换成文本”对话框,如图 3-93 所示。

(3)单击“文字分隔符”区中所需的分隔符前的单选按钮。

(4)单击“确定”按钮。

图 3-93 “表格转化成文本”对话框

2. 文本转换成表格

Word 用段落标记分隔各行,用所选的文字分隔符分隔各单元格内容。在 Word 中,可以将已具有某种排列规则的文本转换成表格,转换时必须指定文本中的逗号、制表符、段落标记或其他字符作为单元格文字分隔位置,具体操作如下:

(1)先将需要转换为表格的文本通过插入分隔符来指明在何处将文本分行分列,插入段落标记表示分行,插入逗号表示分列。

(2)选中要转换的文本,然后单击“插入”选项卡“表格”功能区的“表格”按钮,在下拉列表中选择“文本转换成表格”命令,弹出如图 3-94 所示的对话框,在此进行参数设置,单击“确定”按钮。

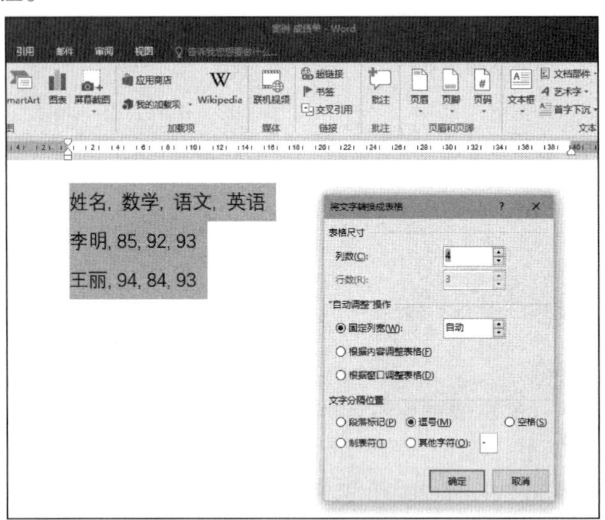

图 3-94 文本转换成表格

3.6　Word 2016 图文混排

利用 Word 提供的图文混排功能,用户可以在文档中插入图片、图形、艺术字甚至 Windows 系统中的很多元素,利用这些多媒体元素,不仅可以表达具体的信息,还能丰富和美化文档,使文档更加赏心悦目。

3.6.1　插入自选图形

1. 绘制自选图形

单击"插入"选项卡"插图"功能区"形状"按钮,可以在下拉列表中选择合适的图形来绘制正方形、矩形、多边形、直线、曲线、圆和椭圆等各种图形对象。

(1)绘制自选图形。单击"插入"选项卡"插图"功能区的"形状"按钮,下拉列表如图 3-95所示。从各种形状中选择一种,这时鼠标指针变成" + "形状,在需要添加图形的位置按下鼠标左键并拖动,就插入了一个自选图形。

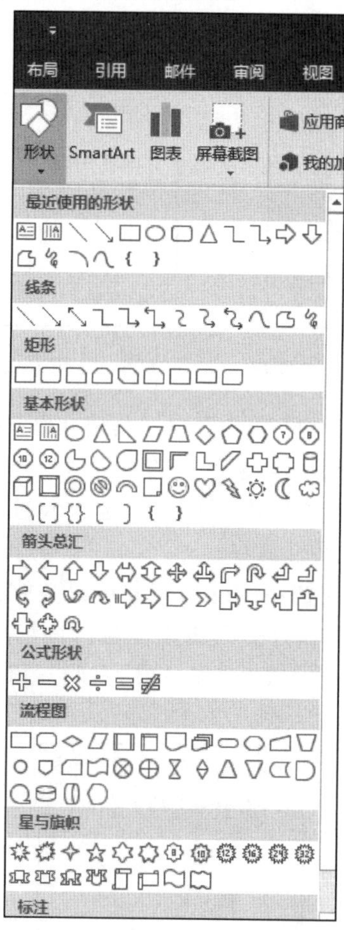

图 3-95　自选图形

(2)在图形中添加文字。用鼠标选中图形,然后右击,在弹出的快捷菜单中选择“添加文字”命令,这是自选图形的一大特点,还可修饰所添加的文字。

2. 图形元素的基本操作

(1)设置图形内部填充色和边框线颜色。选中图形,单击鼠标右键,在弹出的快捷菜单中选择“设置形状格式”命令,打开如图 3－96 所示的任务窗格,可在此设置自选图形颜色和线条、填充效果、阴影效果、三维格式等。

(2)设置图形大小和位置。选中图形,单击鼠标右键,在弹出的快捷菜单中选择“其他布局选项”命令,打开如图 3－97 所示的对话框,可在此设置图形的大小、位置和环绕方式等。

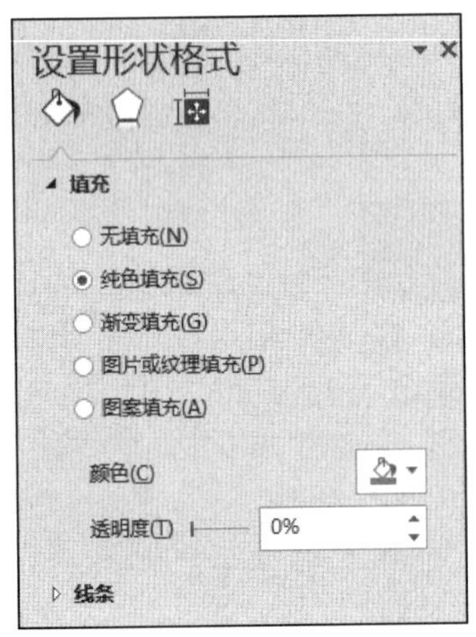

图 3－96 “设置形状格式”任务窗格

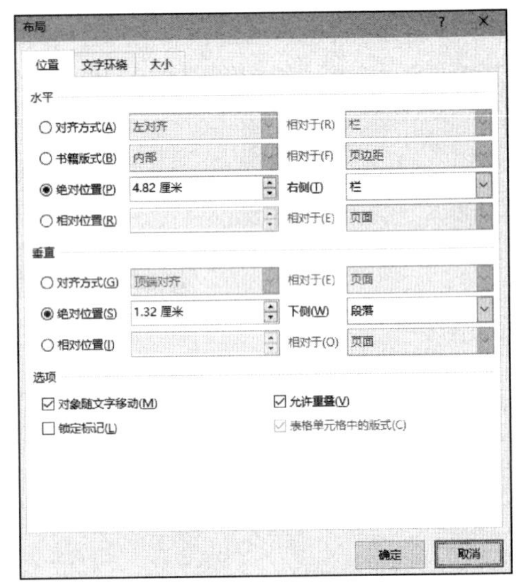

图 3－97 “布局”对话框

插入自选图形后,系统会自动打开“绘图工具格式”选项卡,以上关于图形的格式设置都可以在这个选项卡中选择不同功能区中的对应命令进行设置。

(3)旋转和翻转图形。单击“绘图工具格式”选项卡“排列”功能区的“旋转”按钮,在下拉列表中选择合适的旋转或翻转命令。

(4)叠放图形对象。插入文档中的图形对象可以叠放在一起,上面的图形会挡住下面的,可以设置图形对象的叠放次序。其方法是选择图形对象,单击“绘图工具格式”选项卡 “排列”功能区的“上移一层”或“下移一层”右侧三角,在下拉列表中选择合适的命令,如图 3－98 所示。

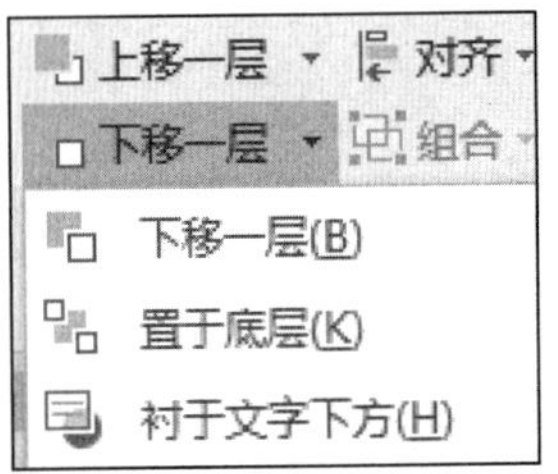

图 3－98 “下移一层”下拉列表

3.6.2 插入剪贴画

剪贴画是微软公司为 Office 组件提供的内部图片，它们在 Office 软件安装时已随盘安装在计算机里。剪贴画一般都是矢量图，用 WMF 格式保存。插入步骤如下：

(1)定位插入点到需要插入剪贴画的位置，选择“插入”功能选项卡。

(2)选择“插入”→“图片”→“联机图片”→“必应图像搜索”。

(3)选择图像，然后选择“插入”命令，如图 3－99 所示。

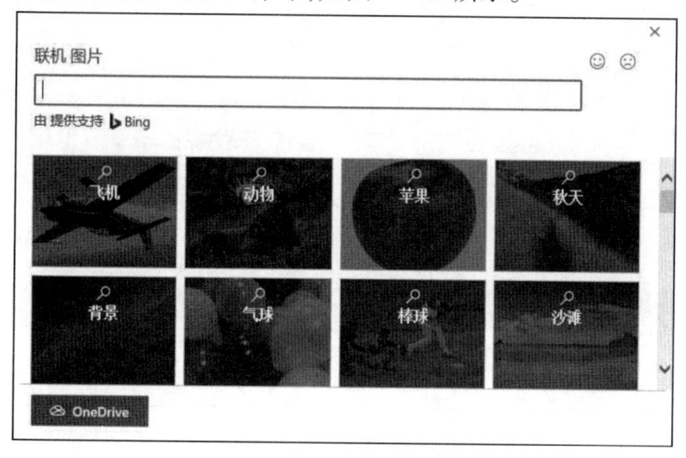

图 3－99 插入剪贴画

3.6.3 插入图片

1. 插入图片

有时候需要在文档中插入图片文件。要将图片文件插入到 Word 文档中，具体操作方法如下：

(1)单击“插入”选项卡“插图”功能区的“图片”按钮。

(2)在弹出的如图 3－100 所示的“插入图片”对话框中，选择要插入的图片文件，单击“插入”按钮，该图片将插入到文档中。

2. 编辑图片

选定要编辑的图片，这时会出现“图片工具格式”选项卡，选择选项卡上合适的选项可对图片进行编辑。“图片工具格式”选项卡如图 3－101 所示。

(1)调整功能区：调整图片的亮度、对比度和重新着色，“重置图片”可以从所选图片中删除裁剪，并返回初始设置的颜色、亮度和对比度。

(2)图片样式功能区：设置图片边框和效果等，也可以打开“设置图片格式”窗格进行细节设置。

(3)排列功能区：设置图片位置、环绕文字方式以及图片旋转、组合和对齐等。

(4)大小功能区：设置图片的剪裁和大小，可以打开“布局”对话框进行细节设置。

(5)对图片进行移动操作：单击图片，当指针为“✥”形状时，拖动鼠标到新位置，放开鼠标即可。

图 3－100　“插入图片”对话框

图 3－101　“图片工具格式”选项卡

(6)调整图片的大小:单击图片后,图片周围出现 8 个小圆圈,称为图片的控制点,将鼠标指针移到任意一个控制点上,指针形状变为双箭头,拖动鼠标就可以改变图片的大小。

3.6.4　艺术字

在 Word 中可以插入装饰性的文字,如可以创建带阴影的、扭曲的、旋转的和拉伸的文字,也可以按预定义的形状创建文字,这就是艺术字。插入艺术字的步骤如下:

(1)将插入点定位于想插入艺术字的位置,或者选中要转换成艺术字的文本。

(2)单击“插入”选项卡“文本”功能区“艺术字”按钮,在下拉列表中选择合适的艺术字样式。

如果之前选中过文本,文本将出现在艺术字框内;如果没有选过文本,艺术字框内的文本自动设为“请在此放置你的文字”,可以直接在艺术字框内如同编辑普通文本一样直接编辑文字的内容和格式,如图 3－102 所示。

3.6.5　文本框

“文本框”可以看作是特殊的图形对象,主要用来在文档中建立特殊文本,使用文本框来制作特殊的标题样式,如建立文中标题、栏间标题、边标题和局部竖排文本效果。

1. 插入文本框

单击“插入”选项卡“文本”功能区的“文本框”按钮,在下拉列表中选择合适的文本框样式;或者选择“绘制文本框”或“绘制竖排文本框”命令,此时鼠标指针变成“✥”形状，在需要添加文本框的位置按下鼠标左键并拖动，就插入了一个空文本框，如图 3－103 所示。

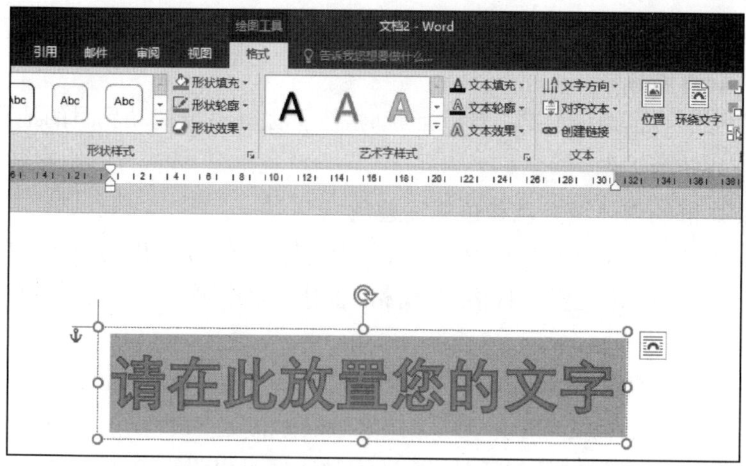

图 3－102　插入艺术字

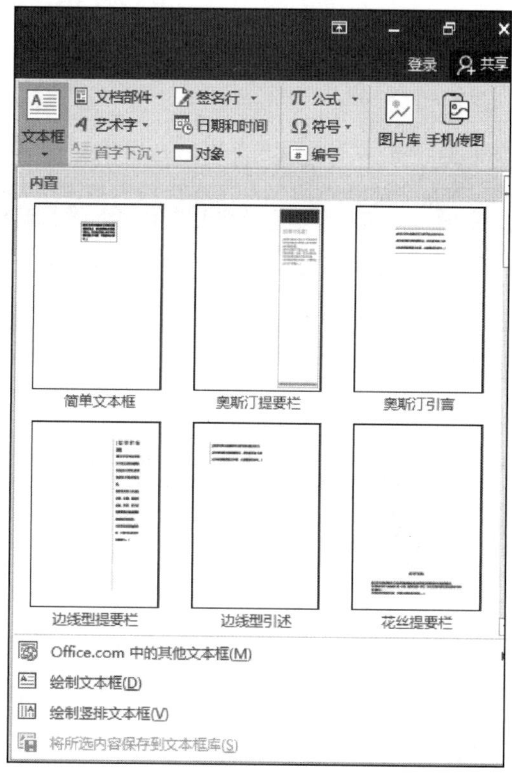

图 3－103　插入文本框

2. 文本框的文本编辑

对文本框中的内容同样可以进行插入、删除、修改、剪切和复制等操作，处理方法同文本内容一样。

3. 文本框大小的调整

选定文本框，将鼠标移动到文本框边框的控制点，当鼠标图形变成双向箭头时，按下鼠标左键并拖动，可调整文本框的大小。

4. 文本框位置的移动

鼠标移动到文本框边框变成"✥"形状时，按下鼠标左键拖动到目的地释放鼠标，就完成了文本框移动的工作。

5. 设置文本框的内部填充色和边框线颜色

鼠标移动到文本框上变成"+"形状时，单击鼠标右键，在弹出的快捷菜单中选择"设置形状格式"命令，弹出"设置形状格式"窗格，通过该窗格可以设置文本框的颜色和线条的宽度等属性。

6. 设置文本框的位置和大小

鼠标移动到文本框上变成"+"形状时，单击鼠标右键，在弹出的快捷菜单中选择"其他布局选项"命令，弹出"布局"对话框，通过该对话框可以设置文本框的位置、大小和环绕方式等属性。

例题 3-8 美化"活动方案"文档。

方案类文档通常需要版式美观，易于观看。下面美化"活动方案"文档，具体操作如下：

(1)插入图片。在第 1 段文本下方插入"背景图片"图片，如图 3-104 所示。

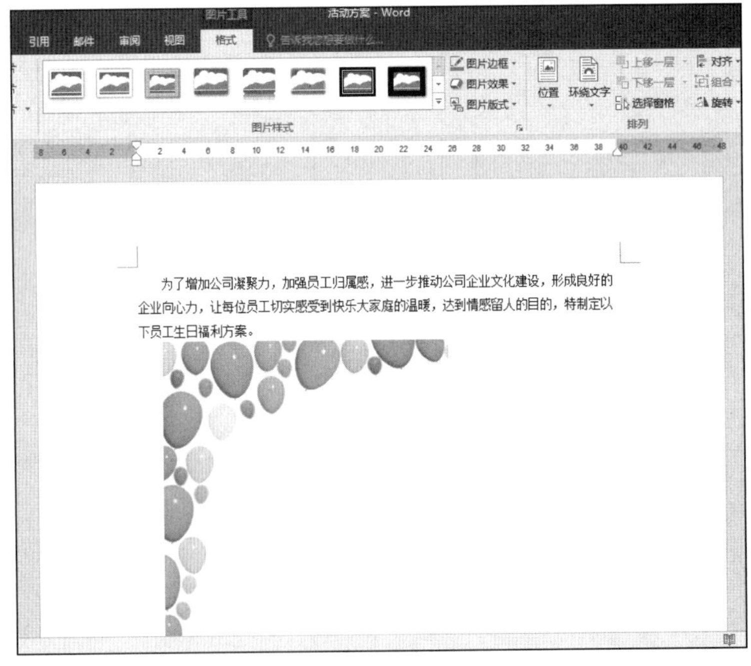

图 3-104 插入图片

(2)插入联机图片。继续在相同位置插入一张关键字为"生日"的联机图片，如图 3-105所示。

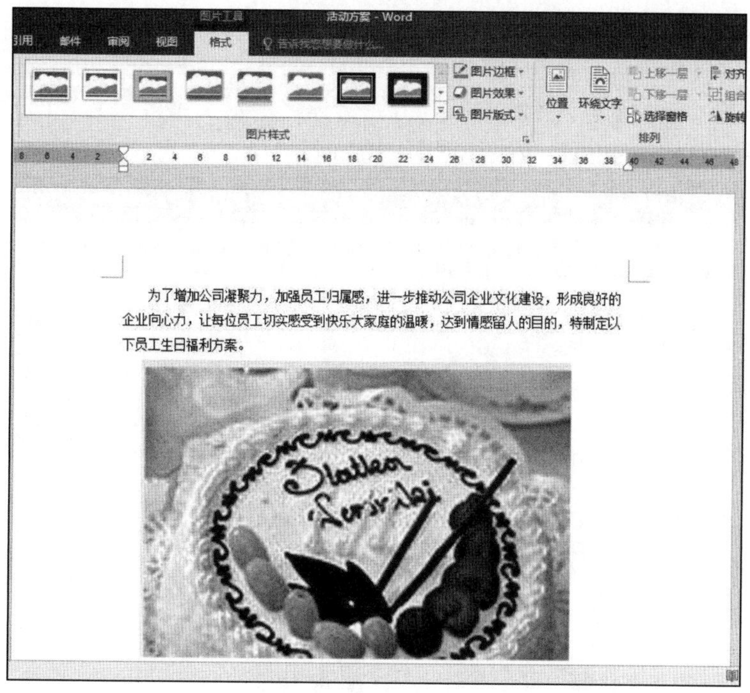

图 3－105　插入联机图片

（3）编辑图片。先将插入的联机图片缩小，然后设置排列方式为“浮于文字上方”，并移动其位置和应用“柔化边缘椭圆”样式，再将图片旋转一定的角度，最后将插入的“背景图片”图片调整为背景图片，效果如图 3－106 所示。

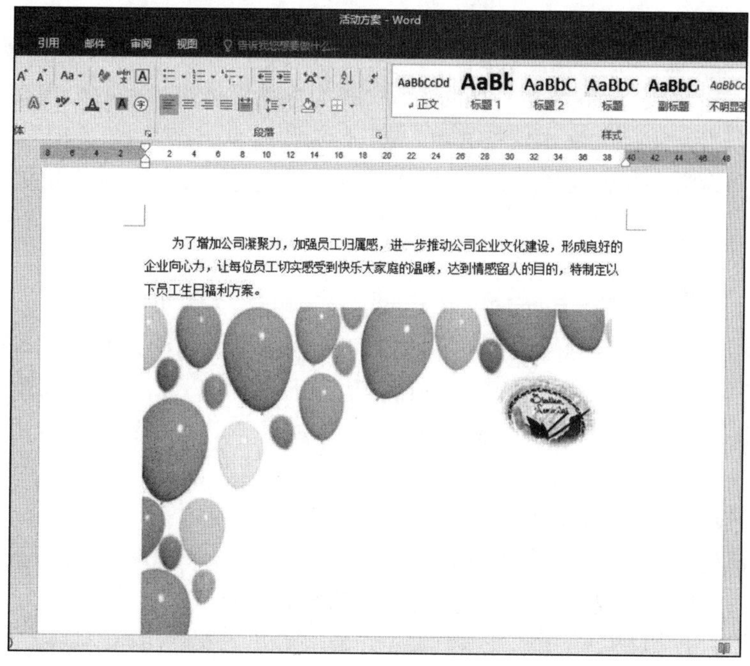

图 3－106　编辑图片

(4)插入艺术字。插入一个样式为“填充 - 白色,轮廓 - 着色 2,清晰阴影 - 着色 2”,内容为“员工生日会活动方案”的艺术字。

(5)编辑艺术字。设置艺术字样式为方正舒体、二号,文字效果为“正三角”,填充为红色,然后调整艺术字的位置,效果如图 3 - 107 所示。

图 3 - 107　编辑艺术字

(6)插入文本框。在艺术字下方绘制一个横排文本框,然后在其中粘贴文本。

(7)编辑文本框。设置文本框中的文本样式为方正康体简体、四号;段落格式为首行缩进 2 字符,行距为 14 磅;文本框格式:填充颜色为浅蓝色,轮廓颜色为橙色,轮廓粗细为 6 磅,轮廓线型为第 5 种虚线样式,形状效果为 5 磅柔化边缘,完成后的效果如图 3 - 108 所示。

3.6.6　屏幕截图

Word 2016 提供了插入屏幕截图的功能,可以方便快速地插入打开的非最小化的窗口,或者屏幕窗口的全部或部分截图。操作方法如下:

(1)将插入点定位于想插入屏幕截图的位置,单击“插入”选项卡“插图”功能区的“屏幕截图”按钮。

(2)在下拉列表中选择想截屏的窗口,如图 3 - 109 所示。

(3)如果只是想截取屏幕或屏幕的一部分,可以在图 3 - 109 的下拉列表中选择“屏幕剪辑”命令,当鼠标变成“ + ”形状时,拖动鼠标选取想截取的屏幕范围。

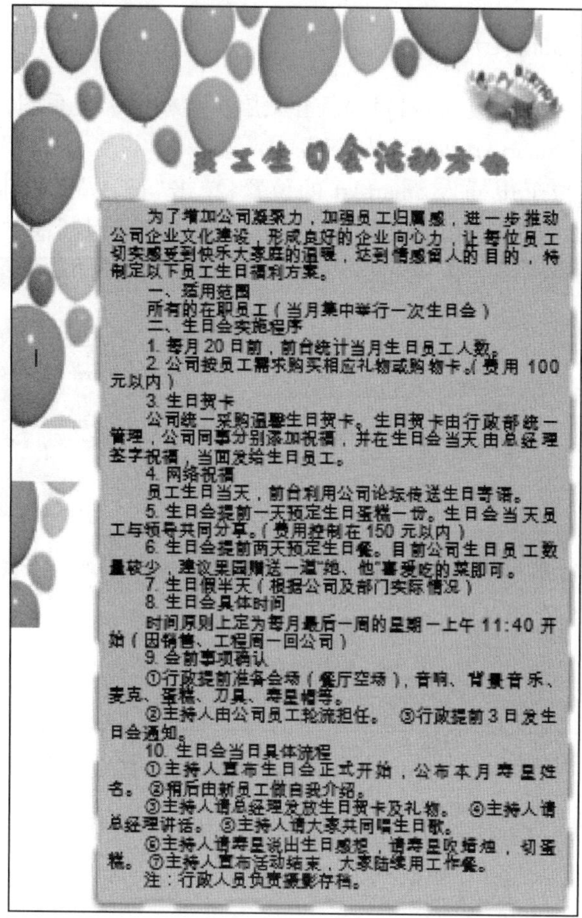

员工生日会活动方案

为了增加公司凝聚力，加强员工归属感，进一步推动公司企业文化建设，形成良好的企业向心力，让每位员工切实感受到快乐大家庭的温暖，达到情感留人的目的，特制定以下员工生日福利方案。

一、适用范围

所有的在职员工（当月集中举行一次生日会）

二、生日会实施程序

1. 每月 20 日前，前台统计当月生日员工人数。

2. 公司按员工需求购买相应礼物或购物卡。（费用 100 元以内）

3. 生日贺卡

公司统一采购温馨生日贺卡。生日贺卡由行政部统一管理，公司同事分别添加祝福，并在生日会当天由总经理签字祝福，当面发给生日员工。

4. 网络祝福

员工生日当天，前台利用公司论坛传送生日寄语。

5. 生日会提前一天预定生日蛋糕一份。生日会当天员工与领导共同分享。（费用控制在 150 元以内）

6. 生日会提前两天预定生日餐。目前公司生日员工数量较少，建议果园厢送一道“她、他”喜爱吃的菜即可。

7. 生日假半天（根据公司及部门实际情况）

8. 生日会具体时间

时间原则上定为每月最后一周的星期一上午 11:40 开始（因销售、工程周一回公司）

9. 会前事项确认

①行政提前准备会场（餐厅空场），音响、背景音乐、麦克、蛋糕、刀具、寿星帽等。

②主持人由公司员工轮流担任。 ③行政提前 3 日发生日会通知。

10. 生日会当日具体流程

①主持人宣布生日会正式开始，公布本月寿星姓名。 ②稍后由新员工做自我介绍。

③主持人请总经理发放生日贺卡及礼物。 ④主持人请总经理讲话。 ⑤主持人请大家共同唱生日歌。

⑥主持人请寿星说出生日感想，请寿星吹蜡烛，切蛋糕。 ⑦主持人宣布活动结束，大家陆续用工作餐。

注：行政人员负责摄影存档。

图 3－108　美化“活动方案”文档效果图

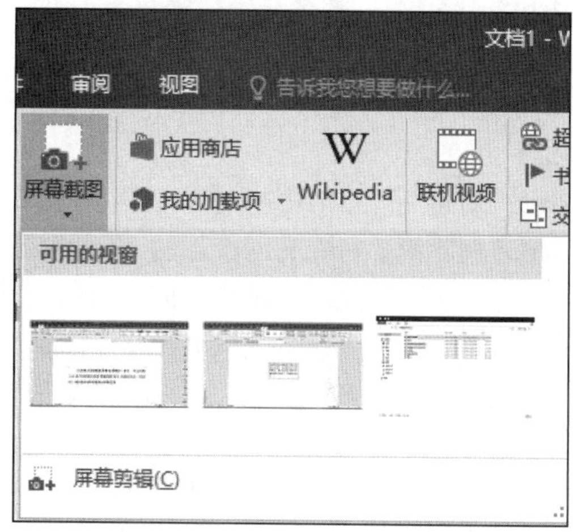

图 3－109　“屏幕截图”下拉列表

3.6.7 使用 SmartArt 图形

SmartArt 提供了一些模板，如列表、流程图、层次结构图和关系图，使用户可以轻松创建复杂的形状。使用 SmartArt 的方法如下：

(1)将插入点定位于想插入 SmartArt 的位置，单击“插入”选项卡“插图”功能区的 SmartArt 按钮，弹出如图 3－110 所示的“选择 SmartArt 图形”对话框。

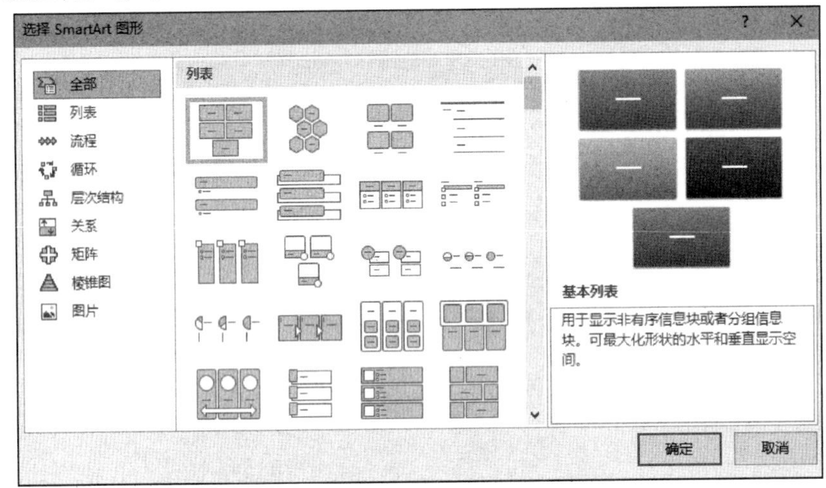

图 3－110 “选择 SmartArt 图形”对话框

(2)单击对话框左侧用户需要的类型选项，中间列表窗口将显示所有该类型的 SmartArt 图形，用户可以选择需要的图形，此时右侧会出现用户选择的 SmartArt 图形的预览和介绍。

(3)单击“确定”按钮，插入此图形。

(4)用户可以在图形中输入文字、调整各元素位置及大小等。

例题 3－9 制作“企业组织结构图”文档。

在 Word 2016 中制作组织结构图可通过 SmartArt 图形来完成。下面制作“企业组织结构图”文档，具体操作如下：

(1)插入 SmartArt 图形。新建“企业组织结构图”文档，在其中插入“组织结构图”。

(2)修改 SmartArt 图形。删除第 3 行左右两个形状，在下方添加 3 个形状，将第 3 行中的形状和在其下方添加的 3 个形状的布局修改为“标准”样式；然后在第 4 行左侧的形状下方添加一个形状，在右侧的形状下方添加 4 个形状，将新添加的形状的布局样式设置为“右悬挂”，在第 4 行中间的形状下方添加 11 个形状，在最后一行形状的下方添加一个形状；最后在形状中输入相关的文本，效果如图 3－111 所示。

(3)设置形状字体格式和大小。将组织结构图的排列方式设置为“浮于文字上方”，并调整大小；然后设置组织结构图中的文本样式为方正中雅宋简、10 磅，并调整形状，显示完整文本。

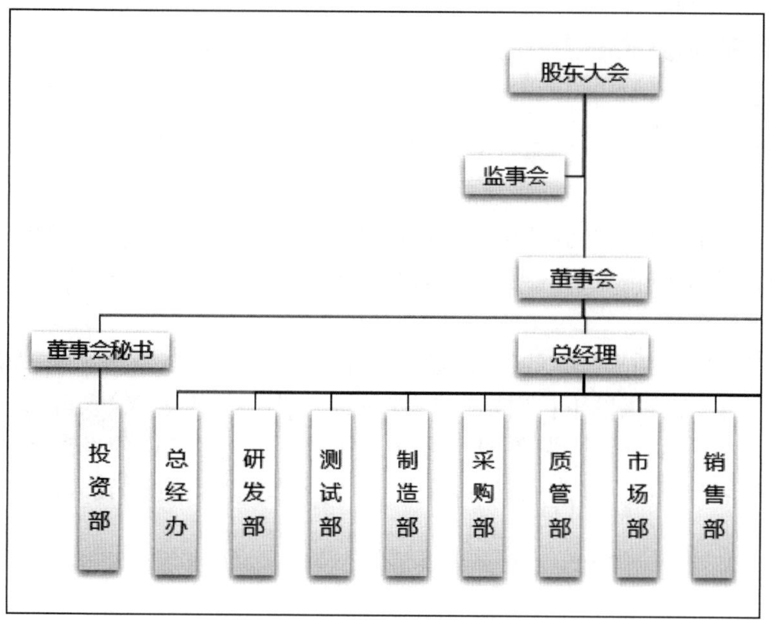

图 3－111　修改 SmartArt 图形

（4）设置 SmartArt 图形样式。更改制作的组织结构图的颜色为“彩色范围，着色 3 至 4”，样式为“强烈效果”，完成后的效果如图 3－112 所示。

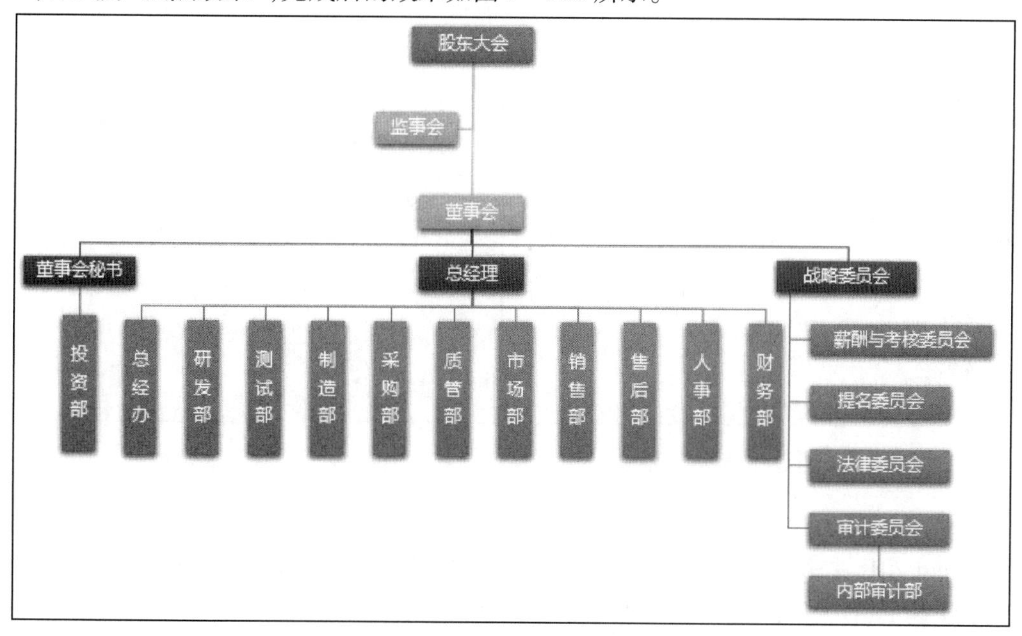

图 3－112　设置 SmartArt 图形样式

3.6.8 插入公式

1. 插入内置公式

Word 2016 提供了多种常用的公式，用户可以根据需要将这些内置公式直接插入文档中，以提高工作效率。

光标定位到需要插入公式的位置，切换到“插入”选项卡，在“符号”组中单击“公式”右侧的下拉按钮，打开内置公式列表，在其中选择需要的公式，如图 3－113 所示。

2. 插入墨迹公式

光标定位到需要插入公式的位置，切换到“插入”选项卡，在“符号”组中单击“公式”右侧的下拉按钮，在弹出的下拉列表中选择“墨迹公式”，弹出公式输入窗口，按住鼠标左键在黄色区域中手写公式，如图 3－114 所示。用户不用担心自己的手写字母不好看，墨迹公式的识别能力很强。输入完成后，单击“插入”按钮即可将手动输入的公式插入文档中。

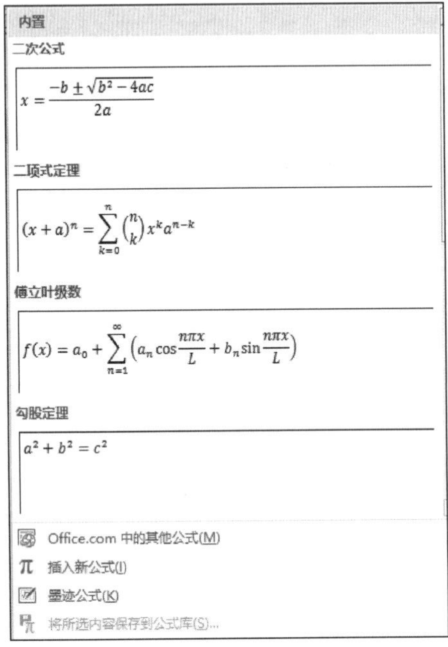

图 3－113　内置公式列表

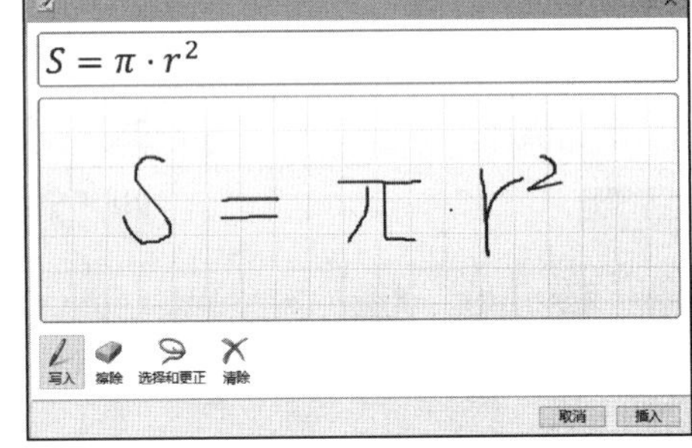

图 3－114　墨迹公式

3. 公式编辑方法

Word 2016 提供了创建空白公式的功能，用户可以根据实际需要使用数学公式模板方便、快速地制作各种形式的数学公式插入文档中。

(1)打开公式工具面板。

光标定位到需要插入公式的位置，切换到“插入”选项卡，在“符号”组中单击“公式”按钮(非“公式”右侧的下拉按钮)，则文档中显示“在此处键入公式”文本框，同时功能区中出现“公式工具”的“设计”选项卡，包括“工具”组、“符号”组和“结构”组，其中“结构”组用于插入“分数”“上标”“下标”“根式”“积分”“大型运算符”“括号”“函数”“导数符号”“极限和对数”“运算符”“矩阵”等模板，如图 3－115 所示。

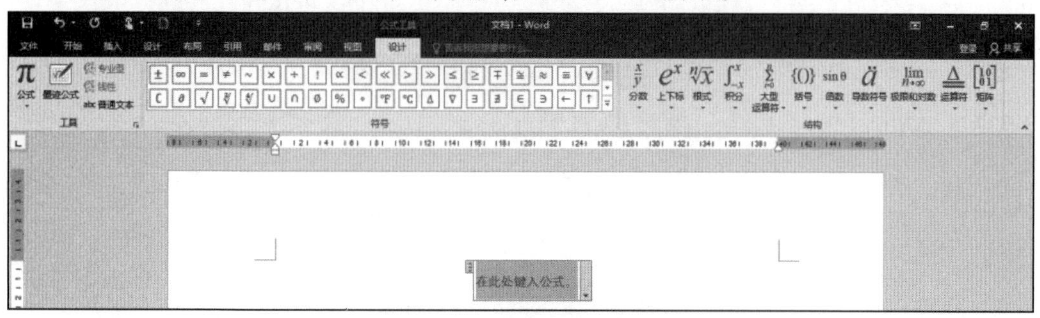

图 3－115　公式工具面板

(2)输入公式。

用鼠标单击“在此处键入公式”文本框，根据需要在“结构”组中单击所需的结构，在“符号”组选择所需的数学符号，或者按键盘上的字母或符号输入所需的字符。如果结构中包含公式占位符(即公式中的小虚线框)，则在占位符内单击，然后输入所需的字符。公式输入完成后，单击公式文本框以外的任何位置即可返回文档。

(3)公式工具提供的符号类别。

在“公式工具”的“设计”选项卡“符号”组中，默认显示“基础数学”符号。除此之外，Word 2016 还提供了“希腊字母”“字母类符号”“运算符”“箭头”“求反关系运算符”“手写体”“几何图形”等多种符号供用户使用。

查找这些符号的方法如下：在“符号”组中单击其右下侧的“其他”按钮，打开符号面板，单击顶部右侧的下拉按钮，可以看到 Word 2016 提供的符号类别，选择需要的类别即可将其显示在符号面板中，如图 3－116 所示。

图 3－116　公式工具提供的符号类别

(4)添加公式到常用公式库。

如果在 Word 文档中需要反复插入一个相同的公式，则可以把这个公式插入公式库中，需要时一键插入。

假设现在要反复使用余弦定理公式：$a^2 = b^2 + c^2 + 2bc\cos A$，在文档中创建该公式后，选中该公式，单击鼠标右键，在打开的快捷菜单中单击“另存为新公式”菜单项，打开“新建构建基块”对话框，在“名称”文本框中输入公式的名称，在“库”下拉列表中选择“公

式”,在“类别”下拉列表中选择“常规”,在“保存位置”下拉列表中选择“ormal. dotm”,然后单击“确定”按钮即可把创建的公式添加到常用公式库里,如图 3-117 所示。

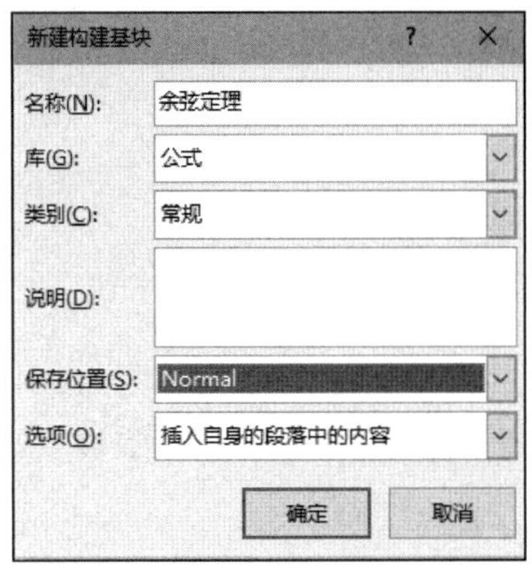

图 3-117 “新建构建基块”对话框

如果要在公式库里删除该公式,可切换到“公式工具”的“设计”选项卡,在“工具”组中单击“公式”按钮,在弹出的下拉列表中右击该公式,在弹出的快捷菜单中选择“整理和删除”菜单项,打开“构建基块管理器”对话框,在其中选择要删除的公式名称,单击“删除”按钮,如图 3-118 所示。

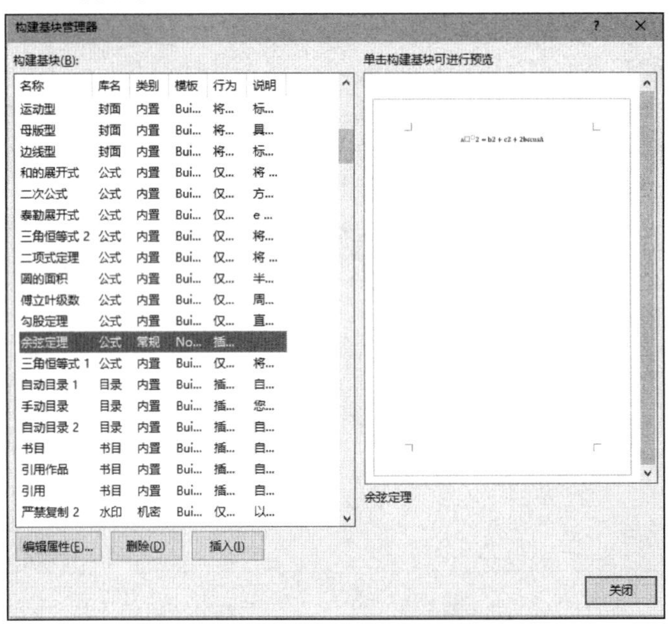

图 3-118 “构建基块管理器”对话框

3.7　长文档编辑

Word 是目前应用广泛的文字处理软件,功能十分强大。其中一些用于编辑长文档的功能具有很高的实用价值。试想一下,在编辑一些长达几十或是几百页的文档时,如不掌握一定的方法和技巧,那你将花费大量的时间在翻动滚动条上,这样的文档在结构上层次不清,在内容上难于查找,从而使编辑效率大大降低。本节将介绍长文档编辑的方法来提高组织和管理文档的工作效率。

3.7.1　分隔符和制表位

1. 分隔符

(1)分页符。Word 自动在当前页已满时插入分页符,开始新的一页。这些分页符被称为“自动分页符”或“软分页符”。但有时也需要强制分页,这时可以人工输入分页符,这种分页符称为“硬分页符”。

插入分页符的操作步骤如下:

将插入点定位到欲强制分页的位置。单击“布局”选项卡的功能区,选择“分隔符”按钮下的“分页符”命令,打开“分页符”下拉列表,如图 3－119 所示。

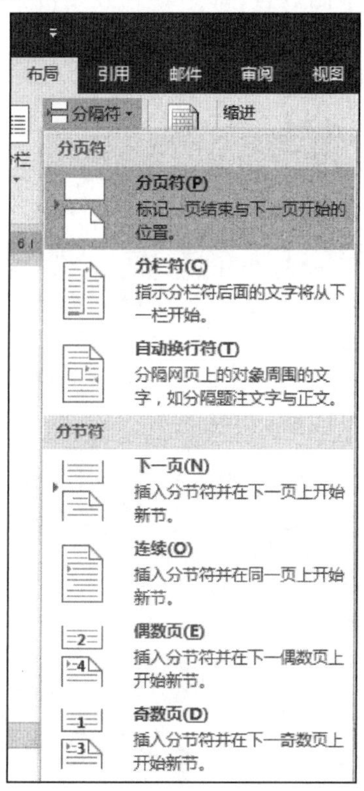

图 3－119　“分页符”下拉列表

在下拉列表中选择“分页符”组下的“分页符”。上述操作也可在定位插入点后,使用

Ctrl + Enter 快捷键插入分页符。

（2）分节符。在页面设置和排版中，可以将文档分成任意几节，并且分别格式化每一节。节可以是整个文档，也可以是文档的一部分，如一段或一页。

在建立文档时，系统默认整个文档就是一节，如果要在文档中建立节，就需插入分节符。所在节的格式，如“页边距”“页码”和“页眉和页脚”等，都存储在分节符中。如图3－119所示，在“分节符”区域中有“下一页”“连续”“偶数页”“奇数页”四个选项，用户可根据实际操作进行选择。

2. 制表位

制表位的作用是使一列数据对齐。制表符类型有左对齐制表符、居中制表符、右对齐制表符、小数点对齐制表符和竖线对齐制表符。

（1）使用鼠标设置制表位。

①将光标移到需要设置制表位的段落中。

②点击水平标尺最左端的制表符按钮，直到出现所需制表符。

③将鼠标移到水平标尺上，在需要设置制表符的位置单击。

④在一段中，需要设置多个制表符时，重复上面的步骤。

制表符设置好后，按 Tab 键，光标自动移到第一列开始位置，输入第一列文本内容，按 Tab 键，光标自动移到下一个制表位，即第二列开始位置，输入第二列文本内容，以此类推。

（2）使用“制表位”对话框设置制表位。

①将光标移到需要设置制表位的段落中。

②单击“段落”对话框“缩进和间距”选项卡中的“制表位”按钮，弹出“制表位”对话框，如图3－120所示。

图3－120 “制表位”对话框

(3)删除或移动制表位的方法。

①将光标移到需要删除或移动制表位的段落中。

②单击制表位并拖离水平标尺即可删除该制表位,也可以在如图3-120所示的对话框中清除相应的制表位。

③在水平标尺上左右拖动制表位标记即可移动该制表位,也可以在如图3-120所示的对话框中修改相应制表位的位置。

3.7.2　编辑页眉与页脚

1.设置页眉/页脚

页眉/页脚通常显示文档的附加信息,常用来插入时间、日期、页码、单位名称等。其中,页眉在页面的顶部,页脚在页面的底部。通常页眉也可以添加文档注释等内容。

Word 2016 提供了页眉/页脚样式库,通过样式库用户可以快速地制作出精美的页眉/页脚,具体方法如下:

(1)插入页眉/页脚。

①打开文档,选择"插入"功能选项卡。

②在"页眉和页脚"组中单击"页眉"按钮。

③在弹出的下拉列表中选择一种类型,如边线型,则打开的对话框如图3-121所示。

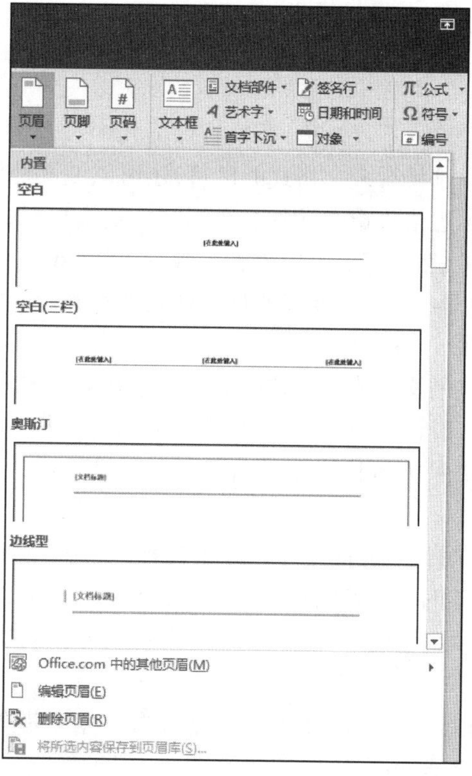

图3-121　插入页眉/页脚

(2)编辑页眉/页脚。

若要在页眉区显示文字,在页脚区显示页码,操作方法如下:

①进入页眉编辑区,在“键入文字”框中输入页眉文字。

②选择“设计”功能选项卡,在“导航”组中单击“转至页脚”按钮。

③将插入点定位到页脚区,单击“页眉和页脚”组中的“页码”按钮,弹出页码位置选择列表,如图3-122所示。

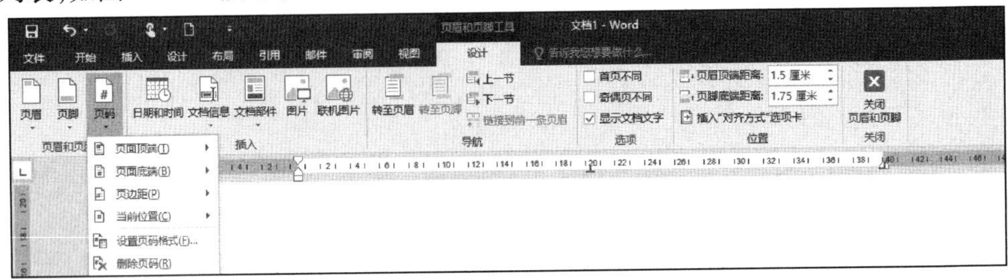

图3-122　页码位置选择列表

④在下一级列表中单击页码格式,则页眉/页脚设置完毕,单击“关闭页眉页脚”按钮,退出编辑状态。

3.7.3　使用样式和模板

1. 样式

所谓样式,就是系统或用户定义并保存的一系列排版格式,包括字体、段落的对齐方式、制表位和边距等。

重复设置各个段落的格式不仅烦琐,还很难保证几个段落的格式完全相同。使用样式不仅可以轻松快捷地编排具有统一格式的段落,还可以使文档格式严格保持一致。

样式实际上是一组排版格式指令,因此,在编写一篇文档时,可以先将文档中要用到的各种样式分别加以定义,然后使之应用于各个段落。Word预定义了标准样式,如果用户有特殊要求,也可以根据自己的需要修改标准样式或重新定制样式。

(1)样式的应用。

先选择需要应用样式的文本或段落,在“开始”选项卡“样式”功能区快速样式库中选择合适的样式,所选文本或段落就按样式的格式重新排版。用户可以单击其右侧滚动条的向下箭头展开快速样式库中的其他样式。用户自定义的样式默认也在快速样式库中显示,如图3-123所示。

如果有必要,如需要用到不在快速样式库中的样式,用户可以在单击“开始”选项卡“样式”功能区右侧滚动条的向下箭头后,在展开的下拉列表中选择“应用样式”命令,在弹出的“应用样式”对话框“样式名”下拉列表中选择用户想采用的样式,如图3-124所示。

用户也可以单击“开始”选项卡“样式”功能区右下角带有标记的按钮,弹出“样式”任务窗格,从中选择合适的样式。

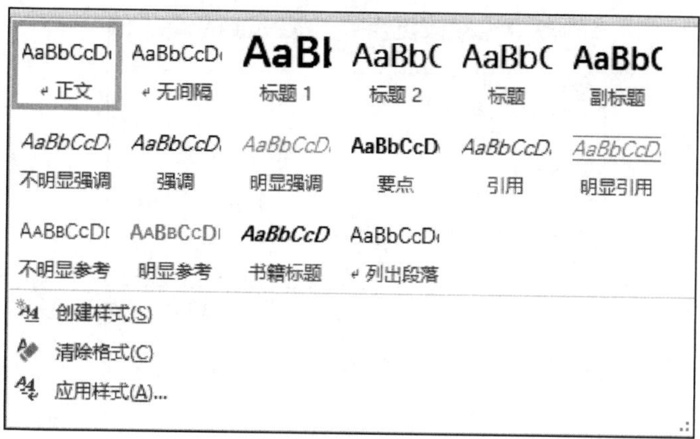

图 3－123　快速样式库下拉列表

(2)样式的创建。

选择文档中希望包含样式的文本或段落,设置字体、段落的对齐方式、制表位和页边距等格式,单击“开始”选项卡“样式”功能区右侧滚动条的向下箭头后,在展开的下拉列表中选择“创建样式”命令,在弹出的对话框中给样式起名保存,如图 3－125 所示。

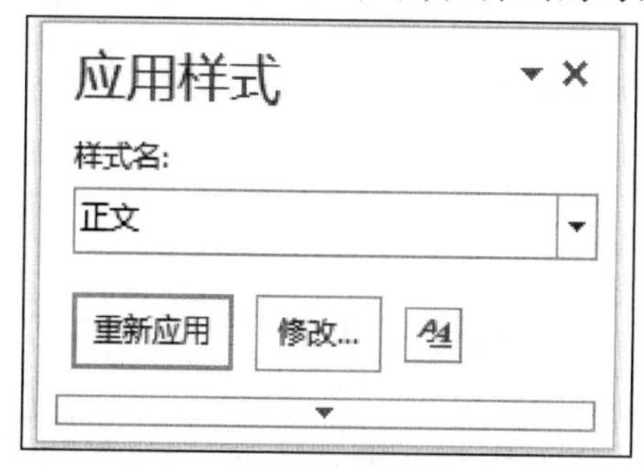
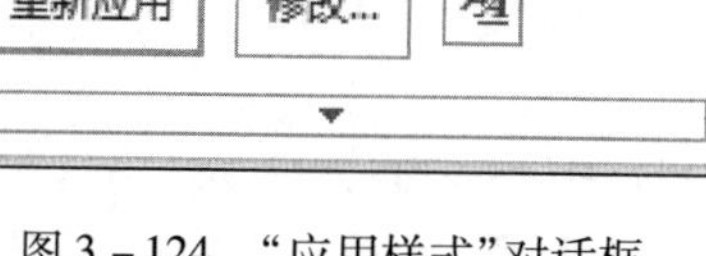

图 3－124　“应用样式”对话框

图 3－125　“根据格式设置创建新样式”对话框

若需要,用户可以单击对话框中的“修改”按钮,弹出新对话框,如图 3－126 所示,可以调整样式的一些设置。

用户也可以单击“开始”选项卡“样式”功能区右下角带有 标记的按钮,弹出“样式”任务窗格,单击左下角的“新建样式”按钮,同样可以进入如图 3－126 所示的对话框,调整新样式的设置并保存。

2. 模板

模板是 Word 中采用＊. dotx 为扩展名的特殊文档,它由多个特定的样式组合而成,能为用户提供一种预先设置好的最终文档外观框架,也允许用户加入自己的信息。将文档存为模板文件,可以选择“文件”按钮中“另存为”命令,在右侧的窗口中单击“浏览”按钮或对应的文件夹或双击“这台电脑”图标,在“另存为”对话框的保存类型下拉列表框中选择“Word 模板”。

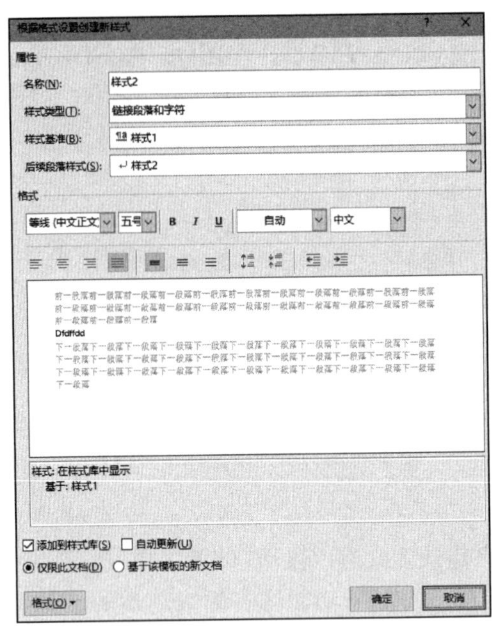

图 3－126 “根据格式设置创建新样式”详细对话框

例题 3－10 为文档“公司档案管理办法”应用样式和模板。

操作步骤：

1. 设置页面大小

在“公司档案管理办法”文档中，调整页面的宽度和高度。

(1)打开“公司档案管理办法”文档，在“布局”→“页面设置”组中单击“对话框启动器”图标，打开“页面设置”对话框。

(2)单击“纸张”选项卡，在“纸张大小”下拉列表框中选择“自定义大小”选项，分别设置“宽度”和“高度”为“20 厘米”“28 厘米”，如图 3－127 所示，单击“确定”按钮，可返回文档编辑区。

(3)设置页面大小后的文档效果如图 3－128 所示。

2. 设置页边距

(1)在“布局”→“页面设置”组中单击“对话框启动器”图标，打开“页面设置”对话框。

(2)单击“页边距”选项卡，在“页边距”栏中的“上”“下”后的数值框中分别输入“1.6厘米”，在“左”“右”后的数值框中分别输入“1.5 厘米”，如图 3－129 所示，单击“确定”按钮，可返回文档编辑区。

(3)设置页边距后的文档效果如图 3－130 所示。

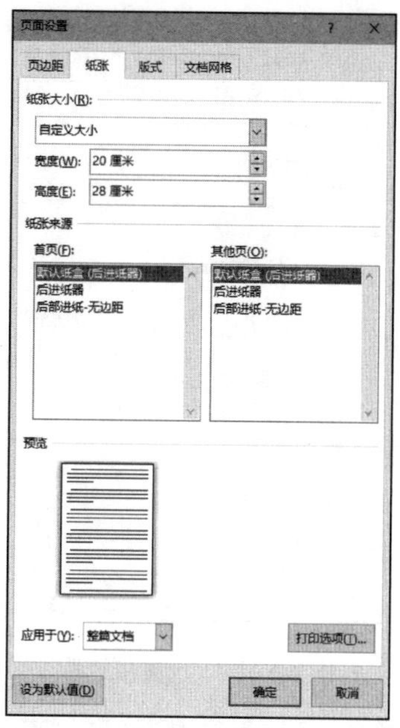

图 3-127 设置页面大小

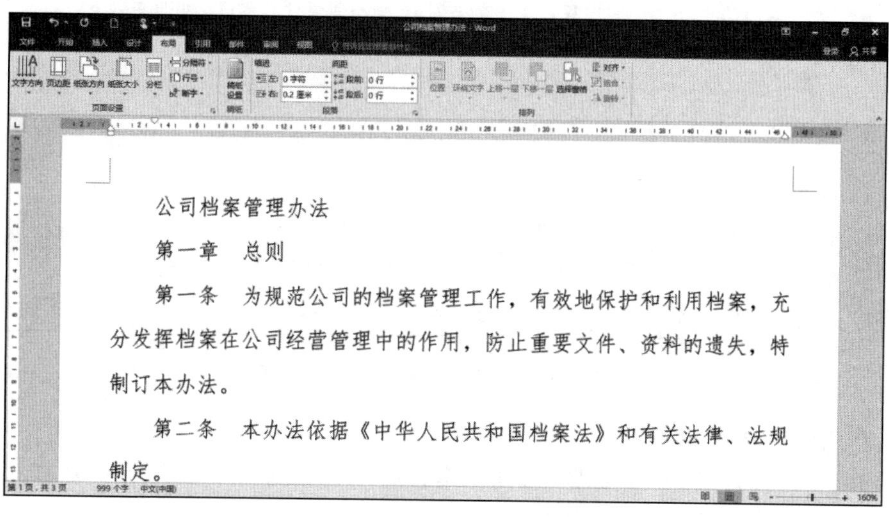

图 3-128 设置页面大小后的文档效果

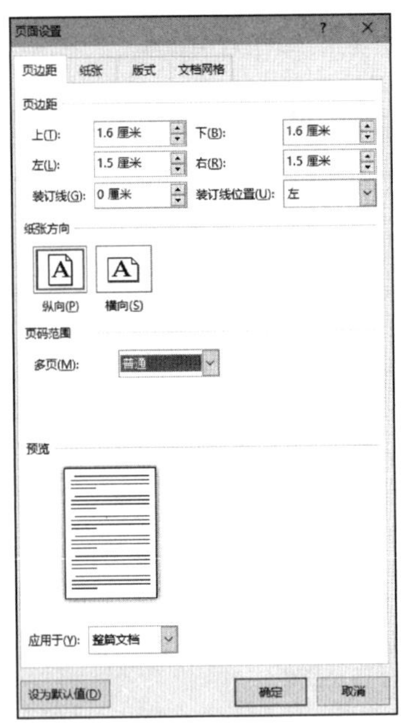

图 3－129　设置页边距

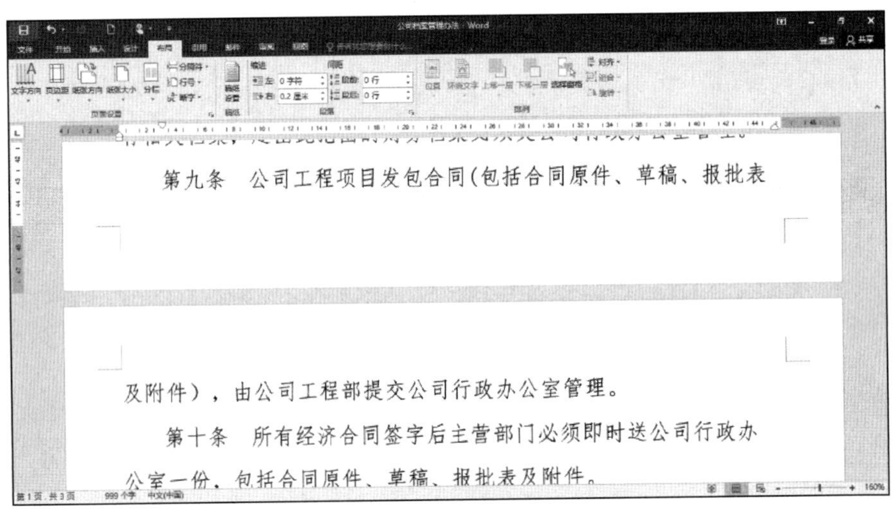

图 3－130　设置页边距后的文档效果

3. 套用内置样式

(1)将文本插入点定位到标题“公司档案管理办法”文本中，在“开始”→“样式”组的下拉列表框中选择“标题”选项，如图 3－131 所示。

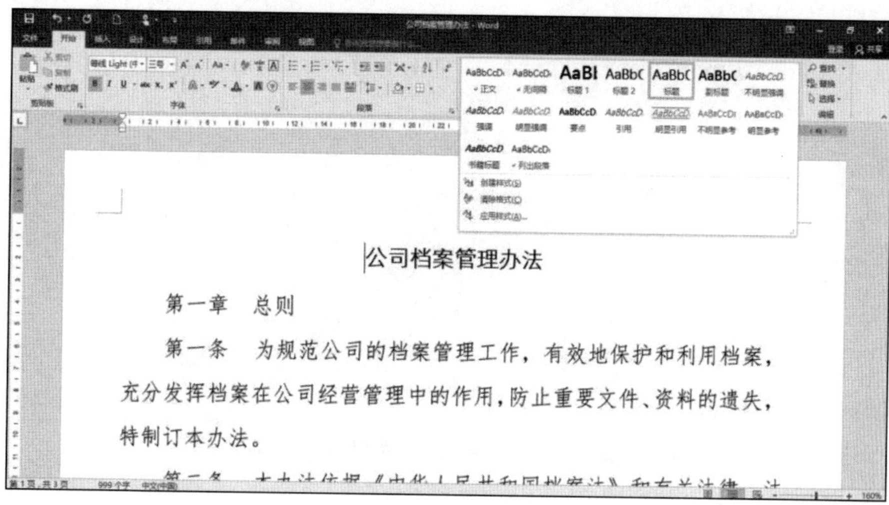

图 3－131　套用“标题”样式

（2）返回文档编辑区，可查看设置标题样式后的文档效果。

（3）按照相同的操作方法，对每一章的章名套用“样式”下拉列表框中的“副标题”样式，效果如图 3－132 所示。

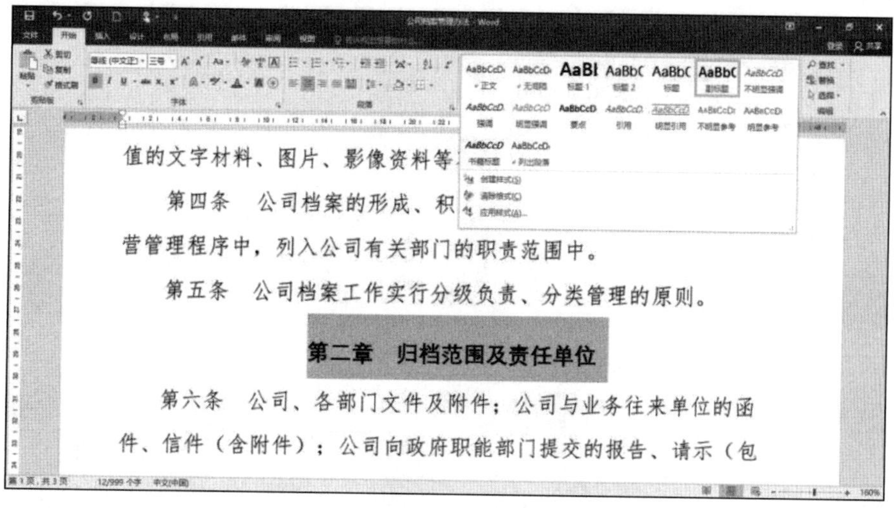

图 3－132　套用“副标题”样式

4. 创建样式

（1）将文本插入点定位到文档的第二段文本中，在“样式”→“开始”→“样式”组中单击“对话框启动器”图标。

（2）打开“样式”任务窗格，单击“新建样式”按钮，如图 3－133 所示。

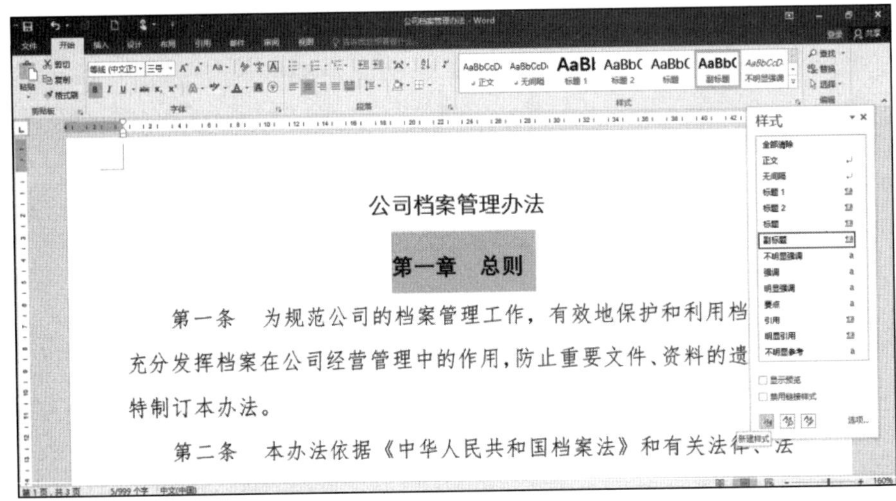

图 3－133　单击“新建样式”按钮

（3）在打开的“根据格式化创建新样式”对话框的“名称”文本框中输入“章名样式”，在“格式”栏中将格式设置为“仿宋、四号”，单击“格式”按钮，在打开的下拉列表中选择“段落”选项，如图 3－134 所示。

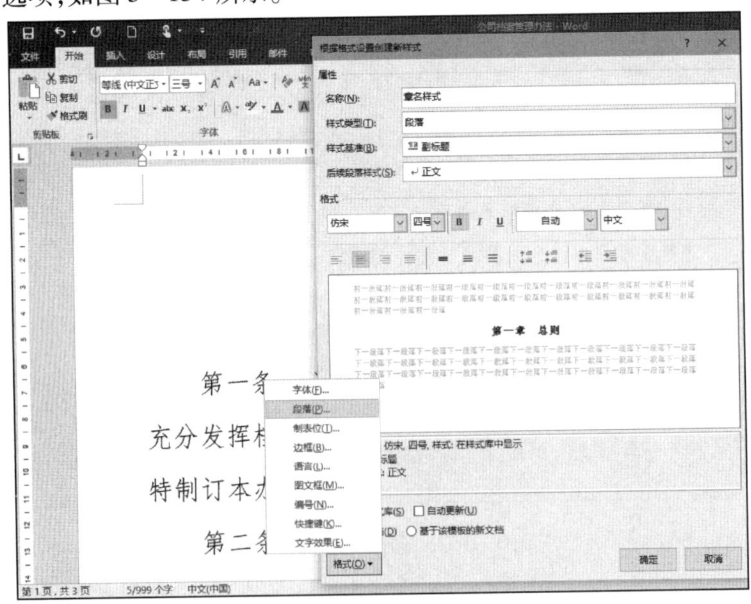

图 3－134　设置名称和格式

（4）打开“段落”对话框，在“间距”栏的“段前”和“段后”数值框中输入“3 磅”；在“行距”的下拉列表中选择“多倍行距”选项，并在其右侧的数值框中输入“1.25”，最后单击“确定”按钮。

（5）返回到“根据格式化创建新样式”对话框，再次单击“格式”按钮，在打开的下拉列表框中选择“边框”选项。

（6）打开“边框和底纹”对话框，单击“底纹”选项卡，在“图案”栏中的“样式”下拉列表框中选择“5%”选项,单击“确定”按钮,如图 3－135 所示。

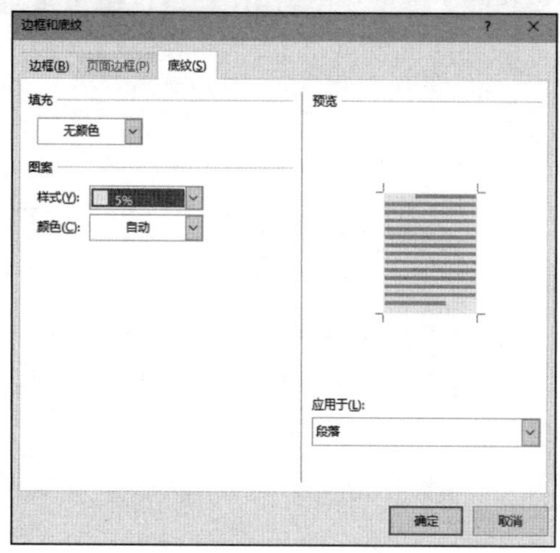

图 3－135　设置底纹样式

(7)返回文档编辑区,对剩余的四个章节名称应用新创建的“章名样式”。

5. 修改样式

(1)在“样式”任务窗格中选择创建的“章名样式”选项,单击右侧的下拉按钮,在打开的下拉列表框中选择“修改”选项。

(2)打开“修改样式”对话框,在“格式”栏中将字体格式修改为“橙色,个性色 2、下划线”,单击“格式”按钮,在打开的下拉列表框中选择“边框”选项,如图 3－136 所示。

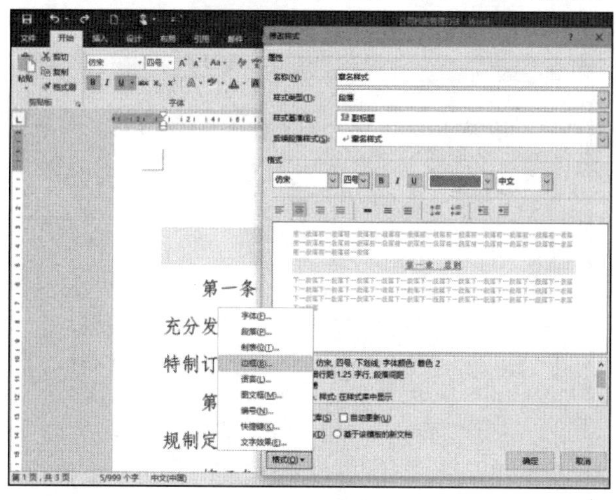

图 3－136　修改样式

(3)打开“边框和底纹”对话框,单击“底纹”选项卡,在“图案”栏中的“样式”下拉列表框中选择“清除”选项,单击“确定”按钮。此时,文档中所有应用了“章名样式”的文本将会自动更正为修改后的样式,效果如图 3－137 所示。

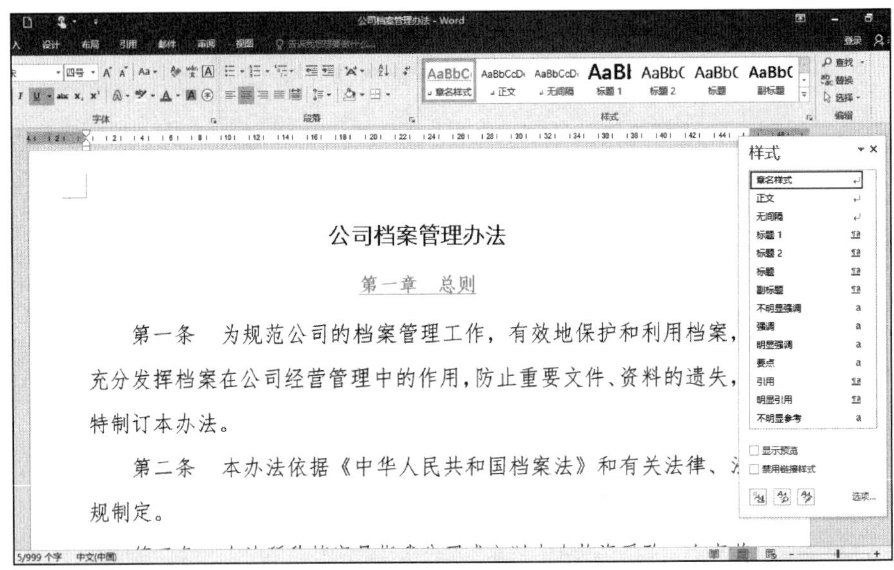

图 3－137 修改后的章名样式

6. 新建模板

下面将把修改后的"公司档案管理办法"文档保存为模板，方便日后使用。

(1)单击页面左上角"保存"按钮，保存修改完毕后的文档。

(2)选择"文件"→"另存为"命令，在打开的"另存为"窗口中选择文档位置后，打开"另存为"对话框，设置好文件名后，在，"保存类型"下拉列表中选择"Word 模板(＊.dotx)"选项，最后单击"保存"按钮即可，如图 3－138 所示。

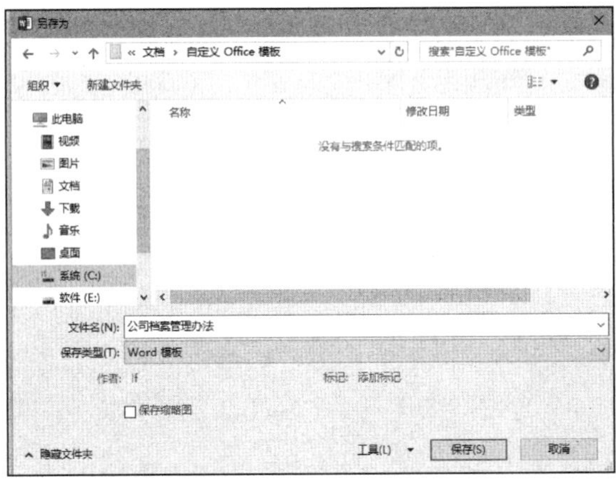

图 3－138 将文档保存为模板

3.7.4 使用大纲视图设置标题级别

大纲视图适用于长文档中文本级别较多的情况，以便用户查看和调整文档结构，其具体操作如下：

(1)在"视图"→"视图"组中单击"大纲视图"按钮，将视图模式切换到大纲视图，如

图3－139所示。

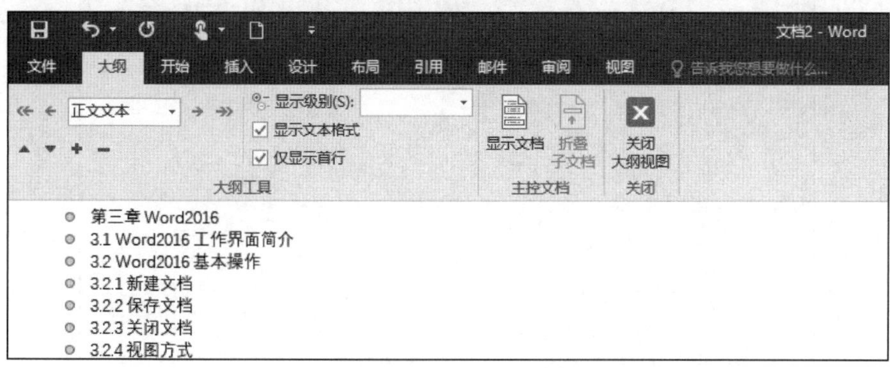

图 3－139　大纲视图

（2）选中文本，在“大纲级别”下拉列表中分别设置“1 级”“2 级”“3 级”。设置后的效果如图 3－140 所示。

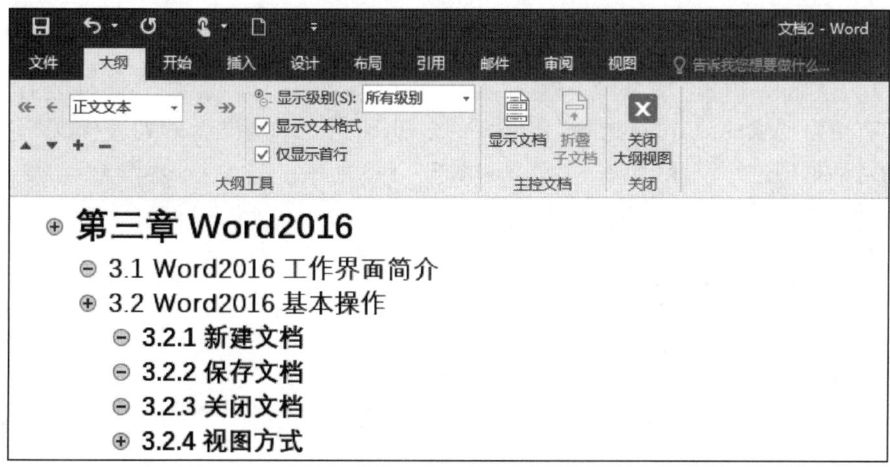

图 3－140　设置“大纲级别”

（3）设置完成后，在“大纲”→“关闭”组中单击“关闭大纲视图”按钮，返回页面视图模式。

3.7.5　多级列表

多级列表在展示同级文档内容时，还可显示下一级文档内容，它常用于长文档中。设置多级列表的方法为选择需要设置的段落，在“开始”→“段落”组中单击“多级列表”按钮右侧的下拉三角按钮，在打开的多级列表中选择多级列表的格式，如图 3－141 所示。

按照插入常规编号的方法输入条目内容，选中需要更改编号级别的段落。单击“多级列表”按钮，在打开的面板中选择“更改列表级别”选项，并在打开的下一级菜单中选择编号列表的级别。

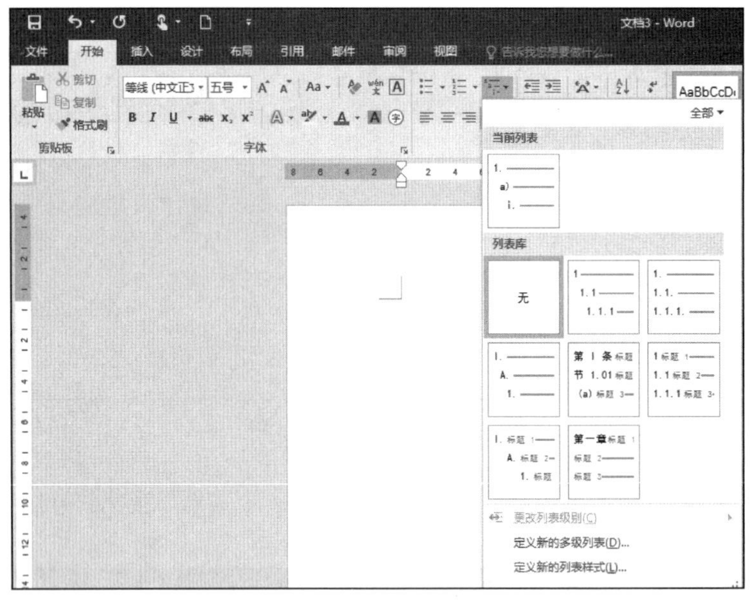

图 3-141 “多级列表”下拉列表

如有更多要求的设置,可选择“定义新的多级列表”和“定义新的列表样式”命令,在弹出的对话框中进行设置,如图 3-142 和图 3-143 所示。

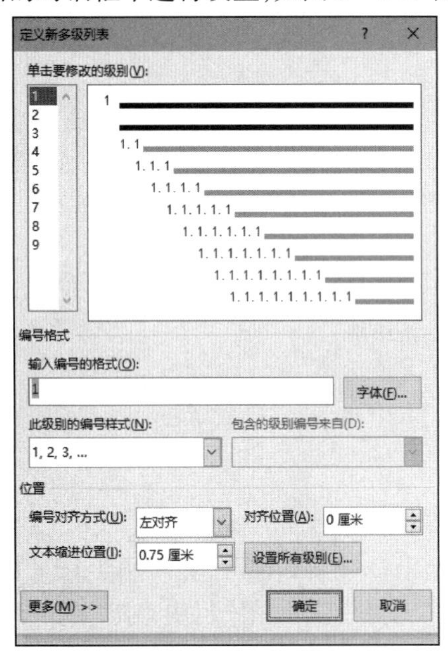

图 3-142 定义新的多级列表

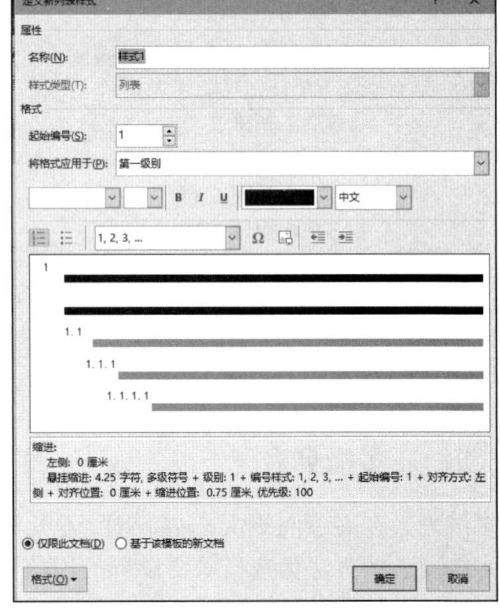

图 3-143 定义新的列表样式

对段落设置多级列表后默认各段落标题级别是相同的,看不出级别效果,可以依次在下一级标题编号后面按 Tab 键,对当前内容进行降级操作。使用多级列表效果如图 3-144 所示。

3 Word2016
　3.1 Word2016 工作界面简介
　3.2 Word2016 基本操作
　　3.2.1 新建文档
　　3.2.2 保存文档
　　3.2.3 关闭文档
　　3.2.4 视图方式

图 3－144 多级列表效果图

3.7.6 题注、脚注、尾注及批注

1. 题注

题注通常用于对文档中的图片或表格进行自动编号，从而节约手动编号的时间，其具体操作如下：

（1）在“引用”→“题注”组中单击“插入题注”按钮，打开“题注”对话框。

（2）在“选项”栏的“标签”下拉列表框中选择需要设置的标签，也可以单击“新建标签”按钮，打开“新建标签”对话框，在“标签”文本框中输入自定义的标签名称。

（3）单击“确定”按钮返回对话框，即可查看添加的新标签，单击“确定”按钮可返回文档，查看添加的题注，如图 3－145 所示。

图 3－145 插入题注

2. 脚注

在编辑文章时，常常需要对一些从其他文章中引用的内容、名词或事件加以注释。Word 提供的插入脚注和尾注功能，可以在指定的文字处插入注释。

脚注可以在页面底部添加注释，以提供有关文档中某些内容的更多信息。插入脚注的方法如下。

（1）打开文档，将光标定位到要插入“脚注”的位置。

（2）在“引用”功能选项卡“脚注”组中单击“插入脚注”按钮，会在 Word 编辑区的下面看到一条“横杠”。在其下面的区域添加要脚注的内容即可，如图 3－146 所示。

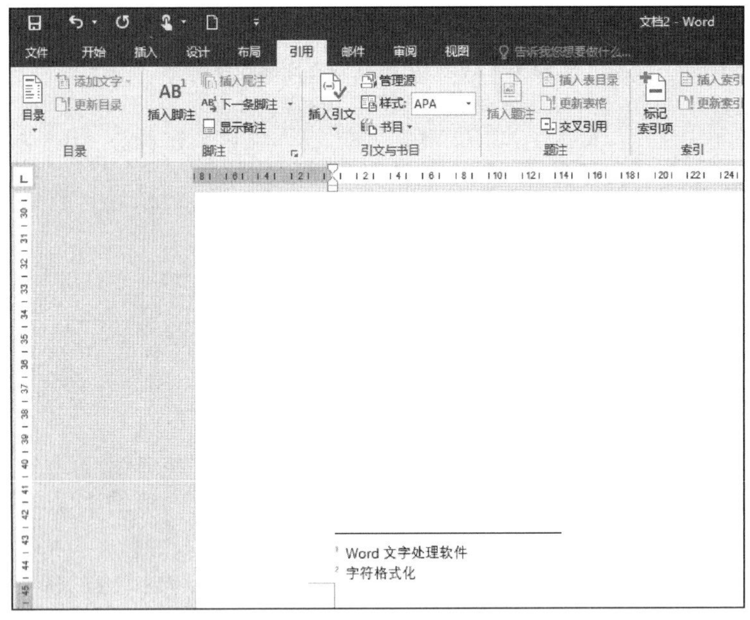

图 3－146　插入脚注

3. 尾注

尾注一般位于文档的末尾，可用于列出引文的出处等。

在文档插入尾注方法：

(1)打开文档，将光标定位到要插入“尾注”的位置。

(2)在“引用”功能选项卡“脚注”组中单击“插入尾注”按钮，会在文章的末尾看到一条“横杠”。在其下面的区域添加要尾注的内容即可，如图 3－147 所示。

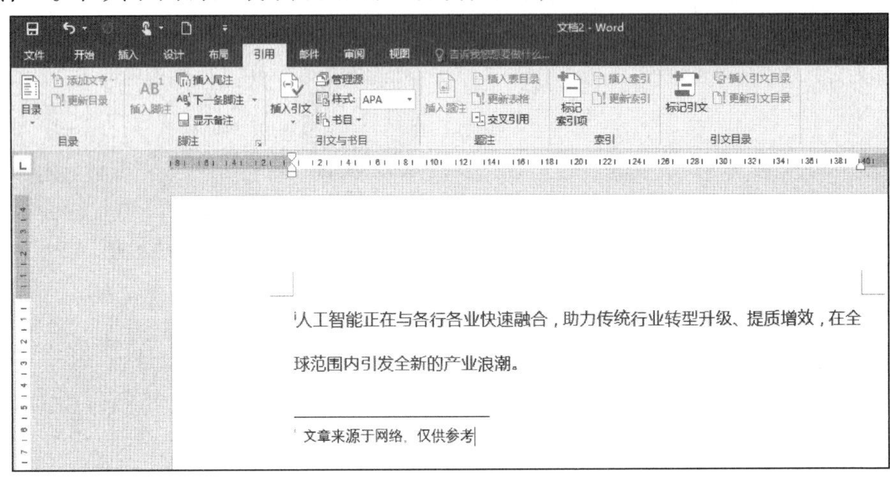

图 3－147　插入尾注

4. 批注

批注用于在阅读时对文中的内容添加评语和注解，其具体操作如下：

(1)选择要插入批注的文本，在“审阅”→“批注”组中单击“新建批注”按钮，此时被选择的文本处将出现一条引至文档右侧的引线。

(2)在批注文本框中即可输入批注内容,如图 3－148 所示。

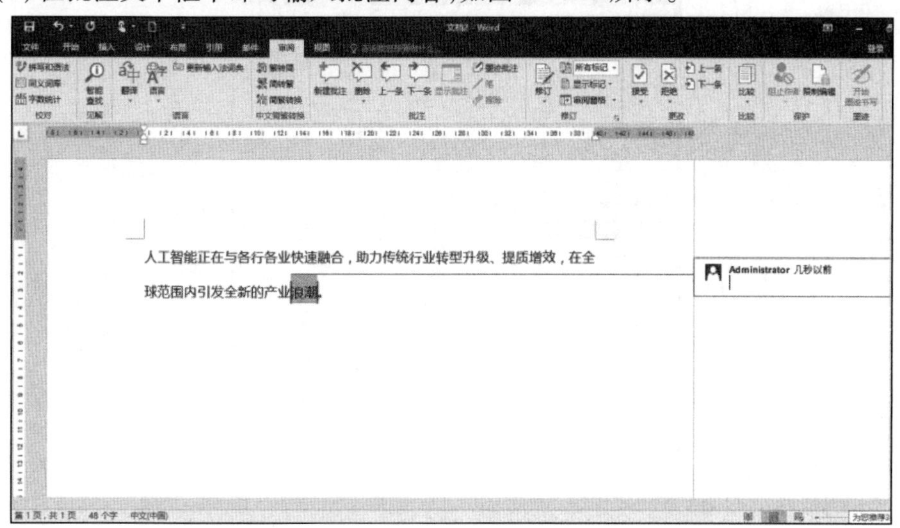

图 3－148 插入批注

(3)使用相同的方法可以为文档添加多个批注,并且批注会自动编号排列,单击“上一条”按钮或“下一条”按钮,可查看前后的批注。

(4)为文档添加批注后,若要删除,可在要删除的批注上单击鼠标右键,在弹出的快捷菜单中选择“删除批注”命令。

3.7.7 生成目录

目录列出了各级标题及其所在的页码,便于用户在文档中快速查找所要的内容,Word 2016 提供了一个内置的目录库,方便用户快速生成目录。

1. 插入目录

把光标定位在要插入目录的位置,一般为文档的最前面。切换到“引用”选项卡,在“目录”组中单击“目录”按钮,弹出如图 3－149 所示的目录列表,在其中可以选择“自动目录 1”或“自动目录 2”生成自动目录。

也可以选择“自定义目录”,弹出“目录”对话框,如图 3－150 所示。

2. 修改目录

如果用户对插入的目录不是很满意,可以修改目录或自定义个性化的目录。

光标定位在目录的任意位置,切换到“引用”选项卡,单击“目录”组中的“目录”按钮,在弹出的下拉菜单中选择“自定义目录”菜单项,弹出“目录”对话框,单击“修改”按钮,弹出如图 3－151 所示的“样式”对话框。

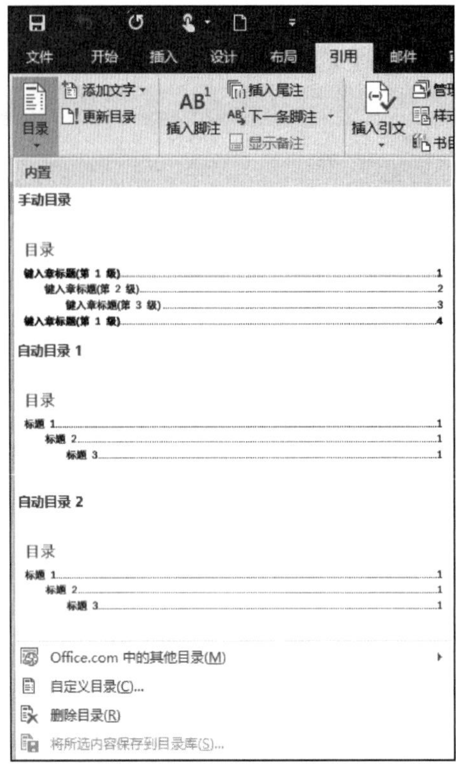

图 3－149　目录列表

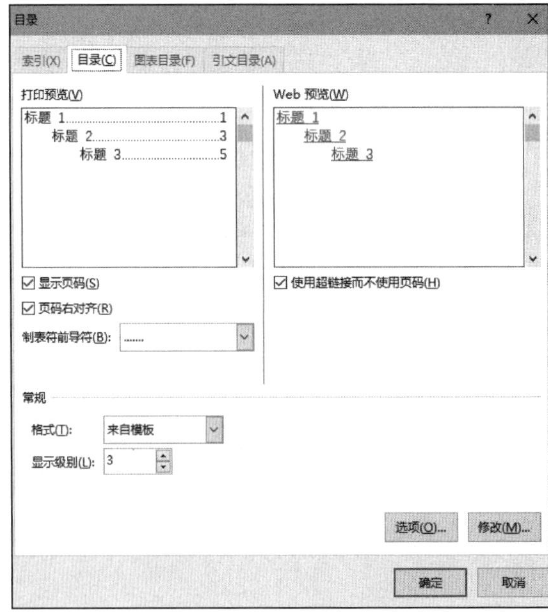

图 3－150　“目录”对话框

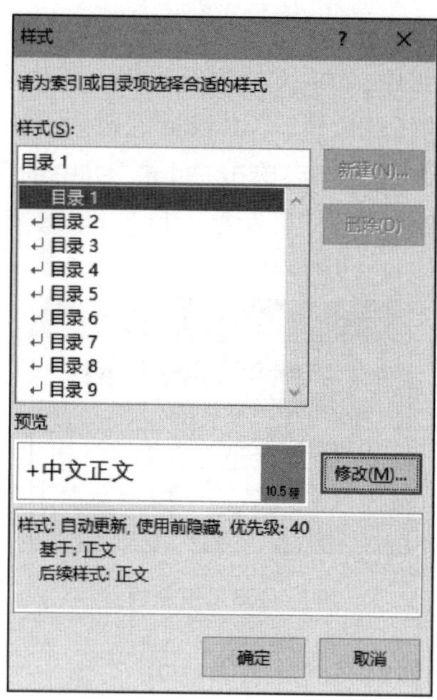

图 3－151　“样式”对话框

在“样式”列表中选择“目录 1”选项，单击“修改”按钮，弹出“修改样式”对话框，单击“格式”下拉按钮，弹出下拉菜单，如图 3－152 所示，在下拉菜单中根据需要选择“字体”和“段落”菜单项等进行修改，修改完成后单击“确定”按钮，返回“样式”对话框。参照以上方法也可修改“目录 2”和“目录 3”的样式。

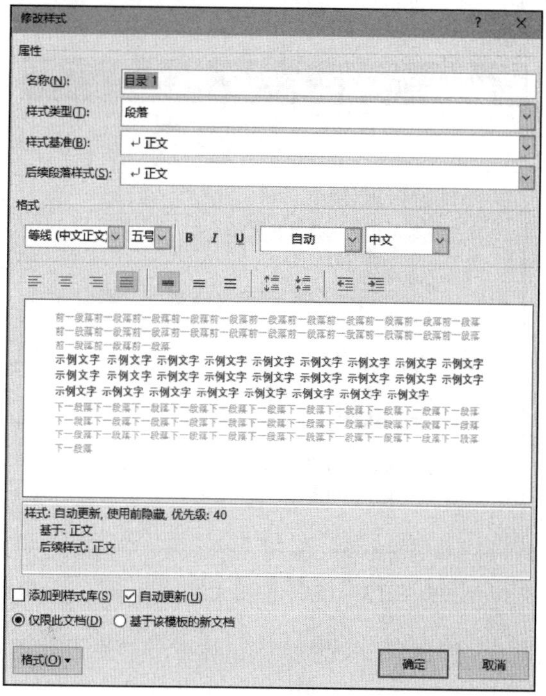

图 3－152　“修改样式”对话框

3. 更新目录

在编辑或修改文档的过程中，如果文档内容或格式发生了变化，则需要更新目录。

此时，光标定位在目录的任意位置，单击鼠标右键，在弹出的快捷菜单中选择“更新域”菜单项，或者切换到“引用”选项卡，单击“目录”组中的“更新目录”按钮，弹出如图 3－153 所示“更新目录”对话框，选中“更新整个目录”单选按钮，然后单击“确定”按钮即可更新目录。

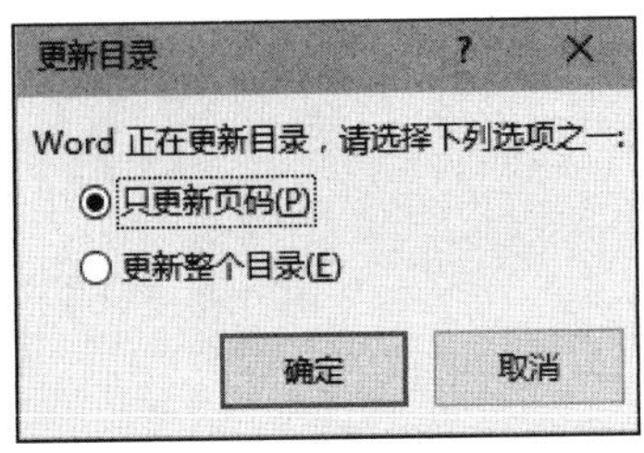

图 3－153　更新目录

例题 3－11　Word 文档的高级排版操作。

1. 使用大纲视图

下面将在“市场与竞争分析”文档中，利用大档视图来查看文档结构。

(1) 打开“市场与竞争分析”文档，在“视图”→“视图”组中单击“大纲”按钮，将视图模式切换到大纲视图，在“大纲显示”→“大纲工具”组中的“显示级别”下拉列表中选择“3 级”选项。

(2) 查看所有 3 级标题文本后，双击“青少年”文本段落左侧的“＋”标记，可展开下列内容，如图 3－154 所示。

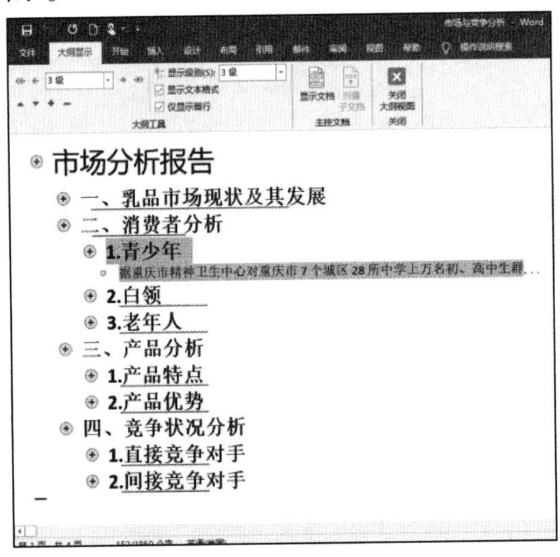

图 3－154　使用大纲视图

(3) 设置完成后，在“大纲显示”→“关闭”组中单击“关闭大纲视图”按钮，返回页面视图模式。

2. 添加标签

下面将在“市场与竞争分析”文档中，添加一个名为“睡眠状况分析”的标签。

（1）在文档中选择要插入标签的对象，如图片、表格、公式等，这里选择图表，然后在“引用”→“题注”组中单击“插入题注”按钮，打开“题注”对话框。

（2）在“选项”栏的“标签”下拉列表框中选择需要设置的标签，也可以单击“新建标签”按钮，打开“新建标签”对话框，在“标签”文本框中输入自定义的标签名称，如图 3－155 所示，输入完毕后，单击“确定”按钮。

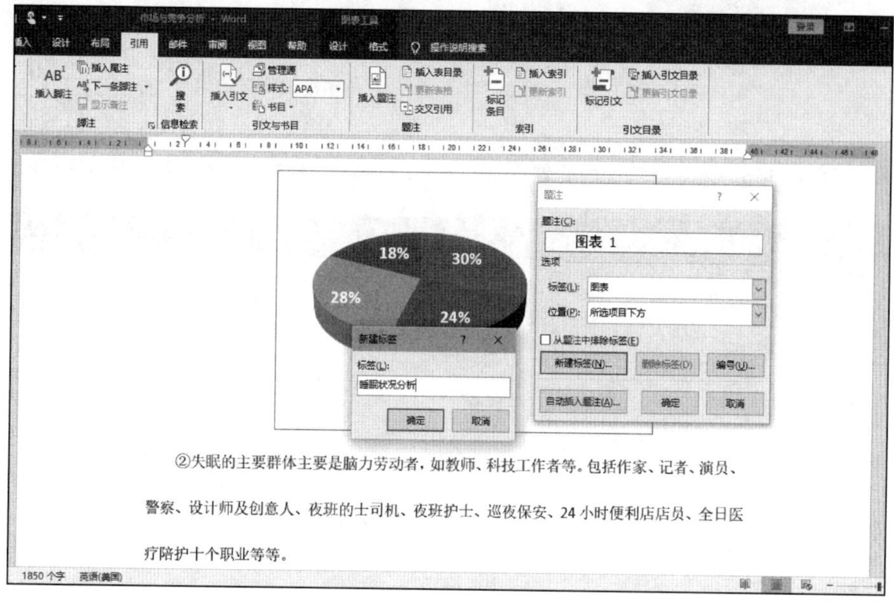

图 3－155　输入标签名称

（3）返回对话框，在“题注”文本框中显示了新添加的标签名称。单击“题注”对话框中的“确定”按钮可返回文档，即可在图表下方查看新添加的标签，如图 3－156 所示。

3. 创建交叉引用

（1）将插入点定位到文档末尾处，然后在“引用”→“题注”组中单击“交叉引用”按钮。打开“交叉引用”对话框，在“引用类型”下拉列表框中选择“睡眠状况分析”选项，在“引用哪一个题注”列表框中选择需要引用的选项，如图 3－157 所示。

（2）单击“交叉引用”对话框中的“插入”按钮即可创建交叉引用。按住 Ctrl 键的同时，单击创建的交叉引用文本即可快速跳转至文档中的指定位置。

4. 插入批注

（1）选择要插入批注的文本，这里选择“3. 老年人”文本，然后在“插入”→“批注”组中单击“批注”按钮，此时被选择的文本处将出现一条引至文档右侧的引线。

（2）在批注文本框中输入批注内容，如图 3－158 所示。

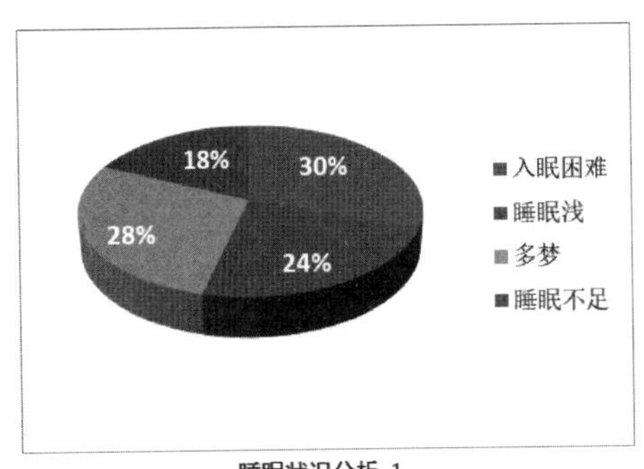

图 3－156　查看新添加的标签

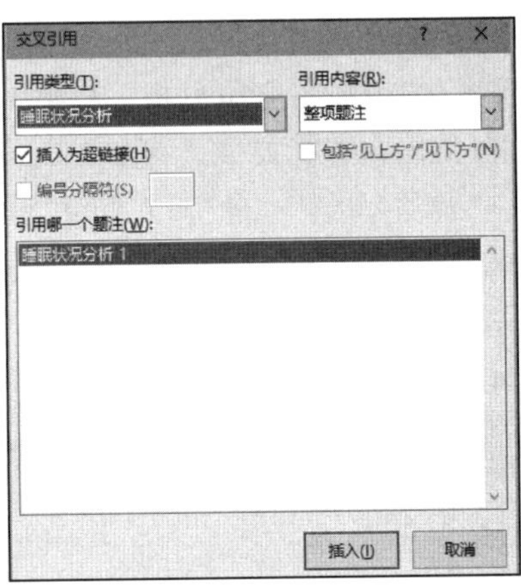

图 3－157　设置交叉引用参数

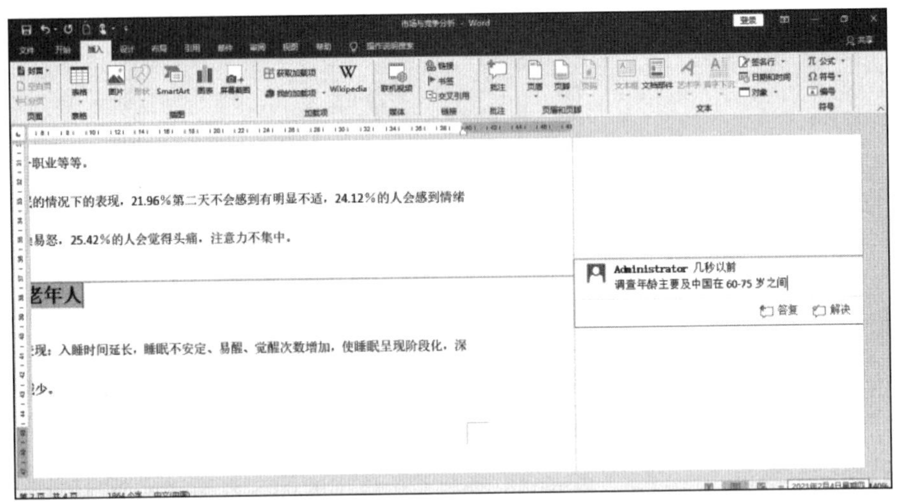

图 3－158　插入批注

5. 插入分隔符

(1)将插入点定位到文本"市场分析报告"之前,在"布局"→"页面设置"组中单击"分隔符"按钮,在打开的下拉列表中的"分页符"栏中选择"分页符"选项。

(2)在插入点所在位置插入分页符,此时,"市场分析报告"的内容将从下一页开始,插入分隔符后的效果如图 3－159 所示。

6. 设置页眉和页脚

(1)在"插入"→"页眉和页脚"组中单击"页眉"按钮,在打开的下拉列表中选择"边线型"选项,然后在其中输入"江明月乳业公司"文本,并设置字体格式为"方正宋三简体、四号",单击勾选"首页不同"复选框,如图 3－160 所示。

(2)在"页眉页脚工具－设计"→"页眉和页脚"组中单击"页脚"按钮,在打开的下拉列表中选择"边线型"选项。

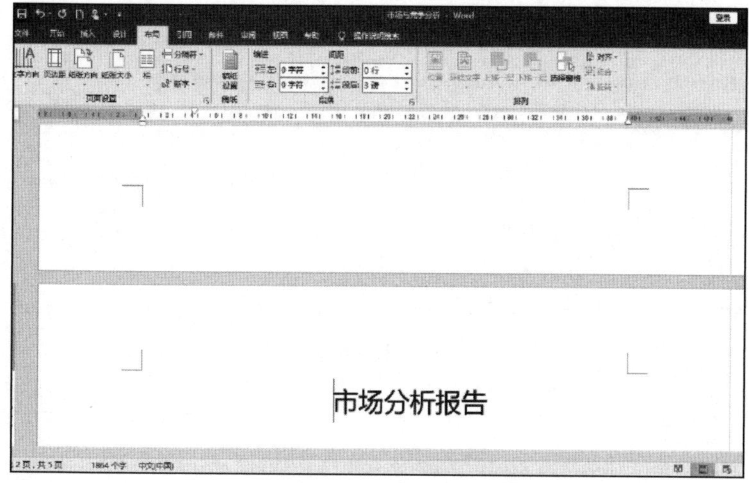

图 3 - 159　插入分隔符后的效果

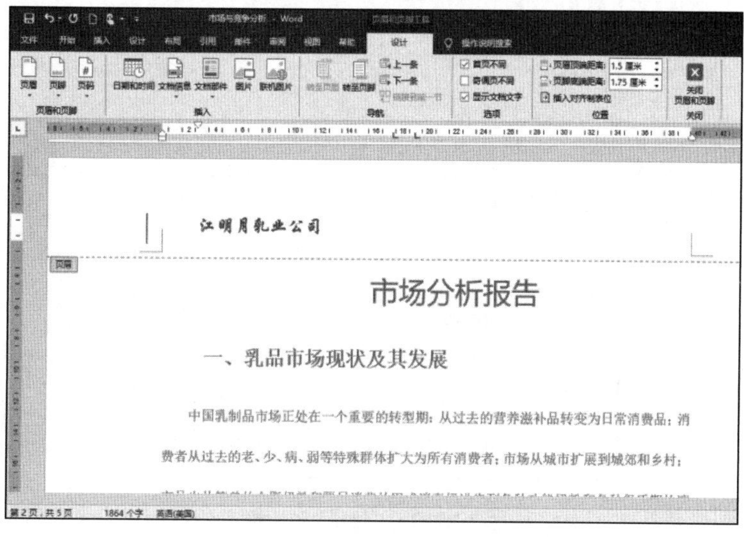

图 3 - 160　设置页眉

（3）插入点自动插入页脚区，且自动插入左对齐页码，如图 3 - 161 所示，然后在“页眉页脚工具 - 设计”→“关闭”组中单击“关闭页眉和页脚”按钮，退出页眉和页脚视图。

7. 创建目录

（1）在“分页符”前面定位插入点，然后在“引用”→“目录”组中单击“目录”按钮，在打开的下拉列表中选择“自定义目录”选项，打开“目录”对话框，单击“目录”选项卡，在“制表符前导符”下拉列表中选择第 2 个选项，在“格式”下拉列表框中选择“正式”选项，在“显示级别”数值框中输入“3”，单击“确定”按钮，如图 3 - 162 所示。

（2）返回文档编辑区即可查看插入的目录，效果如图 3 - 163 所示。

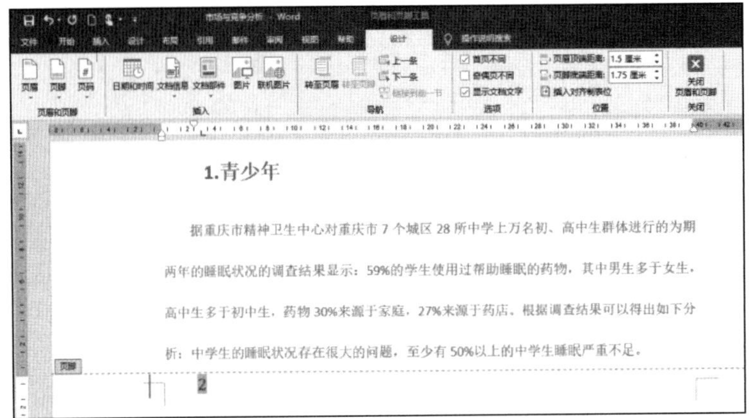

图 3－161 设置页脚

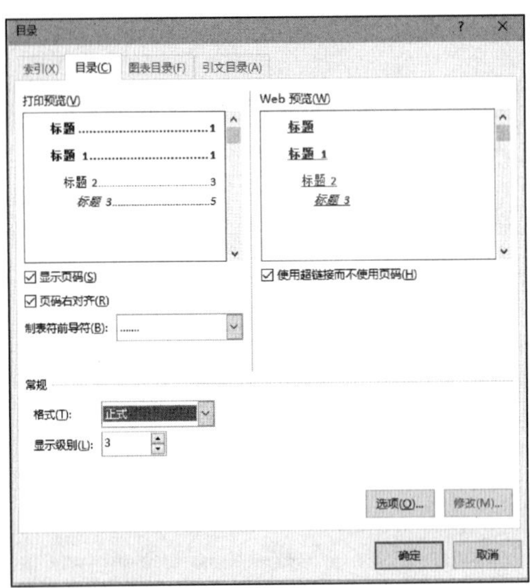

图 3－162 “目录”对话框

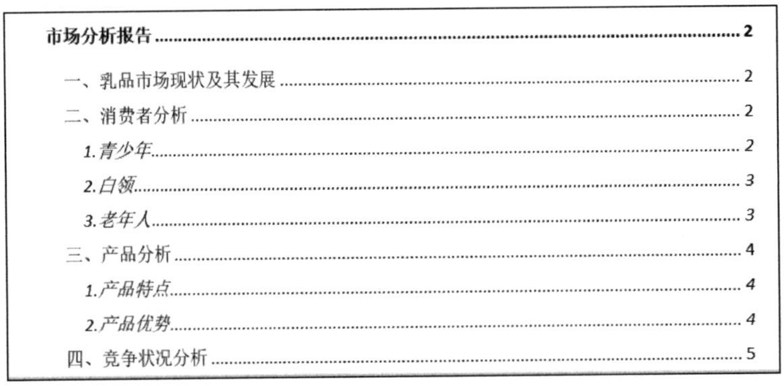

市场分析报告 **2**

一、乳品市场现状及其发展 2

二、消费者分析 2

1.青少年 *2*

2.白领 *3*

3.老年人 *3*

三、产品分析 4

1.产品特点 *4*

2.产品优势 *4*

四、竞争状况分析 5

图 3－163 创建目录

3.8 邮件合并

3.8.1 什么是邮件合并

在平常的工作中,经常要批量制作一些主要内容相同,只是部分数据有变化的文件,如成绩单、邀请函、名片等,如果一个一个制作的话,会浪费大量的时间。这时候就可以利用 Word 的邮件合并功能,它可以帮助用户快速批量地生成文件。邮件合并适用于具有如下特点的一类文档:

(1)需要批量制作。

(2)文档中一些内容是固定不变的。

(3)待填写内容是变化的,且变化的部分根据数据表内容完成填写。

在邮件合并中,有两个主要组成成员:主文档和数据源。其中,主文档是指固定不变的内容;数据源是指变化的内容。

3.8.2 邮件合并的应用领域

只要有数据源,并且数据源是一个标准的二维表格,就可以很方便地利用邮件合并功能批量制作文档。邮件合并的主要应用领域如下所示:

(1)批量制作信封、信件、贺卡。

(2)批量制作请柬(邀请函)。

(3)批量制作缴费单、工资条。

(4)批量制作个人简历、学生成绩单。

(5)批量制作准考证、毕业证、明信片等个人报表。

3.8.3 邮件合并的使用

下面以制作准考证为例介绍邮件合并的具体使用方法。

1. 创建数据源

在 Word 文档中插入一个 6 行 7 列的表格,输入如图 3－164 所示的内容,注意不要输入表标题,保存为“数据源. docx”文档。注意:文档中不能有表格之外的内容,即表标题不能出现在文档内容中。

姓名	性别	学校	班级	考号	考场	照片
张林	男	兆麟小学	三年一班	03235001	405	张林.jpg
王萌	女	兆麟小学	三年一班	03235002	405	王萌.jpg
李明	男	兆麟小学	三年一班	03235003	405	李明.jpg
刘家慧	女	兆麟小学	三年一班	03235004	405	刘家慧.jpg
张彬	男	兆麟小学	三年一班	03235005	405	张彬.jpg

图 3－164 数据源

2. 创建主文档

新建名为“主文档. docx”的 Word 文档,并设计如图 3－165 所示的准考证。

<table>
<tr><td colspan="6">兆麟小学 2020 年期末考试准考证</td></tr>
<tr><td>姓名</td><td></td><td>性别</td><td></td><td>考号</td><td></td></tr>
<tr><td>学校</td><td></td><td>班级</td><td></td><td>考场</td><td></td></tr>
<tr><td>时间</td><td colspan="2">6 月 30 日</td><td colspan="3" rowspan="5"></td></tr>
<tr><td rowspan="2">上
午</td><td>语文</td><td>英语</td></tr>
<tr><td>8:30-10:00</td><td>10:30-11:30</td></tr>
<tr><td rowspan="2">下
午</td><td>数学</td><td></td></tr>
<tr><td>1:00-2:00</td><td></td></tr>
</table>

图 3－165　准考证

3. 邮件合并操作

(1)选择文档类型。把光标定位在主文档的任意位置,单击“邮件”选项卡,如图 3－166 所示,在“开始邮件合并”组中单击“开始邮件合并”按钮,弹出文档类型下拉菜单。因为计划每页显示多条记录,所以在下拉菜单中选择“目录”菜单项。

图 3－166　“邮件”选项卡

(2)选择收件人。在“邮件”选项卡的“开始邮件合并”组中单击“选择收件人”,在弹出的下拉菜单中选择“使用现有列表”菜单项,弹出“选择数据源”对话框,在其中选择第 1 步创建的“数据源. docx”文档,如图 3－167 所示,单击“打开”按钮关闭该对话框。

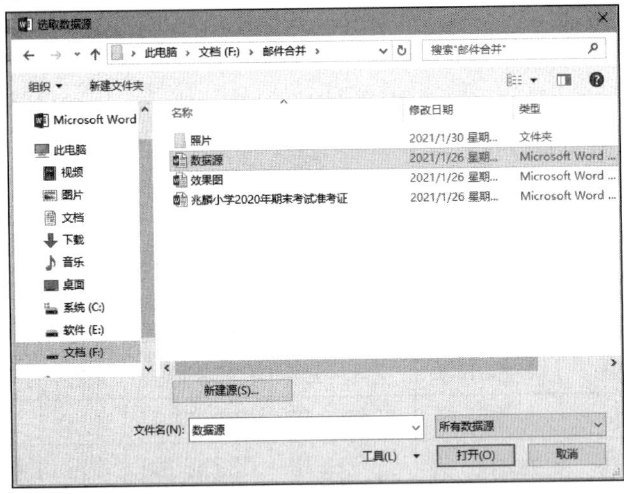

图 3－167　“选择数据源”对话框

（3）编辑收件人列表。在“邮件”选项卡的“开始邮件合并”组中单击“编辑收件人列表”按钮，弹出“邮件合并收件人”对话框，如图 3－168 所示，这里不需要修改，直接单击“确定”按钮关闭该对话框。

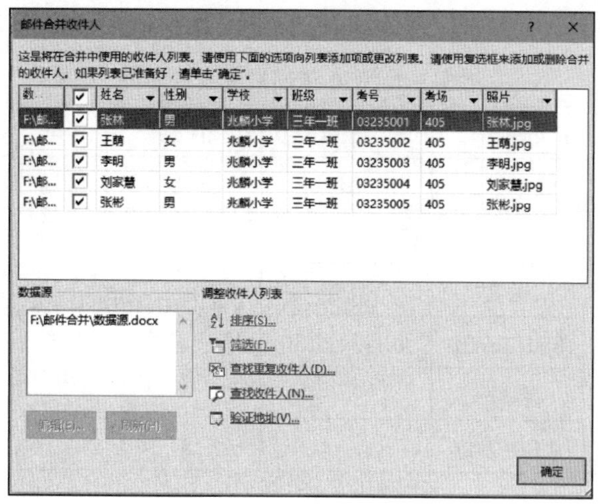

图 3－168　收件人列表

（4）插入合并域。把光标定位到主文档中“姓名”后面的空格栏，在“邮件”选项卡的“编写和插入域”组中单击“插入合并域”按钮，在弹出的下拉菜单中选择“姓名”菜单项，则之前光标定位的位置就会出现“？姓名？”字样。用同样的方法，分别插入性别、考号、学校、班级及考场信息。

（5）插入照片。光标定位在预留放置照片的位置，切换到“插入”选项卡，在“文本”组中单击“文档部件”按钮，在弹出的下拉菜单中选择“域”菜单项，打开“域”对话框，在“域名”列表中选择“IncludePicture”，在“域属性”的文件名中将照片所在的地址复制过来，如图 3－169 所示，然后单击“确定”按钮，此时文档中会显示图像占位符，并且照片框会放大，调整其大小，使之适合表格。

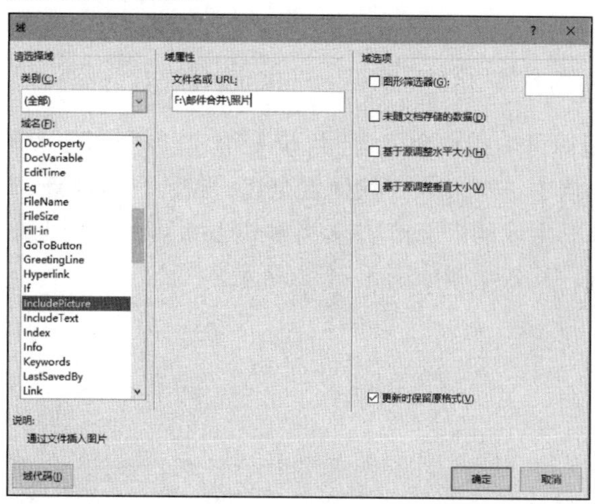

图 3－169　使用 IncludePicture 域

保持照片框的选定状态，按 Shift + F9 快捷键，可以在文档中看到切换过来的域代码，如图 3－170 所示。光标定位在域代码的“照片”后，输入“\\”，然后切换到“邮件”选项卡，在“编写和插入域”组中单击“插入合并域”按钮，在弹出的下拉菜单中选择“照片”菜单项，照片框里又会显示图像占位符，此时还看不到照片。

<table>
<tr><td colspan="6">兆麟小学 2020 年期末考试准考证</td></tr>
<tr><td>姓名</td><td>«姓名»</td><td>性别</td><td>«性别»</td><td>考号</td><td>«考号»</td></tr>
<tr><td>学校</td><td>«学校»</td><td>班级</td><td>«班级»</td><td>考场</td><td>«考场»</td></tr>
<tr><td>时间</td><td colspan="2">6 月 30 日</td><td colspan="3" rowspan="5">{ INCLUDEPICTURE "F:\\邮件合并\\照片" * MERGEFORMAT }</td></tr>
<tr><td rowspan="2">上午</td><td>语文</td><td>英语</td></tr>
<tr><td>8:30-10:00</td><td>10:30-11:30</td></tr>
<tr><td rowspan="2">下午</td><td>数学</td><td></td></tr>
<tr><td>1:00-2:00</td><td></td></tr>
</table>

图 3－170　域代码

（6）完成合并。在“邮件”选项卡的“完成”组中单击“完成并合并”按钮，在弹出的下拉菜单中选择“编辑单个文档”菜单项，在打开的“合并到新文档”对话框中选择“全部”按钮，如图 3－171 所示。

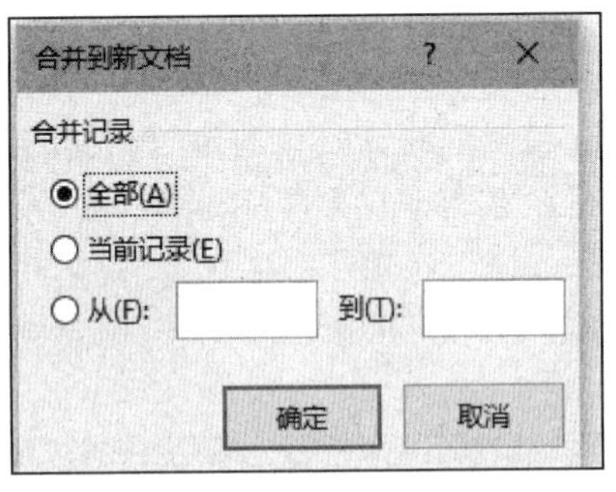

图 3－171　合并到新文档对话框

单击“确定”按钮即可生成一个名为“目录 1”的包含全部准考证的多页文档。把光标定位在这个多页文档中，按 Ctrl + A 快捷键全选，再按 F9 键刷新，每个准考证上的照片就正常显示了。如果对生成的“目录 1”文档格式不太满意，可回到主文档中调整格式，然后再重复以上过程。其效果图如图 3－172 所示。

<table>
<tr><td colspan="6">兆麟小学 2020 年期末考试准考证</td></tr>
<tr><td>姓名</td><td>张林</td><td>性别</td><td>男</td><td>考号</td><td>03235001</td></tr>
<tr><td>学校</td><td>兆麟小学</td><td>班级</td><td>三年一班</td><td>考场</td><td>405</td></tr>
<tr><td>时间</td><td colspan="2">6 月 30 日</td><td colspan="3" rowspan="5"></td></tr>
<tr><td rowspan="2">上
午</td><td>语文</td><td>英语</td></tr>
<tr><td>8:30-10:00</td><td>10:30-11:30</td></tr>
<tr><td rowspan="2">下
午</td><td>数学</td><td></td></tr>
<tr><td>1:00-2:00</td><td></td></tr>
</table>

图 3－172　邮件合并效果图

思考题

1. 简述 Word 2016 中几种视图方式的特点。
2. 简述 Word 文档“保存”和“另存为”的区别。
3. 在 Word 2016 中如何使用格式刷快速复制格式?
4. 简述 Word 制表位的作用。如何设置和取消制表位?
5. 简述为段落和字符添加边框的方法,并说明两种操作有什么区别。
6. 在 Word 2016 中如何新建样式?
7. Word 中的分页符和分节符有什么区别?

第 4 章

Excel 2016

Excel 是 Microsoft Office 办公软件中十分重要且常用的一个办公软件，具有数据处理、数据图形化，以及与来自网站、文本、Access 的数据导入功能。鉴于本软件的通用性和实用性，我们有必要学好这个软件，让办公和学习更便捷。鉴于篇幅的限制和以教学为最终目标，本章将着重介绍 Excel 2016 版本软件的基本应用。

4.1 Excel 2016 工作界面

图 4－1 是 Excel 2016 软件的工作界面截图，标明了窗口中各个部分的名称。

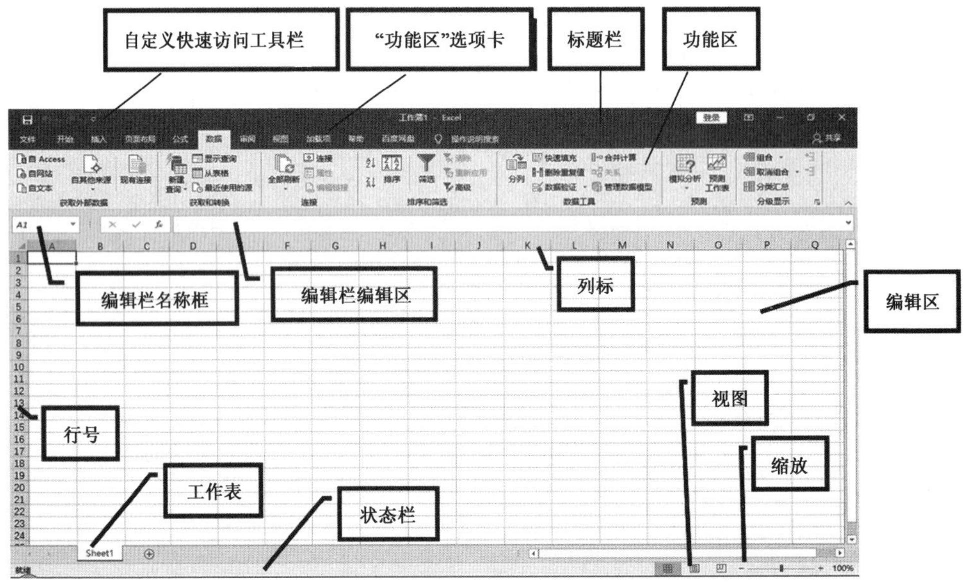

图 4－1 Excel 2016 工作界面

工作界面的功能简介如下：

标题栏：标识工作簿的名称。新建一个空白的工作簿，取好名字之后，标题栏显示该工作簿的名字。工作簿的类型为“.xlsx”文件。

自定义快速访问工具栏：该工具栏为常用的工具，有“新建”“保存”“打开”“打印”

“撤消”“恢复”等功能,这些快速工具可以自己定制。定制路径为:鼠标悬停在“自定义快速访问工具栏”上,右键菜单选择“其他命令”,弹出“Excel 选项”,选择左侧“常用命令”中的“打印预览和打印”,单击“添加”按钮,然后单击“确定”按钮,这时在自定义快速访问工具栏中可见刚刚定制的快速访问功能,如图 4－2 所示。

(a)悬停、右键

(c)操作结果　　　　(b)自定义快速访问工具栏

图 4－2　自定义快速访问工具栏

“功能区”选项卡:用于切换各个功能,显示各个功能下的具体功能。

功能区:为“功能区”选项卡的具体功能面板。

编辑栏名称框:用于显示当前编辑的单元格首地址。可以用编辑栏名称框中输入一个单元格区域范围,这样可以快速选定范围。例如输入“A1:B4”,则会将 A1 到 B4 这 8 个单元格区域选中,如图 4－3 所示。

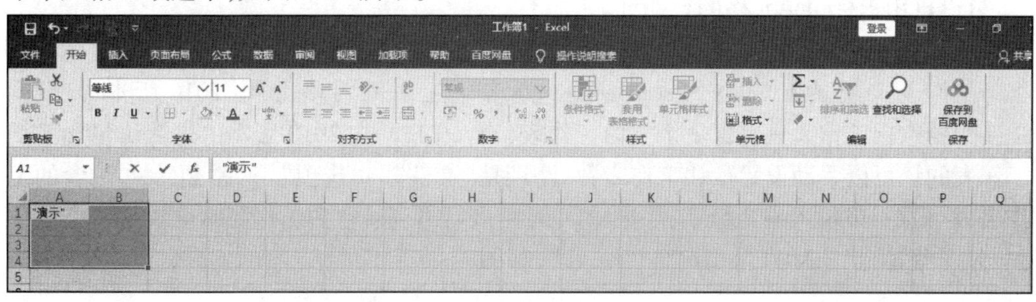

图 4－3　编辑栏名称框和编辑栏编辑区

形如“A1:B4”即“列名行号:列名行号”,第一个“列名行号”表示起始单元格,第二个

“列名行号”表示结束单元格，冒号表示从起始单元格到结束单元格的连续单元格区域。如果输入“A1，B4”即形如“列名行号，列名行号”则表示 A1 和 B4 两个单元格。

编辑栏编辑区：表示选定单元格要输入的具体内容，可以是文本、数值、公式、函数。例如这里输入“演示”。

编辑区：整个 Excel 工作表都是编辑区，编辑区看似无限大，实质是有限大的，如果在编辑区输入“Ctrl + →”会显示编辑区的右侧边界，输入“Ctrl + ↓”会显示编辑区的下边界。如想返回到初始编辑区域，那么逆操作即可，分别输入“Ctrl + ←”和“Ctrl + ↑”。如图 4 - 4 所示，可见工作表编辑区的右侧边界是“XFD”列，下边界是“1048576”行。用第 1 章的知识可知，XFD 转换成十进制数为$(XFD)_{26} = (4 \times 26^0 + 6 \times 26^1 + 24 \times 26^2)_{10} = 16\ 384$ 列。每个单元格都对应一对列名和行号地址，例如第 A 列、第 1 行交叉位置的单元格地址用 A1 表示，那么一个工作表可以编辑 16 384 × 1 048 576 个数据，看起来可以编辑的数据量很大，但在当今的大数据时代，这些数据量着实不算“大”，但对于一般工作中的数据量还是相当可观的。

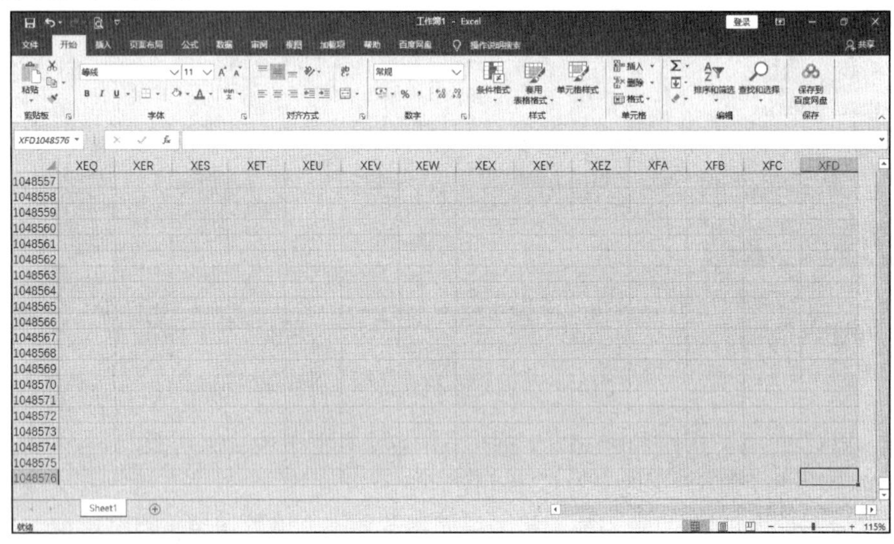

图 4 - 4　工作表的边界

行号：用于标识单元格的行地址。

列标：用于标识单元格的列地址。

工作表：新建的 Excel 工作簿（Book）包含若干工作表（Sheet），在 2016 版本中，默认是新建的空白工作簿只包含一个空白工作表（Sheet1），而在 2010 版本中是默认包含三个工作表的。可以手动设置默认工作表数，路径是“文件”→“选项”→“常规”→“包含的工作表数”，选择或输入一个数字，如果输入 3，则以后再创建空白工作簿时会包含三个工作表，分别命名为“Sheet1”“Sheet2”“Sheet3”，如图 4 - 5 所示。

图 4－5　设置默认工作表数量

状态栏：用于显示当前的工作状态，即用户在编辑区中的输入操作、粘贴操作等都会显示出来，比较方便的一个用法就是进行数据筛选时，在状态栏中会显示筛选的数量。如图 4－6 所示，筛选语文成绩介于 70 至 80 分之间。

视图：用于显示当前的视图方式，也可以快速切换视图方式。光标悬停在视图图标上，会自动显示该视图名称，例如图 4－6 中显示的视图是“普通”视图。

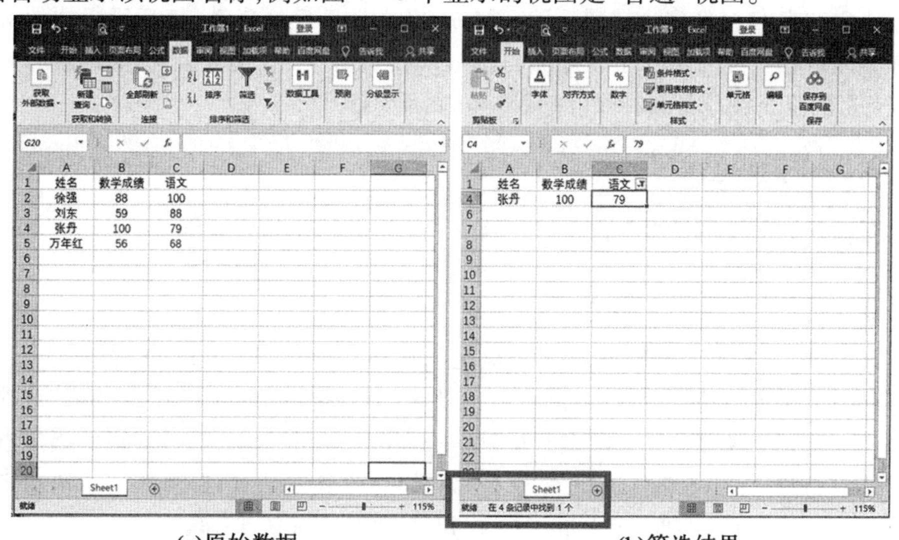

图 4－6　状态栏显示筛选结果数量

缩放：编辑时用于缩放窗口，以使编辑对象清晰可辨，这里的缩放和编辑区中编辑对象的实际大小无关。调整滑动条向右侧表示放大，向左侧表示缩小，同时会在右侧显示

当前的缩放比例,如果单击缩放比例数字,可以精确地设置比例,例如图 4-6 中显示缩放比例是“115%”。

4.2 Excel 2016 基本操作

本节将从文件的新建、保存、关闭和打开,介绍 Excel 2016 的基本操作。

4.2.1 新建工作簿

1. 新建工作簿

方法 1:双击 Excel 2016 快捷方式,将会启动软件,并且会自动创建一个空白的工作簿,默认命名为“工作簿 1 - Excel”,Excel 2016 的文件类型后缀为“.xlsx”。

方法 2:“开始”→“所有程序”→“Excel”,单击 Excel,也会自动启动软件并创建一个空白工作簿。

方法 3:在已经启动的工作簿中单击“文件”→“新建”→“空白工作簿”,会重新创建一个新的工作簿,默认命名为“工作簿 2 - Excel”,并将当前工作窗口切换为工作簿 2。

方法 4:在已经启动的工作簿中直接按住键盘上的 Ctrl + N 快捷键,则可以创建一个新的工作簿,默认命名为“工作簿 3 - Excel”,并将当前工作窗口切换为工作簿 3。

2. 打开工作簿

打开已有的工作簿有两种方法:

方法 1:在软件未启动情况下,当 Excel 2016 软件未启动时,双击目标工作簿,即可直接打开该文件。

方法 2:在软件已经启动情况下,当 Excel 2016 软件已经启动,打开目标文件可以通过鼠标拖拽目标文件的图标至软件编辑窗口即可打开;或者在软件窗口单击“文件”→“打开”→“浏览”,浏览到目标文件的存储位置即可打开。

4.2.2 保存工作簿

保存工作簿的作用是将工作簿保存到本地磁盘。这里需要区别一下“保存”和“另存为”。

1. 保存

方法 1:在软件窗口单击“保存”→“浏览”,选择一个保存的位置,然后单击“保存”即可,如图 4-7 所示。这里单击了“浏览”,为什么“这台电脑”被选中呢,这是因为“浏览”即将文件保存到本地磁盘中,而“这台电脑”中列出了 Excel 2016 软件记录的当前电脑使用本软件时,曾经保存过文件的路径,这些路径以文件夹的形式列出来,便于快速定位到保存的目标位置,而不是通过浏览的方式找到目标位置,如图 4-8 所示。

为文件选择好保存的路径之后,可以在图 4-7 中的“文件名”处给工作簿重命名。如果当前工作簿数据比较重要,可以单击图中的“工具”→“常规选项”,弹出常规选项“对话框”,如图 4-9 所示,输入文件的操作密码即可,这样只有拥有密码者才能查看或修改当前工作簿。

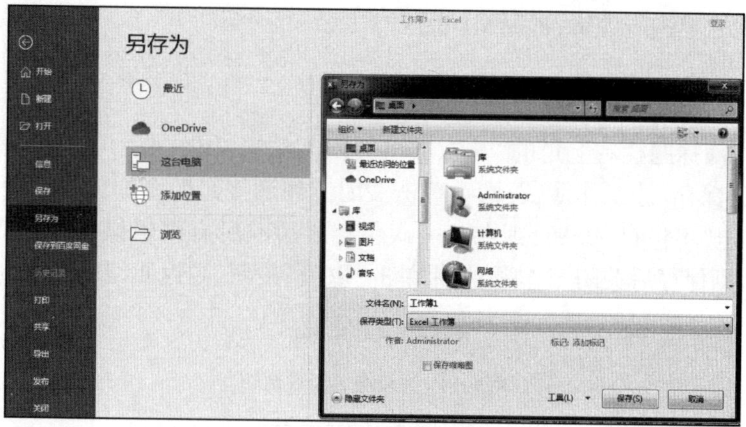

图 4－7　保存文件到本地

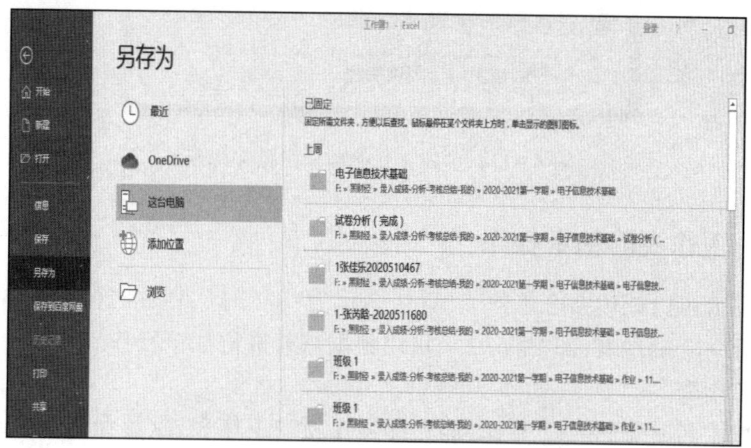

图 4－8　“这台电脑”目录下的路径

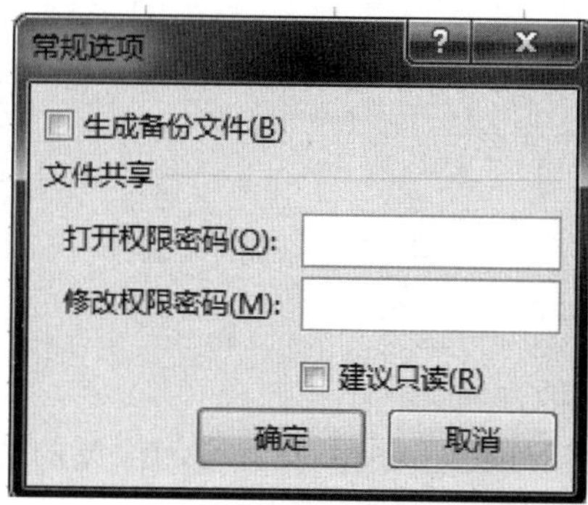

图 4－9　“常规选项”对话框

方法 2：直接按 Ctrl＋S 快捷键，自动弹出如图 4－8 所示界面，然后再参考方法 1 进行保存。

2. 另存为

与一般“保存”不同的是，“另存为”首先将保存原工作簿后关闭该工作簿，默认在另

存为的工作簿之上进行编辑,即原文档的复本。

4.2.3 关闭工作簿

单击工作簿标题栏右上角的“×”,即可关闭工作簿,如图4-10所示。在关闭工作簿之前,应该“保存”原工作簿,否则在单击关闭工作簿按钮后会弹出如图4-11所示对话框,如果单击“不保存”按钮,则在上一次保存之后的所有编辑操作都无效,如果单击“保存”按钮,则保存后关闭工作簿,如果单击“取消”按钮,则返回编辑状态。

图4-10 关闭工作簿按钮

图4-11 关闭工作簿前弹出保存提示

4.2.4 工作表的基本操作

一个工作簿可以创建多个工作表,默认名称为“Sheet1”,Excel 2016软件默认创建的工作簿只含有一个工作表,即“Sheet1”,可以根据需要进行如下操作。

1. 创建工作表

单击工作表名右侧的“+”号,即能立即创建新的工作表,默认命名为“Sheet2”,再次创建工作表默认命名为“Sheet3”,以此类推。鼠标悬停在“+”上会弹出提示“新工作表”,如图4-12所示。

图4-12 新建工作表

2. 重命名工作表

重命名工作表有以下几种方法:

方法1:快速双击表名字“Sheet1”,使其背景变为涂黑的选中状态,即可键入新表名,表名支持英文、数字和中文,如图4-13所示。

方法2:鼠标左键单击工作表名“Sheet1”,然后单击鼠标右键,选择“重命名”,键入新表名,如图4-14所示。

方法3:菜单法。要更名的工作表“Sheet1”处于活动状态下,按照设置路径设置:“开始”→“单元格”→“格式”→“重命名工作表”,如图4-15所示。

图 4 - 13　重命名工作表方法 1

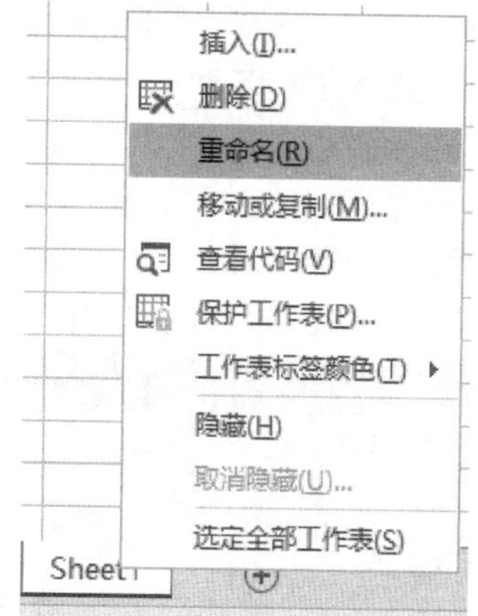

图 4 - 14　重命名工作表方法 2

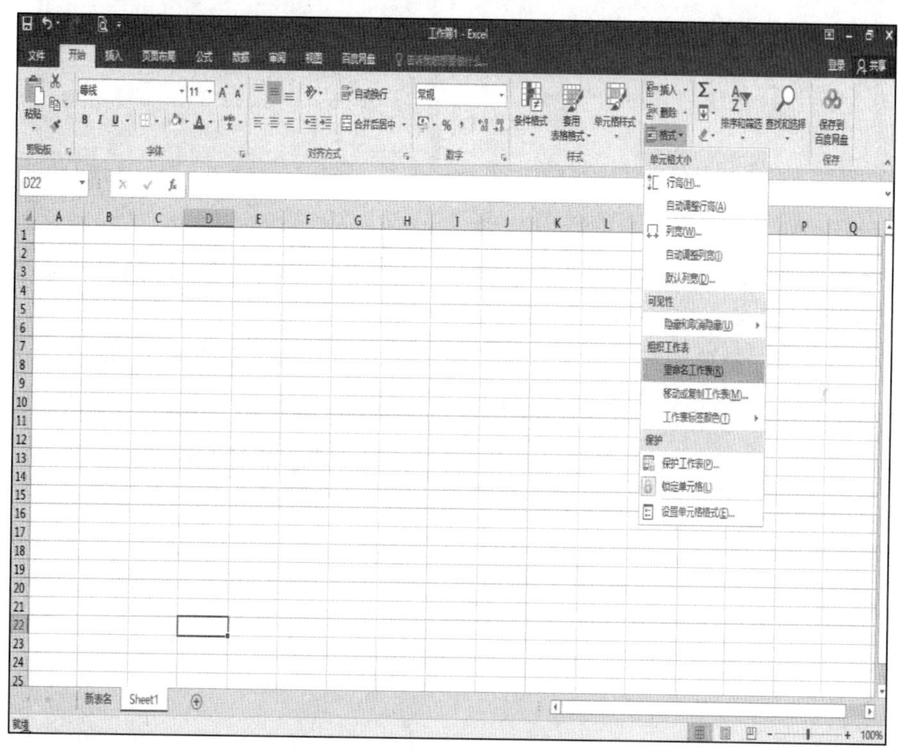

图 4 - 15　重命名工作表方法 3

无论使用哪种方法重命名工作表,都不能重名。

为了突出显示工作表,可以为工作表标签添加颜色。设置方法是:鼠标左键选择表名字,单击鼠标右键,选择“工作表标签颜色”,再选择一种颜色即可。

3. 复制或移动工作表

复制工作表不仅能复制表中的数据内容,还包括表格中的样式和格式。方法如下:

方法 1:菜单法。

操作路径为:“开始”→“单元格”→“格式”→“移动或复制工作表”,弹出如图 4－16 所示对话框,选择好要移动的位置,“工作簿”选择要移动的目标工作簿名,“下列选定工作表之前”选择要移动到目标工作簿中的哪个工作表之前,或“移至最后”,如果是复制工作表,则要勾选“建立复本”复选框,如果仅是移动工作表则不需要勾选“建立复本”复选框。最后单击“确定”按钮关闭对话框,同时执行移动/复制操作。例如,这里选择“移至最后”,勾选“建立复本”,可见在当前工作簿中已经复制一个表,名字为“表 1(2)”。

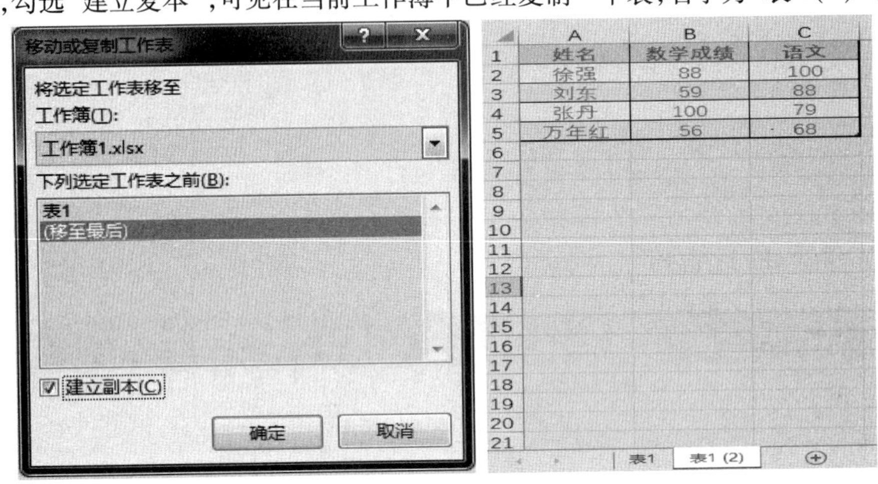

图 4－16　移动或复制工作表

方法 2:鼠标右键单击工作表标签,弹出快捷菜单,选择“移动或复制”弹出和图 4－16 一样的对话框,接下来的操作和方法 1 相同。

方法 3:鼠标左键单击工作表标签不放,同时按住 Ctrl 键,拖动鼠标到箭头所示的目标位置,同时释放鼠标和 Ctrl 键,实现表的复制,如图 4－17 所示。

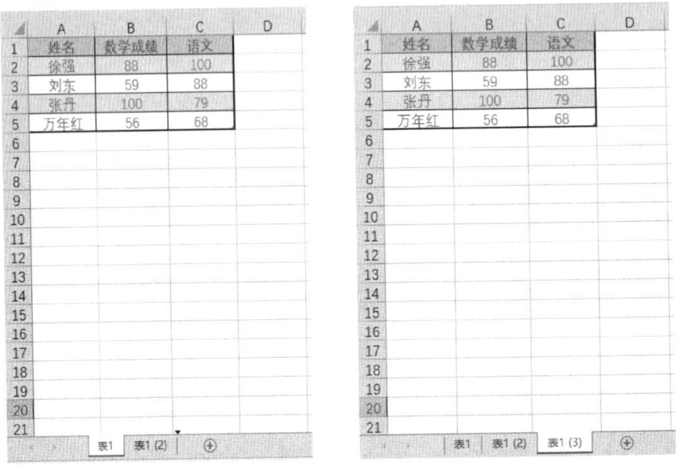

(a)按住Ctrl键同时拖动到箭头指向位置　　(b)操作复制结果

图 4－17　鼠标拖动复制工作表

如果在操作时没有同时按住 Ctrl 键,那么仅实现工作表的移动。

4. 删除工作表

删除工作表仅删除活动工作簿中的工作表,即 Sheet。方法如下:

方法 1:单击要删除的工作表,使其处于活动状态,操作路径为:“开始”→“单元格”→“删除”→“删除工作表”,弹出如图 4－18 所示对话框,单击“删除”按钮,即可实现当前工作表的删除。

图 4－18 删除工作表

方法 2:单击要删除的工作表标签,单击鼠标右键,单击“删除”按钮,弹出如图 4－18 所示对话框,单击“删除”按钮,即可实现当前工作表的删除。

5. 选取工作表

选取一个工作表:鼠标单击工作表标签即可。

选取多个不相邻工作表:按住 Ctrl 键,同时鼠标依次左键单击要选中的目标工作表标签,即可实现多工作表的选择。

选取多个相邻的工作表:按住 Shift 键,同时鼠标左键单击第一个工作表标签,再单击最后一个工作表标签,即可实现从第一个到最后一个连续工作表的选取。

6. 冻结工作表

当表格中的数据量非常大时,需要滚动鼠标滚轮实现屏幕滚动以查阅数据,为了能清晰知道每个单元格所对应的行、列标签名称,可以冻结行、列标签。

冻结工作表设置路径为:“视图”→“窗口”→“冻结窗格”,有三种冻结方式,如图 4－19 所示。

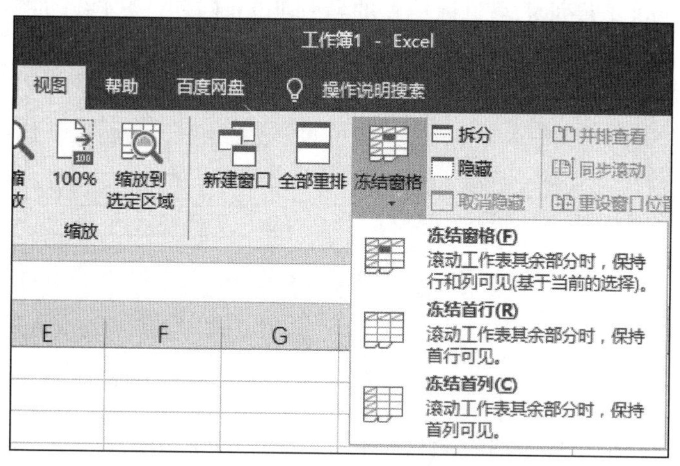

图 4－19 冻结窗格

冻结首行:让当前活动表格的第一行定住不动,这样向下滚动屏幕时,可以看到每个

单元格对应的列标签。当冻结首行时,可见标号 1 的第一行单元格有一条实线,如图 4－20所示。

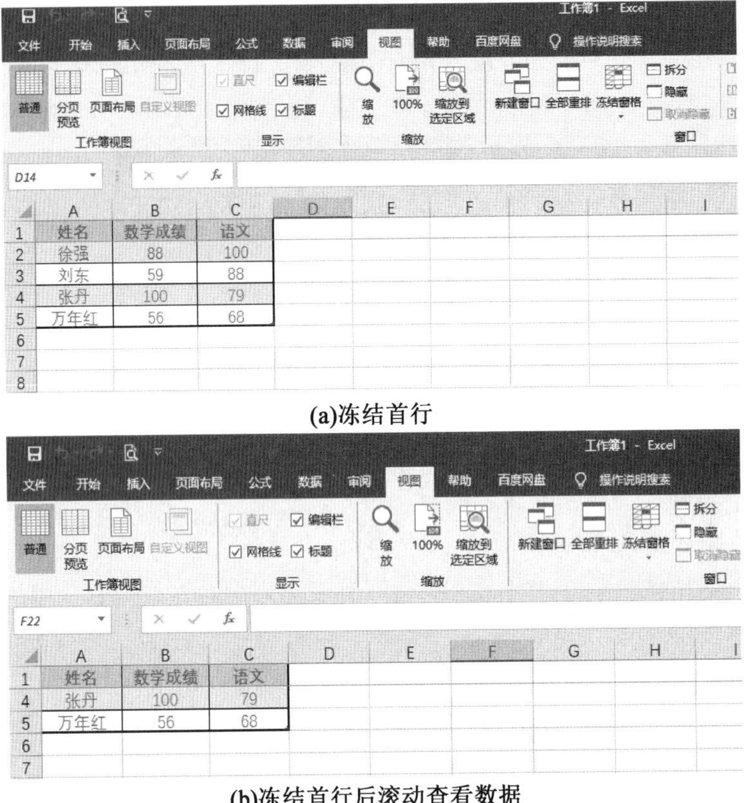

(a)冻结首行

(b)冻结首行后滚动查看数据

图 4－20　冻结首行

冻结首列:让当前活动表格的第一列定住不动,这样向右滚动屏幕时可以看到每个单元格对应的行标签。当冻结首列时,可见标号 A 的第一列单元格有一条实线,如图4－21所示。

	A	B	C	D
1	姓名	数学成绩	语文	
2	徐强	88	100	
3	刘东	59	88	
4	张丹	100	79	
5	万年红	56	68	
6				
7				
8				

(a)冻结首列

	A	C	D
1	姓名	语文	
2	徐强	100	
3	刘东	88	
4	张丹	79	
5	万年红	68	
6			
7			

(b)冻结首列后向右滚动查看数据

图 4－21　冻结首列

冻结窗格:令当前工作表的若干行或若干列同时定住不动,这样无论向下滚屏或者向右滚屏,都能看到单元格对应的行、列标签。例如,鼠标左键单击单元格 E2,设置路径为:“视图”→“窗口”→“冻结窗格”→“冻结拆分窗格”,这样以 E2 单元格为交叉的第 1

行和第 A 至 D 列均被冻结，如图 4－22 所示。如果工作表的数据量很大，可以清楚查阅每个人的各科成绩和其个人信息。

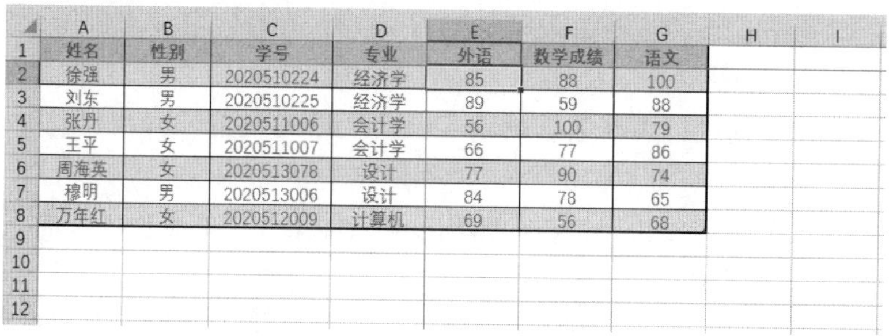

	A	B	C	D	E	F	G	H	I
1	姓名	性别	学号	专业	外语	数学成绩	语文		
2	徐强	男	2020510224	经济学	85	88	100		
3	刘东	男	2020510225	经济学	89	59	88		
4	张丹	女	2020511006	会计学	56	100	79		
5	王平	女	2020511007	会计学	66	77	86		
6	周海英	女	2020513078	设计	77	90	74		
7	穆明	男	2020513006	设计	84	78	65		
8	万年红	女	2020512009	计算机	69	56	68		
9									
10									
11									
12									

图 4－22　冻结窗格

取消冻结窗口设置路径是："视图"→"窗口"→"冻结窗口"→"取消冻结窗格"。

7. 拆分工作表窗口

当工作表数据量巨大(一个或几个屏幕窗口显示不下)，同时，数据的编辑或查看需要整体兼顾表格中若干相距较远的部分时，可以通过拆分工作窗口实现，将一个工作表窗口拆分成若干个窗口，通过调整每个窗口的可视范围，实现同时查阅表格的不同部分。注意，这里的拆分只是拆分了窗口，窗口显示表格的不同部分，但是窗口操作的表格仍旧是同一个表格。

设置路径："视图"→"窗口"→"拆分"。

如图 4－23 所示，鼠标左键单击 F11 单元格，单击"拆分"功能，这样在 F11 单元格为基准拆分成了四个窗口，要调整每个窗口的具体显示内容，可以通过调整每个窗口的滑动条实现。如果要重新分割窗口，鼠标移动到窗格的交叉点处，出现移动图标"✥"后，按住鼠标左键并拖动鼠标到合适的位置即可。

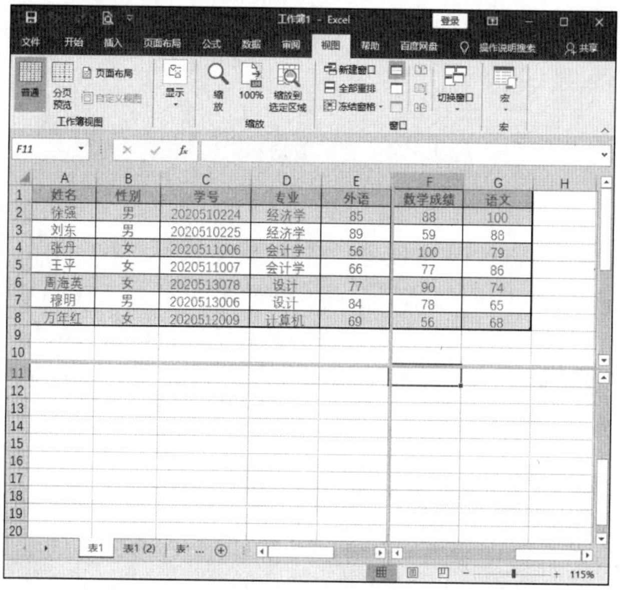

图 4－23　拆分窗口

取消窗口拆分,只要再次按照设置路径点一下拆分即可,即“视图”→“窗口”→“拆分”。

4.3 Excel 2016 表格的编辑

本节主要介绍如何进行表格数据的录入、编辑、格式设置、结构编辑、保护工作表等基本操作。

在输入数据之前,需要选定输入数据的单元格,即单元格的定位。

1. 直接定位

通过鼠标左键单击目标单元格实现定位,或者搭配使用键盘的方向键(→、←、↑、↓)实现单元格的定位。

2. 菜单定位

设置路径:“开始”→“编辑”→“查找和选择”→“定位条件”或“转到”,实现定位。

3. 名称框定位

在表格的名称框输入要定位的单元格地址或者单元格区域即可。如果输入 A2 后按 Enter 键,则定位 A2 单元格,如果输入 A2:B8 后按 Enter 键,则定位从 A2 到 B8 的连续区域。

4.3.1 输入数据

在一个单元格中可以输入数值型数据和文本型数据。文本型数据默认是单元格左侧对齐,而数值型数据默认是单元格右侧对齐。如图 4-24 所示,区分文本和数值的意义首先是 Excel 只能对数值型数据进行加、减、乘、除等计算。

	A	B	C
1	文本型数据	数值型数据	
2	123	123	
3			

图 4-24 文本数据和数值数据

而有的文本型数据有明显的“标志”,如图 4-25(a)所示,文本类型数据单元格左上角会有一个绿色的“三角”标志,当选中该单元格时,鼠标悬停在右侧的“!”号上,会弹出提示“此单元格中的数字为文本格式,或者其前面有撇号”;如图 4-25(b)所示,如果单击“!”号旁的“下三角”下拉箭头,提示“以文本形式存储的数字”,也可以选择“转换为数字”,将文本型数据转换为数值型数据,如图 4-25(c)所示。为什么要区分文本型数据和数值型数据?身份证号和手机号就是文本型数据,用其进行数学计算是没有实际意义的。

具体地,手动输入的数据分为以下几种:

1. 文本

文本包括汉字、英文字母、数字、空格以及符号,文本最显著的特征就是在单元格中是“左对齐”的。数字以文本形式输入的原因是,有些数字比如“身份证”“电话号码”“邮政编号”“学号”等是没有计算意义的,为了和普通数值型数据加以区别,可以在输入数字之前，先输入英文半角的单引号（'），这样就能让数字以文本类型显示，单元格的左上角有一个绿色的三角形，如图 4－26 所示的 C2 单元格即为文本。

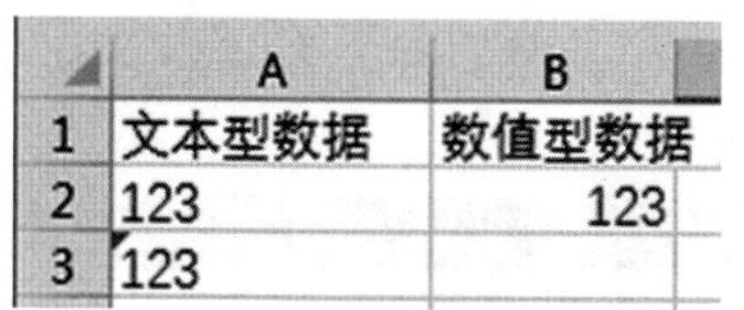

	A	B
1	文本型数据	数值型数据
2	123	123
3	123	

（a）文本数据

	A	B	C	D
1	文本型数据	数值型数据		
2	123	123		
3	123			

以文本形式存储的数字
转换为数字(C)
关于此错误的帮助(H)
忽略错误(I)
在编辑栏中编辑(F)
错误检查选项(O)...

（c）下拉箭头隐藏的菜单

	A	B	C	D	E
1	文本型数据	数值型数据			
2	123	123			
3	123				
4					
5					

此单元格中的数字为文本格式，或者其前面有撇号。

（b）悬停提示

图 4－25　区分文本数据和数值数据

C3　'2020510225

	A	B	C	D	E	F	G
1	姓名	性别	学号	专业	外语	数学成绩	语文
2	徐强	男	2020510224	经济学	85	88	100
3	刘东	男	'2020510225	经济学	89	59	88
4	张丹	女	2020511006	会计学	56	100	79
5	王平	女	2020511007	会计学	66	77	86
6	周海英	女	2020513078	设计	77	90	74
7	穆明	男	2020513006	设计	84	78	65
8	万年红	女	2020512009	计算机	69	56	68

图 4－26　数值文本输入方法

当输入文本字符长度超出单元格列宽时，单元格中会出现“#”号，只要将列宽拖拽变宽即可正确显示内容，如果一个单元格中输入多行时，可以使用 Alt＋Enter 快捷键换行。

2. 数值

数值型数据包括数字 0～9、＋、－、科学计数法 E 或 e、¥、$、%、小数点和千位分隔符（,）等，数值型数据在单元格中右侧对齐，如果数据位数超长，会以科学计数法显示，例如 1 230 000 000 000 数据显示为 1.23E＋12。实际保留 15 位有效数字，如果小数输入超过设定位数，将以四舍五入后的数值显示，若对小数位数没有设定，同样保留 15 位有效数字。

3. 分数

由于在 Excel 中分数的分数线也用“/”表示，因此为了和日期区分，输入分数时要按照“整数部分”和“分数部分”进行输入，整数部分输入后，需要空一格再输入分数部分，例如：想输入分数$\frac{1}{2}$，实际输入“0 1/2”，想输入$-1\frac{2}{5}$实际输入“ -1 2/5”。当然，如果输入的是批量的分数，那么可以先将要输入的单元格区域选中，单击鼠标右键，选择“设置单元格格式”，再选择“分数”，选择分数类型，这样输入分数时就可以忽略整数部分和整数部分与分数部分间的空格，而直接输入分数了。

4. 日期及时间

自动识别日期格式为“yy/mm/dd”或“yy - mm - dd”，时间格式为“hh - mm”或“am/pm”，具体的显示格式由单元格格式设置给出，如图 4 -27 所示。

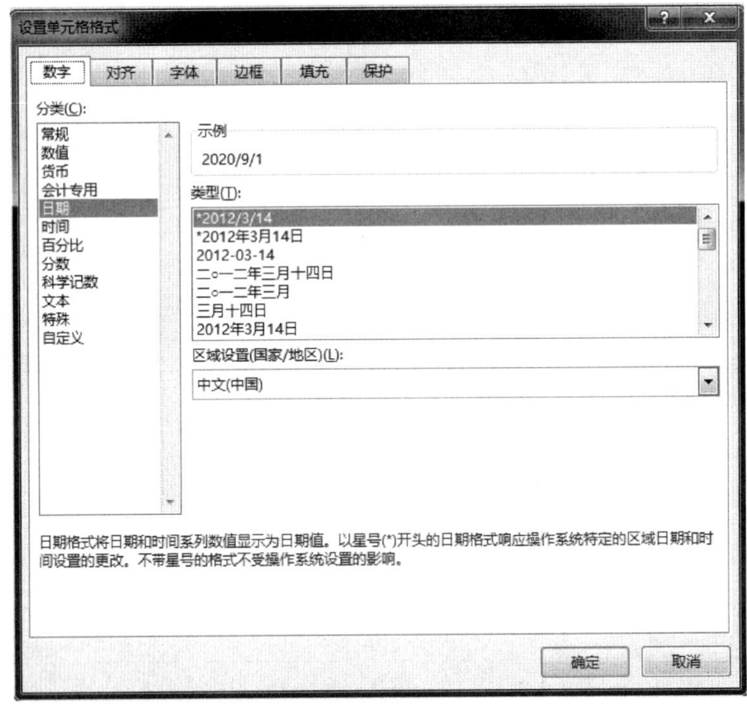

图 4 -27　日期格式

5. 逻辑值

逻辑值只有两种，即 TRUE 和 FALSE，不用区分大小写，输入后自动变成全大写，输入后逻辑值自动单元格居中显示。逻辑值可用于函数中的条件判断。

以上介绍了手动输入数据的方法，当输入数据量较大或数据具有一定的变化规律时，可以利用 Excel 中的序列填充或填充柄自动输入批量数据。

(1)使用“填充柄”填充数据。

例如，要输入一个等差数列：1，3，5，7，…，19，那么只需要输入等差数列的前两项，即“1，3”，然后选中这两个数据，在选中区域的右下角有一个实心的“点”，光标悬停在点上，会出现一个“ + ”号，然后鼠标左键点中“ + ”号不松开，同时沿着一个方向(上、下、左、右，取决于你要填充数据的区域)拖拽，直至出现最后一个要填充的数据 19 为止，松开鼠标，可见等差数列已经填充完毕，如图 4 -28 所示。

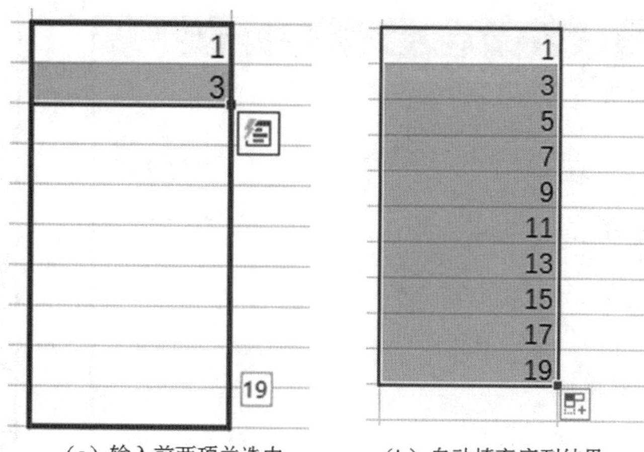

（a）输入前两项并选中　　（b）自动填充序列结果

图4－28　填充柄填充数据

(2)使用“自定义序列”填充数据。

Excel提供了一些自定义序列,自定义序列填充数据的步骤如下:

设置自定义序列。设置路径:“文件”→“选项”→“高级”→“常规”→“编辑自定义列表”,打开如图4－29所示对话框。

在“输入序列”窗格中输入要添加的序列内容(输入一行内容后按Enter键换行继续输入),输入完毕单击“添加”→“确定”,这样可以按照使用“填充柄”填充数据的方法,使用该自定义序列了。

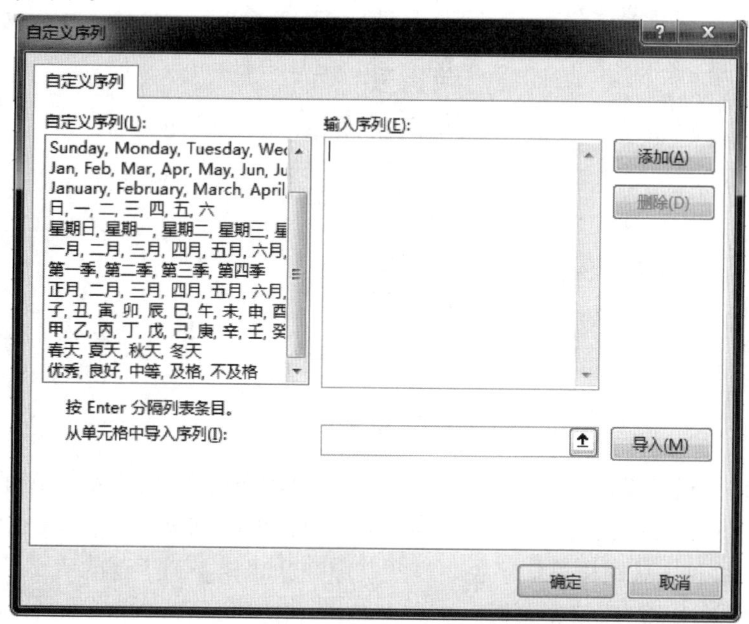

(a)自定义序列中已有序列

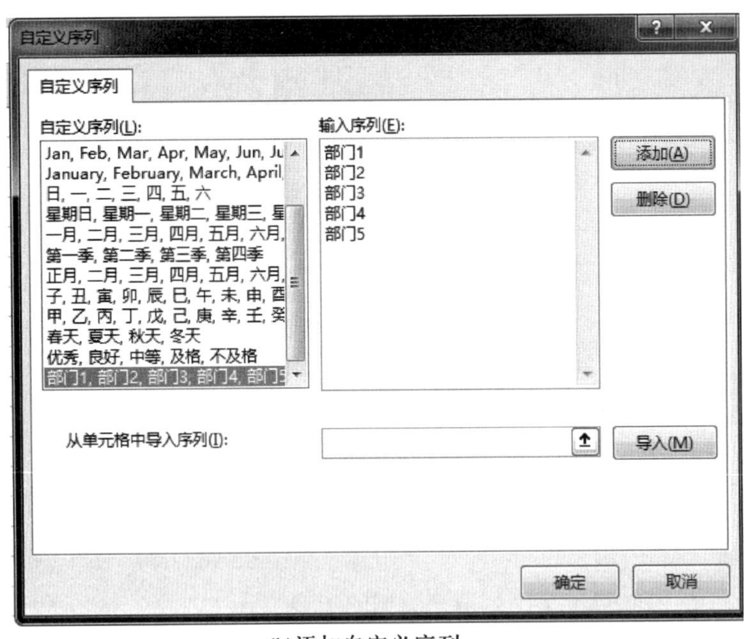

(b)添加自定义序列

部门1
部门2
部门3
部门4
部门5
部门1
部门2
部门3
部门4
部门5
部门1
部门2
部门3

(c)使用自定义序列

图 4－29　自定义序列填充数据

在图 4－29(b)中，添加自定义序列除了手动“输入序列”以外，也可以从单元格中导入序列，比如，在编辑区 G11:B18 输入如下序列，如图 4－30 所示。

财务部
销售部
人力资源部
宣传部
外联部
技术部
开发部
售后维修部

图 4－30　编辑序列内容

按照上述方式设置到图 4－29(a)时，单击“从单元格中导入序列”右侧的⬆符号，输入“ $G$11:$G$18”，或者在编辑区中选择“G11:B18”即可，单击“导入”，然后单击“确定”按钮，这种方式同样添加了一个自定义序列，如图 4－31 所示。

(3)使用“序列填充”填充数据。

假如要填充从 2021 年 1 月 14 日到 2021 年 2 月 14 之间的一系列工作日日期，那么首先在 A1 单元格输入起始日期“2021/01/14”，选中 A1:A31 单元格区域(工作日为周一到周五，显然一个月的工作日不能为 31 天，但为了填充的序列能全部显示出来，填充区域尽量要选大一些)作为序列填充区域,然后接下来的设置路径为:“开始”→“编辑”→“序列”,打开如图 4－32(a)所示对话框进行设置,单击“确定”按钮,会得到图 4－32 所示(b)的填充结果,自动剔除双休日日期。

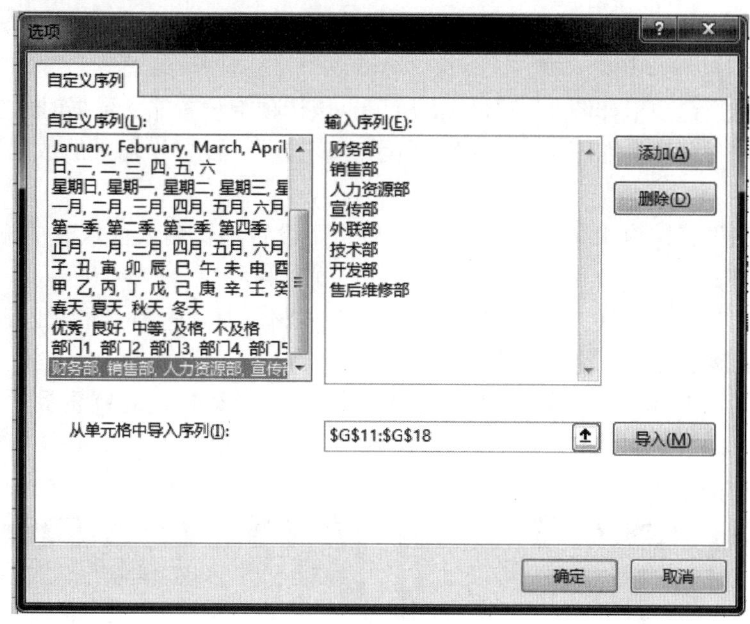

图 4－31　导入自定义序列

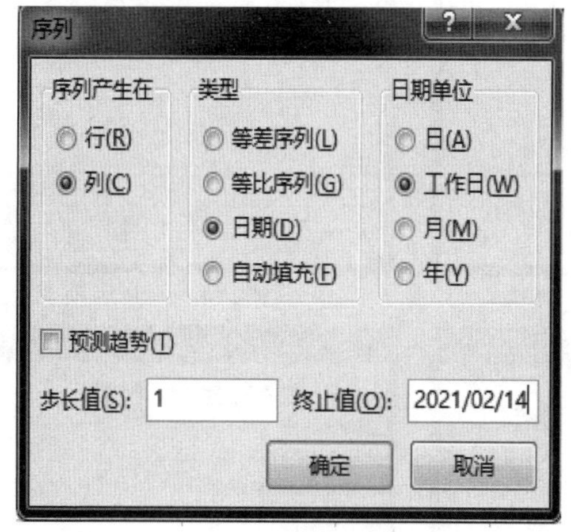

(a)设置序列

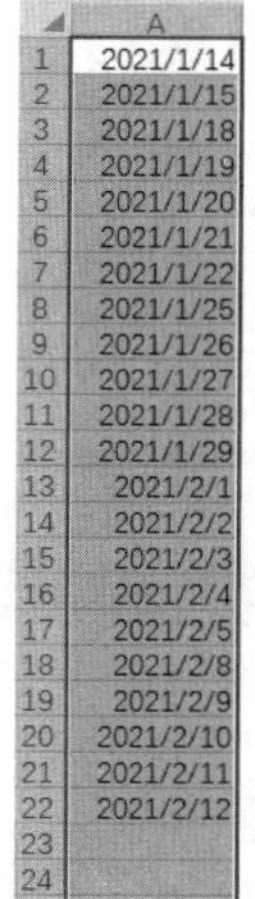

(b)序列填充结果

图 4－32　序列填充

其他的序列填充方式,请读者自己尝试设置。

为了避免数据输入出错,可以预先将输入数据的区域设置为“数据有效性”,如何理解数据有效性呢?例如,如果成绩是百分制,那么最高分为 100 分,最低分为 0 分,有效成绩只能在区间[0,100]之间,除此之外的数据都是无效数据,盲输入时为了避免输入无效成绩这样的错误,可以预先对要输入成绩的单元格区域设置数据有效性,具体的设置步

骤和设置对话框如图 4 - 33 所示。

第一步:选中待编辑单元格区域,例如“F2:H8”。

第二步:设置数据的有效性,设置路径是:“数据”→“数据工具”→“数据验证”→“数据验证”,如图 4 - 33(a)图所示。允许值选择“小数”,这样既可以输入整数也可以输入小数。

“输入信息”选项卡如图 4 - 33(b)图所示。该选项卡设置输入数据时的提示信息。

“出错警告”选项卡如图 4 - 33(c)图所示。该选项卡设置当输入的数据超限时弹出的提示信息。

“输入法模式”选项卡如图 4 - 33(d)图所示。设置编辑输入区域时的输入法,默认为“随意”模式。

以上第二步的设置中,“设置”选项卡为必有的操作,其他选项卡最好也设置,这样编辑数据时才能知道哪里出错导致数据无法输入。

图 4 - 33(e)显示了输入数据前的“输入信息”提示,图 4 - 33(f)显示了当输入错误的分数时,例如在 F2 单元格输入了“ - 1”时弹出的“出错警告”,如果单击“取消”则回到 F2 单元格之前的数据“85”,如果单击“重试”,则重新在 F2 单元格输入数据。

(a)设置选项卡

(b)输入信息选项卡

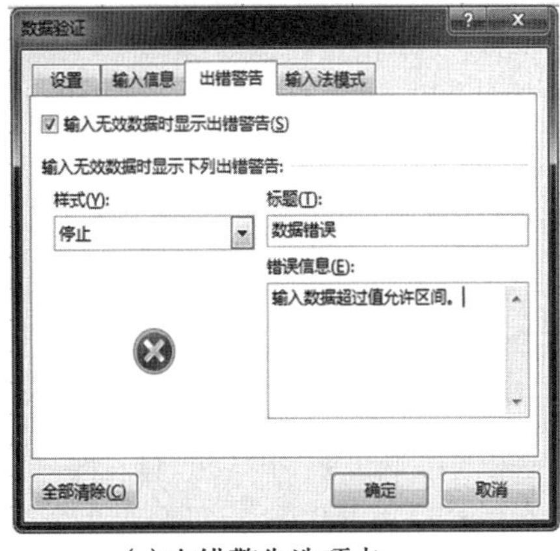

(c)出错警告选项卡

(d)输入法模式选项卡

	A	B	C	D	E	F	G	H
1	姓名	入学时间	性别	学号	专业	外语	数学成绩	语文
2	徐强	2020/9/1	男	2020510224	经济学	85	88	100
3	刘东	2020/9/1	男	2020510225	经济学	8	9	88
4	张丹	2020/9/1	女	2020511006	会计学	5	0	79
5	王平	2020/9/1	女	2020511007	会计学	6	7	86
6	周海英	2020/9/1	女	2020513078	设计	7	0	74
7	穆明	2020/9/1	男	2020513006	设计	84	78	65
8	万年红	2020/9/1	女	2020512009	计算机	69	56	68

数据有效性
输入介于0到100之间的整数或浮点数。

(e)输入数据时的提示框

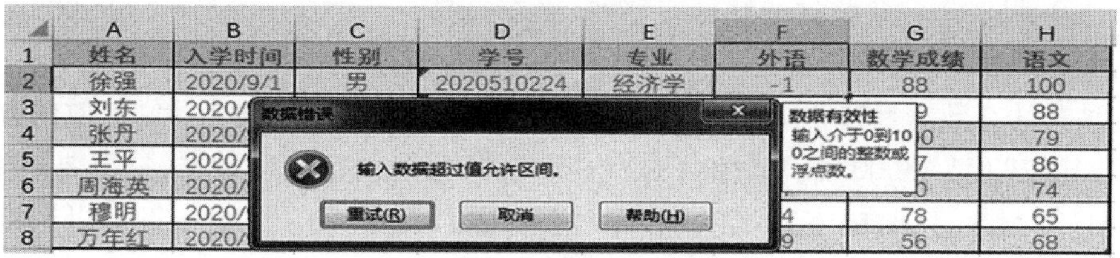

(f)输入无效数据的提示框

图 4－33　数据有效性

如果要删除数据有效性,那么只需要按照设置路径:“数据”→“数据工具”→“数据验证”→“数据验证”,启动如图 4－33(a)所示的对话框,单击左下角的“全部清除”,则清除表中的数据有效性规则。

4.3.2　单元格和区域的选择

1. 选择一个单元格

方法 1:单击该单元格即可选定。

方法 2:在“名称框”中输入该单元格的地址,即列名行号按 Enter 键即可定位该单元格。

2. 选定一个连续的单元格区域

方法 1:鼠标左键选定该区域的第一个单元格,然后按住鼠标左键不放,同时拖拽鼠标到最后一个单元格位置,松开鼠标左键,即可选定单元格区域。

方法 2:在“名称框”中输入连续单元格区域的开始地址和结束地址,按 Enter 键即可选定该连续区域,例如输入“A2:B8”,按 Enter 键,即选定了这个 7 行 2 列的区域。

3. 选择连续的单元格区域

选择连续的单元格区域需要用到 Shift 键。

方法:鼠标左键选中连续单元格区域的开始位置后,按住 Shift 键不松开,接着按鼠标左键选中结束位置,松开 Shift 键,即可选中连续区域。

例如:要选中“A2:B8”这个 7 行 2 列的区域,首先鼠标左键点 A2 单元格,按住 Shift 键不松开,鼠标左键单击 B8 单元格,然后松开 Shift 键即可。

4. 选择不连续的单元格或单元格区域

选择不连续的单元格或单元格区域需要用到 Ctrl 键。

方法:鼠标左键选定第一个单元格后,按住 Ctrl 键不松开,接着鼠标左键依次选定若干目标单元格,选定完毕后松开 Ctrl 键即可。

例如:要选定“A2”和“C2”“A4”和“C4”四个单元格,先鼠标左键单击“A2”,按住 Ctrl 键不松开,依次选定“C2”“A4”“C4”,最后松开 Ctrl 键即可。

5. 选定整行或整列

方法 1:选定整行和整列包含无数据的区域。

鼠标左键单击行标号或列标号,即选择了一整行或一整列。如果搭配 Ctrl 键或 Shift 键即可选定不连续的行/列或连续的行/列。

方法 2:仅选定包含数据的整行或整列

需要用到“Ctrl + Shift” + “↑/↓/←/→”快捷键。

这种方法在数据量非常大的表中,同时要搭配函数公式使用时是非常有效的方法。

例如:在“A1:A3000”的单元格区域中含有内容,要选定这些数据,只需要鼠标左键选中“A1”单元格,同时按住 Ctrl 键和 Shift 键后,再按键盘上的“”箭头键即可选定“A1:A3000”的单元格区域中的内容。

6. 选定整个工作表

方法 1:在编辑区域按快捷键 Ctrl + A 键即可选定整个工作表。

方法 2:单击工作表行标号和列标号的交叉点“◢”即可选定整个工作表。

4.3.3　设置单元格格式

设置单元格格式是必须掌握的内容,几乎大部分的表格设置都可以在设置单元格格式中找到。

启动方法有以下几种:

方法 1:在编辑区选定需要设置单元格格式的区域,单击鼠标右键弹出“设置单元格格式”对话框,如图 4-34 所示。

方法 2:在编辑区选定需要设置单元格格式的区域→“开始”→“单元格”→“设置单元格格式”,启动同样的“设置单元格格式”对话框。

“设置单元格格式”对话框包含数字、对齐、字体、边框、填充及保护选项卡。每个选项卡的功能如名字一样,可以对编辑区选定的单元格区域进行相应的设置。

图 4-34　“设置单元格格式”对话框

“数字”选项卡中可以设置单元格中数据的类型，可选类型包括常规、数值、货币、会计专用、日期、时间、百分比、分数、科学记数、文本、特殊及自定义，默认为“常规”类型，可以根据实际的需要选择相应的数据类型，一旦设定为一种数据类型，那么显示的格式即为设定的类型格式。例如：选择“数值”类型，那么可以选择“小数位数”、是否使用“千位分隔符”和“负数”的显示格式。“数字”选项卡中的设置也可以通过“开始”面板下的“数字”功能面板实现。

“对齐”选项卡可以设置单元格显示内容的文字方向、对齐方式、倾斜角度与缩进字符量，如图4－35所示，这和Word中的对齐方式含义十分类似。“对齐”选项卡中的设置也可以通过“开始”面板下的“对齐方式”功能面板实现。

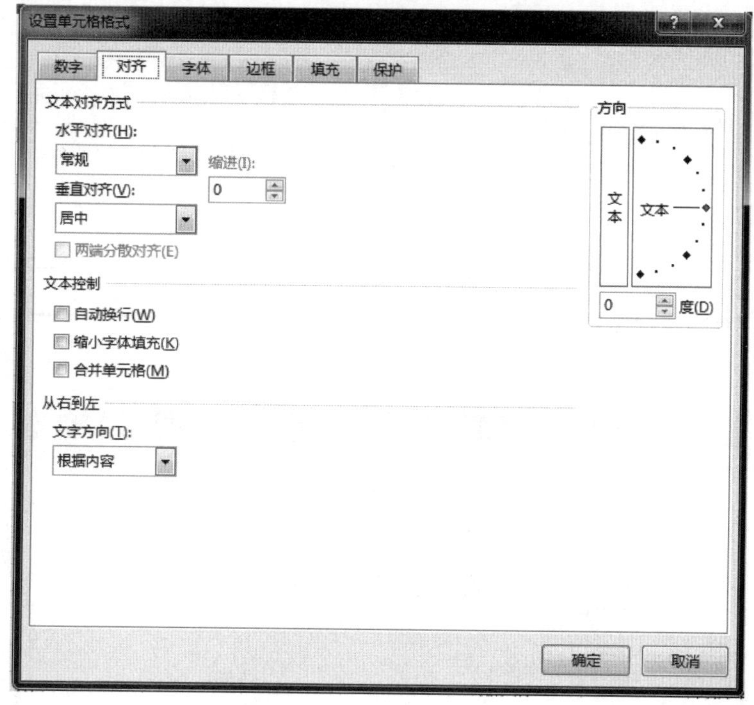

图4－35 “对齐”选项卡

“字体”选项卡用来设置单元格中的字体。如图4－36所示，可以设置字体、字形、字号、下划线、颜色及特殊效果，其含义和Word中的字体十分类似，不再赘述。“字体”选项卡中的设置也可以通过“开始”面板下的“字体”功能面板实现。

“边框”选项卡为所选单元格区域设置外框和内框，如图4－37所示，可以设置直线样式、颜色、预置为“无”边框亦或“外边框”或“内部”边框、“边框”中选择相应的线位置即为设置该位置的边框。“边框”选项卡和Word中段落的边框设置十分类似，一定要先设置好线型和颜色，再选定边框线的位置，外框和内框要分别设置。“边框”选项卡中的设置也可以通过“开始”面板下的“字体”功能面板中的“边框”实现。

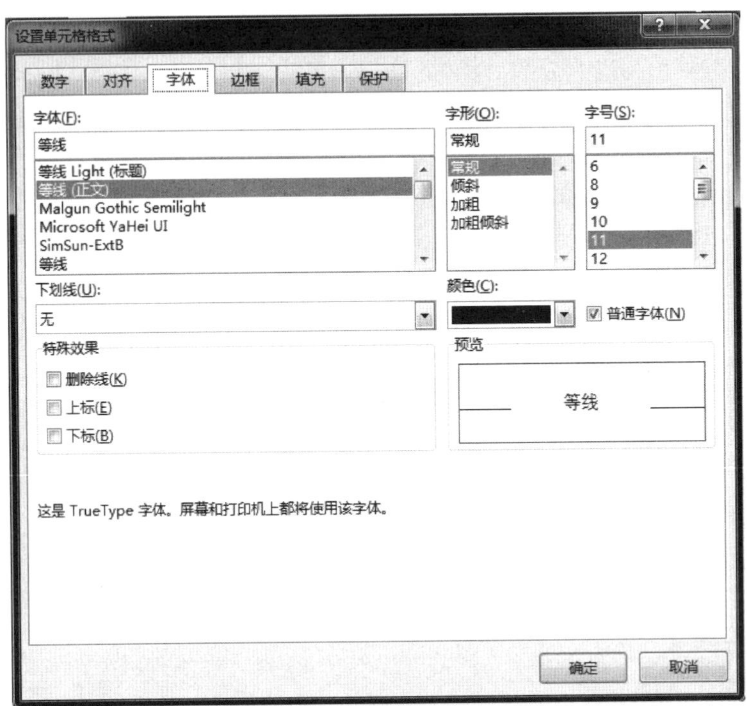

图 4－36 “字体”选项卡

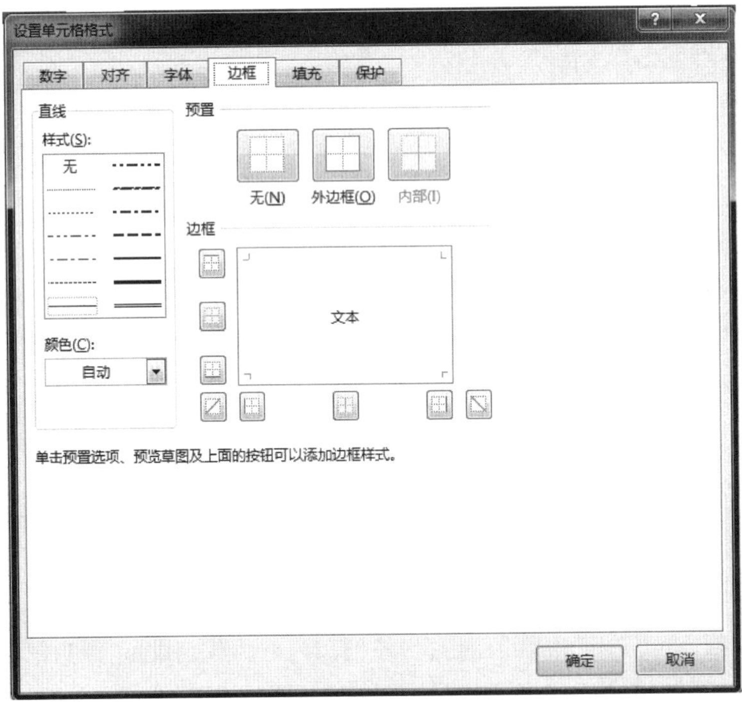

图 4－37 “边框”选项卡

“填充”选项卡，主要设置所选单元格区域的，包括填充颜色、填充效果、其他颜色、图案颜色及图案样式,如图 4 - 38 所示。若要求设置为"25% 灰色",这个设置就在图案样式的下拉列表里,鼠标悬停即弹出具体的图案样式说明,需要记住这个设置路径。"填充"选项卡中的设置也可以通过"开始"面板下的"字体"功能面板中的"填充颜色"实现。

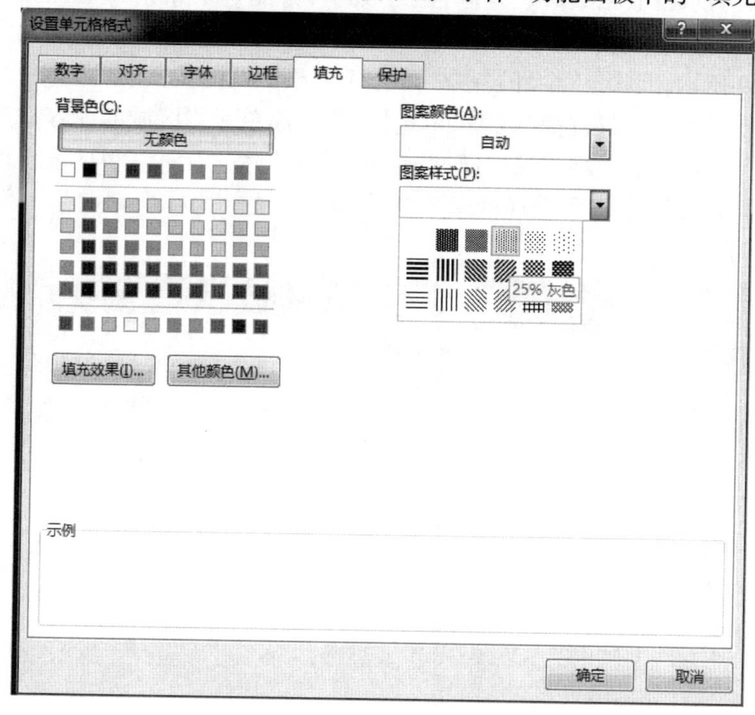

图 4 - 38 "填充"选项卡

"保护"选项卡,用于设置选定单元格区域的数据锁定或隐藏状态,和保护工作表功能配合使用,鉴于篇幅限制,具体的使用方法详见 4.3.9 节中的内容。

4.3.4 移动、复制、清除及修改单元格内容

1. 移动单元格内容。

方法 1:鼠标拖动移动

用鼠标左键覆盖选择要移动的单元格或单元格区域,此时单元格处于被选中的状态,将鼠标悬停到所选单元格区域的边缘处(上、下、左、右四个方向的边缘都可以),此时鼠标由空心十字变成了实心十字箭头状,按下鼠标左键拖动到目标位置,将有一个选定单元格区域同等大小的虚框随之移动,到达目标位置后释放鼠标左键,可见单元格区域内容已经被移动。

方法 2:剪切板移动。

第一步:用鼠标左键覆盖选择要移动的单元格或单元格区域,此时单元格处于被选中的状态。

第二步:单击"开始"→"剪切板"→"剪切(✂)",将选定单元格区域的内容移入剪切板。或者使用 Ctrl + X 快捷键也能实现剪切功能。

第三步:鼠标左键单击目标单元格。

第四步：单击“开始”→“剪切板”→“粘贴（ ）”→，这时将剪切板中的内容粘贴到目标单元格开始的区域中。也可以用粘贴 Ctrl + V 快捷键实现粘贴操作。

这里需要特别说明，粘贴命令具有下拉子菜单，有若干种粘贴方式，光标悬停图标上会弹出对应的功能说明信息。单击“选择性粘贴”会弹出具体的详细粘贴方式设置对话框，如图 4 – 39 所示，默认是“全部”粘贴，即原单元格区域的数值、公式、格式、批注等全部粘贴到目标位置，如果仅选择“数值”单选框，那么原单元格区域的内容按照数值粘贴到目标位置。例如，原单元格区域中通过函数或数学表达式计算获得的值将仅作为数值粘贴到目标位置，而不会将函数或数学表达式粘贴过去。选择性粘贴是非常实用的功能，需要多练习加以掌握。

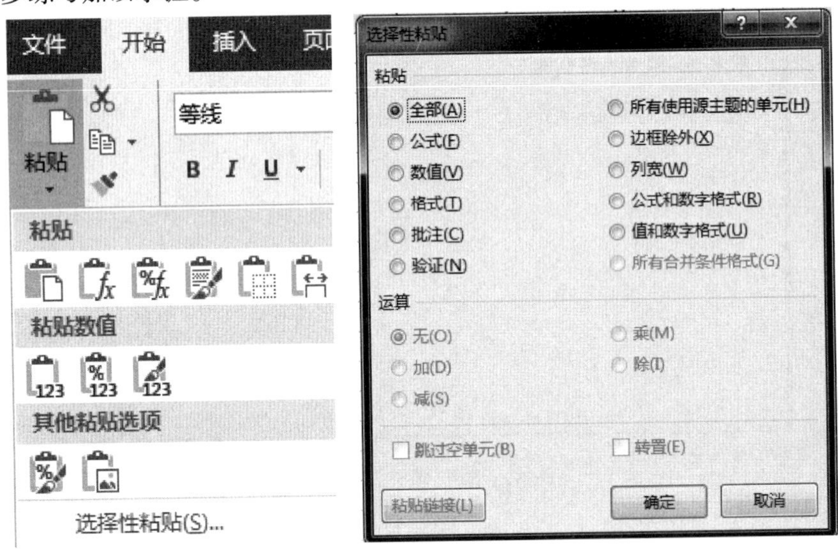

图 4 – 39　选择性粘贴

2. 复制单元格内容

方法 1：快捷键法。

鼠标左键覆盖选中要复制的单元格或单元格区域，按 Ctrl + C 快捷键实现复制，此时被选中的单元格区域轮廓会呈现“流动的虚线框”。

方法 2：鼠标拖动复制。

与移动单元格中的方法 1 非常类似，用鼠标左键覆盖选择要移动的单元格或单元格区域，此时单元格处于被选中的状态，将鼠标悬停到所选单元格区域的边缘处（上、下、左、右四个方向的边缘都可以），此时鼠标由空心十字变成了实心十字箭头状，按住键盘的 Ctrl 键不松开，同时将鼠标拖动到目标位置后，释放鼠标和 Ctrl 键，即可实现复制。鼠标移动过程中，光标右侧会跟随一个“ + ”号，提示此为移动复制操作。

方法 3：剪切板中的复制命令按钮。

单击“开始”→“剪切板”→“复制（ ）”，这时将选定的单元格区域内容复制到剪切板。接下来鼠标左键单击目标单元格，单击“粘贴（ ）”按钮，或者用粘贴 Ctrl + V 快捷键实现复制操作。

单击“复制( )”按钮右侧的三角形,打开下拉菜单,可见复制分为“复制”和“复制为图片”,前者即为默认的复制操作,后者将选定的单元格区域复制为一个图片,即单元格区域内容是一个不可编辑数据的图片对象。

3. 清除单元格内容

方法 1:鼠标左键覆盖选中要删除的单元格或单元格区域,按 Delete 键即可实现删除内容。

方法 2:鼠标左键覆盖选中要删除的单元格或单元格区域,接下来的设置路径为:“开始”→“编辑”→“清除( )”,单击右侧的下拉三角形,弹出子菜单,如图 4 - 40 所示,选择一种删除方式,例如选择“全部清除”,则将选定区域的内容和格式一并清除,如果选择“清除内容”,则保留选定区域的格式而清除数据内容。

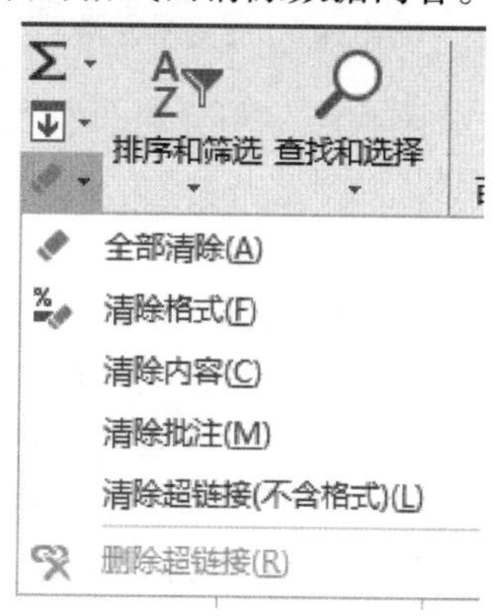

图 4 - 40　“清除”子菜单

4. 清除单元格格式

与清除单元格内容的方法 2 一样,只要选择“清除格式”即可将选定区域的格式清除,而只保留数据等与格式无关的内容。

5. 修改单元格内容

方法 1:鼠标左键双击目标单元格,光标变成一个闪烁的竖直线,即可根据键盘上的方向键移动光标到编辑位置,按 Backspace 键撤回原内容,重新输入新内容,或者通过鼠标移动光标到指定位置进行编辑。

方法 2:鼠标左键单击目标单元格,直接键盘输入数据即可替换原数据。

方法 3:鼠标左键单击目标单元格,按 F2 键进入编辑状态。

4.3.5　删除、插入及合并单元格

1. 删除单元格

方法 1:通过菜单删除。

这里的删除单元格是指将目标单元格对应的行与列同时删除,不但删除了内容,也删除了结构。例如:选定 A3 单元格,接下来设置路径为:“开始”→“单元格”→“删除”→“删除单元格”,如图 4 - 41 所示,则删除 A3 单元格对应的整行,即剔除“刘东”对应的第 3 行数据。

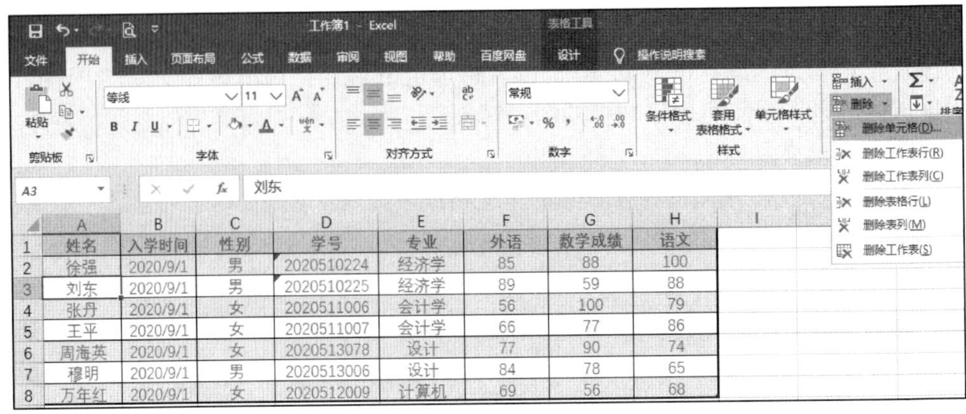

图 4－41　删除单元格

这里删除子菜单具有多项，分别为删除单元格、删除工作表行、删除工作表列、删除表格行、删除表格列及删除工作表。

其中：

“删除单元格”是指删除该单元格对应的行或列。

“删除工作表行”是指删除 A1:H8 这个工作表的指定行。

“删除工作表列”是指删除 A1:H8 这个工作表的指定列。

“删除表格行”是指删除当前活动工作表（Sheet）中的指定行。

“删除表格列”是指删除当前活动工作表（Sheet）中的指定列。

“删除工作表”是指删除当前活动的工作表（Sheet），前面介绍过。

方法 2：通过右键快捷菜单删除。

删除操作也可以通过选中要删除的单元格，单击鼠标右键，单击“删除”，选择“表列/表行”，实现同样的删除目的。

2. 插入单元格

方法 1：菜单法。

选定表格中的 A7 单元格（单元格内容为“穆明”），接着设置路径为：“开始”→“单元格”→“插入”→“插入单元格”，则在穆明上方插入一行，操作过程如图 4－42 所示。

这里“插入”子菜单有多项，包括插入单元格、插入工作表行、插入工作表列、在上方插入表格行、在左侧插入表格列及插入工作表。

其中：

“插入单元格”是指在选定位置插入一个单元格，但同时也会插入该选定位置一行或一列。

“插入工作表行”是指在 A1:H8 这个工作表范围内插入指定位置的行。

“插入工作表列”是指在 A1:H8 这个工作表范围内插入指定位置的列。

“在上方插入表格行”是指在当前活动工作表（Sheet）中插入指定位置的行。

“在左侧插入表格列”是指在当前活动工作表（Sheet）中插入指定位置的列。

“插入工作表”是指在当前活动的工作表（Sheet）前插入一个工作表（Sheet），前介绍过。

	A	B	C	D	E	F	G	H
1	姓名	入学时间	性别	学号	专业	外语	数学成绩	语文
2	徐强	2020/9/1	男	2020510224	经济学	85	88	100
3	刘东	2020/9/1	男	2020510225	经济学	89	59	88
4	张丹	2020/9/1	女	2020511006	会计学	56	100	79
5	王平	2020/9/1	女	2020511007	会计学	66	77	86
6	周海英	2020/9/1	女	2020513078	设计	77	90	74
7	穆明	2020/9/1	男	2020513006	设计	84	78	65
8	万年红	2020/9/1	女	2020512009	计算机	69	56	68

(a)选中A7单元格并设置插入路径

	A	B	C	D	E	F	G	H
1	姓名	入学时间	性别	学号	专业	外语	数学成绩	语文
2	徐强	2020/9/1	男	2020510224	经济学	85	88	100
3	刘东	2020/9/1	男	2020510225	经济学	89	59	88
4	张丹	2020/9/1	女	2020511006	会计学	56	100	79
5	王平	2020/9/1	女	2020511007	会计学	66	77	86
6	周海英	2020/9/1	女	2020513078	设计	77	90	74
7								
8	穆明	2020/9/1	男	2020513006	设计	84	78	65
9	万年红	2020/9/1	女	2020512009	计算机	69	56	68

(b)操作结果

图 4－42　插入单元格

方法 2:右键快捷菜单法。

插入操作也可以通过选中指定的插入点单元格位置,例如选定表格中的 A7 单元格(单元格内容为“穆明”),单击鼠标右键→“插入”→选择“在左侧插入表列/在上方插入表行”,实现插入单元格列/行操作。

3. 合并单元格

更改表结构,将多个选定单元格合并为一个单元格。方法如下:

例如:在表头上方插入 2 行后,选中 A1:H2 单元格区域,接下来的设置路径为:“开始”→“对齐方式”→“居中( )”,单击图标右侧下拉三角弹出子菜单,选择“合并后居中”,则将 A1:H2 单元格区域合并成一个单元格,如果合并后输入内容,将居中显示,如图 4－43 所示。

居中( )图标的子菜单包括合并后居中、跨越合并、合并单元格及取消单元格合并。其中:

“合并后居中”是指单元格区域合并成一个居中显示的单元格,即所有行和所有列合并成 1 行 1 列的单元格。

“跨越合并”是指选定的单元格区域按行合并,例如:选中 A1:H2 单元格区域,选择“跨越合并”,那么合并结果将为 2 个单元格,其中 A1:H1 为一个单元格,A2:H2 为另一个单元格,如果合并后输入内容,将居中显示。

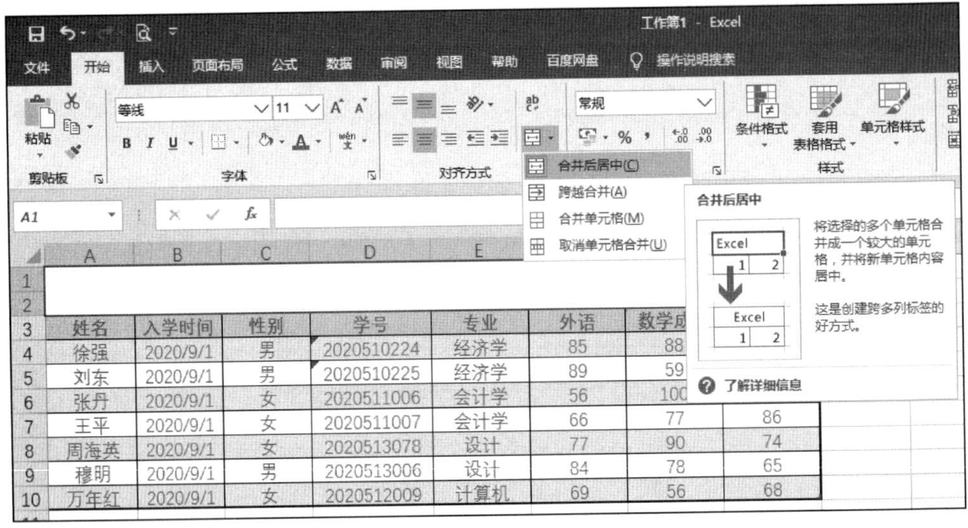

图 4－43　合并单元格

“合并单元格”和“合并后居中”的区别就是合并之后右侧对齐。

“取消单元格合并”是指取消合并操作，将合并的单元格恢复原样。

4.3.6　单元格的批注

批注功能和 Word 中的相同，具有给某个单元格添加备注的功能。批注功能在“审阅”面板下的“批注”功能面板中设置。

1. 添加批注

例如：选定 F3 单元格，接下来的设置路径为：“审阅”→“批注”→“新建批注”，直接进入批注内，输入批注内容“语种：英语”，如图 4－44 所示。

图 4－44　批注功能

如果继续添加批注，重复单击“新建批注”图标(新建批注)即可。

被添加批注的单元格右上角有红色的三角形作为批注标识符。如果表格中可见红色的三角批注标识符，但是看不见批注内容，只需要将鼠标悬停在批注标识符上即可看到批注内容，如果要让所有批注都显示出来，只需要单击批注功能面板中的“显示所有批注”即可。

2. 编辑批注

鼠标左键单击选定一个批注，然后单击批注面板中的“编辑批注”图标(编辑批注)进入批注编辑状态。或者鼠标左键双击批注进入编辑状态即可。

如果有多个批注，可以通过批注面板上的“上一条”“下一条”切换批注。

3. 删除批注

鼠标左键单击选定一个批注，然后单击批注面板中的“删除批注”图标(删除)即可删除该批注。

4.3.7　查找、替换和选择

Excel 中的查找、选择、替换功能和 Word 中的功能是类似的。不但可以查找内容，还可以查找指定格式的内容，能够实现批量操作。

1. 查找

启动查找功能有两种方式：第一种方法用 Ctrl + F 快捷键；第二种方法采用菜单：“开始”→“编辑”→“查找和选择”→“查找”。此时会启动“查找”对话框，如图 4 - 45 所示。

查找内容输入“88”，然后单击“查找全部”，则会出现查找结果，显示当前工作表中有两个符合的查找结果，并给出具体的目标位置，当光标选定第一个查找结果时，表中的 G4 单元格将被选中。单击“查找下一个”则依次向下定位查找结果。

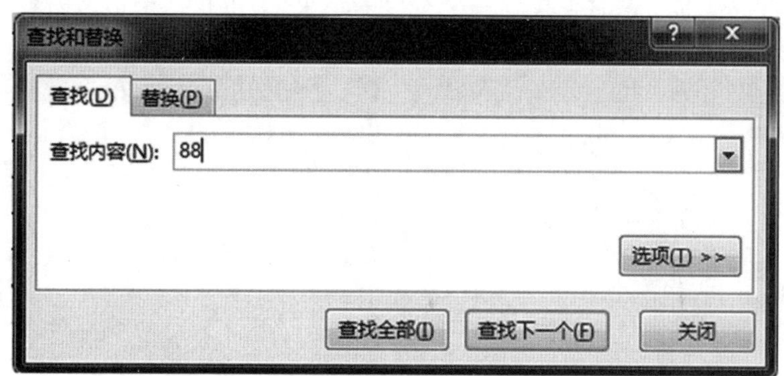

(a)启动查找功能

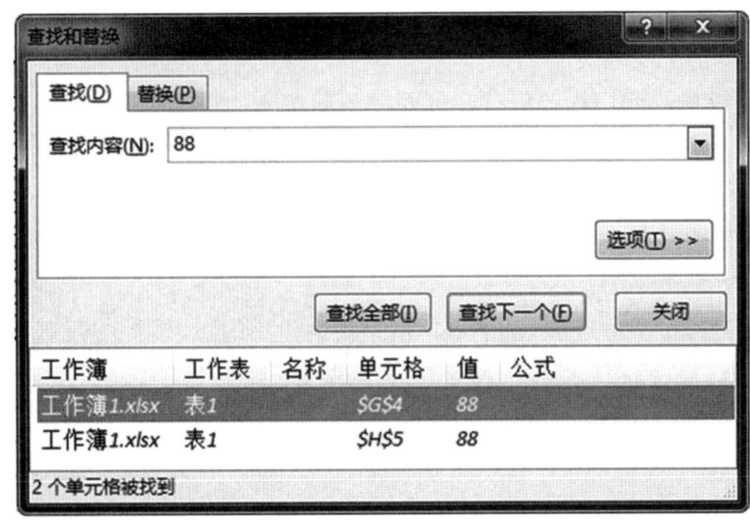

(b)查找全部

	A	B	C	D	E	F	G	H
1	学生成绩表							
2								
3	姓名	入学时间	性别	学号	专业	外语	数学成绩	语文
4	徐强	2020/9/1	男	2020510224	经济学	85	88	100
5	刘东	2020/9/1	男	2020510225	经济学	89	59	88
6	张丹	2020/9/1	女	2020511006	会计学	56	100	79
7	王平	2020/9/1	女	2020511007	会计学	66	77	86
8	周海英	2020/9/1	女	2020513078	设计	77	90	74
9	穆明	2020/9/1	男	2020513006	设计	84	78	65
10	万年红	2020/9/1	女	2020512009	计算机	69	56	68

(c)查找对应的结果

图 4－45　查找功能

如果单击图 4－45(a)中的“选项”,将会启动高级查找功能,如图 4－46 所示,在这里可以详细设置要查找的内容和格式,例如单击“格式”右侧的三角形启动子菜单,选择“从单元格选择格式”,这时光标变成空心十字和一只取色笔图标,鼠标左键单击“G4”单元格,单击“查找全部”,这时查找到一个符合的结果,即查找结果不但内容要符合,格式也要符合。

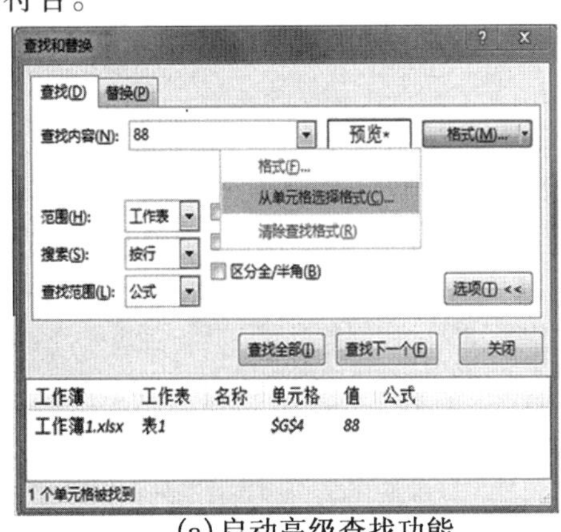

(a)启动高级查找功能

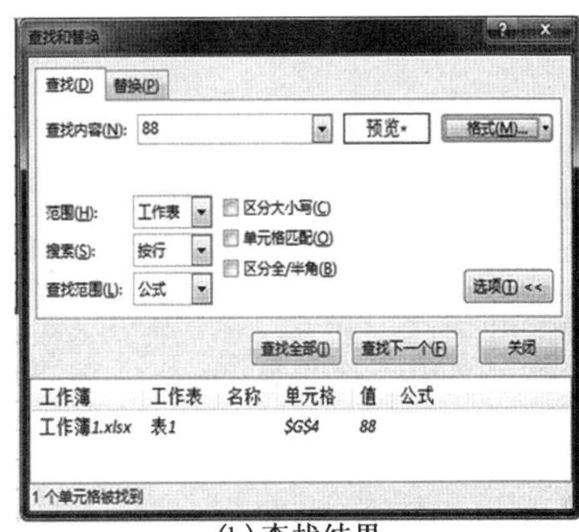

(b)查找结果

图 4－46　高级查找

2. 替换

和查找一样，启动“查找”对话框之后，单击“替换”选项卡，即可以打开替换功能。启动替换功能后，输入替换内容，例如替换为“99”，同时设置替换的“格式”填充为蓝色，如图 4－47 所示，单击“全部替换”，可见 G4 单元格全部被替换。

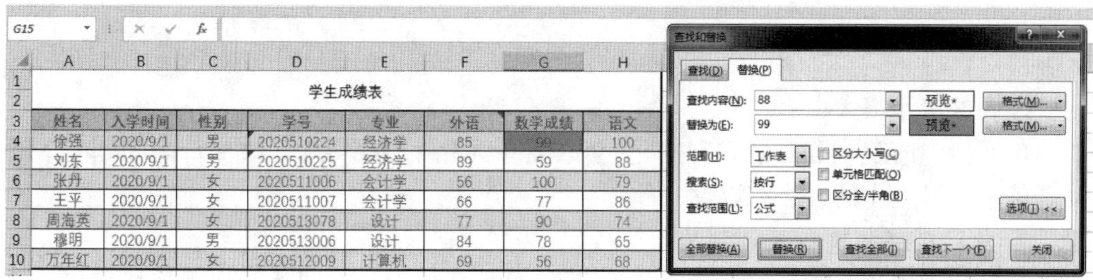

图 4－47　替换

3. 选择

选择含有若干选项，查看路径为：“开始”→“编辑”→“查找和选择”，可见若干选择项，包括定位条件、公式、批注、条件格式、常量、数据验证、选择对象及选择窗格，如图 4－48 所示。

“转到”：可以快速定位到某一个表，或某一个单元格，或符合某个定位条件的单元格中。

“定位条件”：能弹出“定位条件”对话框，如图 4－49 所示，如果选择“批注”则自动定位到表中的批注上，如果选择“空值”则会自动定位到表中的空单元格区域，这个功能可以批量定位，非常实用。

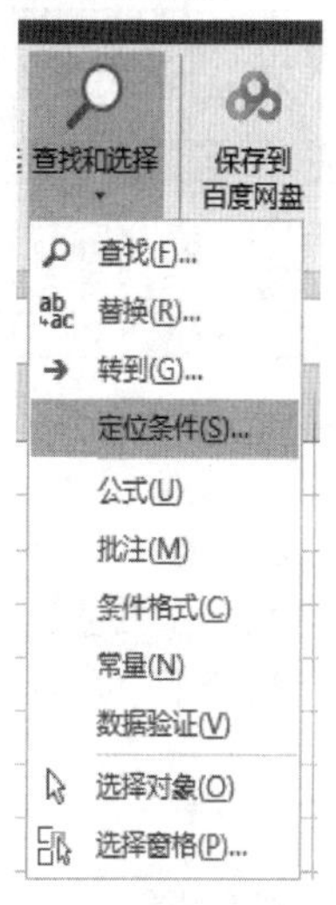

图 4－48　选择功能

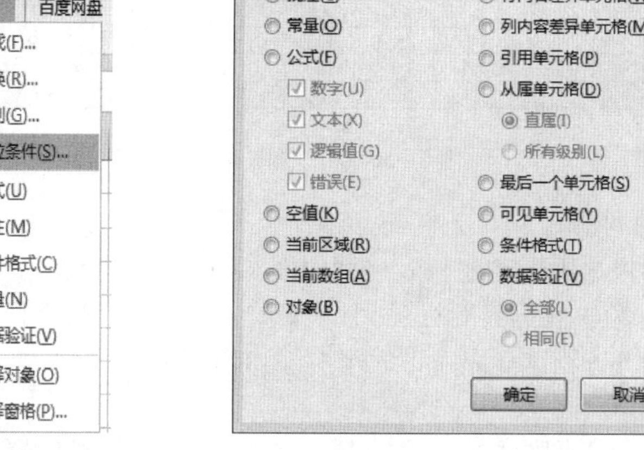

图 4－49　定位条件

“公式”：选定表中所有应用了公式的单元格。

“批注”：选定所有被批注的单元格。

“条件格式”：选定所有被设定条件格式的单元格。

“常量”:选定表中所有常量单元格,一般输入的文本、数字、日期时间等均为常量。

“数据验证”:选定表中被设置数据验证的单元格区域。

“选择对象”“选择窗格”:该功能和 Word 中的功能一致,能够让鼠标变成选择状态,选择表中图形等对象。

4.3.8 表格美化

1. 调整单元格大小

单元格中内容或数据格式有变化,会改变单元格的大小,从而改变行高和列宽。手动调整单元格大小的方法有以下三种:

方法 1:粗略调整。

光标移动到列名或行号之间的分隔线上,鼠标左键单击分隔线并拖动鼠标即可直接改变分隔线的位置,如果选择多行或多列,则对多行和多列进行统一调整行高及列宽。图 4 – 50 所示为同时选中 A 和 B 列,鼠标拖动 B 和 C 列之间的列分隔线,向右拖动将 A 和 B 列的列宽变宽的中间操作过程。

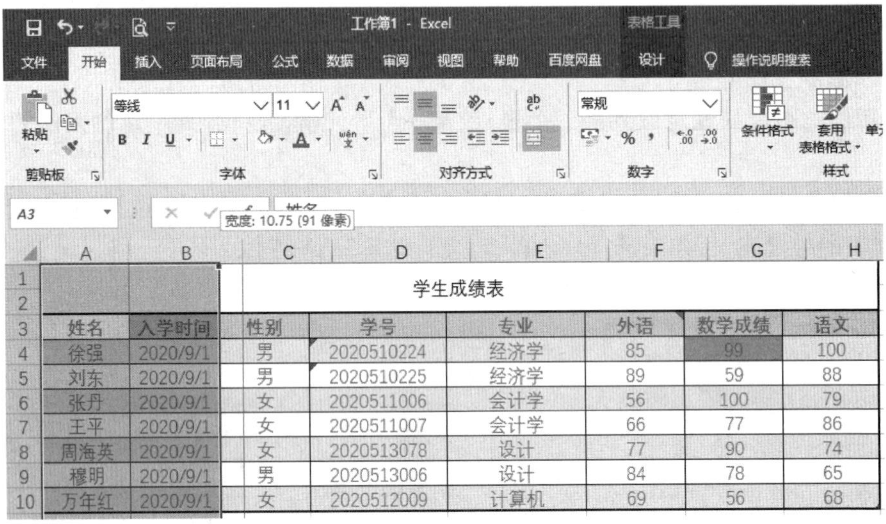

图 4 – 50　粗略调整多列的列宽

方法 2:自动调整。

自动调整会根据所选定的一行/一列中最高/最宽的单元格为调整结果目标,当双击行号或列名分隔线时,使得整行/整列统一变成和目标单元格一样的高度/宽度,这样能保证该行/该列中的所有单元格都能完整显示出内容。

方法 3:精确调整。

选定要调整行高或列宽的单元格或单元格区域,接下来的设置路径是:“开始”→“单元格”→“格式”→“行高/列宽”,打开设置行高或列宽的对话框。例如:在图 4 – 51 中,选定 C 列,可见原列宽为 4.63,可以修改这个值,然后单击“确定”按钮,完成列宽精确调整操作。

	A	B	C	D	E	F	G	H
1–2	学生成绩表							
3	姓名	入学时间	性别	学号	专业	外语	数学成绩	语文
4	徐强	2020/9/1	男	2020510224	经济学	85	99	100
5	刘东	2020/9/1	男	2020510225	经济学	89	59	88
6	张丹	2020/9/1	女	2020511006	会计学	56	100	79
7	王平	2020/9/1	女	2020511007	会计学	66	77	86
8	周海英	2020/9/1	女	2020513078	设计	77	90	74
9	穆明	2020/9/1	男	2020513006	设计	84	78	65
10	万年红	2020/9/1	女	2020512009	计算机	69	56	68

列宽
列宽(C): 4.63
确定　取消

图 4－51　精确调整列宽

在图 4－51 中列宽为 4.63，但单位是什么呢？在这里简单介绍一下 Excel 中列宽和行高的单位换算。

在 Excel 的“视图”→“工作簿视图”→“普通视图”（即打开 Excel 后默认的视图方式）中，工作表并没有标准度量单位，列宽可调整范围为 0 至 255，该数值表示以标准字体进行格式设置的单元格中可以显示的字符数，即列宽 4.63 表示 4.63 个字符宽度。行高可调整范围为 0 至 409，该数值表示以点计量的高度，其中 1 点表示英寸，或者表示 0.035 厘米。这样描述如果觉得烦琐，那么换个方式再解释一下。

首先重新设置 Excel 2016 的默认单位，设置路径是：“文件”→“选项”→“高级”→“显示”→“标尺单位”（标尺单位选择“厘米”）→“确定”。然后设置：“视图”→“工作簿视图”→“页面布局”，切换到页面布局视图方式，同时勾选：“视图”→“显示”→“直尺”，这样在列名/行号的上方/左侧均显示了直尺，如图 4－52 所示，同样选择 C 列，查看列宽，可见列宽为 1.06 厘米，即 4.63 字符数等于 1.06 厘米。

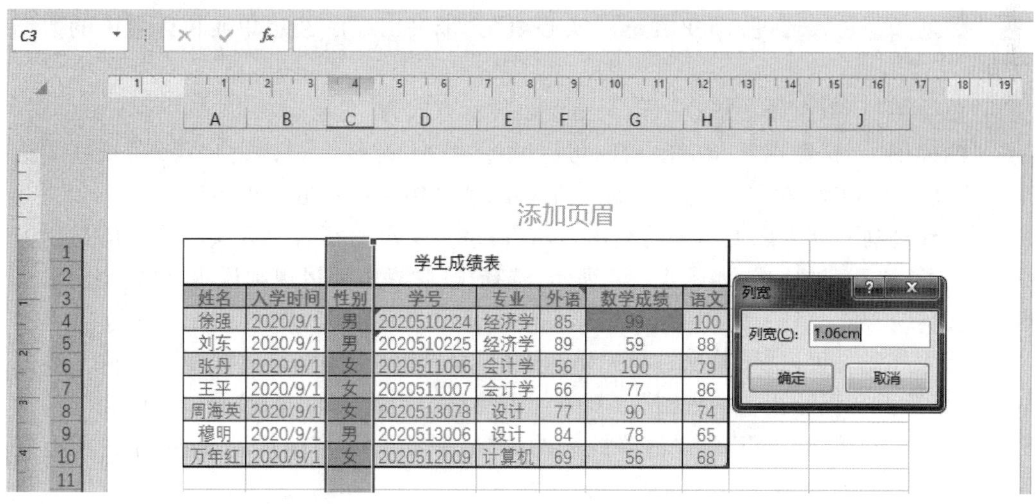

图 4－52　通过页面布局的直尺查看列宽

2. 条件格式

条件格式能够突出显示表中符合设定规则的单元格，也能通过数据条、色阶、图表集突出显示单元格。如图 4－53 所示,条件格式设置路径为:“开始”→“样式”→“条件”格式。

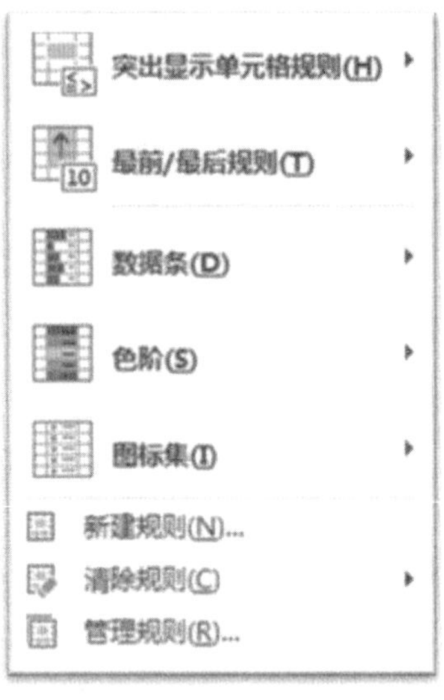

图 4－53　条件格式

其中:

“突出显示单元格规则”:可以通过设置“大于”“小于”“介于”“等于”“文本包含”“发生日期”“重复值”“其他规则”,这些规则突出显示符合规则的单元格。

“最前/最后规则”:可以突出显示选定单元格区域中数据“前 10 项”“前 10%”“最后 10 项”“最后 10%”“高于平均值”“低于平均值”的这些单元格,也可以通过“其他规则”自定规则。

“数据条”:可以通过“渐变填充”“实心填充”来突出显示选定单元格区域中的数据数值大小。

“色阶”:与“数据条”功能一样,只是突出显示方式为“色阶”。

“图标集”:与“数据条”功能一样,可以通过“方向”“形状”“标记”“等级”这些图标来突出显示所选单元格区域中数据的数值大小,或者给某些数据添加标记。

“新建规则”:如果以上给出的突出显示方式中,均没有符合个人实际需求的显示方式,那么可以“新建规则”,如图 4－54 所示,选择规则类型、编辑规则说明、设置突出显示的颜色,实现需求。

“清除规则”:可以“清除所选单元格的规则”“清除整个工作表的规则”“清除此表的规则”“清除此数据透视表的规则”。其中,“清除整个工作表的规则”是指清除当前活动 Sheet 中表区域中的所有规则;“清除此表的规则”是指清除当前活动 Sheet 中的所有规则。

“管理规则”:是指管理当前活动 Sheet 中的规则(“新建规则”“编辑规则”“删除规则”)或重新设置已有的规则。

图 4－54　条件格式—新建规则

3. 自动套用格式

Excel 2016 预设了多种表格样式，可以直接使用它。设置路径是："开始"→"样式"→"套用表格格式"，有"浅色""中等色""深色"三种类型，也可以"新建表样式"或"新建数据透视表样式"。

4. 格式刷

Excel 2016 中的格式刷功能和 Word 中的格式刷功能是一致的，用法也是一致的，能够将已有的格式施用于其他单元格区域。

使用步骤：鼠标左键单击选定一个格式源单元格（即想要搬移格式的原单元格），然后单击"开始"→"剪切板"→"格式刷（ ）"，此时鼠标变成一个空心十字且右侧跟随一个刷子的样式，鼠标移动到目标单元格后左键单击，即可实现格式搬移。格式刷不能搬移源单元格的数据有效性等非格式的设置。

4.3.9　保护工作簿和工作表

为了防止表格中数据被修改破坏，可以对工作表进行保护。保护工作表的操作步骤如下：

第一步：选中要保护的工作表，注意这里是全部选中，可以通过按表格行和列交叉处的" "图标快速实现全选，或者用 Ctrl + A 快捷键实现全选。

第二步：全选之后在编辑区域单击鼠标右键，单击"设置单元格格式"→"保护"，将"锁定"复选框反选，单击"确定"按钮，如图 4－55 所示。

图 4－55　设置单元格格式保护

第三步:选中表格中要保护的数据范围,例如选取 A4:H10 数区域,单击鼠标右键,单击“设置单元格格式”→“保护”,勾选“锁定”复选框,单击“确定”按钮。

第四步:设置保护工作表,路径是:“审阅”→“保护”→“保护工作表”,弹出如图 4－56 所示对话框,输入保护密码,例如这里输入“123”,勾选“保护工作表及锁定的单元格内容”,默认允许此工作表的所有用户进行“选定锁定单元格”和“选定解除锁定的单元格”,也可以根据实际情况勾选下面的其他复选框,如果勾选“删除列”,那么所有人可以对表格进行列删除,这里不勾选。最后单击“确定”按钮,弹出“确认密码”对话框,再次输入保护密码,单击“确定”关闭两个对话框。

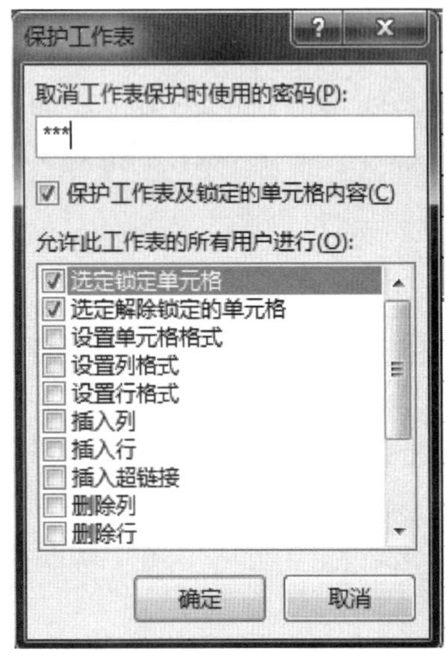

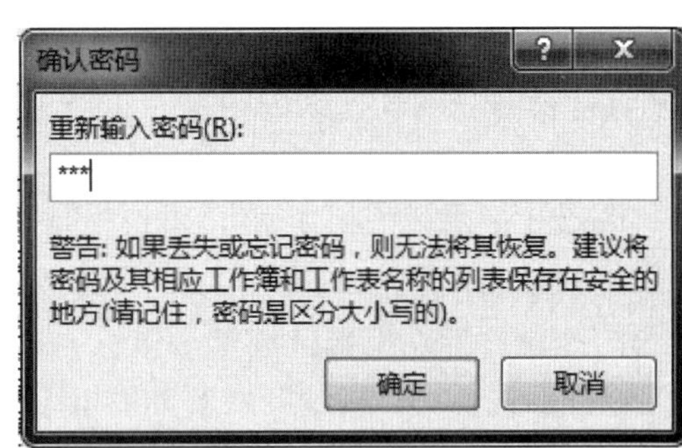

图 4－56　保护工作表

按照以上步骤设置完毕后,所有用户都可以选择、编辑除 A4:H10 区域外的所有单元格。操作结果如图 4－57 所示，在 A4:H10 区域外的 A12 单元格可以进行编辑，但是如果编辑 A4:H10 区域中的 A10 单元格，就会弹出解除工作表保护的提示。

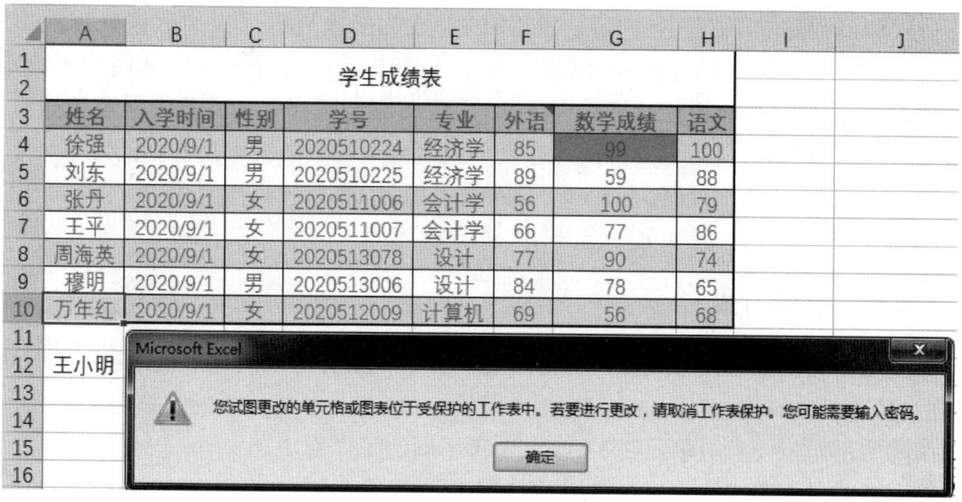

	A	B	C	D	E	F	G	H
1–2	学生成绩表							
3	姓名	入学时间	性别	学号	专业	外语	数学成绩	语文
4	徐强	2020/9/1	男	2020510224	经济学	85	99	100
5	刘东	2020/9/1	男	2020510225	经济学	89	59	88
6	张丹	2020/9/1	女	2020511006	会计学	56	100	79
7	王平	2020/9/1	女	2020511007	会计学	66	77	86
8	周海英	2020/9/1	女	2020513078	设计	77	90	74
9	穆明	2020/9/1	男	2020513006	设计	84	78	65
10	万年红	2020/9/1	女	2020512009	计算机	69	56	68
12	王小明							

Microsoft Excel

您试图更改的单元格或图表位于受保护的工作表中。若要进行更改，请取消工作表保护。您可能需要输入密码。

确定

图 4－57　保护工作表操作结果

如果要取消保护工作表，只需要设置："审阅"→"保护"→"撤消工作表保护"，弹出对话框，输入保护密码，即可取消工作表保护。

如果设置保护工作簿，那么需要设置："审阅"→"保护"→"保护工作簿"，弹出对话框设置保护密码即可。受保护的工作簿其结构被保护，例如选中表 1，单击鼠标右键，弹出快捷菜单如图 4－58 所示，可见原本对表的操作都是灰色无效的，但对于表中的数据还是可以编辑的。

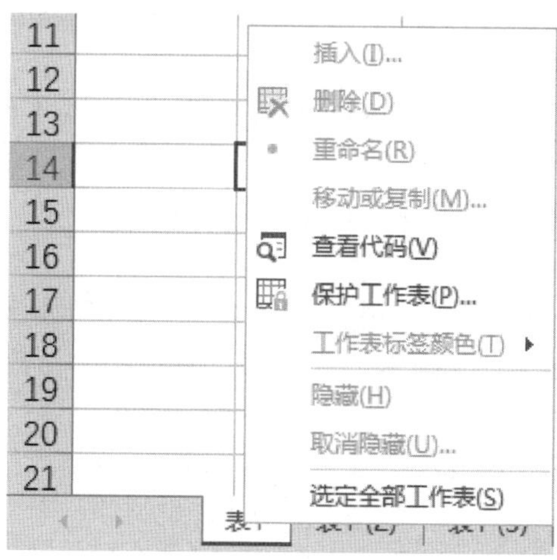

图 4－58　保护工作簿

4.4 Excel 2016 公式和函数

公式和函数是本节的重点内容。Excel 的公式和函数具有强大的数据处理功能，通过输入公式或使用 Excel 提供的函数能实现复杂的计算，本节主要介绍常用的函数实现计算操作，但需要多操作才能熟练掌握，同时需要培养自己独立学习解决问题的能力，篇幅所限不能面面俱到，但是可以查阅参考资料找到合适的函数去解决实际问题。

作为重点提示，再次说明，在 Excel 中除汉字以外，所有的标点符号、英文字符、数字都要用英文半角输入，并且引号一定要用“双引号”。

4.4.1 引用方式

在使用公式或函数实现数据计算之前，必须要掌握引用方式，因为参与公式或函数计算中的数据均来自某个单元格或单元格区域，并且有时参与计算的数据可能来自同一个工作簿的不同工作表的单元格中，或者来自不同的工作簿中。

单元格的引用方式分为相对引用、绝对引用及混合引用。

引用范围还可以跨工作表(同一个工作簿中的不同工作表中的单元格)引用，或跨工作簿(不同工作簿中工作表中的单元格)引用。

1. 单元格引用方式

(1)相对引用。一个单元格对应一个地址，即“列名行号”，或一个连续的单元格区域“列名行号:列名行号”。例如 A1 就表示 A 列 1 行交叉对应的一个单元格地址，例如 A1:B3 就表示从 A1 到 B3 这连续的 3 行 2 列的单元格区域，这种写法就是相对引用。

相对引用中包含公式的单元格与被引用数据的单元格之间的位置是相关的，数据单元格或数据单元格区域的引用是相对于包含公式的单元格的相对位置，即当复制包含公式的单元格时，公式中所引用的数据单元格地址会随公式粘贴的位置而发生对应的、有规律的变化。

这里请先记住相对引用的写法:“列名行号”，在 4.4.2 节介绍公式时，会举例说明相对引用。

(2)绝对引用。绝对引用的写法相较于相对引用来说，列名和行号前都有一个“$”符号。例如:$A$1。

绝对应用是指包含公式的单元格中引用的数据单元格的地址，与公式所在的单元格的位置无关。即当复制包含公式的单元格时，公式中所引用的数据单元格地址不会随公式粘贴的位置变化而发生变化。

这里请先记住绝对引用的写法:“$列名$行号”，在 4.4.2 节介绍公式时，会举例说明绝对引用。

(3)混合引用。混合引用的写法是结合绝对引用和相对引用的，有两种写法:“$列名行号”“列名$行号”。例如:$A1、A$1。

混合引用是指包含公式的单元格中引用的数据单元格地址中既有绝对引用又有相对引用的情况。而在复制包含公式的单元格时，公式中相对引用的数据单元格地址会随公式粘贴的位置变化而相对有规律地变化，而公式中绝对引用的数据单元格地址不会随公式粘贴的位置变化而变化。

这里请先记住混合引用的写法："$列名行号""列名$行号"，在 4.4.2 节介绍公式时，会举例说明混合引用。

2. 跨工作表引用和跨工作簿引用

（1）同一个工作簿中不同工作表的引用。公式中引用的数据来自同一个工作簿的同一个工作表中时，可以根据实际情况使用绝对引用、相对引用或混合引用。

公式中引用的数据来自同一个工作簿的不同工作表中时，需要在绝对引用、相对引用或混合引用之前用工作表名加以限定，写法是："工作表名！列名行号""工作表名！$列名$行号""工作表名！$列名行号""工作表名！列名$行号"。例如："Sheet3！A1：B3"，表示引用的是 Sheet3 表中 A1 到 B3 这 3 行 2 列的连续单元格区域。

（2）不同工作簿的单元格引用。相较于同一个工作簿中不同工作表的引用方式，引用来自其他工作簿的工作表中的单元格数据，需要用工作簿的名字加以限定，其中一种写法是："[工作簿名字]工作表名！列名行号"。工作簿名要用英文半角的方括号加以限定，如果含有绝对引用、混合引用或引用单元格区域，那么只需修改"！"后面的写法即可。

4.4.2　公式的使用

公式是通过已知数据和运算符组成表达式，实现计算结果的等式。在单元格中输入公式时必须要用等号（=）开头，否则会认为输入的是普通数据。组成公式表达式中的数据可以是常量、单元格引用、单元格区域引用、函数及各种运算符。

一般简单的运算通过运算符即可实现，较难的运算要借助 Excel 函数库中的函数实现，比如"+"实现加法，但函数库中的"SUM（参数列表）"也能实现加法。

1. 运算符

（1）算数运算符。算数运算符的运算对象是数值，结果也是数值。算数运算符包括：加号（+）、减号（-）、乘号（*）、除号（/）、百分号（%）、乘方（^）。

（2）比较运算符。比较运算的结果是 TRUE 或 FALSE，即真或假。TRUE 和 FALSE 又称逻辑值，当参与算数运算时，TRUE 等价于 1，FALSE 等价于 0。比较运算符包括：等于（=）、大于（>）、小于（<）、大于等于（>=）、小于等于（<=）、不等于（<>）。

（3）文本运算符。文本运算符为：&。文本运算符可以将左右两侧的文本连接成一个文本。

例如：在 C13 单元格输入公式"=A13&B13"，按 Enter 键，则 C13 单元格的结果为运算符左右文本连接成的一个文本，如图 4-59 所示。

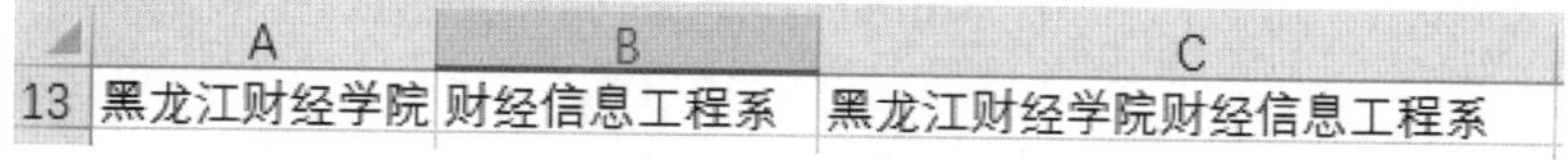

	A	B	C
13	黑龙江财经学院	财经信息工程系	黑龙江财经学院财经信息工程系

图 4-59　文本运算符

（4）引用运算符。在公式中可以通过引用运算符来引用来自单元格中的数据参与公式计算。引用运算符包括：区域运算符（:）和联合运算符（,）。

区域运算符即为冒号，联合运算符即为逗号。例如："A1:B3"表示引用 A1 到 B3 这 3 行 2 列的 6 个单元格内容（A1，A2，A3，B1，B2，B3）。而"A1，A2，A3，B1，B2，B3"也表示 A1 到 B3 的这 6 个单元格内容。

运算符的优先级：当一个公式表达式中同时出现多种运算符时，运算有先后顺序，Excel 的运算顺序由先到后为：":""，""空格""－"（负号）、"%""^""＊"或"/""＋"或"－""&"；比较运算符（＞、＜、＞＝、＜＝、＝、＜＞）。如果优先级相同，则按照公式从左向右的顺序计算；与数学计算一样，如果要改变运算的先后，可以用圆括号"（）"把需要整体优先运算的部分表达式括起来。

2. 公式的编辑

（1）公式输入。

方法 1：选中要输入公式的单元格，使其成为活动的单元格，在当前单元格内输入以等号开头的公式表达式，输入完毕后按 Enter 键即可执行公式计算。

方法 2：选中要输入公式的单元格，使其成为活动的单元格，鼠标左键单击"编辑栏"，进入编辑栏输入公式表达式，输入完毕后单击编辑栏左侧的确认（✓）按钮即可执行公式计算。

当输入的公式表达式很长时，用方法 1 显示不便，用方法 2 编辑整体视觉效果更好。

（2）编辑公式。对于已有公式，只需要单击公式所在的单元格，公式表达式显示在编辑栏中，即可以进行编辑。

（3）放弃公式。放弃公式可以在编辑公式时按 Esc 键或单击编辑栏左侧的取消（✕）按钮，即可取消当前编辑的公式。

3. 案例

例题 4－1 已知学生成绩表如图 4－60 所示，要求用公式计算总分。

	A	B	C	D	E	F	G	H	I	J
1					学生成绩表					
2										
3	姓名	入学时间	性别	学号	专业	外语	数学	语文	总分	平均分
4	徐强	2020/9/1	男	2020510224	经济学	85	99	100		
5	刘东	2020/9/1	男	2020510225	经济学	89	59	88		
6	张丹	2020/9/1	女	2020511006	会计学	56	100	79		
7	王平	2020/9/1	女	2020511007	会计学	66	77	86		
8	周海英	2020/9/1	女	2020513078	设计	77	90	74		
9	穆明	2020/9/1	男	2020513006	设计	84	78	65		
10	万年红	2020/9/1	女	2020512009	计算机	69	56	68		

图 4－60 学生成绩表

使用公式输入方法 1：首先选中 I4 单元格，使其成为活动的单元格，输入公式"＝F4＋G4＋H4"，按 Enter 键执行即可。实际输入公式时列名不区分大小写。也可以输入公式"＝"后，用鼠标左键点选 F4. G4. H4，这时可见实际输入的公式变成"＝[@外语]＋[@数学]＋[@语文]"，即用列标签名（外语、数学、语文）代替了单元格相对引用"列名行号"，输入完毕后按 Enter 键执行公式即可完成计算。

使用公式输入方法 2：首先选中 I4 单元格，使其成为活动的单元格，在编辑栏输入公式“ = F4 + G4 + H4”，单击编辑栏左侧的确认（ ✔ ）按钮，执行公式计算。也可以输入公式“ = ”后，用鼠标左键点选 F4. G4. H4，这时可见实际输入的公式也变成“ = [@ 外语] + [@ 数学] + [@ 语文]”。

在 I4 单元格输入公式按 Enter 键执行计算后，会自动用此公式填充 I5：I10，即自动完成余下的总分计算。如果并没有进行自动填充计算余下的总分，也可以在 I4 单元格执行公式计算后，鼠标左键双击 I4 单元格右下角的实心点，进行自动公式填充，计算余下的总分，如图 4 – 61 所示。

双击右下角的自动填充柄（实心点）

I4　=F4+G4+H4

	A	B	C	D	E	F	G	H	I	J
1-2	学生成绩表									
3	姓名	入学时间	性别	学号	专业	外语	数学	语文	总分	平均分
4	徐强	2020/9/1	男	2020510224	经济学	85	99	100	284	
5	刘东	2020/9/1	男	2020510225	经济学	89	59	88	236	
6	张丹	2020/9/1	女	2020511006	会计学	56	100	79	235	
7	王平	2020/9/1	女	2020511007	会计学	66	77	86	229	
8	周海英	2020/9/1	女	2020513078	设计	77	90	74	241	
9	穆明	2020/9/1	男	2020513006	设计	84	78	65	227	
10	万年红	2020/9/1	女	2020512009	计算机	69	56	68	193	

图 4 – 61　总分计算结果

接下来要详细地以此案例说明引用方式：

（1）相对引用。本案例中使用的就是相对引用，I4 单元格输入的公式是“ = F4 + G4 + H4”，而单击自动填充柄时，余下的 I5：I10 单元格的计算公式是什么呢？可以单击表格中 I5 单元格，可见输入公式为“ = F5 + G5 + H5”，单击表格中 I6 单元格，可见输入公式为“ = F6 + G6 + H6”，以此类推，I10 单元格输入的公式为“ = F10 + G10 + H10”。因此自动填充柄复制了 I4 单元格中的公式到 I5 至 I10 单元格，这里 I5 至 I10 单元格相对于 I4 单元格来说，公式中的数据都在 F、G、H 列，但处于不同行，所以相对于 I4 单元格公式来说，其他 I5 至 I10 单元格中的公式，都是引用数据单元格的列名不变而行号相对变化，这就是相对引用，如图 4 – 62 所示。

（2）混合引用。在 I4 单元格中除了用相对引用输入公式外，也可以用混合引用输入公式“ = $F4 + $G4 + $H4”，那么 I5 单元格中的公式就自动填充为“ = $F5 + $G5 + $H5”，因为引用的数据单元格都在 F、G、H 列，但处于不同行，所以要用绝对引用符号“ $ ”定住列名，使其不随公式的自动复制而变化。

（3）绝对引用。在 I4 单元格中是否可以使用绝对引用呢？如果在 I4 单元格中输入公式“ = $F$4 + $G$4 + $H$4”，那么再使用填充柄自动填充 I5 至 I10 单元格，可见计算结果只有 I4 单元格是正确的，如图 4 – 63 所示。可以依次查看 I5 至 I10 单元格中的公式，可见均输入公式均为“ = $F$4 + $G$4 + $H$4”，也就是说，填充柄自动复制 I4 单元格的公式到 I5 至 I10 单元格，且参与计算的数据单元格均是列名和行号都被绝对引用符“ $ ”定住，所以 I5 至 I10 单元格中公式引用的数据都是来自 F4. G4. H4，显然这是不合理的。

I5 =F5+G5+H5

	A	B	C	D	E	F	G	H	I	J
1–2	学生成绩表									
3	姓名	入学时间	性别	学号	专业	外语	数学	语文	总分	平均分
4	徐强	2020/9/1	男	2020510224	经济学	85	99	100	284	
5	刘东	2020/9/1	男	2020510225	经济学	89	59	88	236	
6	张丹	2020/9/1	女	2020511006	会计学	56	100	79	235	
7	王平	2020/9/1	女	2020511007	会计学	66	77	86	229	
8	周海英	2020/9/1	女	2020513078	设计	77	90	74	241	
9	穆明	2020/9/1	男	2020513006	设计	84	78	65	227	
10	万年红	2020/9/1	女	2020512009	计算机	69	56	68	193	

I6 =F6+G6+H6

	A	B	C	D	E	F	G	H	I	J
1–2	学生成绩表									
3	姓名	入学时间	性别	学号	专业	外语	数学	语文	总分	平均分
4	徐强	2020/9/1	男	2020510224	经济学	85	99	100	284	
5	刘东	2020/9/1	男	2020510225	经济学	89	59	88	236	
6	张丹	2020/9/1	女	2020511006	会计学	56	100	79	235	
7	王平	2020/9/1	女	2020511007	会计学	66	77	86	229	
8	周海英	2020/9/1	女	2020513078	设计	77	90	74	241	
9	穆明	2020/9/1	男	2020513006	设计	84	78	65	227	
10	万年红	2020/9/1	女	2020512009	计算机	69	56	68	193	

图 4－62　相对引用

I4 =$F$4+$G$4+$H$4

	A	B	C	D	E	F	G	H	I	J
1–2	学生成绩表									
3	姓名	入学时间	性别	学号	专业	外语	数学	语文	总分	平均分
4	徐强	2020/9/1	男	2020510224	经济学	85	99	100	284	
5	刘东	2020/9/1	男	2020510225	经济学	89	59	88	284	
6	张丹	2020/9/1	女	2020511006	会计学	56	100	79	284	
7	王平	2020/9/1	女	2020511007	会计学	66	77	86	284	
8	周海英	2020/9/1	女	2020513078	设计	77	90	74	284	
9	穆明	2020/9/1	男	2020513006	设计	84	78	65	284	
10	万年红	2020/9/1	女	2020512009	计算机	69	56	68	284	

I10 =$F$4+$G$4+$H$4

	A	B	C	D	E	F	G	H	I	J
1–2	学生成绩表									
3	姓名	入学时间	性别	学号	专业	外语	数学	语文	总分	平均分
4	徐强	2020/9/1	男	2020510224	经济学	85	99	100	284	
5	刘东	2020/9/1	男	2020510225	经济学	89	59	88	284	
6	张丹	2020/9/1	女	2020511006	会计学	56	100	79	284	
7	王平	2020/9/1	女	2020511007	会计学	66	77	86	284	
8	周海英	2020/9/1	女	2020513078	设计	77	90	74	284	
9	穆明	2020/9/1	男	2020513006	设计	84	78	65	284	
10	万年红	2020/9/1	女	2020512009	计算机	69	56	68	284	

图 4－63　绝对引用

可见，绝对引用、相对引用、和混合引用的区别为，是否用绝对引用符“ $ ”定住列名、行号，或者列名和行号都定住不变，要根据实际的问题合理使用单元格的引用方式。

(4)同一个工作簿中不同工作表的引用。如果学生成绩表在当前工作簿的“学生成绩表”(工作表 Sheet 的名字)中，在当前工作簿的“成绩汇总表”(工作表 Sheet 的名字)中求每名学生的总分，如图 4－64 所示，那么需要在“成绩汇总表”的 F4 单元格输入公式“＝学生成绩表！F4＋学生成绩表！G4＋学生成绩表！H4”，按 Enter 键计算公式后再用自动填充柄填充计算余下的总分，或者在“成绩汇总表”的 F4 单元格输入公式的“＝”后，用鼠标点选引用的数据表以及表中的数据单元格，也能自动填充表名和单元格地址，形成的公式也相同。

学生成绩表

姓名	入学时间	性别	学号	专业	外语	数学	语文
徐强	2020/9/1	男	2020510224	经济学	85	99	100
刘东	2020/9/1	男	2020510225	经济学	89	59	88
张丹	2020/9/1	女	2020511006	会计学	56	100	79
王平	2020/9/1	女	2020511007	会计学	66	77	86
周海英	2020/9/1	女	2020513078	设计	77	90	74
穆明	2020/9/1	男	2020513006	设计	84	78	65
万年红	2020/9/1	女	2020512009	计算机	69	56	68

(a)学生成绩表中的数据表

成绩汇总表

姓名	入学时间	性别	学号	专业	总分
徐强	2020/9/1	男	2020510224	经济学	
刘东	2020/9/1	男	2020510225	经济学	
张丹	2020/9/1	女	2020511006	会计学	
王平	2020/9/1	女	2020511007	会计学	
周海英	2020/9/1	女	2020513078	设计	
穆明	2020/9/1	男	2020513006	设计	
万年红	2020/9/1	女	2020512009	计算机	

(b)成绩汇总表中的数据表

F5　=学生成绩表!F5+学生成绩表!G5+学生成绩表!H5

成绩汇总表

姓名	入学时间	性别	学号	专业	总分
徐强	2020/9/1	男	2020510224	经济学	284
刘东	2020/9/1	男	2020510225	经济学	236
张丹	2020/9/1	女	2020511006	会计学	235
王平	2020/9/1	女	2020511007	会计学	229
周海英	2020/9/1	女	2020513078	设计	241
穆明	2020/9/1	男	2020513006	设计	227
万年红	2020/9/1	女	2020512009	计算机	193

(c)成绩汇总表的计算结果

图 4－64　同工作簿中不同工作表的引用

（5）不同工作簿的单元格引用。如果学生成绩表在“工作簿 1”的“学生成绩表”（工作表 Sheet 的名字）中，“成绩汇总表”（工作表 Sheet 的名字）在“工作簿 2”中，并且两个工作簿均打开，求每名学生的总分，如图 4－65 所示，那么需要在“工作簿 2”的“成绩汇总表”的 F4 单元格输入公式“＝[工作簿 1]学生成绩表！F4＋[工作簿 1]学生成绩表！G4＋[工作簿 1]学生成绩表！H4”，按 Enter 键计算公式后再用自动填充柄填充计算余下的总分，或者在“工作簿 2”的“成绩汇总表”的 F4 单元格中输入公式的“＝”后，用鼠标点选引用的“工作簿 1”中“学生成绩表”的数据单元格，也能自动填充工作簿名、表名和单元格地址，形成的公式也相同。但实际执行公式后，显示的公式有些不同，再次查看 F4 单元格中的公式，可见自动补全了工作簿的文件类型后缀“. xlsx”。

F4 =[工作簿1.xlsx]学生成绩表!F4+[工作簿1.xlsx]学生成绩表!G4+[工作簿1.xlsx]学生成绩表!H4

成绩汇总表

姓名	入学时间	性别	学号	专业	总分
徐强	2020/9/1	男	2020510224	经济学	284
刘东	2020/9/1	男	2020510225	经济学	236
张丹	2020/9/1	女	2020511006	会计学	235
王平	2020/9/1	女	2020511007	会计学	229
周海英	2020/9/1	女	2020513078	设计	241
穆明	2020/9/1	男	2020513006	设计	227
万年红	2020/9/1	女	2020512009	计算机	193

图 4－65　不同工作簿的单元格引用

4.4.3　函数的使用

函数属于特殊的公式，但实际中如果用前面介绍的运算符和单元格引用数据组成公式表达式，往往形成的表达式较为烦琐，因此 Excel 2016 中已经定义了一些能完成特定计算功能的公式，称之为“函数”，使用函数能增强计算能力、简化公式、提高效率。

1. 函数的格式

函数由函数名和参数构成，语法格式为“函数名(参数 1，参数 2，…)”，但切记不要忘记输入公式时先输入“＝”。函数的参数可以是常量、单元格、单元格区域、区域名或其他函数。

2. 函数的输入

(1)直接输入。在需要输入公式的单元格中输入“＝函数名(参数 1，参数 2，…)”，根据实际计算需求，公式表达式中可以含有多个函数，也可以在函数中嵌套函数。这种方式快捷需要一定的熟练性，但往往在输入函数名后，Excel 会自动弹出和输入函数名相类似的所有函数，选择一种函数后还会自动继续提示参数格式。输入函数时，不区分大小写。

(2)插入函数。由于 Excel 提供了大量的函数，记住每个函数名和参数是十分困难且没有必要的，因此在需要输入公式的单元格中输入“＝”后，继续采用下面的步骤插入函数：“公式”→“插入函数(fx 插入函数)→，弹出如图 4－66(a)所示“插入函数”对话框，在“搜索函数”窗口中输入简单的函数功能“和”，单击“转到”即在“选择函数”窗口中列出含有该功能的所有函数名称，鼠标左键双击选取其中一个函数名称“SUM”，进入该函数的“函数参数”设置对话框，根据该函数中每个参数的说明，输入参数引用的单元格或单元格区域“F4：H4”，单击“确定”即完成插入函数操作。再次实现例 4－1。

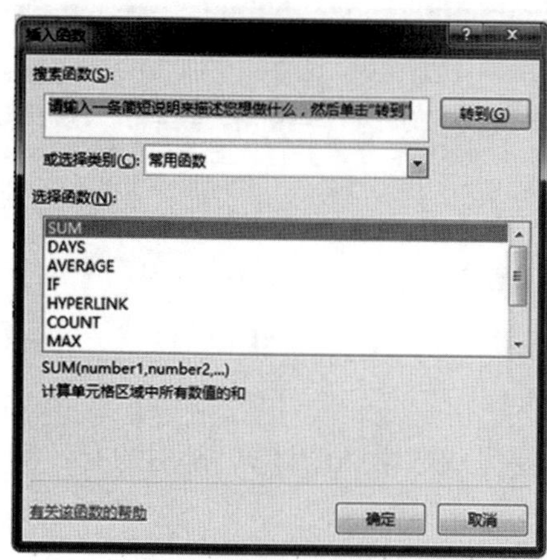

(a)插入函数

(b)搜索函数

函数参数

SUM

Number1 F4:H4 = {85,99,100}

Number2 = 数值

= 284

计算单元格区域中所有数值的和

Number1: number1,number2,... 1 到 255 个待求和的数值。单元格中的逻辑值和文本将被忽略。但当作为参数键入时，逻辑值和文本有效

计算结果 = 284

有关该函数的帮助(H)　确定　取消

(c)编辑函数参数

I4　=SUM(F4:H4)

	A	B	C	D	E	F	G	H	I	J
1	学生成绩表									
2										
3	姓名	入学时间	性别	学号	专业	外语	数学	语文	总分	平均分
4	徐强	2020/9/1	男	2020510224	经济学	85	99	100	284	
5	刘东	2020/9/1	男	2020510225	经济学	89	59	88	236	
6	张丹	2020/9/1	女	2020511006	会计学	56	100	79	235	
7	王平	2020/9/1	女	2020511007	会计学	66	77	86	229	
8	周海英	2020/9/1	女	2020513078	设计	77	90	74	241	
9	穆明	2020/9/1	男	2020513006	设计	84	78	65	227	
10	万年红	2020/9/1	女	2020512009	计算机	69	56	68	193	

(d)函数实现总分求解

图 4－66　插入函数

除了使用插入函数（fx 插入函数）实现以外，也可以使用："公式"→"函数库"。函数库中按照应用分类为自动求和（常用函数）、最近使用的函数、财务、逻辑、文本、日期和时间、查找与引用、数学和三角函数及其他函数，如图 4－67 所示。

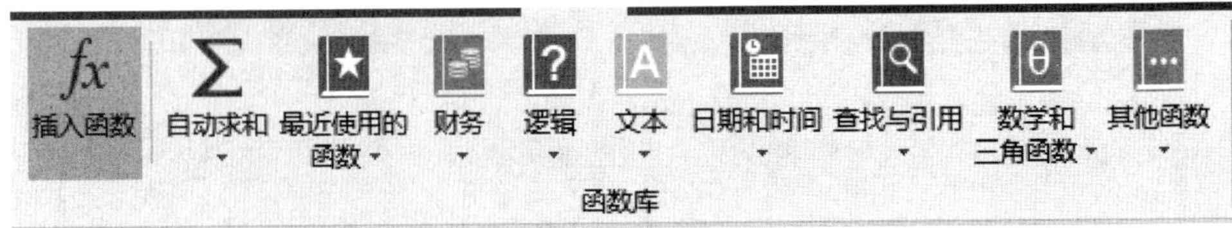

图 4-67　函数库

3. 常用函数

下面介绍几种常用的函数，只给出函数的名字：

(1)数学与三角函数。数学与三角函数主要完成数学类的计算，常用的有：

SUM：计算单元格区域中所有数据的和。

SUMIF：对单元格区域中满足指定条件的所有数据求和。

PRODUCT：计算单元格区域中所有对应数据的乘积。

SIN：计算给定角度的正弦值。

SQRT：计算数值的平方根。

PI：计算圆周率的值，精确到 15 位。

ABS：计算给定数值的绝对值。

MOD：计算两个数相除的余数。

INT：将给定的数值向下取整为最接近的整数。例如" = INT(5.3)"结果是 5，" = INT(-5.3)"结果是 -6。

POWER：计算某数的乘幂。例如输入" = POWER(2,3)"结果是 8。

ROUND：按指定的保留位数对数值四舍五入。例如输入" = ROUND(PI( ),2)"结果是 3.14。

(2)日期和时间函数。日期和时间类函数主要处理 Excel 中日期和时间类型数据，常用的有：

YEAR：给出日期参数的年份，返回 1900 到 9999 之间的整数。

MONTH：给出日期参数的月份，返回 1 到 12 之间的整数。

DAY：给出日期参数的天数，返回 1 到 31 之间的整数。

TODAY：给出计算机系统内部时钟的当前日期。

HOUR：给出时间参数对应的小时，返回 0 到 23 之间的整数。

MINUTE：给出时间参数对应的分钟，返回 0 到 59 之间的整数。

SECOND：给出时间参数的秒数，返回 0 到 59 之间的整数。

NOW：给出计算机系统内部时钟的当前日期和时间。

例如：A 列为日期型数据，在 B1 单元格输入" = YEAR(A1)"，在 B2 单元格输入" = MONTH(A2)"，在 B3 单元格输入" = DAY(A3)"，在 C1 单元格输入" = NOW( )"，分别得到对应的年、月、日、当前的日期和时间，如图 4-68 所示。

(3)统计函数。统计函数主要对单元格区域中的数据进行统计分析，常用的有：

AVERAGE：计算单元格区域中所有数值的算数平均值。

MAX：计算单元格区域中所有数值的最大值。

	A	B	C
1	2021/1/14	2021	2021/2/15 22:15
2	2021/1/15	1	
3	2021/1/18	18	

图4－68 日期和时间函数操作

MIN:计算单元格区域中所有数值的最小值。

COUNT:计算单元格区域中包含的数字个数,文本不计入。

COUNTA:计算单元格区域中非空单元格的个数。

COUNTIF:统计单元格区域中满足指定条件的单元格个数。

VARA:估算基于给定样本(包括逻辑值和字符串)的方差;字符串和逻辑值 FALSE 等价于数值0,TRUE 等价于数值1。

STDEVA:估算基于给定样本(包括逻辑值和字符串)的标准差;字符串和逻辑值 FALSE 等价于数值0,TRUE 等价于数值1。

RANK:某一数值在一列数值中,相对于其他数值大小的排名。RANK 函数非常实用。

(4)逻辑函数。常用的逻辑函数有:

IF:和指定的条件进行逻辑判断,根据判断结果的真、假,返回不同的结果。

AND:判断给定的所有参数全为 TRUE,函数就返回 TRUE,否则返回 FALSE。

OR:判断给定的所有参数,只要有一个参数为 TRUE,函数就返回 TRUE,否则返回 FALSE。

NOT:对给定的参数求反。如果参数等价为 TRUE,函数结果为 FALSE;如果参数等价为 FALSE,函数结果为 TRUE。

4. 单变量求解

单变量求解类似于解方程的过程。根据公式计算要获得一个确定的结果,要求公式中引用的单元格数据应取值多少的问题。

例如:年终奖金是四个季度销售额和的20%,已知前三个季度的销售额,求第四季度销售额应为多少时,年终奖金可以获得1 000 元,如图4－69所示。

D3　=SUM(B2:B5)*20%

	A	B	C	D	E
1	销售额				
2	第一季度	1550		年终奖金	
3	第二季度	1235		766.6	
4	第三季度	1048			
5	第四季度				

图4－69 单变量求解

在 D3 单元格输入公式确定年终奖金,使用单变量求解需要如下操作路径:“数据”→“预测”→“模拟分析”→“单变量求解”,弹出如图4－70所示对话框,设置目标单元格地址为 D3,目标值为1 000,可变单元格为 B5 或“ $B$5”,单击“确定”,Excel 进行迭代,最终求得符合目标值的解。

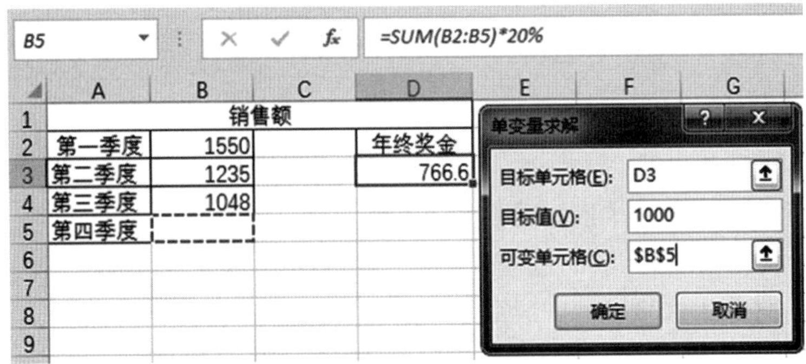

(a)设置单变量求解

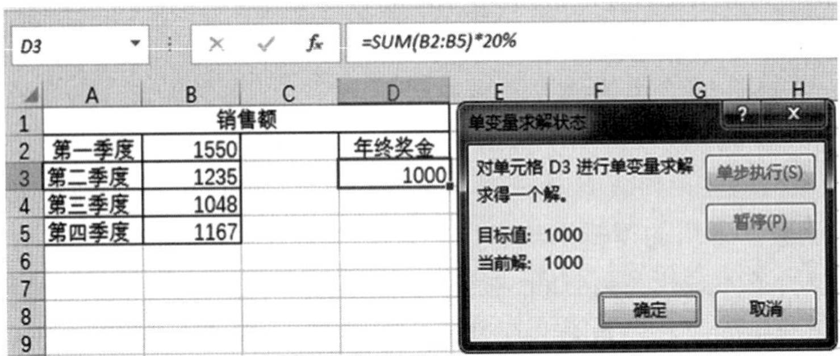

(b)求解结果

图 4－70　单变量求解

5. 案例

例 4－2　"Sheet1"工作表中为案例所需数据,原始数据和操作结果如图 4－71 所示。

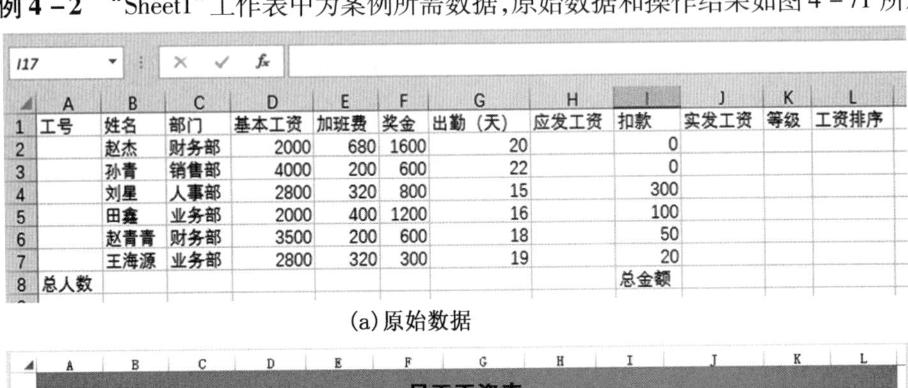

	A	B	C	D	E	F	G	H	I	J	K	L
1	工号	姓名	部门	基本工资	加班费	奖金	出勤（天）	应发工资	扣款	实发工资	等级	工资排序
2		赵杰	财务部	2000	680	1600	20		0			
3		孙青	销售部	4000	200	600	22		0			
4		刘星	人事部	2800	320	800	15		300			
5		田鑫	业务部	2000	400	1200	16		100			
6		赵青青	财务部	3500	200	600	18		50			
7		王海源	业务部	2800	320	300	19		20			
8	总人数								总金额			

(a)原始数据

员工工资表

	A	B	C	D	E	F	G	H	I	J	K	L
2	工号	姓名	部门	基本工资	加班费	奖金	出勤（天）	应发工资	扣款	实发工资	等级	工资排序
3	001	赵杰	财务部	¥2,000.0	¥680.0	¥1,600.0	20	¥4,280.0	¥0.0	¥4,280.0	合格	2
4	002	孙青	销售部	¥4,000.0	¥200.0	¥600.0	22	¥4,800.0	¥0.0	¥4,800.0	合格	1
5	003	刘星	人事部	¥2,800.0	¥320.0	¥800.0	15	¥3,920.0	¥300.0	¥3,620.0	不合格	4
6	004	田鑫	业务部	¥2,000.0	¥400.0	¥1,200.0	16	¥3,600.0	¥100.0	¥3,500.0	不合格	5
7	005	赵青青	财务部	¥3,500.0	¥200.0	¥600.0	18	¥4,300.0	¥50.0	¥4,250.0	合格	3
8	006	王海源	业务部	¥2,800.0	¥320.0	¥300.0	19	¥3,420.0	¥20.0	¥3,400.0	合格	6
9	总人数	6							总金额	¥23,850.0		

(b)操作结果

图 4－71　例 4－2 原始数据和操作结果

操作要求如下：

(1)填充工号:001 ~006。

(2)对表格进行格式化。

①在工作表的第一行上方插入新的一行，输入标题“员工工资表”，黑体，18 号，加粗，合并 A1:L1 单元格后并居中，填充颜色：绿色，个性6。除标题行以外的内容格式设置为宋体，12 号，居中，加所有边框线，行高 18。

②给 C4 单元格插入批注，内容为“部长”。

③为所有金额前添加人民币“￥”符号，并保留 1 位小数。

④为“出勤(天)”列中的数据添加条件格式，高于 20 天的设置为“浅红填充色深红色文本”。

(3)利用公式和函数进行计算。

①利用公式或函数计算出“应发工资”和“实发工资”。应发工资 = 基本工资 + 加班费 + 奖金；实发工资 = 应发工资 - 扣款。

②利用 IF 函数和 AND 函数判断员工的等级，如果出勤天数大于等于 18 天并且扣款小于 100 元，显示“合格”，否则显示“不合格”。

③利用 RANK 函数给出实发工资的排名情况，结果放在“工资排序”列中。

④利用 COUNTA 函数统计总人数，结果放在 B9 单元格中。

⑤利用 SUM 函数统计实发工资总金额，结果放在 J9 单元格中。

对应的操作步骤如下：

(1)填充工号:001 ~006，在工号列输入前两个工号“'001”和“'002”，然后用填充柄向下填充。

(2)对表格进行格式化。

①按照要求逐步设置即可。

②单击 C4 单元格，通过：“审阅”→“新建批注”，输入批注内容为“部长”。

③按照操作结果选中为金额的单元格区域后，通过：“开始”→“数字”→“货币”，添加人民币“￥”符号，并通过减少小数位数(.00→.0)保留 1 位小数。

④选中出勤列单元格，通过：“开始”→“样式”→“条件格式”→“突出显示单元格规则”→“大于”，“为大于以下值的单元格设置格式”输入 20，“设置为”用默认的“浅红填充色深红色文本”即可。

(3)利用公式和函数进行计算。

①在 H3 单元格输入公式“ =D3 +E3 +F3”，在 J3 单元格输入公式“ =H3 - I3”。

②在 K3 单元格输入公式“ =IF(AND(G3 > =18,I3 <100),“合格”,“不合格”)”。

③在 L3 单元格输入公式“ =RANK(J3, $J$3: $J$8)”。

④在 B9 单元格输入公式“ =COUNTA(B3:B8)”。

⑤在 J9 单元格输入公式“ =SUM(J3:J8)”。

以上输入公式后，计算出第一个值后，使用填充柄自动填充计算余下的值。

4.5 Excel 2016 图表

通过图表可以将数据直观地展示出来,通过图表可以清晰地看出数据之间的关系及其发展趋势。Excel 2016 提供了多种图表类型,在“插入”→“图表”功能面板上列出了所有的图表类型,并且每种图表类型中还包含若干个子类型。图表类型虽然多,但只要学会一种图表类型,其他类型都是相通的。需要强调的是,图表是为了展示数据,应该重点思考使用哪一种图表类型才能更直观地展现数据。

4.5.1 创建图表

例 4 - 2 的分析结果如图 4 - 71(b)所示,利用“姓名”列和“实发工资”列生成图表。首先选中“姓名”列和“实发工资”列,即 B2:B8 和 J2:J8,通过:“插入”→“图表”,面板上列出了图表类型,可以单击图标或单击图表面板右下角的箭头(↘)查看“推荐的图表”和“所有图表”,选择一种图表类型,如图 4 - 72 所示。

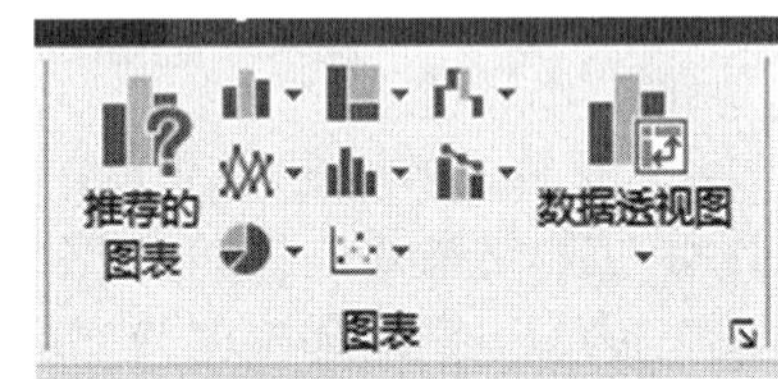

(a)面板图表

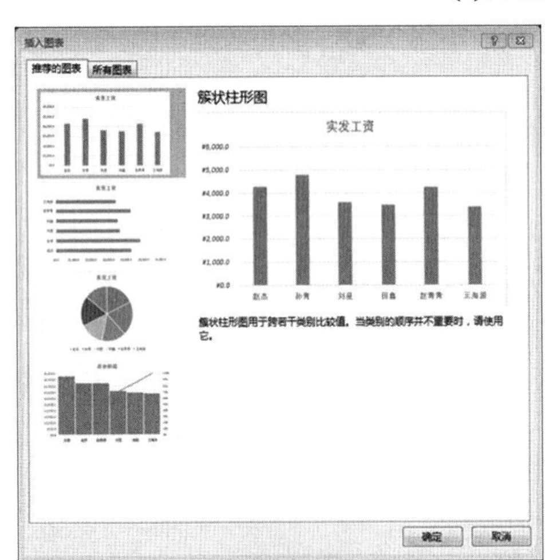

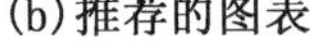

(b)推荐的图表

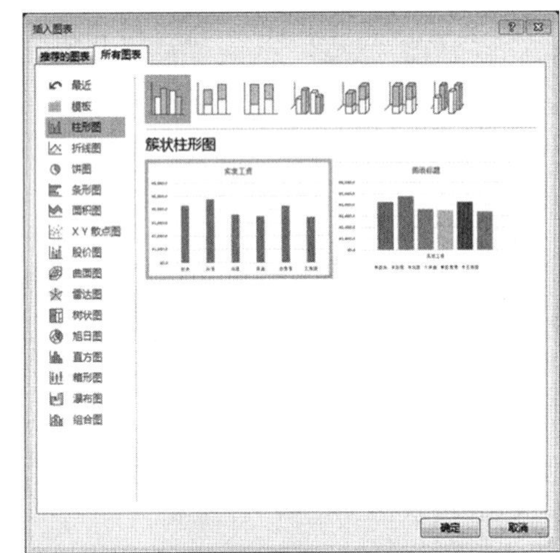

(c)所有图表

图 4 - 72 插入图表的方法

1. 柱形图

选择“所有图表”中的“柱形图”,在图 4 - 72(c)中的上方给出了柱形图的子类型,鼠标悬停在子类型上方会弹出子图的具体名字,同时下方会出现这种子类型图的名字和可选样式。例如这里选择“簇状柱形图”,选择第 1 种样式,然后单击“确定”按钮,可见自动插入了柱形图，如图 4－73 所示。

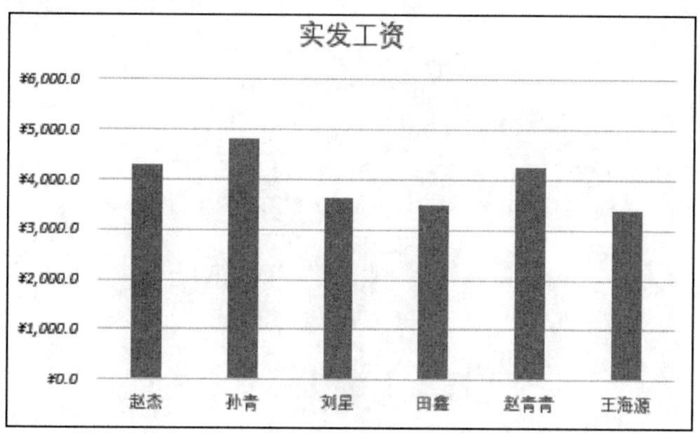

图 4－73　簇状柱形图

2. 折线图

折线图能够较好地展示数据的变化趋势，选择图表类型为“带数据标记的折线图”，如图 4－74 所示。

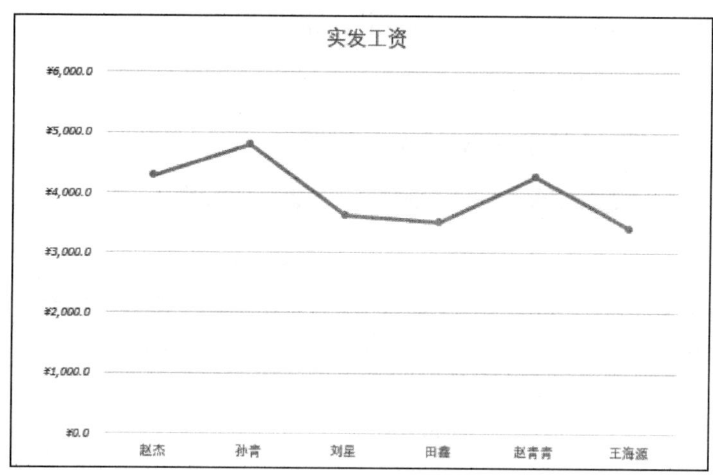

图 4－74　带数据标记的折线图

3. 饼图

饼图能够较好地显示出各项数据所占的比例，选择“三维饼图”，插入三维饼图，并进一步美化，单击饼图激活“图表工具”，通过：“图表工具”→“设计”→“图表样式”→“样式 3”，如图 4－75 所示。

4. 条形图

条形图用于显示各个项目之间的比较情况，选择“簇状条形图”，并“设计”为样式 7，如图 4－76 所示。

5. 面积图

面积图也能够较好地显示数据变化趋势，选择图表类型为“堆积面积图”，如图 4－77 所示。

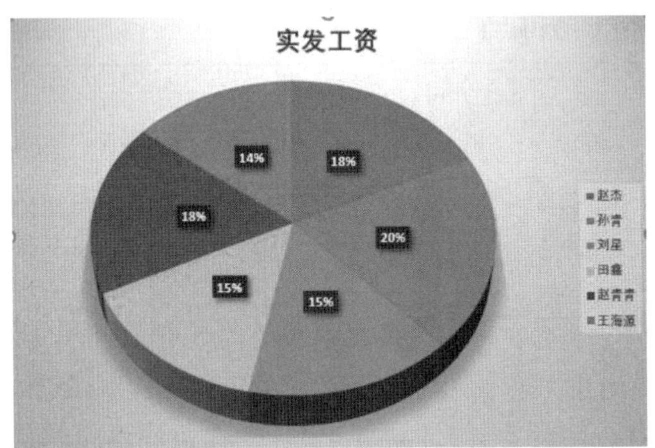

图 4－75　三维饼图

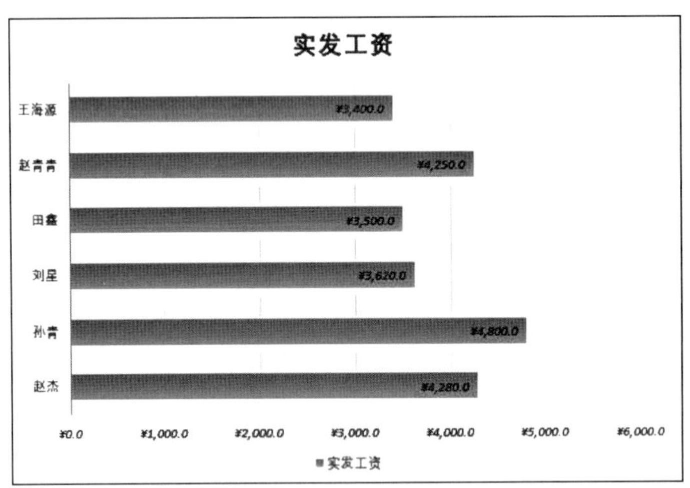

图 4－76　簇状条形图

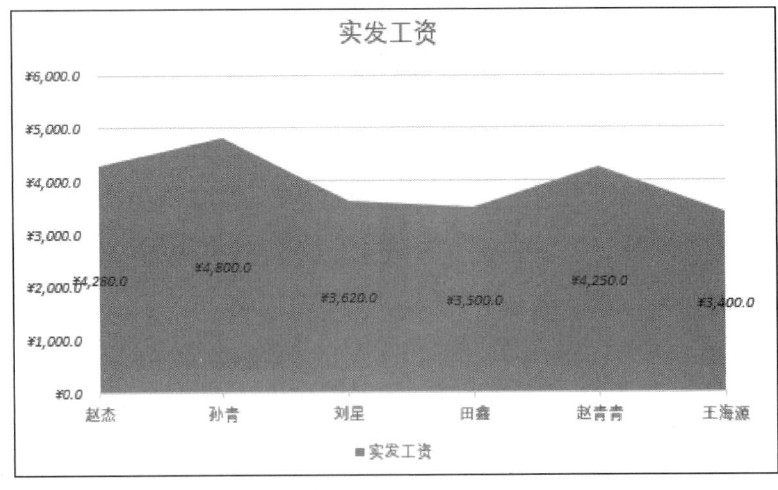

图 4－77　堆积面积图

6. XY 散点图

散点图表示因变量随自变量的变化而变化的大致趋势，据此可以选择合适的函数对数据进行拟合，散点图通常用于比较跨类别的聚合数据。图表类型选择“带直线和数据标记的散点图”，如图 4 – 78 所示。

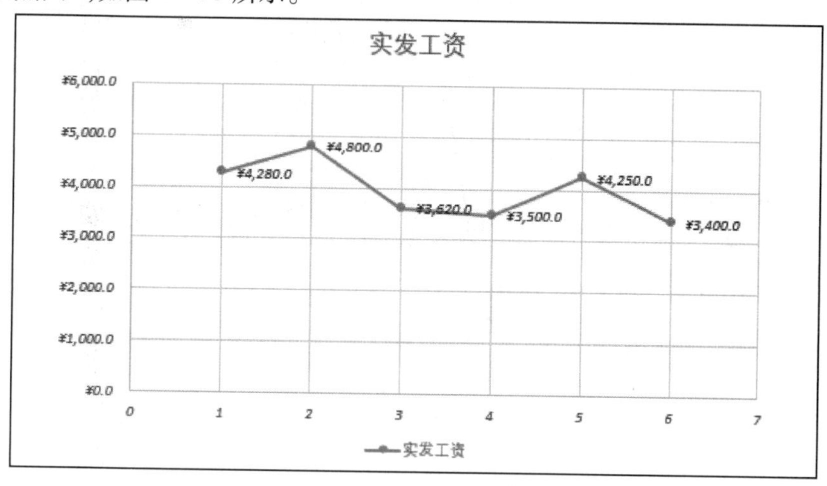

图 4 – 78　带直线和数据标记的散点图

7. 股价图

绘制股价图需要股价数据，图 4 – 79(a) 为部分股价数据，其中填充为黄色的单元格区域为生成股价图所需的数据，选中这些单元格区域，通过：“插入”→“图表”→“股价图”→选择第四种“成交量 – 开盘 – 盘高 – 盘低 – 收盘图”类型，形成股价图，选中其中的成交量柱形图，右键选择“更改图表类型”，选择“组合图”，选择“系列名称”中的“成交量”，图表类型为“带数据标记的折线图”，再通过图表工具的“设计”，选择“跌柱线 2”设置填充和轮廓为“红色”，选择“涨柱线 2”设置填充和轮廓为“绿色”，选择“高低点连线 2”设置轮廓为“黑色”，形成最后的股价图，如图 4 – 79(b) 所示。

	A	B	C	D	E	F	G	H	I	J	K	L	M	N	O	P	Q	R
1	日期	代码	股票名称	最新价	涨跌幅	涨跌额	成交量(万)	成交额	振幅	开盘价	盘高	盘低	收盘价	量比	换手率	市盈率(动态)	市净率	加自选
2	2021/2/17	300945	N曼卡龙	21.92	380.70%	17.36	32.77	7.67亿	214.91%	23	29.8	20	4.56	-	67.74%	60.67	6.4	
3	2021/2/17	300943	N春晖	36.2	269.77%	26.41	19	6.58亿	193.67%	29.35	46.96	28	9.79	-	65.49%	64.05	6.39	
4	2021/2/17	688070	N纵横	55.01	137.52%	31.85	14.9	9.22亿	90.11%	60.6	73.88	53.01	23.16	-	82.84%	172.43	6.72	
5	2021/2/17	300947	N德必	86.9	68.84%	35.43	6.3	6.26亿	87.43%	100.98	125	80	51.47	-	46.77%	52.32	3.08	
6	2021/2/17	3038	N鑫铂	26.04	44.03%	7.96	0.2842	739.63万	24.00%	21.7	26.04	21.7	18.08	-	1.07%	30.47	3.32	
7	2021/2/17	688185	康希诺-U	540	20.00%	90	3.77	18.78亿	21.06%	449.43	540	445.23	450	1.97	16.63%	-569.77	21.25	
8	2021/2/17	688039	当虹科技	67.71	19.84%	11.21	0.776	4951.31万	19.65%	56.8	67.75	56.65	56.5	2.26	1.61%	199.07	3.91	
9	2021/2/17	688050	爱博医疗	224.4	19.22%	36.17	2.49	5.33亿	18.81%	190.48	225.88	190.47	188.23	3.03	11.07%	257.72	15.83	
10	2021/2/17	688202	美迪西	296.41	17.80%	44.79	0.8148	2.30亿	19.53%	252.25	301	251.86	251.62	1.32	3.13%	184.37	17.15	
11	2021/2/17	300301	长方集团	3.51	13.23%	0.41	62.87	2.17亿	14.52%	3.21	3.66	3.21	3.1	1.66	10.08%	-86.53	2.37	
12	2021/2/17	300937	药易购	73.84	13.22%	8.62	10.64	7.52亿	23.40%	63	78.26	63	65.22	0.97	46.83%	163.43	9.47	
13	2021/2/17	300406	九强生物	23.12	12.62%	2.59	12.9	2.84亿	12.52%	20.55	23.12	20.55	20.53	2.13	3.91%	116.54	4.3	
14	2021/2/17	300142	沃森生物	54.66	12.42%	6.04	104.58	54.67亿	16.43%	48.68	56.34	48.35	48.62	1.53	7.05%	145.3	14.61	
15	2021/2/17	300641	正丹股份	6.59	12.07%	0.71	52.48	3.33亿	16.33%	6.1	6.89	5.93	5.88	2.08	10.72%	95.58	2.41	
16	2021/2/17	300896	爱美客	1215	11.63%	126.6	2.62	30.00亿	16.99%	1070	1238	1053.05	1088.4	1.64	10.06%	332.11	32.21	
17	2021/2/17	300393	中来股份	9.44	11.58%	0.98	34.96	3.19亿	12.88%	8.5	9.55	8.46	8.46	1.57	6.46%	20.92	1.94	
18	2021/2/17	300601	康泰生物	203.2	11.51%	20.98	13.04	25.53亿	13.64%	185.51	206.87	182.01	182.22	1.03	2.66%	241.13	20.11	
19	2021/2/17	300863	卡倍亿	98.18	11.49%	10.12	2.57	2.51亿	17.92%	88.21	103.99	88.21	88.06	1.66	19.62%	129.02	9.7	
20	2021/2/17	688133	泰坦科技	152	11.11%	15.2	0.7695	1.11亿	13.18%	136	152.16	134.13	136.8	1.18	4.94%	171.23	8.36	
21	2021/2/17	688222	成都先导	40.13	10.64%	3.86	3.32	1.31亿	14.25%	36.87	41	35.83	36.27	1.38	9.02%	825.44	13.12	

(a) 股票数据

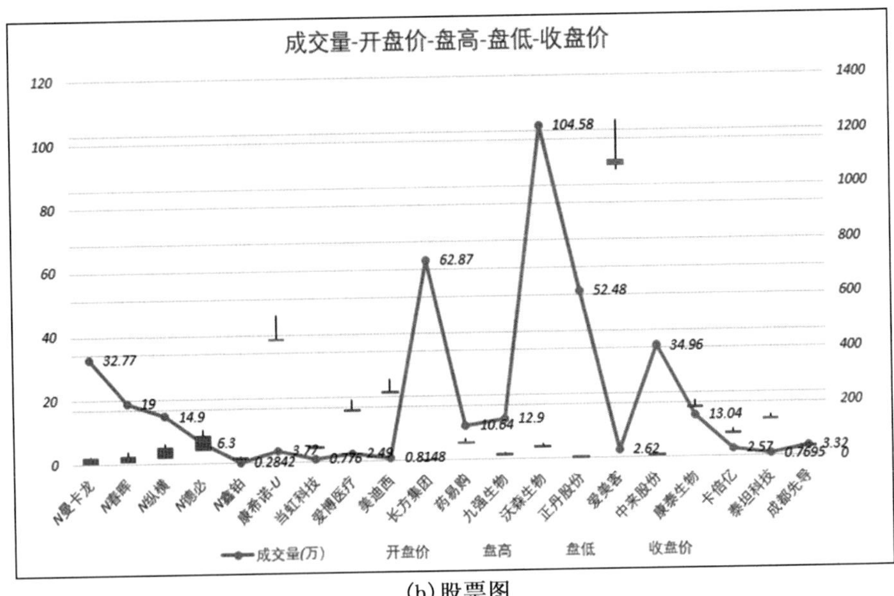

(b)股票图

图 4－79　股价图

8. 曲面图

曲面图仍然使用例 4－2 的结果数据。选择“姓名”“应发工资”“实发工资”三列数据,插入三维曲面图,如图 4－80 所示。由图中可见,将工资划分成五个区间,不同区间设置不同颜色,绘制每个员工的应发工资和实发工资,连接成曲面。

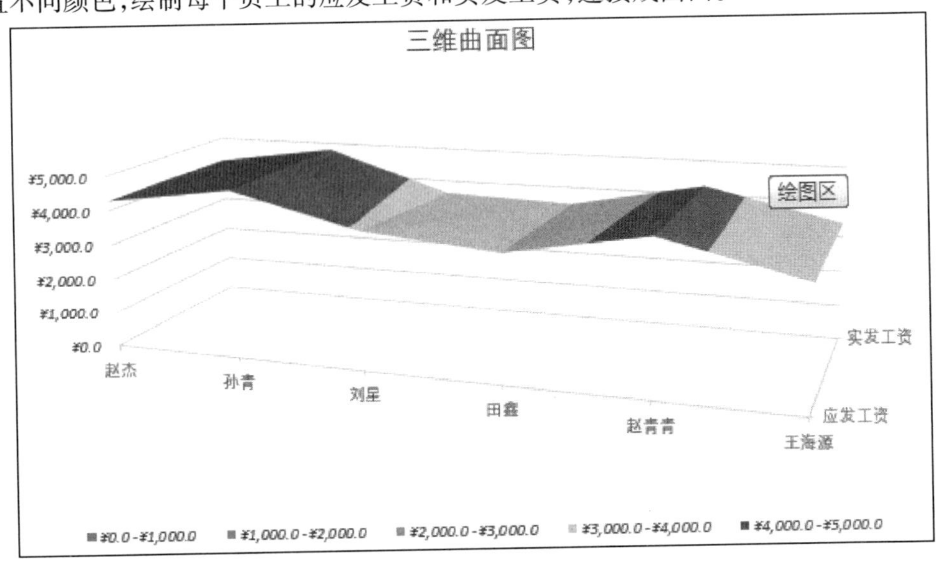

图 4－80　三维曲面图

9. 雷达图

雷达图能够一目了然地了解各项指标的达成度,图表类型选择“雷达图”,如图 4－81 所示,可见每个员工的应发工资和实发工资的数据达成度对比。

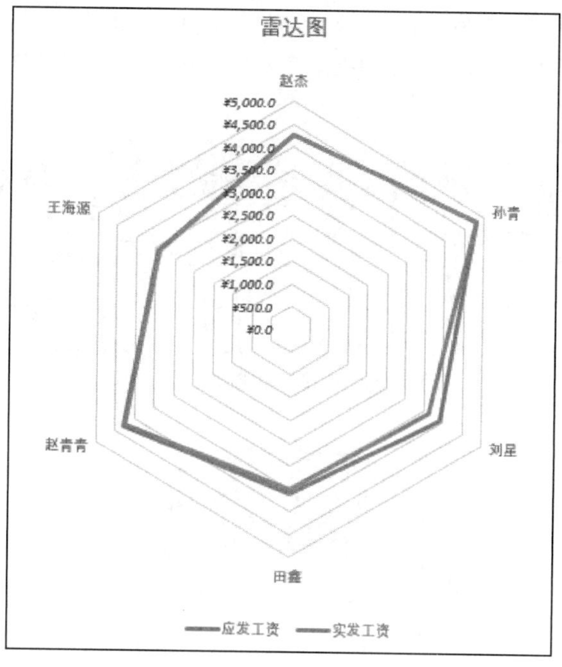

图 4－81　雷达图

10. 树状图

树状图是 Excel 2016 新增加的功能,不需要复杂的函数就可以实现。Excel 的树状图侧重于数据的分析与展示,如图 4－82 所示,以色块的形式表示各个数据量,通过色块的大小代表数值的大小,数据对比一目了然。

各员工实发工资树状图

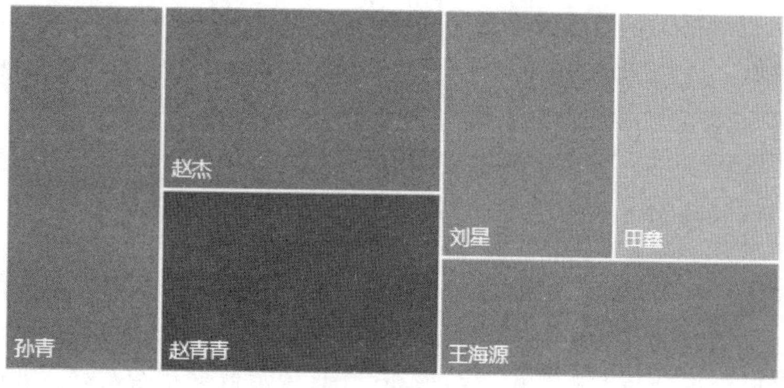

图 4－82　树状图

11. 旭日图

旭日图是 Excel 2016 新增的功能,旭日图类似饼图和环形图的合体,但旭日图超越传统的饼图和环形图,能表达清晰的层级和归属关系,以层次结构来显示数据构成情况。旭日图中,离原点越近,表示级别越高,相邻两层中,是内层包含外层的关系。选择例

4－2 中的“姓名”“部门”“实发工资”三列数据，插入旭日图，如图 4－83 所示，在选择三列数据前，更改部门和姓名的列顺序，按部门进行排序。插入旭日图后，“设置数据标签格式”的“标签选项”中包括“类别名称”和“值”。

员工工资表											
工号	部门	姓名	基本工资	加班费	奖金	出勤（天）	应发工资	扣款	实发工资	等级	工资排序
001	财务部	赵杰	¥2,000.0	¥680.0	¥1,600.0	20	¥4,280.0	¥0.0	¥4,280.0	合格	2
005	财务部	赵青青	¥3,500.0	¥200.0	¥600.0	18	¥4,300.0	¥50.0	¥4,250.0	合格	3
003	人事部	刘星	¥2,800.0	¥320.0	¥800.0	15	¥3,920.0	¥300.0	¥3,620.0	不合格	4
002	销售部	孙青	¥4,000.0	¥200.0	¥600.0	22	¥4,800.0	¥0.0	¥4,800.0	合格	1
004	业务部	田鑫	¥2,000.0	¥400.0	¥1,200.0	16	¥3,600.0	¥100.0	¥3,500.0	不合格	5
006	业务部	王海源	¥2,800.0	¥320.0	¥300.0	19	¥3,420.0	¥20.0	¥3,400.0	合格	6

(a)数据列重排、按部门排序

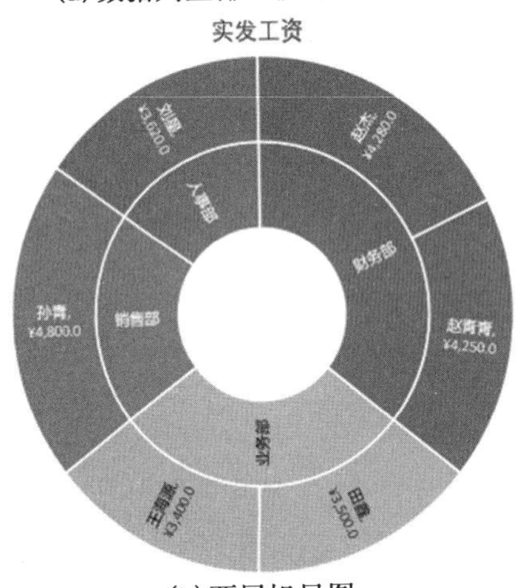

(b)两层旭日图

图 4－83　旭日图

12. 直方图

直方图又称频率分布图，外观类似于柱形图，但柱形之间无间隙，可以按照区间统计数据出现的频率，通过这些高度不同的柱形，可以直观地观察数据的分步情况。例 4－2 中选择“姓名”和“实发工资”插入直方图，由于实发工资数据分布在 3 000 至 5 000 之间，因此需要调整区间，通过：“设置坐标轴格式”→“坐标轴选项”→“箱”→“箱数”，设置为 3，并设置“添加数据标签”，最终直方图如图 4－84 所示。

由图中可见，三个工资区间的人数分别为 3 人、2 人、1 人。

13. 箱形图

箱型图也称箱线图，它是用一组数据中的最小值、下四分位数、中位数、上四分位数和最大值来反映数据分布的中心位置与散布范围，展示数据是否对称。如图 4－85 所示，选择两科成绩数据“B2：C14”插入箱型图，通过：设置数据标签格式，系列“数学”数据标签/系列“语文”数据标签，分别设置“标签选项”包括“系列名称”和“值”，“标签位置”中数学设为“靠左”、语文设为“靠右”，设置“数字”的“类别”为“数字”且“小数位数”为 2。

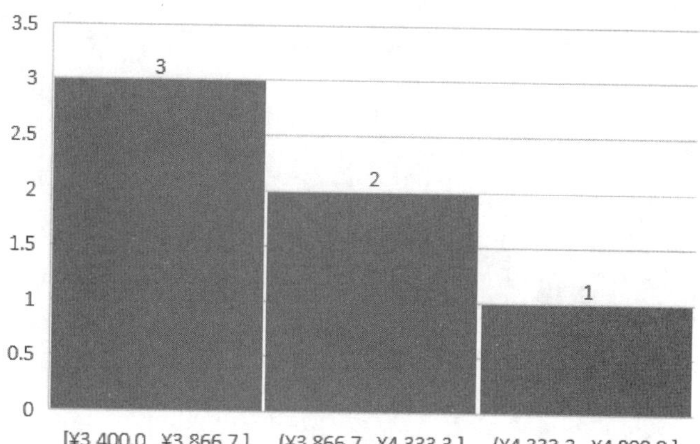

图 4 – 84 直方图

	A	B	C
1		各科成绩	
2	从小到大序号	数学	语文
3	1	5	0
4	2	10	12
5	3	25	20
6	4	29	32
7	5	45	32
8	6	46	41
9	7	47	41
10	8	49	51
11	9	63	54
12	10	69	65
13	11	90	70
14	12	100	92
15	最小值	5	0
16	下四分位数位置	3.25	3.25
17	下四分位数	26	23
18	中位数（2位小数）	48.17	42.5
19	上四分位数位置	9.75	9.75
20	上四分位数	67.5	62.25
21	最大值	100	92

图 4 – 85 箱型图

14. 瀑布图

瀑布图是由麦肯锡顾问公司所独创的图表类型，因为形似瀑布流水而称之为瀑布图。瀑布图又称“步行图”“阶梯图”，在财务分析中使用较多，能够展示出成本的构成及变化等情况。例 4 – 2 的结果数据中将“总金额”剪切到 C9 单元格，选择“姓名”和“实发工资”两列，即“C2:C9，J2:J9”，插入瀑布图，如图 4 – 86 所示，选择“总金额”柱状图后，鼠标右键选择“设置为汇总”，可见瀑布图能充分展现实发工资的总金额与每个员工的实发工资之间的分布关系。

15. 组合图

组合图不是一种单独的图表类型，在前面的“股价图”中已介绍，将生成好的股价图中的“成交量”系列由柱形图改成“带数据标记的折线图”，因此，组合图主要用于给图表中某些系列更改成其他类型的图，或者设置其绘制在次坐标轴上。

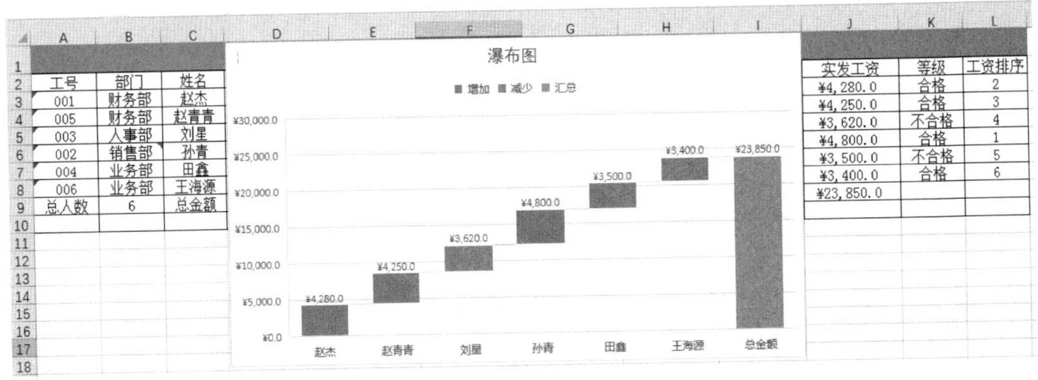

图 4-86　瀑布图

16. 迷你图

迷你图是从 Excel 2010 版本中就有的一种图，该图只能在一个单元格中绘制图形，方法十分简单，操作步骤如下：

(1) 鼠标左键单击选中要绘制迷你图的单元格。

(2) 通过："插入"→"迷你图"，可以选择"折线""柱形""盈亏"图中的一种图形，打开"创建迷你图"对话框。

(3) 设置"创建迷你图"对话框。"数据范围"选择要进行绘图的数据源，即存放数据的单元格区域。"位置范围"即为第一步中选择的单元格地址。单击"确定"按钮即可生成迷你图。

迷你图支持填充柄自动填充，即可以对一列/行单元格分别绘制其对应数据区域的迷你图。

4.5.2　编辑图表

1. 更改图表类型

(1) 更改整个图表类型。对已经生成的图表可以通过鼠标左键单击选择该图表，然后右键选择"更改图表类型"，按照 4.5.1 节介绍的方法选择一种图表类型即可。

(2) 更改图表中部分系列的类型。对已经生成的图表可以通过鼠标左键单击选择该图表，然后鼠标左键单击选择其中要更改的数据系列，然后右键选择"更改图表类型"中的"组合图"，在"系列名称"中对要更改的数据系列选择"图表类型"，根据实际需要勾选"次坐标轴"，然后单击"确定"按钮即可。

2. 图表工具

图表工具包含"设计"和"格式"两个功能面板，用于给已生成的图表进行美化或添加图表元素。图表类型不同时，"设计"面板下的"图表样式"有区别，但图表工具大体都是一样的。激活图表工具的方法就是鼠标左键单击已生成的图表，即可在菜单栏最后看到图表工具。以股价图为例，查看图表工具如图 4-87 所示。

格式面板包括：

"当前所选内容"：列出了当前图表中所有的组成部分，选中其中一个组成部分后，可以单独对其设置。同时“设置所选内容格式”也会启动“设置图表区格式”面板，进而对图表进行详细的设置和美化。

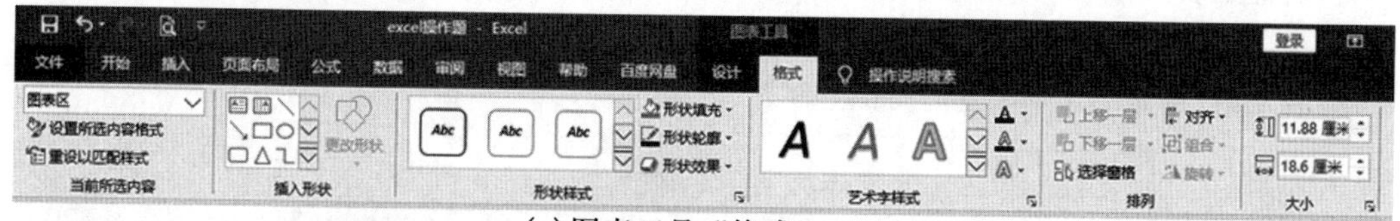

(a)图表工具“格式”

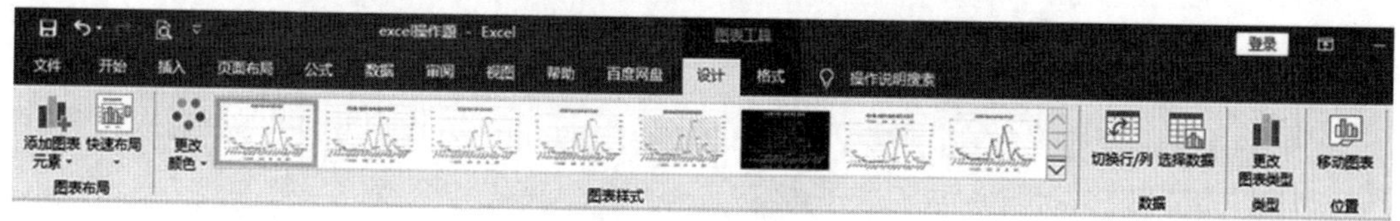

(b)图表工具“设计”

图 4－87 图表工具

“插入形状”：为图标中插入其他形状，与 Word 中的插入形状用法相同。

“形状样式”：设置图表中元素的“形状填充”“形状轮廓”“形状效果”。

“艺术字样式”：给图表中的文字增加艺术效果。

“排列”：给图表中插入的形状设置对齐和层。

“大小”：精确设置图表的宽度和高度。

设计面板包括：

“图表布局”：包括“添加图表元素”和“快速布局”，其中“添加图表元素”为图表添加：坐标轴、坐标轴标题、图表标题、数据标签、数据表、误差线、网格线、图例、线条、趋势线、涨/跌柱线。“快速布局”给出快速更改图表布局的方案。

“图表样式”：其中“更改颜色”用来更改图表的色彩搭配，右侧列出了已有的样式名称，可以直接选取已有样式，实现快速美化图表的目的。

“数据”：其中“切换行/列”表示切换已有图表的横纵坐标轴，“选择数据”用来“添加”“编辑”和“删除”已有图表中的数据源，后续会介绍。

“类型”：其中的“更改图表类型”即给图表更改类型，前面已经介绍。

“位置”：其中的“移动图表”，由于默认图表和数据源在同一个工作表中，可以通过移动图表功能将图表放置在新工作表中。

3. 修改图表的大小

(1)精确调整图表大小。在图表工具的“格式”中，在“大小”功能块中，输入精确的图表高度和宽度即可。

(2)粗略调整图表大小。选择图表后，将鼠标悬停在图表轮廓的四个角上，光标变成双向箭头，拖动鼠标即可调整图表大小。

4. 设置图表区格式

启动设置图表区格式有两种方法：

方法 1：左键单击图表激活图表工具，通过：“格式”→“当前所选内容”→“设置所选内容格式”。

方法 2:选中图表后右键,选择“设置图表区域格式”。

设置图表区格式启动后,会出现在编辑区右方,单击图表中的图表元素后,设置图表区格式会激活设置该元素的功能面板,也可以直接在设置图表区格式面板上选择要设置的图表元素,而进行具体设置。面板如图 4-88 所示。

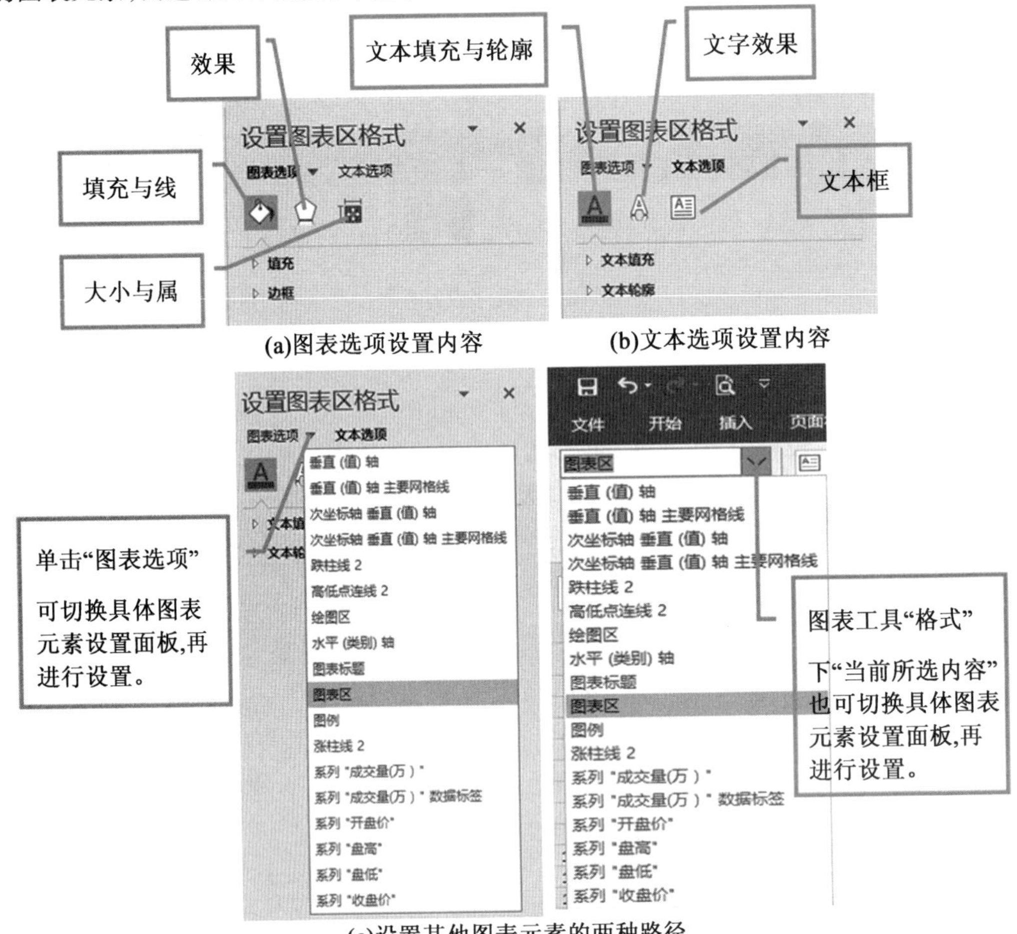

(a)图表选项设置内容　(b)文本选项设置内容

(c)设置其他图表元素的两种路径

图 4-88　设置图表区格式

5. 给已有图表添加数据系列

给已有图表添加数据系列是指对已经生成的图表“增加”“编辑”“删除”数据系列的方法。采用案例说明:

例 4-3　选择例 4-2 结果数据中“姓名”和“实发工资”两列插入“带数据标记的折线图”,根据需要再向图中增加“应发工资”列数据,方法如下:

(1)鼠标左键单击已经生成的折线图,鼠标右键选择“选择数据”,或者通过:“图表工具”→“设计”→“数据”→“选择数据”,打开“选择数据源”对话框。

(2)设置“选择数据源”对话框。如图 4-89(a)所示,“图例项”中单击“添加”,弹出“编辑数据系列”对话框,“系列名称”选择 \$H\$2 单元格,“系列源”选择 \$H\$3:\$H\$8 单元格区域,如图 4-89(b)所示,然后依次单击“确定”按钮,添加“应发工资”数据系列后的折线图已经完成，如图 4 – 89(c) 所示。

(a)选择数据集

(c)绘图结果

(b)编辑数据系列

图 4 – 89 例 4 – 3 给图表添加数据系列

6. 移动和嵌入图表

(1)移动图表。默认生成的图表是和数据源在同一张工作表中，移动图表的目的是让图表和数据源分开显示，有两种方法：

方法 1：选中图表后单击鼠标右键，选择“移动图表”，弹出“移动图表”对话框，设置移动的目标位置，如图 4 – 90 所示，选择“新工作表”，并取名为“带数据标记的折线图”，确定后可见生成了一个新工作表，但内容仅为图表。

方法 2：选中图表后激活“图表工具”，通过：“设计”→“位置”→“移动图表”，也能打开同样的“移动图表”对话框，同方法 1 设置即可。

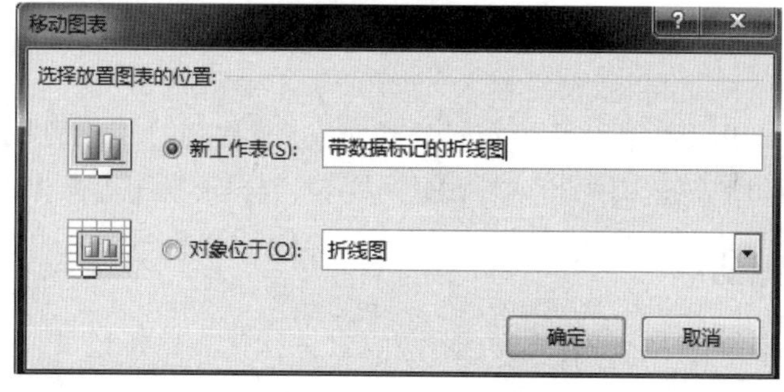

图 4 – 90 移动图表

(2)嵌入图表。嵌入图表是指将图表嵌入放置在工作表的指定单元格区域中，选中图表后当光标变成移动(✥)状态,按住鼠标左键同时要按 Alt 键并拖动鼠标到指定的单元格区域即可。移动图表时水平方向或垂直方向都以行或列为移动单位,将图表的左上角移动到开始单元格,再拖拽图表右下角移动到结束单元格,同时释放鼠标和 Alt 键即可。

7. 案例

例 4-4 在例 4-2 的结果数据基础上,利用"姓名"和"实发工资"两列数据生成一个三维簇状柱形图,要求显示数据标签,图例置于底部,操作结果如图 4-91 所示。

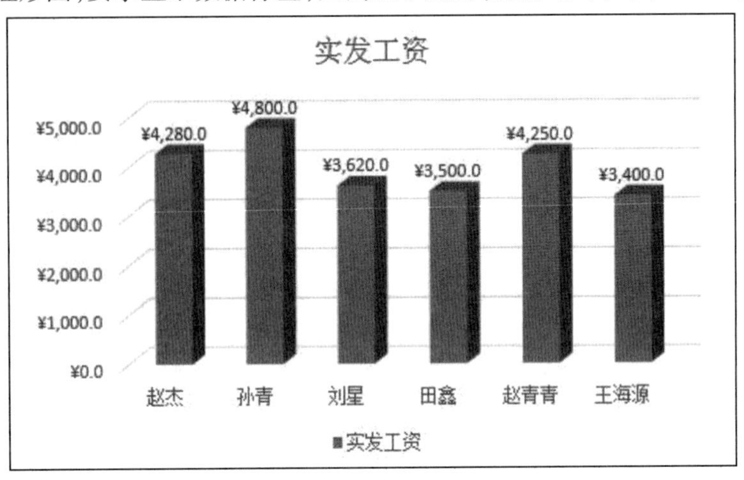

图 4-91 例 4-4 操作结果图

操作步骤:

(1)选择"姓名"和"实发工资"两列数据后,通过:"插入"→"图表"→"所有图表"→"柱形图"→"三维簇状柱形图"(左侧第一种子图)。

(2)选择柱形图系列,通过:"右键"→"添加数据标签"。

(3)鼠标左键单击绘图区域激活"图表工具",通过:"设计"→"图表布局"→"添加图表元素"→"图例"→"底部",添加图例。

(4)左键单击绘图区域,鼠标右键选择"设置图表区域格式",通过:"坐标轴选项"→"边界",设置边界("最小值"填"0.0","最大值"填"5000.0"),设置单位("大"填 1000.0)

4.6 Excel 2016 数据管理

Excel 中除了利用函数和公式进行计算以外,还可以通过创建数据清单管理和分析数据,包括查询、排序、筛选、分类汇总、数据透视表、数据透视图等操作。

4.6.1 数据清单

数据清单就是一个二维表格,与数据库相似,一行代表一条记录,一列代表一个字段(属性)。

数据清单具有如下特点:

(1)第一行表示字段名,其余行是数据,每行表示一条记录,如果数据清单有标题行,则标题行应该与其他行(字段名行)隔开一个空行或多个空行。

(2)每列(字段)数据应具有相同的性质。

(3)在数据清单中不存在全空行或全空列。

4.6.2　排序

排列是对数据清单中按照某一个字段或多个字段进行“升序”或“降序”重排数据。启动排序功能的路径是:“开始”→“编辑”→“排序和筛选”→“自定义排序(自定义排序(U)...)”,或者通过:“数据”→“排序和筛选”→“排序(排序)”。

1. 单关键字排序

单关键字排序是指根据数据清单中的某一列的字段名进行“升序”(从小到大)或“降序”(从大到小)排序。操作步骤如下:

(1)选中数据清单中的某一列字段。

(2)通过:“数据”→“排序和筛选”→“排序(排序)”,打开“排序”对话框,按需要进行设置。

例 4 –5　图 4 –92 所示为例 4 –2 的结果数据,按照“实发工资”字段升序排序。操作步骤如下:

(1)选择要排序的数据区域 A2:L8。

(2)单击“排序”打开“排序”对话框,勾选“数据包含标题”复选框,这样“主要关键字”才能看见字段名,否则为列名显示。“主要关键字”选择“实发工资”,次序选“升序”。单击“选项”设置方向为“按列排序”。这样就会按照“实发工资”列的数值升序排序。

员工工资表

工号	部门	姓名	基本工资	加班费	奖金	出勤(天)	应发工资	扣款	实发工资	等级	工资排序
001	财务部	赵杰	¥2,000.0	¥680.0	¥1,600.0	20	¥4,280.0	¥0.0	¥4,280.0	合格	2
002	销售部	孙青	¥4,000.0	¥200.0	¥600.0	22	¥4,800.0	¥0.0	¥4,800.0	合格	1
003	人事部	刘星	¥2,800.0	¥320.0	¥800.0	15	¥3,920.0	¥300.0	¥3,620.0	不合格	4
004	业务部	田鑫	¥2,000.0	¥400.0	¥1,200.0	16	¥3,600.0	¥100.0	¥3,500.0	不合格	5
005	财务部	赵青青	¥3,500.0	¥200.0	¥600.0	18	¥4,300.0	¥50.0	¥4,250.0	合格	3
006	业务部	王海源	¥2,800.0	¥320.0	¥300.0	19	¥3,420.0	¥20.0	¥3,400.0	合格	6
总人数	6							总金额	¥23,850.0		

(a)按“实发工资”升序排序

员工工资表

工号	部门	姓名	基本工资	加班费	奖金	出勤(天)	应发工资	扣款	实发工资	等级	工资排序
006	业务部	王海源	¥2,800.0	¥320.0	¥300.0	19	¥3,420.0	¥20.0	¥3,400.0	合格	6
004	业务部	田鑫	¥2,000.0	¥400.0	¥1,200.0	16	¥3,600.0	¥100.0	¥3,500.0	不合格	5
003	人事部	刘星	¥2,800.0	¥320.0	¥800.0	15	¥3,920.0	¥300.0	¥3,620.0	不合格	4
005	财务部	赵青青	¥3,500.0	¥200.0	¥600.0	18	¥4,300.0	¥50.0	¥4,250.0	合格	3
001	财务部	赵杰	¥2,000.0	¥680.0	¥1,600.0	20	¥4,280.0	¥0.0	¥4,280.0	合格	2
002	销售部	孙青	¥4,000.0	¥200.0	¥600.0	22	¥4,800.0	¥0.0	¥4,800.0	合格	1
总人数	6							总金额	¥23,850.0		

(b)排序结果

图 4 –92　例 4 –5 单关键字排序

2. 多关键字排序

多关键字排序能够解决单关键字排序时值“并列”的问题。多关键字排序首先按照主要关键字排序，如果主要关键字排序产生并列，再按照次要关键字排序，关键字可以指定多个。操作步骤如下：

(1)选中数据清单中的数据。

(2)通过：“数据”→“排序和筛选”→“排序(排序)”，打开“排序”对话框，按需要设置主要“关键字”，并“添加条件”设置“次要关键字”。

例 4－6 图 4－93 所示为例 4－2 的结果数据，按照主要关键字“部门”升序排序，相同部门中按次要关键字“应发工资”降序排序。操作步骤如下：

(1)选择数据表区域 A2:L8。

(2)单击“排序”打开排序对话框，主要关键字为“部门”选择“升序”，再单击“添加条件”添加次要关键字，选择次要关键字为“应发工资”且“降序”，单击“选项”，排序方向选择“按列排序”，方法选择“按字母排序”，单击“确定”按钮即可。这里“部门”即为按字母升序排序。

员工工资表

工号	部门	姓名	基本工资	加班费	奖金	出勤（天）	应发工资	扣款	实发工资	等级	工资排序
006	业务部	王海源	¥2,800.0	¥320.0	¥300.0	19	¥3,420.0	¥20.0	¥3,400.0	合格	6
004	业务部	田鑫	¥2,000.0	¥400.0	¥1,200.0	16	¥3,600.0	¥100.0	¥3,500.0	不合格	5
003	人事部	刘星	¥2,800.0	¥320.0	¥800.0	15	¥3,920.0	¥300.0	¥3,620.0	不合格	4
005	财务部	赵青青	¥3,500.0	¥200.0	¥600.0	18	¥4,300.0	¥50.0	¥4,250.0	合格	3
001	财务部	赵杰	¥2,000.0	¥680.0	¥1,600.0	20	¥4,280.0	¥0.0	¥4,280.0	合格	2
002	销售部	孙青	¥4,000.0	¥200.0	¥600.0	22	¥4,800.0	¥0.0	¥4,800.0	合格	1
								金额	¥23,850.0		

(a)按“部门”升序、“应发工资”降序排序

员工工资表

工号	部门	姓名	基本工资	加班费	奖金	出勤（天）	应发工资	扣款	实发工资	等级	工资排序
005	财务部	赵青青	¥3,500.0	¥200.0	¥600.0	18	¥4,300.0	¥50.0	¥4,250.0	合格	3
001	财务部	赵杰	¥2,000.0	¥680.0	¥1,600.0	20	¥4,280.0	¥0.0	¥4,280.0	合格	2
003	人事部	刘星	¥2,800.0	¥320.0	¥800.0	15	¥3,920.0	¥300.0	¥3,620.0	不合格	4
002	销售部	孙青	¥4,000.0	¥200.0	¥600.0	22	¥4,800.0	¥0.0	¥4,800.0	合格	1
004	业务部	田鑫	¥2,000.0	¥400.0	¥1,200.0	16	¥3,600.0	¥100.0	¥3,500.0	不合格	5
006	业务部	王海源	¥2,800.0	¥320.0	¥300.0	19	¥3,420.0	¥20.0	¥3,400.0	合格	6
总人数	6							总金额	¥23,850.0		

(b)排序结果

图 4－93　例 4－6 多关键字排序

4.6.3　数据筛选

当数据清单数据量非常大时，如果只想查看满足某些条件的数据，就会应用到数据筛选功能，筛选会只显示满足筛选条件的数据，隐藏不满足筛选条件的数据。

启动数据筛选功能的路径是：“数据”→“排序和筛选”→“筛选(筛选)”，或者通过：

"开始"→"编辑"→"排序和筛选"→"筛选(筛选(F))"。

1. 自动筛选

自动筛选是根据数据清单的某个字段或多个字段,分别设置筛选条件,筛选符合条件的数据。自动筛选的操作步骤如下:

(1)鼠标定位在数据清单中的任意单元格或者选中整个数据清单。

(2)启动筛选,通过:"数据"→"排序和筛选"→"筛选",这时当前数据清单标题行的每个字段右侧都产生一个筛选按钮( )。

(3)根据筛选需求,单击字段右侧的筛选按钮,在下拉列表中选择筛选条件。筛选条件的设置需要按照实际需求设置,要注意多个字段之间筛选条件是否包含矛盾。

(4)单击"确定"按钮执行筛选命令,获得筛选结果。

筛选结果往往是小于等于数据清单的数据,如果要恢复原数据清单,只需要取消筛选即可,取消的方法通过再次单击筛选(筛选)按钮即可。

例 4 -7　例 4 -2 结果数据如图 4 -94 所示,筛选出财务部且出勤大于 18 天的员工信息。

操作步骤如下:

(1)选中要进行筛选的全部数据 A2:L8。

(2)单击"筛选",在"部门"字段右侧的下拉列表中选择"文本筛选"→"等于",弹出"自定义自动筛选方式"对话框,选择部门等于"财务部",单击"确定"按钮。在"出勤(天)"字段右侧的下拉列表中选择"数字筛选"→"大于",弹出"自定义自动筛选方式"对话框,设置大于"18",单击"确定"按钮。

	A	B	C	D	E	F	G	H	I	J	K	L
1	员工工资表											
2	工号	部门	姓名	基本工资	加班费	奖金	出勤(天)	应发工资	扣款	实发工资	等级	工资排序
3	001	财务部	赵杰	¥2,000.0	¥680.0	¥1,600.0	20	¥4,280.0	¥0.0	¥4,280.0	合格	2
4	002	销售部	孙青	¥4,000.0	¥200.0	¥600.0	22	¥4,800.0	¥0.0	¥4,800.0	合格	1
5	003	人事部	刘星	¥2,800.0	¥320.0	¥800.0	15	¥3,920.0	¥300.0	¥3,620.0	不合格	4
6	004	业务部	田鑫	¥2,000.0	¥400.0	¥1,200.0	16	¥3,600.0	¥100.0	¥3,500.0	不合格	5
7	005	财务部	赵青青	¥3,500.0	¥200.0	¥600.0	18	¥4,300.0	¥50.0	¥4,250.0	合格	3
8	006	业务部	王海源	¥2,800.0	¥320.0	¥300.0	19	¥3,420.0	¥20.0	¥3,400.0	合格	6
9	总人数	6							总金额	¥23,850.0		

(a)原始数据

(b) 文本筛选

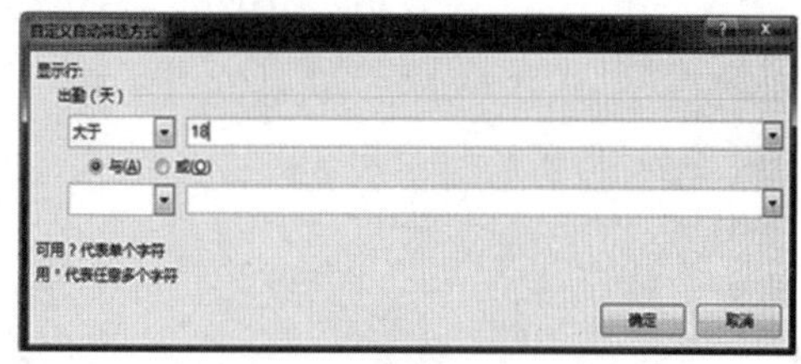

(c) 数字筛选

	A	B	C	D	E	F	G	H	I	J	K	L
1	员工工资表											
2	工号	部门	姓名	基本工资	加班费	奖金	出勤(天)	应发工资	扣款	实发工资	等级	工资排
3	001	财务部	赵杰	¥2,000.0	¥680.0	¥1,600.0	20	¥4,280.0	¥0.0	¥4,280.0	合格	2

(d) 操作结果

图 4 -94　例 4 -7 自动筛选

2. 高级筛选

自动筛选能根据各个字段进行筛选，高级筛选则能指定较复杂的筛选条件，所不同的是，高级筛选需要首先制作一个条件区域，条件区域中的字段名必须和数据清单中的字段名一致。并且条件区域要和数据清单区域至少间隔一行一列。

高级筛选的操作步骤如下：

（1）根据要筛选的数据特征制作条件区域，条件区域中的字段名和数据清单中的该字段名一致，给每个字段填写筛选条件表达式。

（2）启动高级筛选，通过："数据"→"排序和筛选"→"高级（高级）"，启动"高级筛选"对话框，并逐个填写。

例 4－8 例 4－2 结果数据如图 4－95 所示，要求筛选出"财务部"出勤大于 15 天、实发工资大于 4 250 元，以及"业务部"出勤小于 20 天、实发工资大于 3 400 元的数据。

操作步骤：

（1）在数据清单外建立条件区域。注意，条件区域的字段名必须与数据清单中的字段名一致。

（2）启动"高级"筛选，填写"高级筛选"对话框，方式选择"将筛选结果复制到其他位置"，列表区域选择 A2∶L8，条件区域选择 D12∶F14，复制到选择 A16 开始的单元格区域，这里区域会自动填写成绝对引用。如果数据清单数据量非常大，可以勾选"选择不重复的记录"，那么将选取筛选结果中重复行中的一行。

员工工资表

工号	部门	姓名	基本工资	加班费	奖金	出勤（天）	应发工资	扣款	实发工资	等级	工资排序
001	财务部	赵杰	¥2,000.0	¥680.0	¥1,600.0	20	¥4,280.0	¥0.0	¥4,280.0	合格	2
002	销售部	孙青	¥4,000.0	¥200.0	¥600.0	22	¥4,800.0	¥0.0	¥4,800.0	合格	1
003	人事部	刘星	¥2,800.0	¥320.0	¥800.0	15	¥3,920.0	¥300.0	¥3,620.0	不合格	4
004	业务部	田鑫	¥2,000.0	¥400.0	¥1,200.0	16			¥3,500.0	不合格	5
005	财务部	赵青青	¥3,500.0	¥200.0	¥600.0	18			¥4,250.0	合格	3
006	业务部	王海源	¥2,800.0	¥320.0	¥300.0	19			¥3,400.0	合格	6
总人数	6								¥23,850.0		

部门	出勤（天）	实发工资
财务部	>15	>4250
业务部	<20	>3400

（a）高级筛选操作步骤

工号	部门	姓名	基本工资	加班费	奖金	出勤（天）	应发工资	扣款	实发工资	等级	工资排序
001	财务部	赵杰	¥2,000.0	¥680.0	¥1,600.0	20	¥4,280.0	¥0.0	¥4,280.0	合格	2
004	业务部	田鑫	¥2,000.0	¥400.0	¥1,200.0	16	¥3,600.0	¥100.0	¥3,500.0	不合格	5

（b）筛选结果

图 4－95　例 4－8 高级筛选

如果要恢复数据、删除高级筛选,可以通过单击筛选按钮右侧的“清除(清除)”按钮清除高级筛选,本例题中由于将筛选结果复制到其他位置,所以“清除”按钮是灰色的。

4.6.4　分类汇总

分类汇总是根据汇总字段,将数据清单中的数据按照该字段进行分类汇总。分类汇总十分常用,使用时不需要创建公式,系统自动创建公式对数据清单中的同类(同一字段下的属性相同)数据进行求和、求平均值、计数、求最大值、求最小值等运算,并将汇总结果分类显示出来。同样,分类汇总也不会修改原始数据清单中的数据,只会分类统计并显示出来。

启动分类汇总功能,通过:“数据”→“分级显示”→“分类汇总”。

1. 创建分类汇总

创建分类汇总的操作步骤如下:

(1)按照要分类的字段对数据清单进行排序(升序或降序都可以),目的是让分类字段下属性相同的记录聚合起来。

(2)鼠标定位在数据清单中的任意单元格,或者选中整个数据清单中的数据区域,启动分类汇总功能弹出“分类汇总”对话框,选择“分类字段”中要分类的字段(即第一步中排序的字段),选择“汇总方式”中的一种汇总操作(即对汇总项进行何种函数计算),“选定汇总项”中勾选要进行汇总的字段名,其余设置默认,单击“确定”即可。

例4-9　例4-2结果数据中要进行分类汇总的数据如图4-96(a)所示,对表中的“部门”进行分类汇总,计算出每个部门对应的“实发工资”的平均值。

操作步骤:

(1)按主要关键字为“部门”升序排序。

(2)启动分类汇总,弹出“分类汇总”对话框,“分类字段”选择“部门”,“汇总方式”选择“平均值”,“选定汇总项”选择“实发工资”,默认勾选“替换当前分类汇总”“汇总结果显示在数据下方”,再单击“确定”即可实现分类汇总。

这里如果勾选“每组数据分页”,则将分类汇总结果中各个组分页显示,有助于后续的分页打印。分类汇总的设置和操作结果如图4-96(b)(c)(d)所示。

员工工资表											
工号	部门	姓名	基本工资	加班费	奖金	出勤(天)	应发工资	扣款	实发工资	等级	工资排序
001	财务部	赵杰	¥2,000.0	¥680.0	¥1,600.0	20	¥4,280.0	¥0.0	¥4,280.0	合格	2
005	财务部	赵青青	¥3,500.0	¥200.0	¥600.0	18	¥4,300.0	¥50.0	¥4,250.0	合格	3
003	人事部	刘星	¥2,800.0	¥320.0	¥800.0	15	¥3,920.0	¥300.0	¥3,620.0	不合格	4
002	销售部	孙青	¥4,000.0	¥200.0	¥600.0	22	¥4,800.0	¥0.0	¥4,800.0	合格	1
004	业务部	田鑫	¥2,000.0	¥400.0	¥1,200.0	16	¥3,600.0	¥100.0	¥3,500.0	不合格	5
006	业务部	王海源	¥2,800.0	¥320.0	¥300.0	19	¥3,420.0	¥20.0	¥3,400.0	合格	6

(a)排序后的数据

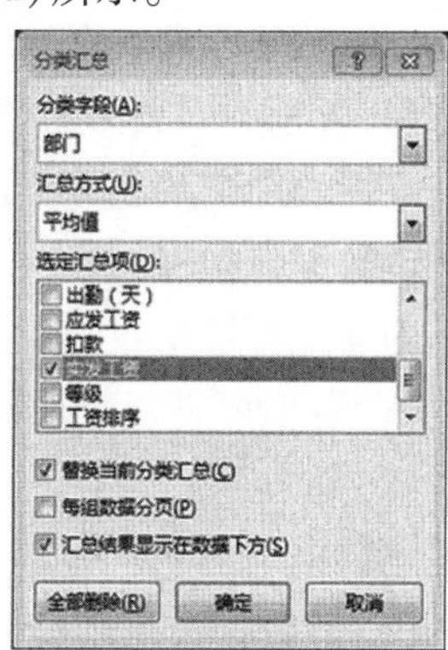

(b)设置“分类汇总”对话框

	A	B	C	D	E	F	G	H	I	J	K	L
1	员工工资表											
2	工号	部门	姓名	基本工资	加班费	奖金	出勤（天）	应发工资	扣款	实发工资	等级	工资排序
3	001	财务部	赵杰	¥2,000.0	¥680.0	¥1,600.0	20	¥4,280.0	¥0.0	¥4,280.0	合格	3
4	005	财务部	赵青青	¥3,500.0	¥200.0	¥600.0	18	¥4,300.0	¥50.0	¥4,250.0	合格	5
5		财务部 平均值								¥4,265.0		
6	003	人事部	刘星	¥2,800.0	¥320.0	¥800.0	15	¥3,920.0	¥300.0	¥3,620.0	不合格	6
7		人事部 平均值								¥3,620.0		
8	002	销售部	孙青	¥4,000.0	¥200.0	¥600.0	22	¥4,800.0	¥0.0	¥4,800.0	合格	1
9		销售部 平均值								¥4,800.0		
10	004	业务部	田鑫	¥2,000.0	¥400.0	¥1,200.0	16	¥3,600.0	¥100.0	¥3,500.0	不合格	8
11	006	业务部	王海源	¥2,800.0	¥320.0	¥300.0	19	¥3,420.0	¥20.0	¥3,400.0	合格	9
12		业务部 平均值								¥3,450.0		
13		总计平均值								¥3,975.0		

(c)分类汇总结果

	A	B	C	D	E	F	G	H	I	J	K	L
2	工号	部门	姓名	基本工资	加班费	奖金	出勤（天）	应发工资	扣款	实发工资	等级	工资排序
3	001	财务部	赵杰	¥2,000.0	¥680.0	¥1,600.0	20	¥4,280.0	¥0.0	¥4,280.0	合格	3
4	005	财务部	赵青青	¥3,500.0	¥200.0	¥600.0	18	¥4,300.0	¥50.0	¥4,250.0	合格	5
5		财务部 平均值								¥4,265.0		
6	003	人事部	刘星	¥2,800.0	¥320.0	¥800.0	15	¥3,920.0	¥300.0	¥3,620.0	不合格	6
7		人事部 平均值								¥3,620.0		
8	002	销售部	孙青	¥4,000.0	¥200.0	¥600.0	22	¥4,800.0	¥0.0	¥4,800.0	合格	1
9		销售部 平均值								¥4,800.0		
10	004	业务部	田鑫	¥2,000.0	¥400.0	¥1,200.0	16	¥3,600.0	¥100.0	¥3,500.0	不合格	8
11	006	业务部	王海源	¥2,800.0	¥320.0	¥300.0	19	¥3,420.0	¥20.0	¥3,400.0	合格	9
12		业务部 平均值								¥3,450.0		
13		总计平均值								¥3,975.0		

(d)每组数据分页显示的分类汇总结果

图4－96　例4－9分类汇总

2. 删除分类汇总

如果要恢复原始数据清单，删除分类汇总，通过："数据"→"分级显示"→"分类汇总"，弹出"分类汇总"对话框，单击左下角"全部删除"，单击"确定"，即可删除分类汇总。

4.6.5　数据透视表和数据透视图

数据透视表和数据透视图是一种对大量数据快速汇总并能建立交叉列表的交互式表格，具有三维查询功能。可以利用数据透视表对现有的数据清单进行汇总和分析，指定要显示的字段和数据项，快速切换行和列、建立字段之间的联系，查看数据源的不同汇总结果，显示不同页面的筛选数据，还可以根据需要显示区域中的明细数据，可以说利用数据透视表能实现比分类汇总更强大的数据分析功能。

1. 数据透视表

创建数据透视表的步骤如下：

(1)选取要创建数据透视表的数据区域。

(2)通过："插入"→"表格"→"数据透视表"，启动"数据透视表"对话框，进行设置后创建数据透视表。

(3)对数据透视表进行行、列、值的字段选择和字段值设置。

例4－10　图4－97(a)所示为要生成数据透视表的数据，名为"销量统计"工作表，选择A3:A30单元格，插入数据透视表，并将其放置于新的工作表中，命名为"透视表"。

设置透视表各字段，行标签为“销售日期”，列标签为“购货单位”，以“销量”进行求和，透视表行标以“季度”进行统计。操作结果如图 4－97(b)所示。

	A	B	C	D	E	F	G
1	业务员王铮2019年销售单统计						
2				统计时间：	2021/2/18		
3	销售日期	购货单位	产品	销量	单价	总价	提成
4	2019年1月5日	美美精品店	小首饰	200	10	2000	¥400.0
5	2019年1月10日	超乐精品店	小熊水杯	200	15	3000	¥600.0
6	2019年1月26日	霞光精品店	布娃娃	50	30	1500	¥75.0
7	2019年1月28日	张亮精品店	小首饰	300	10	3000	¥600.0
8	2019年2月10日	霞光精品店	手机链	60	5	300	¥15.0
9	2019年2月15日	美美精品店	小首饰	200	10	2000	¥400.0
10	2019年3月3日	美美精品店	手机链	100	5	500	¥75.0
11	2019年3月18日	霞光精品店	布娃娃	100	30	3000	¥450.0
12	2019年3月20日	超乐精品店	小首饰	50	10	500	¥25.0
13	2019年3月27日	张亮精品店	布娃娃	200	30	6000	¥1,200.0
14	2019年4月23日	超乐精品店	手机链	150	5	750	¥112.5
15	2019年5月8日	超乐精品店	手机链	80	5	400	¥20.0
16	2019年5月19日	张亮精品店	布娃娃	100	30	3000	¥450.0
17	2019年5月23日	超乐精品店	布娃娃	60	30	1800	¥90.0
18	2019年6月7日	美美精品店	小首饰	100	10	1000	¥150.0
19	2019年6月10日	霞光精品店	布娃娃	300	30	9000	¥1,800.0
20	2019年6月19日	美美精品店	小熊水杯	150	15	2250	¥337.5
21	2019年7月27日	张亮精品店	手机链	120	5	600	¥90.0
22	2019年8月10日	嘉乐精品店	小熊水杯	100	15	1500	¥225.0
23	2019年8月14日	张亮精品店	小熊水杯	200	15	3000	¥600.0
24	2019年9月11日	嘉乐精品店	手机链	100	5	500	¥75.0
25	2019年10月2日	嘉乐精品店	小熊水杯	80	15	1200	¥60.0
26	2019年10月10日	美美精品店	小首饰	100	10	1000	¥150.0
27	2019年11月21日	霞光精品店	手机链	150	5	750	¥112.5
28	2019年12月3日	超乐精品店	小首饰	100	10	1000	¥150.0
29	2019年12月12日	嘉乐精品店	小首饰	60	10	600	¥30.0
30	2019年12月19日	超乐精品店	小熊水杯	80	15	1200	¥60.0

(a)销售统计工作表数据

	A	B	C	D	E	F	G
1							
2							
3	求和项:销量	列标签					
4	行标签	超乐精品店	嘉乐精品店	美美精品店	霞光精品店	张亮精品店	总计
5	第一季	250		500	210	500	1460
6	第二季	290		250	300	100	940
7	第三季		200			320	520
8	第四季	180	140	100	150		570
9	总计	720	340	850	660	920	3490

(b)数据透视表操作结果

图 4－97　例 4－10 数据透视表

操作步骤如下：

(1)选取要创建数据透视表的数据区域 A3：A30。

(2)通过：“插入”→“表格”→“数据透视表”，启动“数据透视表”对话框，如图 4－98 所示，选择放置数据透视表的位置选择“新工作表”，然后单击“确定”按钮。

图 4－98　创建数据透视表

此时会在“销售统计”工作表前创建一个表,内为空的数据透视表。

(3)对数据透视表进行行、列、值的字段选择和字段值设置。

在“数据透视表字段”面板中,勾选“销售日期”字段,并拖拽至“行”窗口中;勾选“购货单位”字段并拖拽至“列”窗口中;勾选“销量”字段并拖拽至“值”窗口中,在值窗口中选择“销量”单击其右侧的下拉列表,选择“值字段设置”,“值汇总方式”选择“求和”,然后单击“确定”关闭值字段设置窗口,如图 4－99 所示。

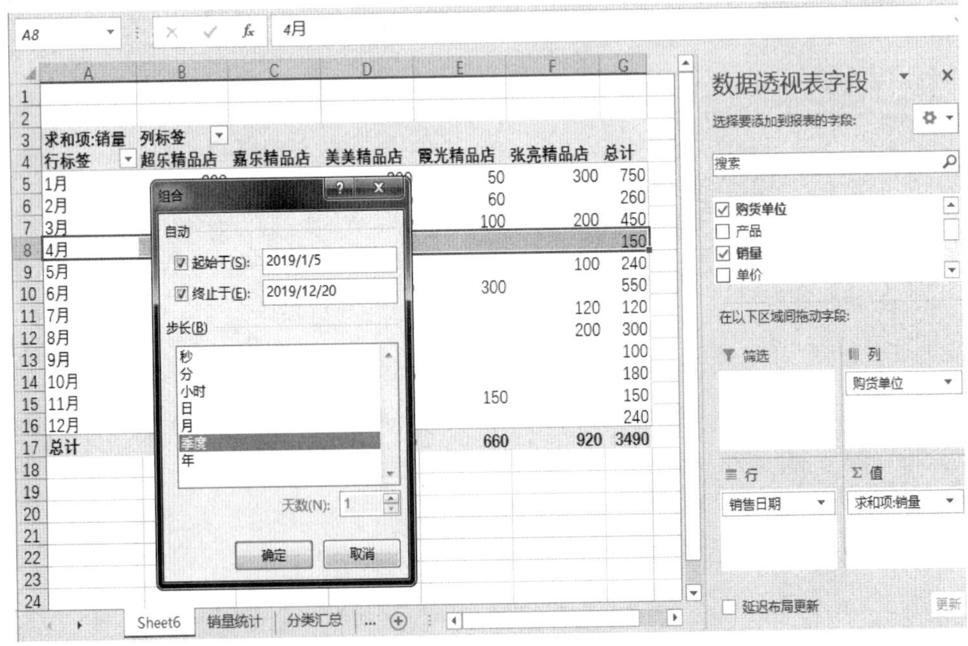

图 4－99　设置“数据透视表字段”和行标签分组方式

按照上述步骤生成的数据透视表行标签默认是以“月”为统计单位的，单击行标签下任意月份，然后鼠标右键打开快捷菜单选择“组合”，其中“步长”设置为“季度”，然后单击“确定”即可，最终完成符合要求的数据透视表，如图 4－97(b)所示。

2. 数据透视图

数据透视图和数据透视表的创建方法是一样的，只是不但最终创建了数据透视表，还自动生成了数据透视图。

启动创建数据透视图的路径：“插入”→“图表”→“数据透视图( )”。

上述例 4－10，如果选择创建数据透视图，其他要求不变，那么生成的结果如图 4－100 所示。

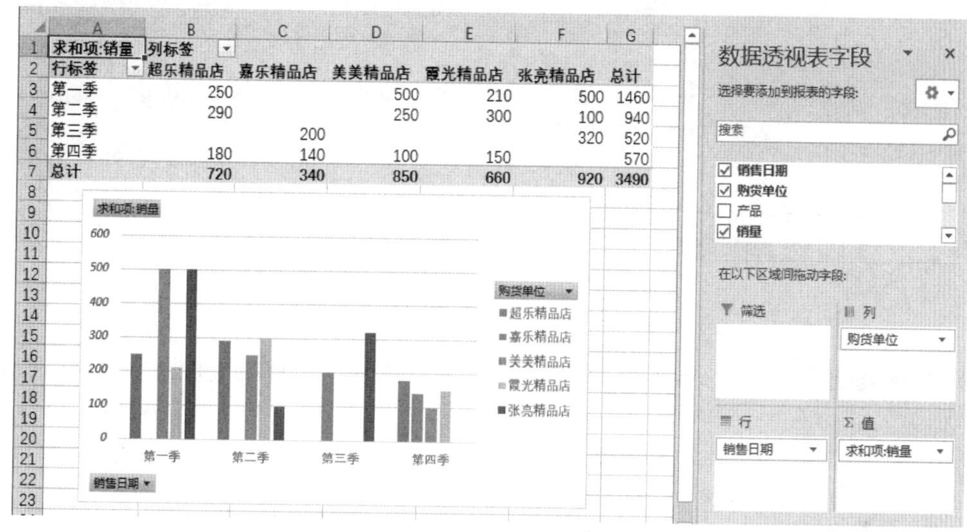

图 4－100　例 4－10 创建数据透视图操作结果

4.6.6　切片器

切片器提供了一种可视性极强的筛选方法，来选择数据透视表中的数据。

1. 插入切片器

在数据透视表的任意位置单击鼠标左键，激活“数据透视表工具”，通过：“分析”→“筛选”→“插入切片器( )”，启动“插入切片器”对话框，勾选所需筛选的“字段”名称即可。

加入切片器后，可以通过点选各个切片器上的筛选项进行筛选，同时数据透视表也会跟随变化，加强显示筛选结果。

例 4－11　以例 4－10 的数据透视表为基础，插入切片器，选取切片字段为“销售日期”“购货单位”和“提成”，查看第三季度张亮精品店的提成。

操作步骤：

(1)插入切片器。点选数据透视表中任意位置，激活“数据透视表工具”，通过“分析”中“插入切片器”，勾选“销售日期”“购货单位”和“提成”，单击“确定”，插入切片器，如图 4－101(a)所示。

(2)筛选所需数据。加入插片器后,点选“销售日期”为“第三季”,“购货单位”为“张亮精品店”,查看“提成”切片上的显示,即为所需筛选的数据(￥90.0 和￥600.0)。此时,数据透视表上也只显示第三季度张亮精品店的销量总计数据,如图 4－101(b)所示。

(a)插入切片器　　(b)切片器筛选所需数据

图 4－101　例 4－11 插入切片器

(3)恢复切片器。恢复切片器重新筛选,只需点选每个切片右上角的“清除筛选器”(![清除筛选器图标])。

4.7　向 Excel 中导入数据

Excel 具有强大的数据计算、分析、管理功能,同时,也能将来自 Access 数据库、自网站、自文本等的数据导入到 Excel 中,以进行分析和管理。

向 Excel 导入数据的功能在:“数据”→“获取外部数据”,如图 4－102 所示。

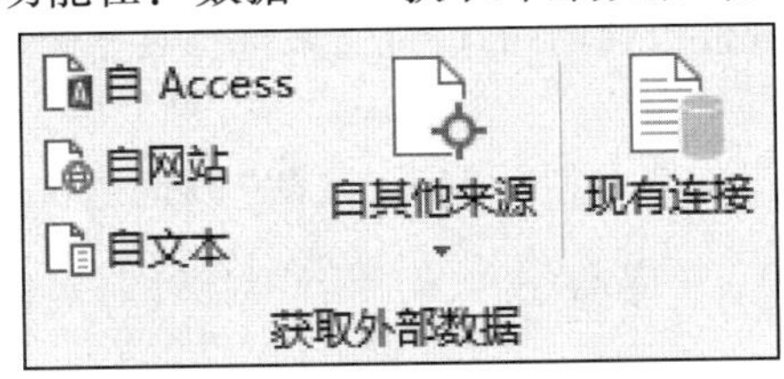

图 4－102　导入外部数据功能面板

下面以导入“自文本”为例,阐述导入外部数据的方法。

例 4－12　导入“数据.txt”中的数据到 Excel 工作表中,并命名该工作表为“从文本文件导入数据”。

“数据.txt”中的数据如图 4－103(a)所示,可见每列之间的分隔符是 Tab 键,并且含有空白列,因此需要注意导入数据时,列数值要和列标题应对应。

操作步骤：

(1)启动导入数据功能，通过："数据"→"获取外部数据"→"自文本"，浏览到"数据.txt"文件，打开"文本导入向导"，依次按照向导提示进行设置。

(2)按照向导提示进行设置。图 4－103(b)中采用"分隔符号"，导入起始行为"1"，文件原始格式默认即可，图 4－103(c)中分隔符号必须为 Tab 键，否则列数值和列名不能正确对应，图 4－103(d)中用鼠标点选"数据预览"窗口中的各个字段(列名)，然后设置其对应的"列数据格式"，直到所有字段设置完毕，通常选择第一种"常规"类型即可，最后单击"完成"，弹出如图 4－103(e)所示"导入数据"对话框，选择"数据的放置位置"为"现有工作表"的 A1 开始的单元格区域，单击"确定"即可。

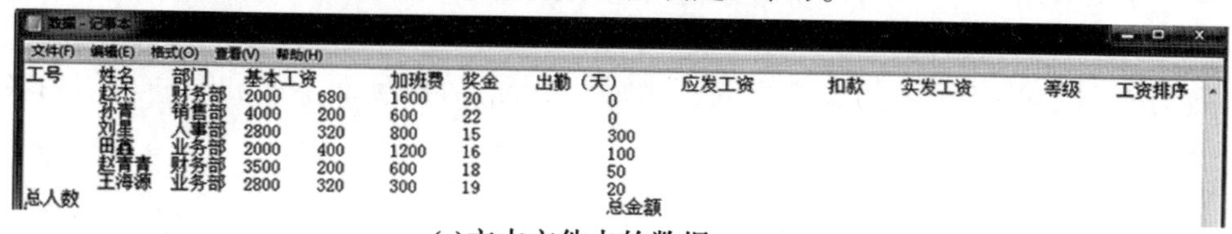

(a)文本文件中的数据

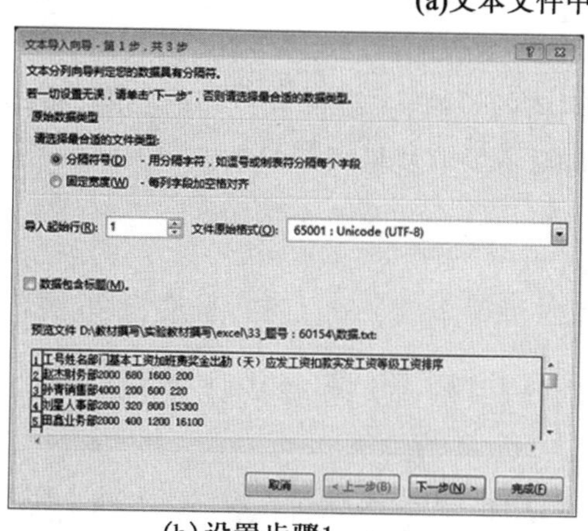

(b)设置步骤1

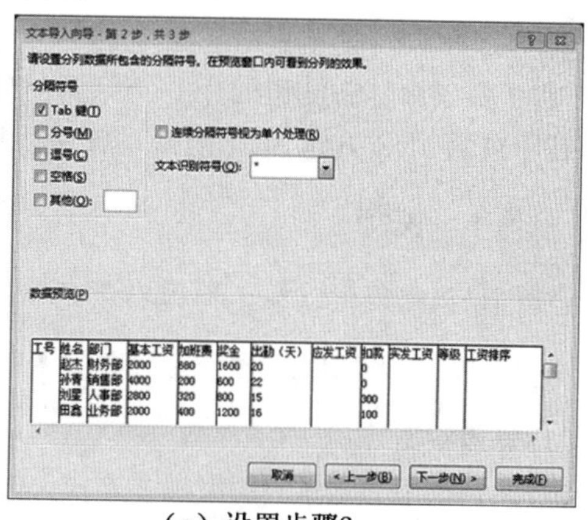

(c)设置步骤2

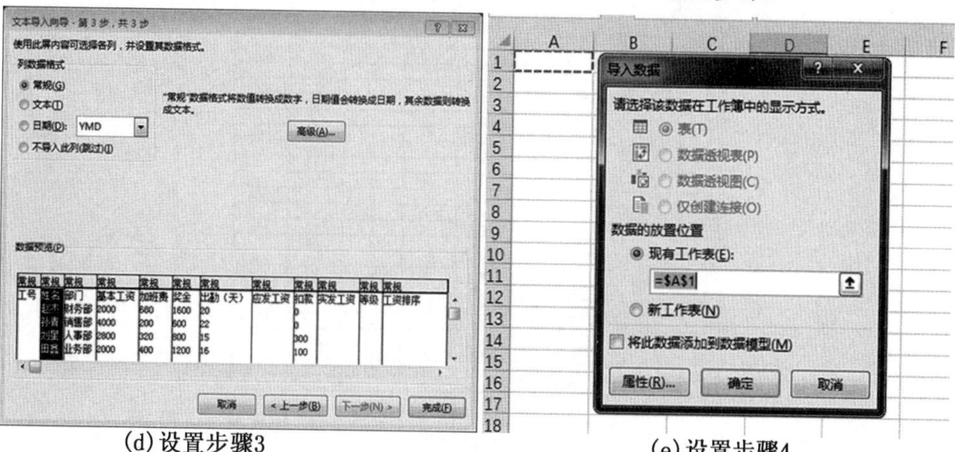

(d)设置步骤3

(e)设置步骤4

	A	B	C	D	E	F	G	H	I	J	K	L
1	工号	姓名	部门	基本工资	加班费	奖金	出勤（天）	应发工资	扣款	实发工资	等级	工资排序
2		赵杰	财务部	2000	680	1600	20		0			
3		孙青	销售部	4000	200	600	22		0			
4		刘星	人事部	2800	320	800	15		300			
5		田鑫	业务部	2000	400	1200	16		100			
6		赵青青	财务部	3500	200	600	18		50			
7		王海源	业务部	2800	320	300	19		20			
8	总人数								总金额			

(f) 导入结果

图 4 - 103　例 4 - 12 导入自文本数据

（3）生成如图 4 - 103（f）所示的操作结果。这里需要解释一下，为什么图 4 - 103（a）和图 4 - 103（f）的数据值和列名对应不一样的问题，图 4 - 103（a）中，每列之间用一个 Tab 键间隔，但是由于列名的长度不同，导致第二行的数值反而不能和第一行的列名对齐。

4.8　Excel 2016 打印设置

将工作表内容输出到纸介上，要进行打印前的设置，主要设置打印机参数、打印份数、打印页码、纸张方向、纸张规格、页边距、缩放、表格的分页设置等。

4.8.1　视图

视图切换路径可以在工作簿右下角状态栏（ ）进行普通视图、页面布局、分页预览的视图切换，或者通过："视图"→"工作簿视图（普通 分页预览 页面布局）"进行切换。

1. 普通视图

普通视图即为默认的编辑视图方式。例如，图 4 - 104 所示为普通视图下的工作表。

	A	B	C	D	E	F	G
1	业务员王铮2019年销售单统计						
2				统计时间：	2021/2/19		
3	销售日期	购货单位	产品	销量	单价	总价	提成
4	2019年1月5日	美美精品店	小首饰	200	10	2000	¥400.0
5	2019年1月10日	超乐精品店	小熊水杯	200	15	3000	¥600.0
6	2019年1月26日	靓光精品店	布娃娃	50	30	1500	¥75.0
7	2019年1月28日	张嘉精品店	小首饰	300	10	3000	¥600.0
8	2019年2月10日	靓光精品店	手机链	60	5	300	¥15.0
9	2019年2月15日	美美精品店	小首饰	200	10	2000	¥400.0
10	2019年3月3日	美美精品店	手机链	100	5	500	¥75.0
11	2019年3月18日	靓光精品店	布娃娃	100	30	3000	¥450.0
12	2019年3月20日	超乐精品店	小首饰	50	10	500	¥25.0
13	2019年3月27日	张嘉精品店	布娃娃	200	30	6000	¥1,200.0
14	2019年4月23日	超乐精品店	手机链	150	5	750	¥112.5
15	2019年5月8日	超乐精品店	手机链	80	5	400	¥20.0
16	2019年5月19日	张嘉精品店	布娃娃	100	30	3000	¥450.0
17	2019年5月23日	超乐精品店	布娃娃	60	30	1800	¥90.0
18	2019年6月7日	美美精品店	小首饰	100	10	1000	¥150.0
19	2019年6月10日	靓光精品店	布娃娃	300	30	9000	¥1,800.0
20	2019年6月19日	美美精品店	小熊水杯	150	15	2250	¥337.5
21	2019年7月27日	张嘉精品店	手机链	120	5	600	¥90.0
22	2019年8月10日	嘉乐精品店	小熊水杯	100	15	1500	¥225.0
23	2019年8月14日	张嘉精品店	小熊水杯	200	15	3000	¥600.0
24	2019年9月11日	嘉乐精品店	手机链	100	5	500	¥75.0
25	2019年10月2日	嘉乐精品店	小熊水杯	80	15	1200	¥60.0
26	2019年10月10日	美美精品店	小首饰	100	10	1000	¥150.0
27	2019年11月21日	靓光精品店	手机链	150	5	750	¥112.5
28	2019年12月3日	超乐精品店	小首饰	100	10	1000	¥150.0
29	2019年12月12日	嘉乐精品店	小首饰	60	10	600	¥30.0
30	2019年12月19日	超乐精品店	小熊水杯	80	15	1200	¥60.0
31	合计						¥8,352.5

图 4 - 104　普通视图

2. 分页预览和分页符

分页预览用来展示当前的工作表内容占用多少页，即工作表内容的页分布情况。图 4 - 105(a)所示为分页预览下的工作表。可见，当前工作表位于第 1 页。如果要将当前页分为多页打印输出，可以在分页预览视图下“插入分页符”。

例如，要从第 14 和 15 行之间拆分成两页，插入分页符的方法如下：将鼠标选中第 15 行的行号，然后右键打开快捷菜单，选择“插入分页符”，可见此时原页面已经分成两页，图 4 - 105(b)所示为插入分页符后的工作表。

如果要取消分页符，方法是鼠标选中第 15 行的行号，然后右键打开快捷菜单，选择“删除分页符”，这样又恢复成 1 页。

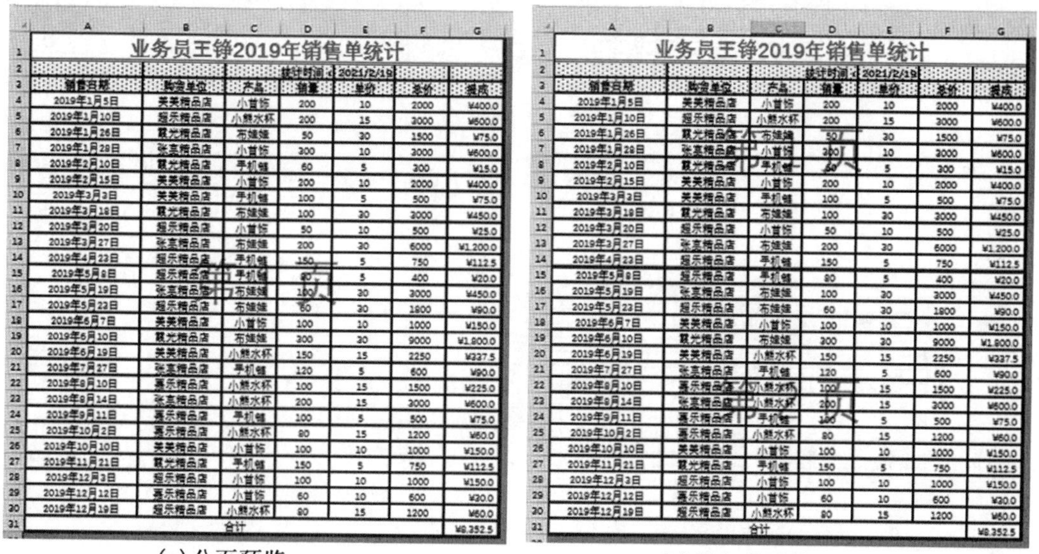

	A	B	C	D	E	F	G
1	业务员王铮2019年销售单统计						
2				统计时间：2021/2/19			
3	销售日期	购货单位	产品	销量	单价	总价	提成
4	2019年1月5日	美美精品店	小首饰	200	10	2000	¥400.0
5	2019年1月10日	超乐精品店	小熊水杯	200	15	3000	¥600.0
6	2019年1月26日	聚光精品店	布娃娃	50	30	1500	¥75.0
7	2019年1月28日	张喜精品店	小首饰	300	10	3000	¥600.0
8	2019年2月10日	聚光精品店	手机链	60	5	300	¥15.0
9	2019年2月15日	美美精品店	小首饰	200	10	2000	¥400.0
10	2019年3月3日	美美精品店	手机链	100	5	500	¥75.0
11	2019年3月18日	聚光精品店	布娃娃	100	30	3000	¥450.0
12	2019年3月20日	超乐精品店	小首饰	50	10	500	¥25.0
13	2019年3月27日	张喜精品店	布娃娃	200	30	6000	¥1,200.0
14	2019年4月23日	超乐精品店	手机链	150	5	750	¥112.5
15	2019年5月8日	超乐精品店	手机链	80	5	400	¥20.0
16	2019年5月19日	张喜精品店	布娃娃	100	30	3000	¥450.0
17	2019年5月22日	超乐精品店	布娃娃	60	30	1800	¥90.0
18	2019年6月7日	美美精品店	小首饰	100	10	1000	¥150.0
19	2019年6月10日	聚光精品店	布娃娃	300	30	9000	¥1,800.0
20	2019年6月19日	美美精品店	小熊水杯	150	15	2250	¥337.5
21	2019年7月27日	张喜精品店	手机链	120	5	600	¥90.0
22	2019年8月10日	嘉乐精品店	小熊水杯	100	15	1500	¥225.0
23	2019年8月14日	张喜精品店	小熊水杯	200	15	3000	¥600.0
24	2019年9月11日	嘉乐精品店	手机链	100	5	500	¥75.0
25	2019年10月2日	嘉乐精品店	小熊水杯	80	15	1200	¥60.0
26	2019年10月10日	美美精品店	小首饰	100	10	1000	¥150.0
27	2019年11月21日	聚光精品店	手机链	150	5	750	¥112.5
28	2019年12月3日	超乐精品店	小首饰	100	10	1000	¥150.0
29	2019年12月12日	嘉乐精品店	小首饰	60	10	600	¥30.0
30	2019年12月19日	超乐精品店	小熊水杯	80	15	1200	¥60.0
31	合计						¥8,352.5

(a)分页预览

	A	B	C	D	E	F	G
1	业务员王铮2019年销售单统计						
2				统计时间：2021/2/19			
3	销售日期	购货单位	产品	销量	单价	总价	提成
4	2019年1月5日	美美精品店	小首饰	200	10	2000	¥400.0
5	2019年1月10日	超乐精品店	小熊水杯	200	15	3000	¥600.0
6	2019年1月26日	聚光精品店	布娃娃	50	30	1500	¥75.0
7	2019年1月28日	张喜精品店	小首饰	300	10	3000	¥600.0
8	2019年2月10日	聚光精品店	手机链	60	5	300	¥15.0
9	2019年2月15日	美美精品店	小首饰	200	10	2000	¥400.0
10	2019年3月3日	美美精品店	手机链	100	5	500	¥75.0
11	2019年3月18日	聚光精品店	布娃娃	100	30	3000	¥450.0
12	2019年3月20日	超乐精品店	小首饰	50	10	500	¥25.0
13	2019年3月27日	张喜精品店	布娃娃	200	30	6000	¥1,200.0
14	2019年4月23日	超乐精品店	手机链	150	5	750	¥112.5
15	2019年5月8日	超乐精品店	手机链	80	5	400	¥20.0
16	2019年5月19日	张喜精品店	布娃娃	100	30	3000	¥450.0
17	2019年5月22日	超乐精品店	布娃娃	60	30	1800	¥90.0
18	2019年6月7日	美美精品店	小首饰	100	10	1000	¥150.0
19	2019年6月10日	聚光精品店	布娃娃	300	30	9000	¥1,800.0
20	2019年6月19日	美美精品店	小熊水杯	150	15	2250	¥337.5
21	2019年7月27日	张喜精品店	手机链	120	5	600	¥90.0
22	2019年8月10日	嘉乐精品店	小熊水杯	100	15	1500	¥225.0
23	2019年8月14日	张喜精品店	小熊水杯	200	15	3000	¥600.0
24	2019年9月11日	嘉乐精品店	手机链	100	5	500	¥75.0
25	2019年10月2日	嘉乐精品店	小熊水杯	80	15	1200	¥60.0
26	2019年10月10日	美美精品店	小首饰	100	10	1000	¥150.0
27	2019年11月21日	聚光精品店	手机链	150	5	750	¥112.5
28	2019年12月3日	超乐精品店	小首饰	100	10	1000	¥150.0
29	2019年12月12日	嘉乐精品店	小首饰	60	10	600	¥30.0
30	2019年12月19日	超乐精品店	小熊水杯	80	15	1200	¥60.0
31	合计						¥8,352.5

(b)插入分页符

图 4 - 105　分页预览

3. 页面布局

页面布局将查看打印输出到纸张上的样子，可以在页面视图中勾选“直尺”，根据直尺刻度查看表格的尺寸，这在介绍 Excel 的行高和列宽度量单位时曾介绍过。

图 4 - 106(a)所示为工作表在页面布局下的显示状态。图 4 - 106(b)和图 4 - 106(c)所示为在第 14 行和第 15 行之间插入分页符后的页面布局显示状态。

4.8.2　打印设置

通过页面布局和分页预览设置后，工作表输出至纸介上的“样貌”已经设置好，接下来通过打印预览和打印设置进行打印输出。

操作步骤为：“文件”→“打印”，打开如图 4 - 107 所示的界面。

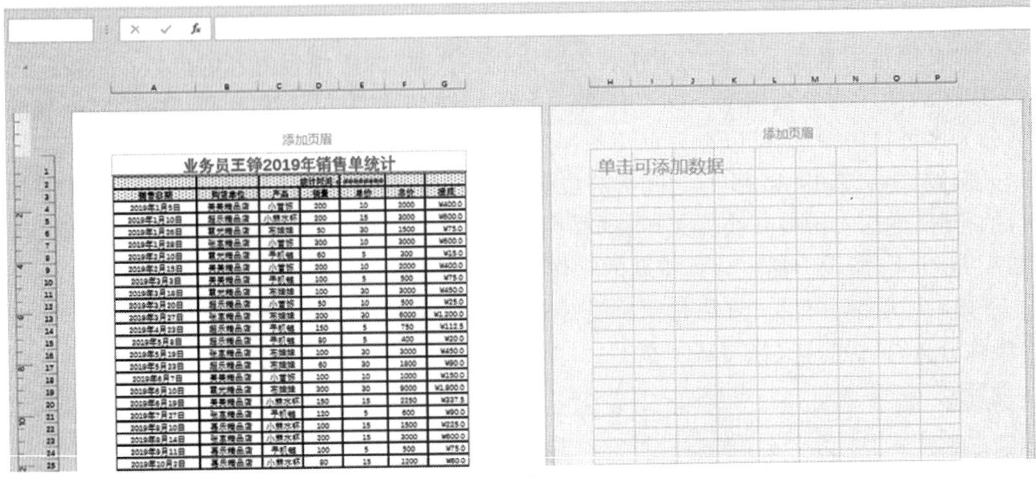

添加页眉

业务员王铮2019年销售单统计						
		统计时间：	########			
销售日期	购货单位	产品	销量	单价	总价	提成
2019年1月5日	美美精品店	小首饰	200	10	2000	¥400.0
2019年1月10日	超乐精品店	小熊水杯	200	15	3000	¥600.0
2019年1月26日	晨光精品店	布娃娃	50	30	1500	¥75.0
2019年1月28日	张来精品店	小首饰	300	10	3000	¥600.0
2019年2月10日	晨光精品店	手机链	60	5	300	¥15.0
2019年2月15日	美美精品店	小首饰	200	10	2000	¥400.0
2019年3月3日	美美精品店	手机链	100	5	500	¥75.0
2019年3月18日	晨光精品店	布娃娃	100	30	3000	¥450.0
2019年3月20日	超乐精品店	小首饰	50	10	500	¥25.0
2019年3月27日	张来精品店	布娃娃	200	30	6000	¥1,200.0
2019年4月23日	超乐精品店	手机链	150	5	750	¥112.5
2019年5月8日	超乐精品店	手机链	80	5	400	¥20.0
2019年5月19日	张来精品店	布娃娃	100	30	3000	¥450.0
2019年5月23日	超乐精品店	布娃娃	60	30	1800	¥90.0
2019年6月7日	美美精品店	小首饰	100	10	1000	¥150.0
2019年6月10日	晨光精品店	布娃娃	300	30	9000	¥1,800.0
2019年6月19日	美美精品店	小熊水杯	150	15	2250	¥337.5
2019年7月27日	张来精品店	手机链	120	5	600	¥90.0
2019年8月10日	嘉乐精品店	小熊水杯	100	15	1500	¥225.0
2019年8月14日	张来精品店	小熊水杯	200	15	3000	¥600.0
2019年9月11日	嘉乐精品店	手机链	100	5	500	¥75.0
2019年10月2日	嘉乐精品店	小熊水杯	80	15	1200	¥80.0

添加页眉

单击可添加数据

(a)页面布局

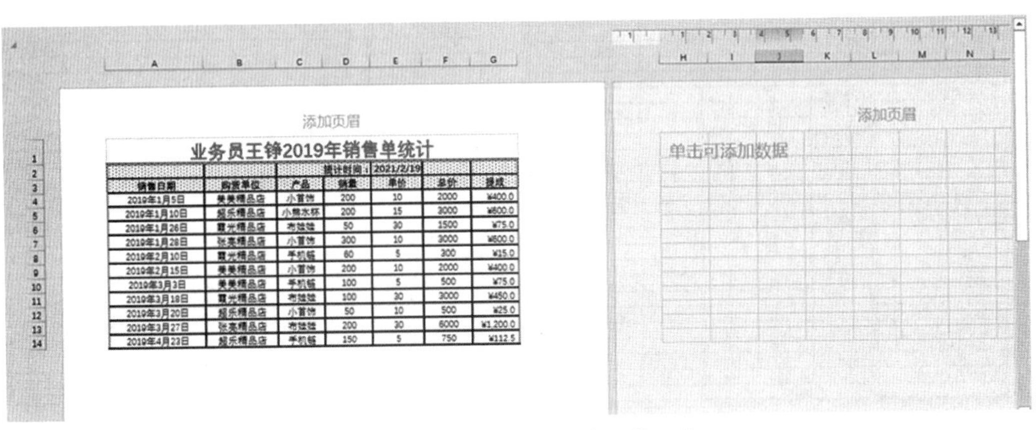

添加页眉

业务员王铮2019年销售单统计						
		统计时间：	2021/2/19			
销售日期	购货单位	产品	销量	单价	总价	提成
2019年1月5日	美美精品店	小首饰	200	10	2000	¥400.0
2019年1月10日	超乐精品店	小熊水杯	200	15	3000	¥600.0
2019年1月26日	晨光精品店	布娃娃	50	30	1500	¥75.0
2019年1月28日	张来精品店	小首饰	300	10	3000	¥600.0
2019年2月10日	晨光精品店	手机链	60	5	300	¥15.0
2019年2月15日	美美精品店	小首饰	200	10	2000	¥400.0
2019年3月3日	美美精品店	手机链	100	5	500	¥75.0
2019年3月18日	晨光精品店	布娃娃	100	30	3000	¥450.0
2019年3月20日	超乐精品店	小首饰	50	10	500	¥25.0
2019年3月27日	张来精品店	布娃娃	200	30	6000	¥1,200.0
2019年4月23日	超乐精品店	手机链	150	5	750	¥112.5

添加页眉

单击可添加数据

(b)插入分页符合页面布局第1页

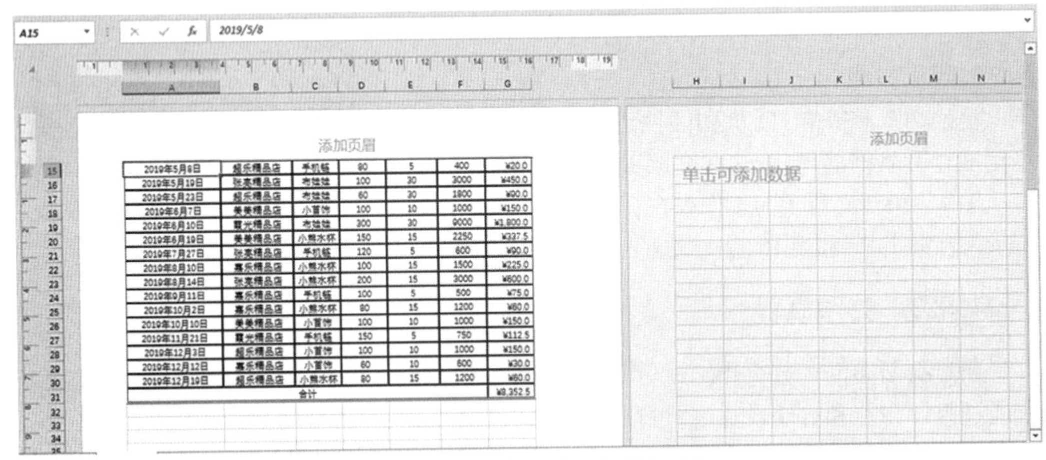

A15 | 2019/5/8

添加页眉

2019年5月8日	超乐精品店	手机链	80	5	400	¥20.0
2019年5月19日	张来精品店	布娃娃	100	30	3000	¥450.0
2019年5月23日	超乐精品店	布娃娃	60	30	1800	¥90.0
2019年6月7日	美美精品店	小首饰	100	10	1000	¥150.0
2019年6月10日	晨光精品店	布娃娃	300	30	9000	¥1,800.0
2019年6月19日	美美精品店	小熊水杯	150	15	2250	¥337.5
2019年7月27日	张来精品店	手机链	120	5	600	¥90.0
2019年8月10日	嘉乐精品店	小熊水杯	100	15	1500	¥225.0
2019年8月14日	张来精品店	小熊水杯	200	15	3000	¥600.0
2019年9月11日	嘉乐精品店	手机链	100	5	500	¥75.0
2019年10月2日	嘉乐精品店	小熊水杯	80	15	1200	¥80.0
2019年10月10日	美美精品店	小首饰	100	10	1000	¥150.0
2019年11月21日	晨光精品店	手机链	150	5	750	¥112.5
2019年12月3日	超乐精品店	小首饰	100	10	1000	¥150.0
2019年12月12日	嘉乐精品店	小首饰	60	10	600	¥30.0
2019年12月19日	超乐精品店	小熊水杯	80	15	1200	¥80.0
合计						¥8,352.5

添加页眉

单击可添加数据

(c)插入分页符后页面布局第2页

图4－106　页面布局

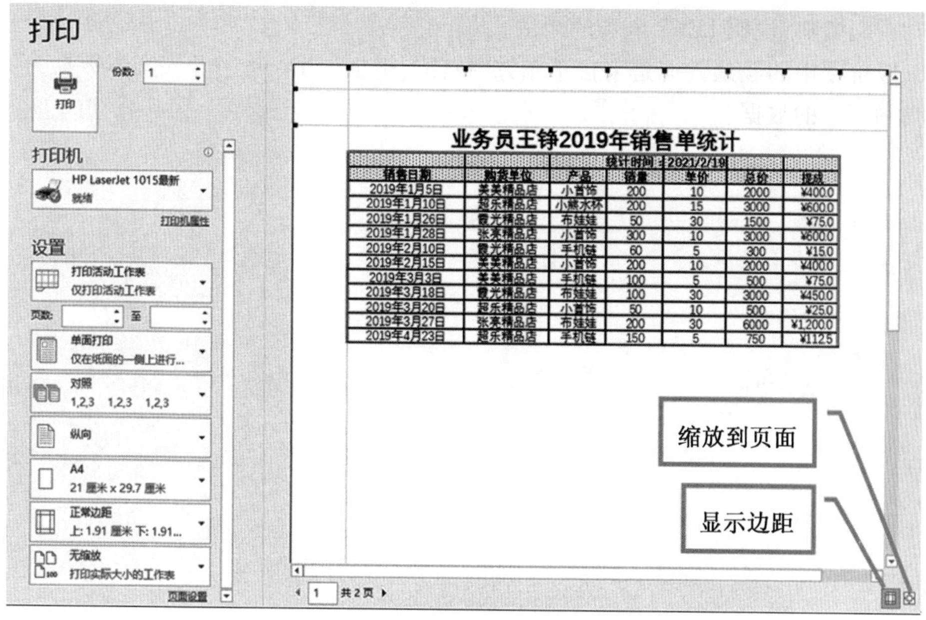

业务员王铮2019年销售单统计

		统计时间：2021/2/19				
销售日期	购货单位	产品	销量	单价	总价	提成
2019年1月5日	美美精品店	小首饰	200	10	2000	¥400.0
2019年1月10日	超乐精品店	小熊水杯	200	15	3000	¥600.0
2019年1月26日	霞光精品店	布娃娃	50	30	1500	¥75.0
2019年1月28日	张亲精品店	小首饰	300	10	3000	¥600.0
2019年2月10日	霞光精品店	手机链	60	5	300	¥15.0
2019年2月15日	美美精品店	小首饰	200	10	2000	¥400.0
2019年3月3日	美美精品店	手机链	100	5	500	¥75.0
2019年3月18日	霞光精品店	布娃娃	100	30	3000	¥450.0
2019年3月20日	超乐精品店	小首饰	50	10	500	¥25.0
2019年3月27日	张亲精品店	布娃娃	200	30	6000	¥1,200.0
2019年4月23日	超乐精品店	手机链	150	5	750	¥112.5

图 4 – 107　打印设置和打印预览

1. 打印预览

图 4 – 107 右侧显示的页面即为打印预览，单击“显示边距”按钮在页面四角出现页边距线，通过鼠标拖动可以改变页边距线位置。单击“缩放到页面”可以放大或缩小整个表格或以整个页面显示表格。单击换页（ 1 共 2 页 ）可以逐页预览。

2. 打印输出

图 4 – 107 左侧显示的页面即为打印设置页面，单击打印（打印）按钮可以进行打印。“份数”设置输出的份数，“打印机”可浏览具体打印输出的打印机名字，可以通过“打印机属性”设置具体的“纸张/质量”和“效果”等。

下方的“设置”，可以选择具体的打印范围（工作表、工作簿、打印选定区域），根据“页数”范围设置打印范围、设置单面打印或双面打印，“对照”可以设置逐份打印或逐页打印，可以设置“纵向”或“横向”打印，设置打印纸张规格，设置页边距，设置缩放。还可以通过“页面设置”进一步详细设置，最后再实际打印。

思 考 题

1. Excel 的旭日图中，为什么要先按照部门排序？
2. 插入切片器时，可以包含数据透视表中不存在的字段吗？
3. 写出 IF 函数的参数格式。
4. COUNTA 和 COUNT 函数有什么区别？
5. RANK 函数的第二参数可以使用相对引用吗？
6. 查阅资料，说明 TEXT 函数的用法。

7. 查阅资料,说明 LEFT 函数的用法。

8. 股价图中的股票数据是来自于东方财富网,根据向 Excel 中导入文本数据为例,导入来自网页上的数据。

第 5 章

PowerPoint 2016

PowerPoint 2016 也是 Office 办公软件中的重要一员，主要用于制作幻灯片、演示文稿、课件、会议简报、产品展示等，还可以在演示文稿中插入图表、图形、音频、视频等对象，以增强文稿的演示效果。由 PowerPoint 制作的演示文稿通常称为 PPT。本章主要介绍 PowerPoint 2016 入门、创建演示文稿、编辑和设计演示文稿、动画效果设置、幻灯片放映与打印等内容。

5.1 PowerPoint 2016 工作界面

PowerPoint 2016 是一款用于制作、维护、播放演示文稿的应用软件，可以在演示文稿中插入并编辑文本、图片、声音、视频、艺术字、SmartArt 图形等对象，并且可以设置动画效果与幻灯片切换效果，而用户初次使用 PowerPoint 制作演示文稿之前，需要了解 PowerPoint2016 的工作环境，对其界面进行认识。

5.1.1 启动和关闭

1. 启动

（1）单击“开始”→“所有程序”→“Microsoft Office”→“PowerPoint 2016”。

（2）双击桌面上快捷图标。

（3）在桌面空白处，右键单击鼠标→“新建”→“Microsoft Office PowerPoint 演示文稿”，再双击新建的演示文稿。

2. 关闭

（1）单击 PowerPoint 应用程序窗口右上角的“关闭”按钮。

（2）单击“文件”→“关闭”选项。

（3）按 Alt + F4 快捷键。

5.1.2 工作窗口

PowerPoint 2016 启动的方法，可以参照启动 Word 2016 的方法，由于它与 Word、Excel 同属于微软的 Office 办公系列，所以拥有同样美观的界面，而且界面组成大同小异，除了拥有快速访问工具栏、标题栏、选项卡和功能区以外，还具有独特的组成部分，如图 5 - 1 所示。下面主要对 PowerPoint 特有的组成部分进行介绍。

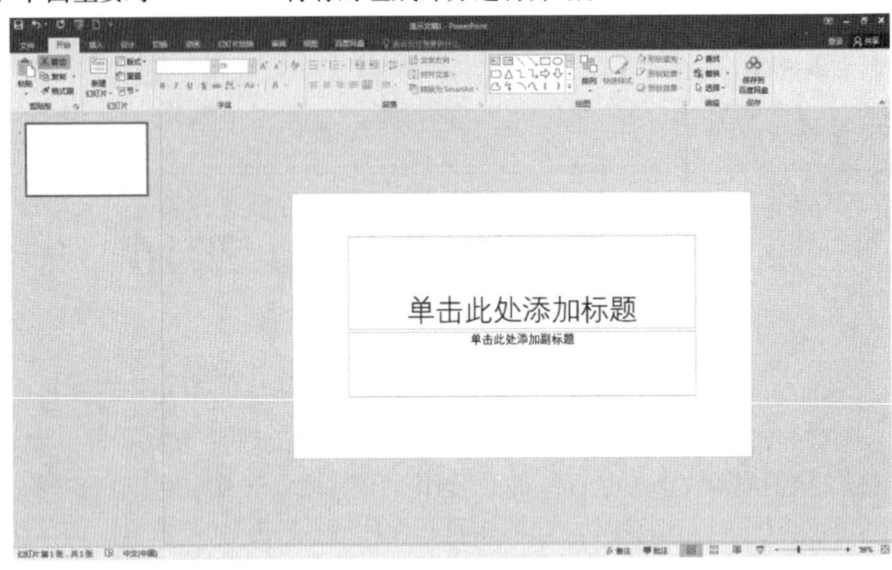

图 5 - 1　PowerPoint 2016 操作界面

1. 幻灯片编辑区

在 PowerPoint 工作窗口中，幻灯片窗格占据了最大的区域，中间的白色部分就是要编辑的幻灯片，它是演示文稿的核心部分，在幻灯片上可以添加文本，插入图片、图形、表格、SmartArt 图形、图表、文本框、电影、动画、视频、音频、超链接等，从而形成图文并茂、声像纷呈的幻灯片效果。

2. 幻灯片窗格

幻灯片窗格位于幻灯片编辑区的左侧，主要显示当前演示文稿中所有幻灯片的缩略图，单击某张幻灯片缩略图，可跳转到该幻灯片并在右侧的幻灯片编辑区中显示该幻灯片的内容。

3. 状态栏

状态栏位于操作界面的底端，用于显示当前幻灯片的页面信息，如当前选定的是第几张幻灯片，共几张幻灯片等。

5.1.3　视图模式

视图是演示文稿在屏幕上的显示方式。PowerPoint 2016 为用户提供了普通视图、幻灯片浏览视图、阅读视图、幻灯片放映视图和备注页视图。视图模式可以在“视图”选项卡的“演示文稿视图”组中选择合适的视图模式，也可通过状态栏右侧单击相应的视图切换按钮即可进入相应的视图。各视图的功能分别如下。

1. 普通视图

启动 PowerPoint 2016 以后，系统将自动进入普通视图，它是设计演示文稿的主要场所。如果当前视图为其他视图，可以在“视图”选项卡的“演示文稿视图”组中单击按钮，或者单击状态栏右侧的“普通视图”按钮 ，将其切换到普通视图中。

2. 幻灯片浏览视图

使用幻灯片浏览视图可以将演示文稿中的幻灯片以缩小的视图方式排列在屏幕上，以帮助用户整体浏览演示文稿中的幻灯片，并且可以对其整体结构进行调整，如调整演示文稿的背景、移动或复制幻灯片等，但是不能编辑幻灯片中的内容。

在“视图”选项卡的“演示文稿视图”组中单击 按钮，或者单击状态栏右侧的“幻灯片浏览”按钮 ，可以进入幻灯片浏览视图。

3. 阅读试图

单击“阅读视图”按钮 即可进入阅读视图，进入阅读视图后，可以在当前计算机一窗口方式查看演示文稿放映效果，单击“上一张”按钮 和“下一张”按钮 可以切换幻灯片。

4. 备注页视图

在“视图”选项卡的“演示文稿视图”组中单击 按钮，可以从其他视图模式切换到备注页视图中，备注页视图分为上下两部分：上半部分用于显示幻灯片，下半部分用于添加幻灯片的备注。一般情况下，为幻灯片添加备注可以在普通视图中完成，因此备注页视图并不经常使用。

5. 幻灯片放映视图

通过幻灯片放映视图可以放映幻灯片，查看每张幻灯片的效果，测试幻灯片中插入的动画和声音效果。编辑幻灯片时，如果要将演示文稿作为屏幕演示来处理，可以单击状态栏右侧的“幻灯片放映”按钮 ，进入幻灯片放映视图。放映结束时单击鼠标可以结束放映，返回到编辑状态。

5.2　PowerPoint 2016 演示文稿基本操作

在编辑演示文稿时，首先需要新建一个演示文稿，在制作完成后，还需对演示文稿的内容进行保存。

5.2.1　新建演示文稿

新建演示文稿的方法很多，如新建空白演示文稿、利用模板新创建演示文稿、根据现有内容新建演示文稿，用户可根据实际需求进行选择。

1. 新建空白演示文稿

启动 PowerPoint 2016 会自动创建一个空白演示文稿。默认名称为“演示文稿 1”。如果在这种状态下还要创建新的演示文稿，可以按如下步骤操作：

（1）切换到“文件”选项卡，单击其中的“新建”命令，选择“空白演示文稿”选项，即可创建一个空白演示文稿，如图 5 – 2 所示。

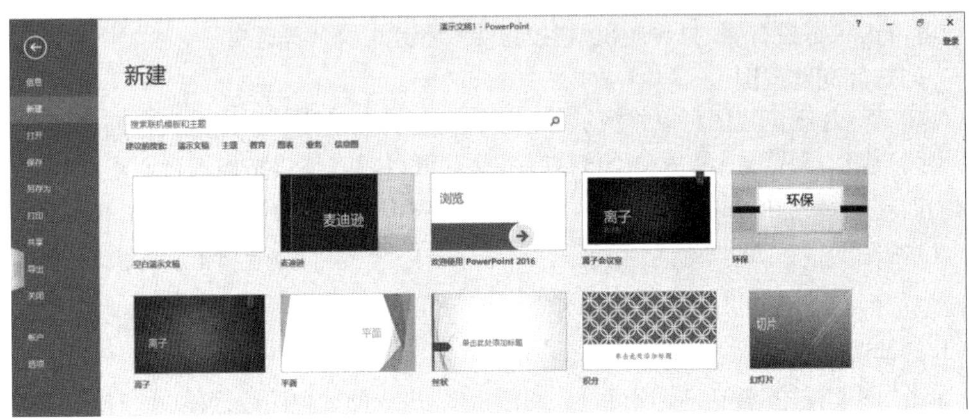

图 5－2　创建空白演示文稿

(2)单击 PowerPoint 工作界面顶端左侧的“快速访问工具栏”下拉按钮，在弹出的菜单中选择“新建”命令，将“新建”按钮添加到“快速访问工具栏”，单击该按钮即可新建空白演示文稿。

(3)按 Ctrl + N 快捷键即可新建空白演示文稿。

2. 利用模板新建演示文稿

PowerPoint 2016 提供了多种模板，用户可在预设模板的基础上快速新建带有内容的演示文稿。选择“文件”→“新建”命令，在打开的“新建”列表框中选择所需的模板选项，再单击“创建”按钮，即可基于模板创建演示文稿，如图 5－3 所示。

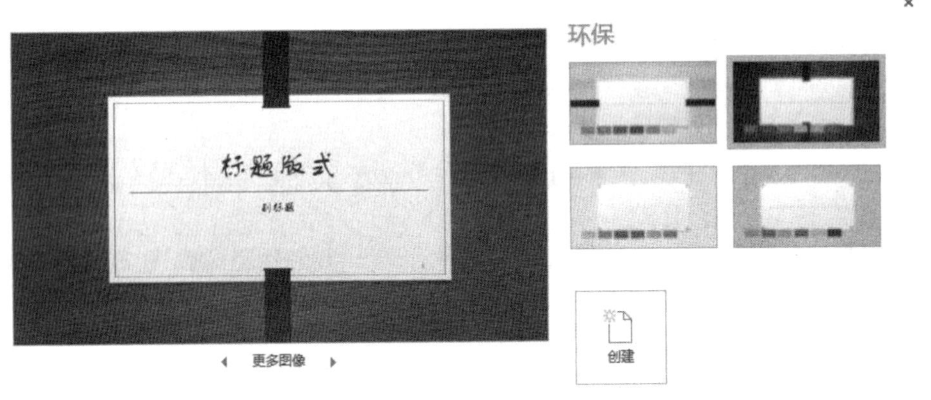

图 5－3　基于模板创建演示文稿

5.2.2　打开演示文稿

双击演示文稿文件，可以自动运行 PowerPoint 2016 并打开文稿。也可以切换到“文件”选项卡，单击“打开”命令，在弹出的“打开”对话框中选择要打开的演示文稿，然后单击“打开”按钮。

5.2.3　保存演示文稿

演示文稿的保存与 Word 文档的保存方法 1 样，可以采用这样几种方法：

（1）切换到“文件”选项卡，单击“保存”命令。

（2）在“快速访问栏”中单击按钮。

（3）按下 Ctrl + S 快捷键或者 Shift + F12 快捷键。

如果是第一次保存该演示文稿，将弹出“另存为”对话框，操作方法与保存 Word 文档相同。默认情况下，PowerPoint 2016 演示文稿的扩展名为. pptx，如果要保存为. ppt 格式，需要在“另存为”对话框的“保存类型”列表中进行选择。

5.2.4　幻灯片的基本操作

幻灯片是组成演示文稿的基本单元，是演示内容的主要载体。每一个演示文稿都是由若干幻灯片组成的，本节中将学习幻灯片的基本操作，包括向演示文稿中添加新幻灯片、选择幻灯片、删除不需要的幻灯片、复制幻灯片或调整幻灯片的顺序等。

1. 新建幻灯片

新建空白演示文稿，一般默认只有一张幻灯片，不能满足实际的编辑需要，或者在编辑演示文稿的过程中和演示文稿制作完成以后，如果发现遗漏了部分内容，则需要插入一个新的幻灯片。在 PowerPoint 2016 中，无论是在普通视图还是幻灯片浏览视图中都可以插入新幻灯片，具体操作步骤如下：

（1）选中一个幻灯片，确定插入新幻灯片的位置。

（2）在“开始”→“幻灯片”组中单击“新建幻灯片”按钮来插入幻灯片，插入幻灯片方法有以下四种：

①直接单击“新建幻灯片”按钮。

②单击“新建幻灯片”按钮的下拉按钮，选择一种幻灯片版式。

③在“幻灯片”窗格中的空白区域或在已有的幻灯片上单击鼠标右键，在弹出的菜单中选择“新建幻灯片”命令。

④按 Enter 键或 Ctrl + M 快捷键即可插入一张新的幻灯片。

（3）执行选择操作后，在所选幻灯片的后面将插入一张指定版式的幻灯片。

（4）从 Office 文档中导入。在“开始”→“幻灯片”组中单击“新建幻灯片”按钮，在打开的下拉列表中选择“幻灯片（从大纲）”命令。

（5）从其他演示文稿插入幻灯片。在“开始”→“幻灯片”组中单击“新建幻灯片”按钮，在打开的下拉列表中选择“重用幻灯片”命令，在工作区右侧就会显示“重用幻灯片”窗格，通过“浏览”命令来选择将要插入的演示文稿，然后再选择要插入的新幻灯片。

2. 选择幻灯片

对幻灯片进行操作之前必须先选择幻灯片,选择幻灯片主要有以下三种方法:

(1)选择单张幻灯片。在“幻灯片”窗格中单击幻灯片缩略图可以选择该幻灯片,同时在幻灯片窗格中可以显示并编辑该幻灯片。

(2)选择多张幻灯片。如果要选择多张幻灯片,可以按住 Ctrl 键在“幻灯片”窗格中连续单击幻灯片缩略图,这样就可以选择多张不连续的幻灯片;如果按住 Shift 键的同时进行选择,则可以选择多张连续的幻灯片。

(3)选择全部幻灯片。在幻灯片浏览视图或“幻灯片”窗格中按 Ctrl + A 快捷键即可选择全部幻灯片。

3. 应用幻灯片版式

如果对新建的幻灯片版式不满意,可进行更改。其方法为:在“开始”→“幻灯片”组中单击“版式”按钮右侧的下拉按钮,在打开的下拉列表中选择一种幻灯片版式,即可将其应用于当前幻灯片。

4. 移动和复制幻灯片

在普通视图和幻灯片浏览视图中,移动和复制幻灯片的操作方法基本上是一致的,下面以在幻灯片浏览视图中移动和复制幻灯片为例来介绍。

移动和复制幻灯片的方法主要有以下三种:

(1)通过鼠标拖动。选择需要移动的幻灯片,按住鼠标左键不放拖动到目标位置后释放鼠标完成移动操作;选择幻灯片,按住 Ctrl 键并拖动到目标位置,完成幻灯片的复制操作。

(2)通过菜单命令。选择需要移动或复制的幻灯片,在其上单击鼠标右键,在弹出的快捷菜单中选择“剪切”或“复制”命令,定位到目标位置,单击鼠标右键,在弹出的快捷菜单中选择“粘贴”命令,即可完成幻灯片的移动或复制。

还可以通过“开始”→“剪贴板”组中“剪切”“复制”和“粘贴”按钮来完成幻灯片的移动与复制。

(3)通过快捷键。选择需要移动或复制的幻灯片,按 Ctrl + X 快捷键或 Ctrl + C 快捷键,然后在目标位置按 Ctrl + V 快捷键进行粘贴,完成移动或复制操作。

5. 删除幻灯片

在“幻灯片”窗格中或者在幻灯片浏览视图中,选择要删除的幻灯片,直接按 Delete 键,或者单击鼠标右键,从弹出的快捷菜单中选择“删除幻灯片”命令,都可以删除幻灯片。幻灯片被删除后,PowerPoint 2016 会重新对其余的幻灯片进行编号。

例题 5－1 新建一个主题为“环保”的演示文稿,以“垃圾分类. pptx”为名保存在计算机桌面上,按要求完成以下操作并保存,效果如图 5－4 所示。

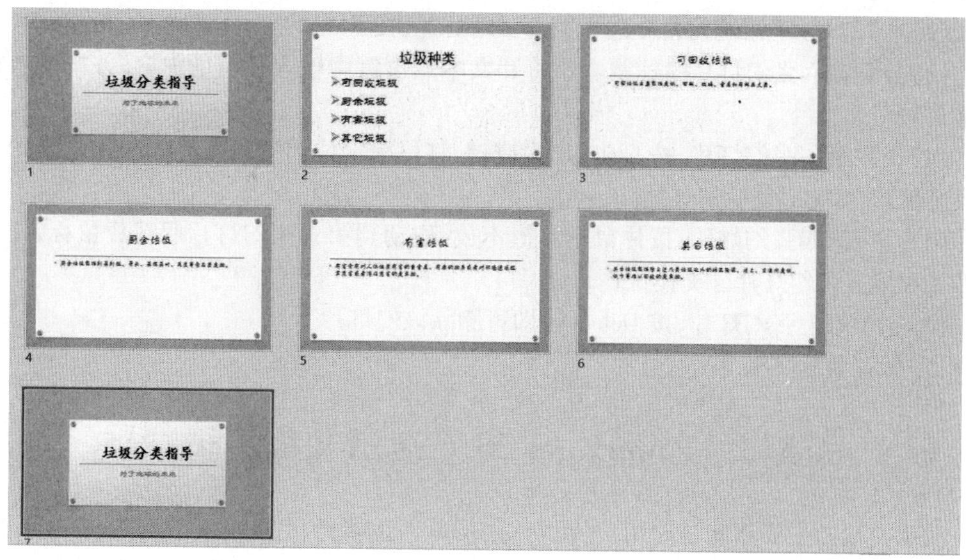

图 5－4　例题 5－1 效果图

要求如下：

（1）插入第一张幻灯片，将幻灯片的版式改为“标题幻灯片”，主标题的内容为“垃圾分类指导”，字体设置为楷体、60 磅、加粗，字体颜色为黑色，副标题为“为了地球的未来”，字体设置成隶书、32 磅，字体颜色为浅蓝、选择居中的对齐方式。

（2）插入第二张幻灯片，“标题和内容”版式，标题为“垃圾种类”，字体为黑体，字号 54 磅，居中，字体颜色为黑色，内容框中分别输入“可回收垃圾、厨余垃圾、有害垃圾、其他垃圾”，并使用箭头项目符号、字体为华文隶书字号 44 磅，字体颜色为深蓝。

（3）插入第三、四、五、六、七张幻灯片，“标题和内容”版式。

第三张幻灯片内容——可回收垃圾：主要包括废纸、塑料、玻璃、金属和布料五大类。

第四张幻灯片内容——有害垃圾：含有对人体健康有害的重金属、有毒的物质或者对环境造成现实危害或者潜在危害的废弃物。

第五张幻灯片内容——厨余垃圾：包括剩菜剩饭、骨头、菜根菜叶、果皮等食品类废物。

第六张幻灯片内容——其他垃圾：包括除上述几类垃圾之外的砖瓦陶瓷、渣土、卫生间废纸、纸巾等难以回收的废弃物。

（4）复制第一张幻灯片到最后一张幻灯片。

（5）将第四张幻灯片与第五张幻灯片交换位置。

（6）删除第七张幻灯片。

本例题相关操作步骤如下：

（1）执行“开始”→“所有程序”→“PowerPoint”命令，启动 PowerPoint 2016。

（2）执行“文件”→“新建”命令，在“搜索联机模板和主题”搜索框输入“环保”进行搜索，在打开的界面中选择“环保”选项，即可创建主题为“环保”的演示文稿。

（3）新建的演示文稿有一张标题幻灯片，按要求输入内容，并设置格式。

(2)在“幻灯片”浏览窗格中选中第一张幻灯片,按 Enter 键六次,新建六张幻灯片。

(3)分别在六张幻灯片的标题占位符和文本点位符中输入相应的内容,并按要求设置格式。

(4)选中第一张幻灯片,按 Ctrl + C 快捷键,将鼠标定位到第七张幻灯片后,按 Ctrl + V 快捷键,即可完成复制幻灯片。

(5)选中第四张幻灯片,按住鼠标左键不放,拖动到第五张幻灯片后释放鼠标,此时第四张和第五张幻灯片已交换位置。

(6)选中第七张幻灯片,按 Delete 键即可删除该幻灯片。

(7)保存演示文稿。

5.3 PowerPoint 2016 演示文稿编辑

演示文稿的主要功能是向用户传达一些简单而重要的信息,而这些信息是由文本、表格及图形等元素构成。在 PowerPoint 2016 中,可以向幻灯片中插入文本、图形、艺术字、图表、表格、SmartArt 对象、音频、视频等多种对象,从而完成幻灯片的制作与编辑。

5.3.1 输入和编辑文本

文本是幻灯片的重要组成部分,无论是课件类、演讲类、报告类还是其他类的演讲文稿,都离不开文本的输入和编辑。

1. 输入文本

在幻灯片中主要可以通过点位符和文本框两种方法输入文本。

(1)在占位符中输入文本。

创建一个新演示文稿以后,PowerPoint 会自动插入一张标题幻灯片。在该标题幻灯片中有两个虚线框,即“占位符”。在占位符中可以输入标题和正文,还可以插入图片和表格等。

在占位符中输入文本非常方便。输入文本之前,占位符中有一些提示性的文字,单击该占位符后,提示信息将自动消失,这时直接输入文本内容即可,如图 5-5 所示。

在输入文本的过程中,如果需要调整占位符的大小,具体操作步骤如下:

①选择要调整的占位符,这时占位符的边框上将出现 8 个控制点。

②将光标指向任意一个控制点,当光标变成黑色的双向箭头时按住鼠标左键并拖动鼠标,占位符将沿着箭头的方向扩展或收缩。

③释放鼠标,即可调整占位符的大小,如图 5-6 所示。

(2)在文本框中输入文本。

幻灯片中除了可在占位符中输入文本外,还可以在空白位置绘制文本框来添加文本。在“插入”→“文本”组单击“文本框”按钮下方的下拉按钮,在打开的下拉列表中选择“绘制横排文本框”选项或“竖排文本框”选项,单击需要添加文本的空白位置就会出现一个文本框,在其中输入文本即可。

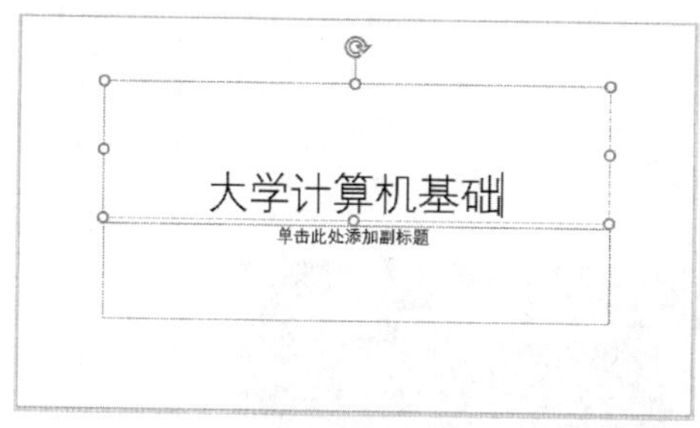

图 5－5 在占位符中输入文字

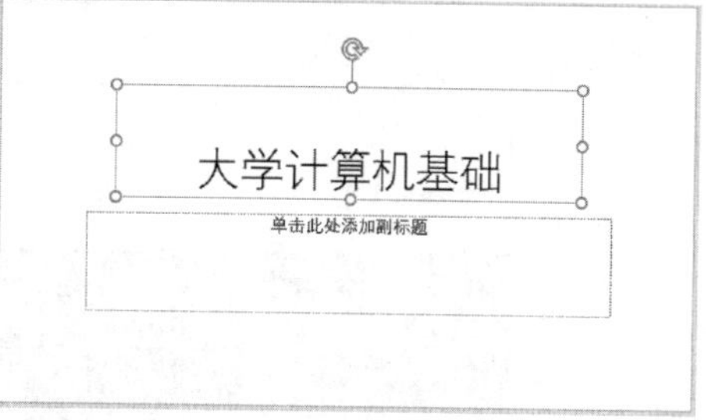

图 5－6 调整占位符的大小

2. 编辑文本格式

为了使幻灯片的文本效果更加美观，通常需要对字体、字号、颜色及特殊效果等进行设置。在 PowerPoint 中主要可以通过"字体"组和"字体"对话框设置文本格式。

(1)选择文本或文本占位符，在"开始"→"字体"组可以对字体、字号、颜色等进行设置，还可设置文本字形格式，如"加粗""倾斜"等效果。

(2)选择文本或文本占位符，在"开始"→"字体"组右下角单击"展开"按钮，在打开"字体"对话框中也可对文本的字体、字号、颜色等效果进行设置。

3. 段落格式化

(1)编辑幻灯片的段落格式。可设置段落的对齐方式、行间距、文字的边框、底纹等，设置方式与编辑文本格式一样。

(2)使用项目符号和编号。项目符号和编号是放在文本前的符号，起强调作用，合理使用项目符号和编号，可以使文档的层次结构更清晰和有条理。

操作方法：选择需要插入项目符号和编号的文本，在"开始"→"段落"组中单击"项目符号"按钮或"编号"按钮即可；或直接在文本右键，利用弹出的快捷菜单对项目符号、编号进行设置。用户可以自定义新的项目符号、编号的样式。

5.3.2 插入图片

图片是演示文稿中非常重要的一部分，在幻灯片中可以插入计算机保存的图片。

1. 插入图片

选择需要插入图片的幻灯片，选择"插入"→"图像"组，单击"图片"按钮，在打开的"插入图片"对话框中选择所需图片的保存位置，然后选择需要插入的图片，单击"插入"按钮。

在"图像"组中单击"联机图片"按钮，打开"插入图片"对话框，通过其中的搜索框可以插入在线图片，如图 5－7 所示，但注意图片的版权问题。

2. 编辑图片

选择图片后，在"图片工具"→"格式"选项卡的"调整"组、"图片样式"组、"排列"组和"大小"组中，可以对图片样式进行设置，如图 5－8 所示。

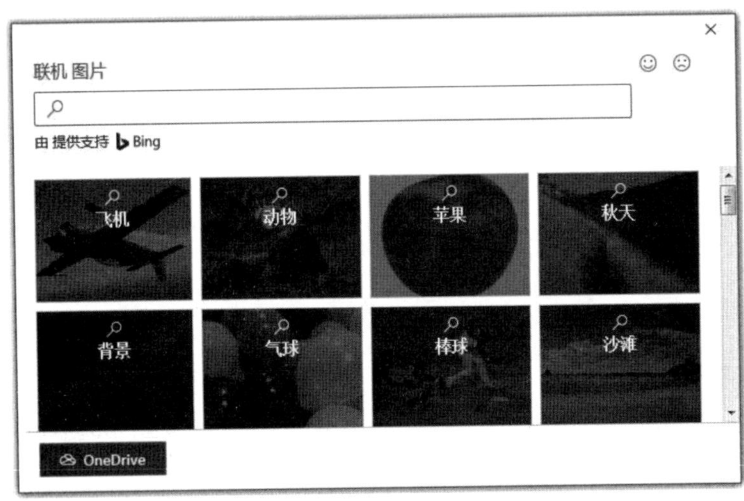

图 5－7　联机图片

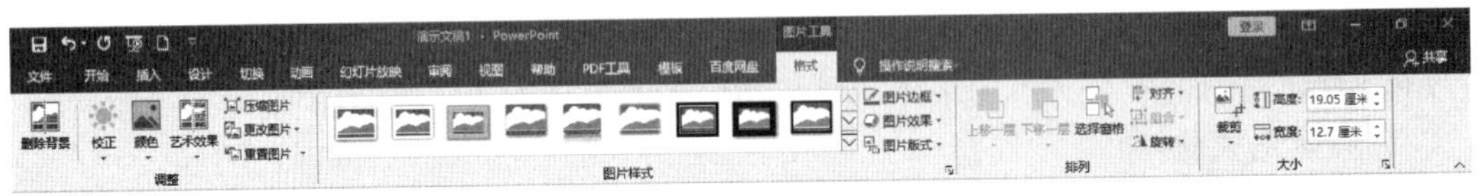

图 5－8　“图片工具”选项卡

例题 5－2　打开演示文稿“垃圾分类,pptx”,按要求完成以下操作并保存,效果如图 5－9 所示。

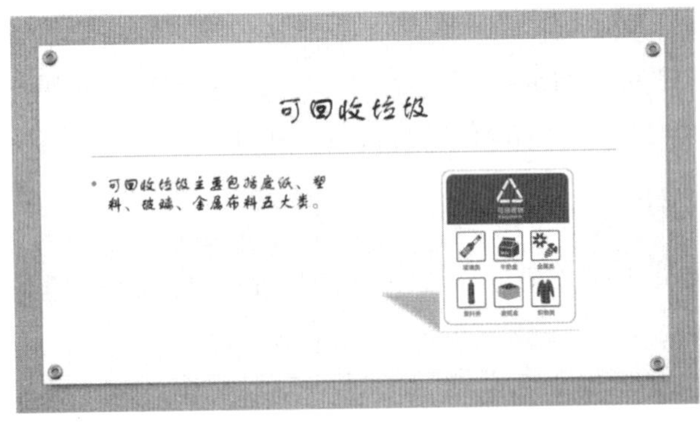

图 5－9　例题 5－2 效果图

要求如下:

(1)将第三张幻灯片版式更改为“两栏内容”,右侧插入“可回收”图片。

(2)设置图片高为 8 厘米,宽为 7 厘米,阴影效果为“透视”:左上角透视。

本例题相关操作步骤如下:

(1)选择第三张幻灯片,在“开始”→ “幻灯片”组中单击“版式”按钮右侧的下拉按钮,在打开的下拉列表中选择“两样内容”版式。

(2)在右侧单击“图片”图标,插入相应的图片即可。

(3)选择图片,在“绘图工具”→“格式”→“大小”组,设置图片大小,并用鼠标移动合适位置。

(4)选择图片,在“绘图工具”→“格式”→“图片样式”组,单击“图片效果”按钮,在打开的下拉列表框中选择“阴影”→“透视:左上”选项,为图片设置阴影效果。

(5)保存演示文稿。

5.3.3　插入形状

形状是 PowerPoint 提供的基础图形,通过基础图形的绘制、组合,有时可达到比图片和系统预设的 SmartArt 图形更好的效果。

1. 插入形状

选择要插入形状的幻灯片,在“插入”→“插图”组中单击“形状”按钮,在弹出的列表框中选择需要的形状即可。

2. 格式设置

选中形状后,“绘图工具”选项卡会出现界面中,在该选项卡中,用户可以对插入形状的大小、样式、排列等格式进行设置,如图 5 - 10 所示。

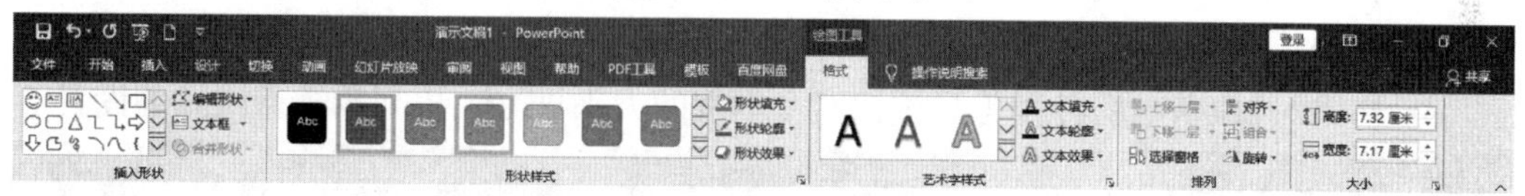

图 5 - 10　“绘图工具”选项卡

例题 5 - 3　打开演示文稿“垃圾分类. pptx”,按要求完成以下操作并保存,效果如图 5 - 11 所示。

图 5 - 11　例题 5 - 3 效果图

要求如下:

(1)在第一张幻灯片中插入“心形”形状,调整角度,放置幻灯片右上角。

(2)填充颜色为绿色,添加文字为“垃圾分类,从我做起”,字体为华文隶书,字号为 14,颜色为白色。

本例题相关操作步骤如下:

(1)选中第一张幻灯片,在“插入”→“插图”组中单击“形状”按钮,在弹出的列表框中选择“心形”形状。

(2)选中“心形”形状,在“绘图工具”→“格式”→“形状”→“形状样式”组中单击“形状填充”,选择颜色为绿色;用鼠标调整“心形”形状角度及位置。

(3)选中“心形”形状,右键选择“编辑文字”命令,输入文字并设置格式。

(4)保存演示文稿。

5.3.4 插入文本框

在幻灯片中,对于已有固定版式的幻灯片,要在没有文本占位符的位置输入文本,就需要插入文本框。用户可以根据需要插入“横排文本框”和“竖排文本框”。

1. 插入文本框

在“插入”→“文本”组中单击“文本框”按钮,在打开的下拉列表中选择“绘制横排文本框”或“竖排文本框”选项,单击需要添加文本的空白位置就会出现一个文本框,在其中输入文本即可。

2. 编辑文本框

对于插入到当前幻灯片中的文本框同样可以进行格式的设置,PowerPoint 为用户提供了“绘图工具”选项卡,如图 5-12 所示。选择相应的文本框时,用户可以用“绘图工具”→“格式”选项卡中的各种工具按钮对文本框的大小、样式、排列等进行格式的设置。

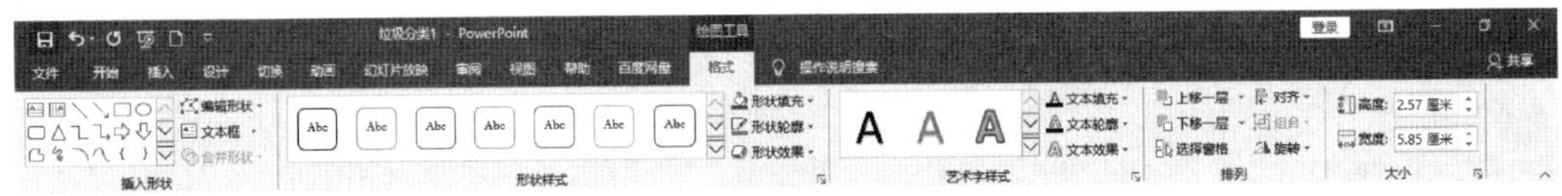

图 5-12 “绘图工具”选项卡

5.3.5 插入 SmartArt 图形对象

SmartArt 图形可以直观地说明图形内各个部分的关系,它在演示文稿中的使用非常广泛。PowerPoint 2016 提供了多种类型,如列表、流程、循环等类型,不同的类型分别适用于不同的场合。

1. 插入 SmartArt 图形

在“插入”→“插图”组中单击“SmartArt”按钮,在打开的“选择 SmartArt 图形”对话框中选择所需的图形样式,即可在幻灯片中插入 SmartArt 图形,最后在 SmartArt 图形的形状中分别输入相应的文本并设置文本格式即可。

2. 编辑 SmartArt 图形

插入 SmartArt 图形后,在“SmartArt 工具”→“设计”选项卡中可以对 SmartArt 的样式进行设置,如图 5-13 所示。

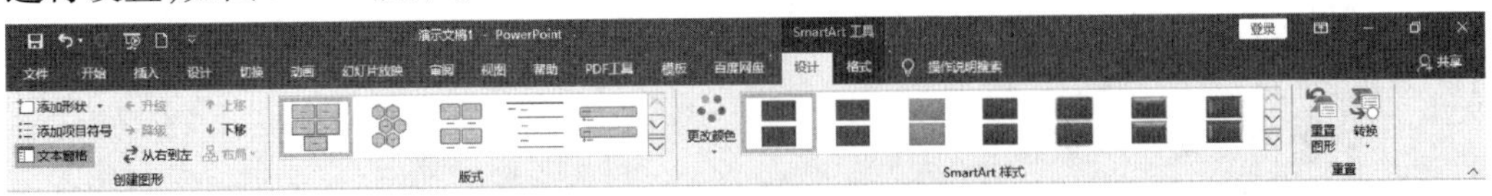

图 5-13 “SmartArt 工具”选项卡

(1)创建图形组。主要用于编辑 SmartArt 图形中的形状,如果默认的 SmartArt 图形中的形状不够,可单击“添加形状”按钮右侧下的下拉按钮,在打开的下拉列表中选择相应的选项添加形状。如果形状的等级有误,可单击“升级”按钮、“降级”按钮对形状的级别时行调整,也可单击“上移”按钮、“下移”按钮调整形状的顺序。

(2)版式组。主要用于更换 SmartArt 图形的布局,在列表框中可选择要更换的布局。

(3)SmartArt 样式。单击“更改颜色”按钮,在列表中还可以设置 SmartArt 图形的颜色。

例题 5－4　打开演示文稿“垃圾分类. pptx”,按要求完成以下操作并保存,效果如图 5－14 所示。

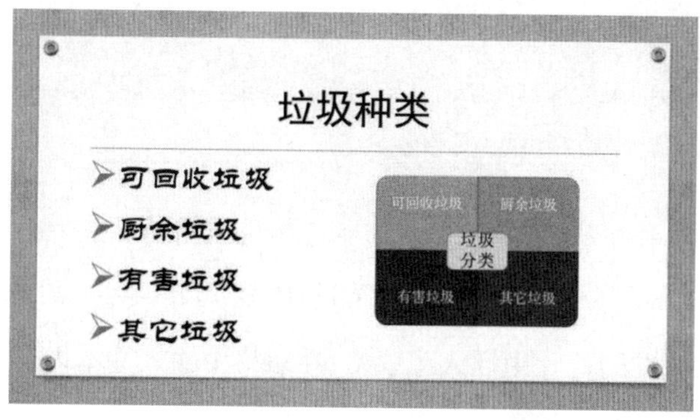

图 5－14　例题 5－4 效果图

要求如下:

(1)在第二张幻灯片插入一个 SmartArt 图形,要求为“带标题的矩阵”。

(2)输入相应的文本,文本字体为宋体、20 号字,设置 SmartArt 图形颜色为彩色范围－个性色 5－6。

本例题相关操作步骤如下:

(1)选择第二张幻灯片,在“插入”→“插图”组中单击“SmartArt”按钮,打开“选择 SmartArt 图形”对话框。

(2)在“选择 SmartArt 图形”对话框中,在左侧选择“矩阵”选项,在右侧选择“带标题的矩阵”选项,单击“确定”按钮。

(3)在“SmartArt 图形”每一部分的“文本”提示中分别输入文字并设置格式。

(4)调整 SmartArt 图形大小,在“SmartArt 工具”→“设计”→“SmartArt 样式”组中单击“更改颜色”按钮,并按要求设置颜色。

(5)保存演示文稿。

5.3.6　插入表格

表格可直观形象地表达数据情况,在 PowerPoint 中不仅可以在幻灯片中插入表格,还可以对表格进行编辑和美化。

1. 插入表格

(1)在“插入”→“表格”组中单击“表格”按钮,在打开的下拉列表中拖动鼠标,确定表格的行数与列数，如图 5－15 所示。除了自动插入表格外，还以通过“插入表格”对话框插入表格、自己绘制表格、插入 Excel 电子表格。

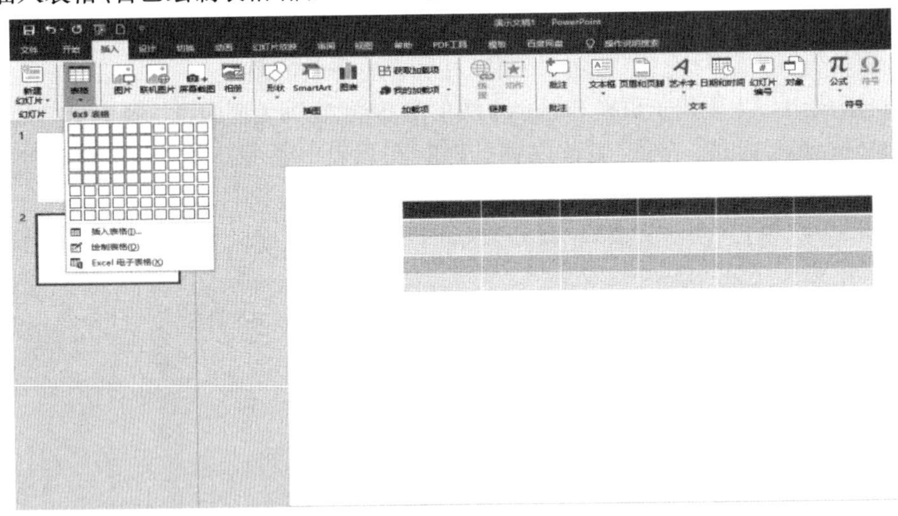

图 5－15　确定表格的行数与列数

（2）释放鼠标，则在幻灯片中插入了表格，在表格中输入文本内容即可。

2. 输入表格内容并编辑表格

插入表格后即可在其中输入文本和数据，并可根据需要对表格和单元格进行编辑操作。

（1）调整表格大小。选择表格，此时表格四周将出现 8 个控制点，将鼠标指针移到表格边框上的控制点上，按住鼠标左键不放并拖动鼠标，可调整表格大小。

（2）调整表格位置。将鼠标指针移动到表格上，当鼠标指针变为十字箭头形状时，按住鼠标左键不放进行拖动，移至合适位置后释放鼠标，可调整表格位置。

（3）输入文本和数据。将文本插入点定位到单元格中即可输入文本和数据。

（4）选择行/列。将鼠标指针移至表格左侧，当鼠标指针变为“→”形状时，单击鼠标左键可选择该行。将鼠标指针移至表格上方，当鼠标指针变为“→”形状时，单击鼠标左键可选择该列。

（5）插入行/列。将鼠标指针定位到表格的任意单元格中，通过“表格工具”→“布局”→“行和列”组，可以在表格所选单元格的上方、下方、左侧或右侧插入行或列。

（6）调整行高/列宽。

①粗略调整。将鼠标指针移到表格中需要调整行高或列宽的单元格分隔线上，当鼠标指针变为“◂|▸”形状时，按住鼠标左键不放向左右或上下拖动，移至合适位置时释放鼠标，即可完成行高或列宽的调整。

②精确调整。在“表格工具”→“布局”→“单元格大小”组中的“高度”和“宽度”数值框中输入具体的数值。

（7）删除行/列。选择多余的行，在“表格工具”→“布局”→“行和列”组中单击“删除”按钮，在打开的下拉列表中选择相应的选项即可。

(8)合并单元格。选择要合并的单元格,在“表格工具”→“布局”→“合并”组中单击“合并单元格”按钮▦。

3. 表格的美化

插入表格后,可以对表格进行设计和美化。选择要设计的表格,就会在功能区中出现“表格工具”选项卡,在“设计”→“表格样式”组中单击右下角的下拉按钮,打开样式列表,在其中选择需要的样式即可,如图 5-16 所示。同时,在该组中单击“底纹”按钮、“边框”下拉按钮、“效果”下拉按钮,在打开的下拉列表中还可为表格设置底纹、边框和三维立体效果。

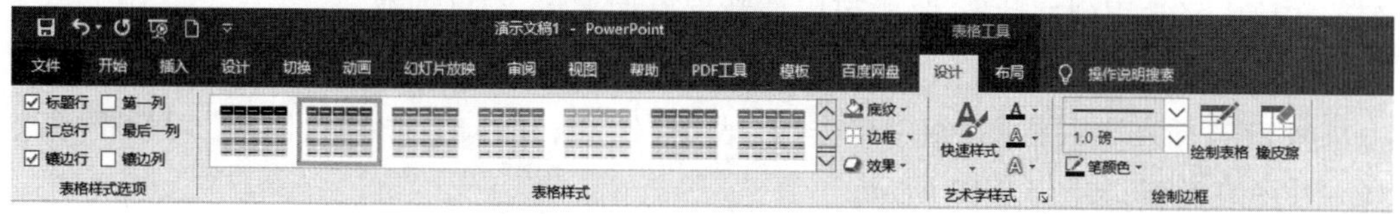

图 5-16 “表格工具”选项卡

例题 5-5 打开演示文稿“垃圾分类. pptx”,按要求完成以下操作并保存,效果如图 5-17 所示。

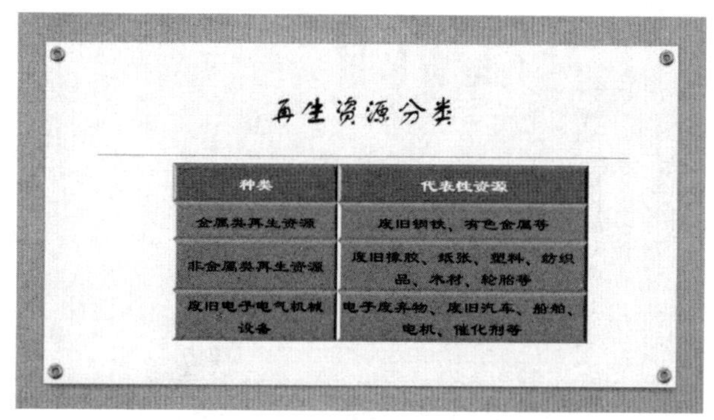

图 5-17 例题 5-5 效果图

要求如下:

(1)在第六张幻灯片后插入 1 张新幻灯片,版式为“标题和内容”。

(2)标题为“再生资源分类”,内容为插入一个 4 行 2 列的表格,输入表格内容,并设置字体为隶书,字号为 24,对齐方式为水平、垂直居中。

(3)设置表格第一行底纹为浅蓝,其他行为浅绿;设置表格的“单元格凹凸效果”为圆形。

本例题相关操作步骤如下:

(1)选择第六张幻灯片,按 Enter 键即可插入一张新的幻灯片,更改版式为“标题和内容”。

(2)标题占位符输入为“再生资源分类”,在内容处单击“表格”图标,插入 4 行 2 列的表格,按效果图输入表格的内容并设置格式。

(3)选择第一行,在“表格工具”→“设计”→“表格样式”组中单击“底纹”按钮,在打

开的下拉列表框中选择“浅蓝”，用同样的方法设置其他行底纹为“浅绿”。

(4)选择整个表格，在“表格工具”→“设计”→“表格样式”组中单击“效果”按钮，在打开的下拉列表框中选择“单元格凹凸效果”→“圆形”选项，为表格中的所有单元格应用该样式。

(5)保存演示文稿。

5.3.7 插入图表

在 PowerPoint 中，图表是一种以图形方式表达数据的方法。在众多的总结报告、投标演示文稿中经常用到这种形式，它可以使数据更加清晰、容易理解。

1. 插入图表

(1)在“插入”→“插图”组中单击“图表”按钮，在弹出的“插入图表”对话框中选择一种图表类型，如图 5－18 所示。

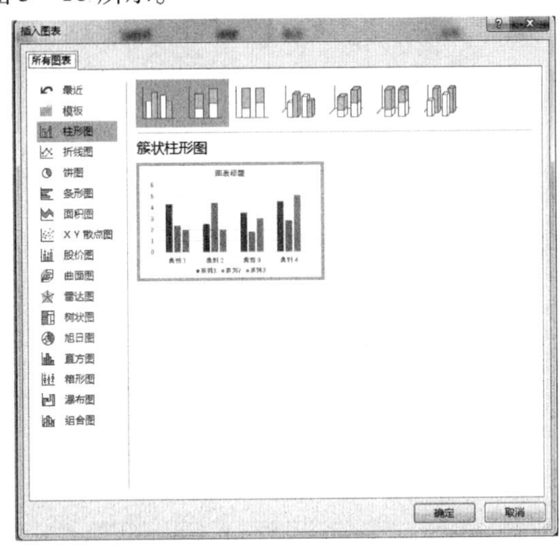

图 5－18 “插入图表”对话框

(2)单击“确定”按钮，则在幻灯片中插入了图表，同时打开 Excel 用于编辑数据，如图 5－19 所示。用户可以根据实际情况修改数据，对应的图表也将自动更新，则完成了图表的插入，如图 5－20 所示。

2. 编辑图表

PowerPoint 为用户提供了“图表工具”选项卡，其中包含两个子选项卡，分别为“设计”和“格式”，如图 5－21 所示。用户可以通过“设计”子选项卡修改图表的类型、数据、图表布局等；可以通过“格式”子选项卡对指定的图表中的各组成对象进行格式设置。

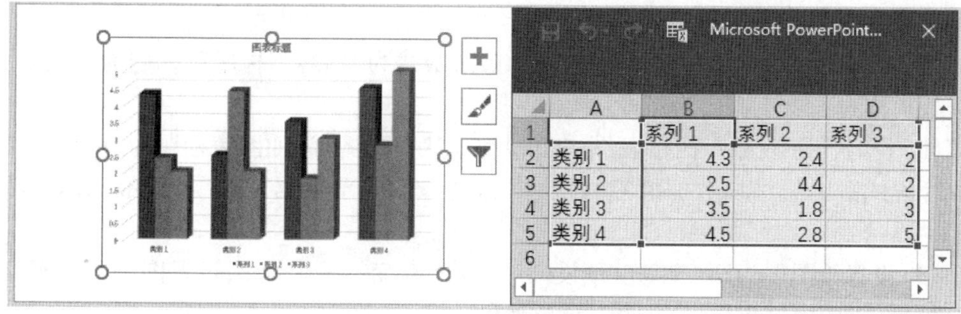

	A	B	C	D
1		系列 1	系列 2	系列 3
2	类别 1	4.3	2.4	2
3	类别 2	2.5	4.4	2
4	类别 3	3.5	1.8	3
5	类别 4	4.5	2.8	5
6				

图 5－19　插入的表格与图表

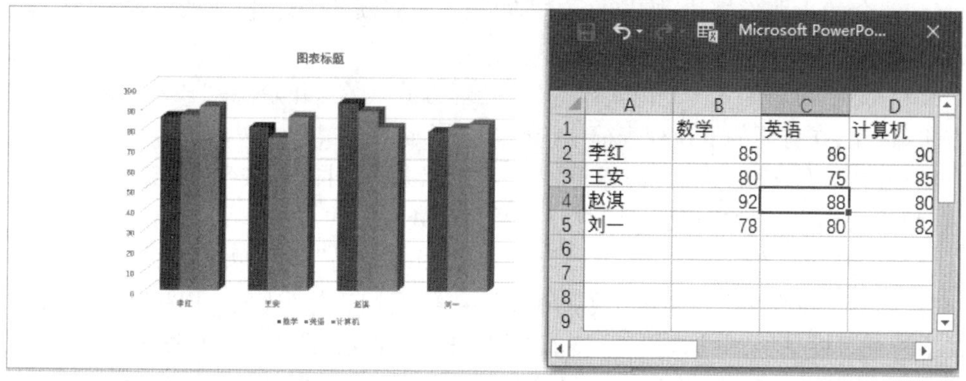

	A	B	C	D
1		数学	英语	计算机
2	李红	85	86	90
3	王安	80	75	85
4	赵淇	92	88	80
5	刘一	78	80	82
6				
7				
8				
9				

图 5－20　更新数据表数据

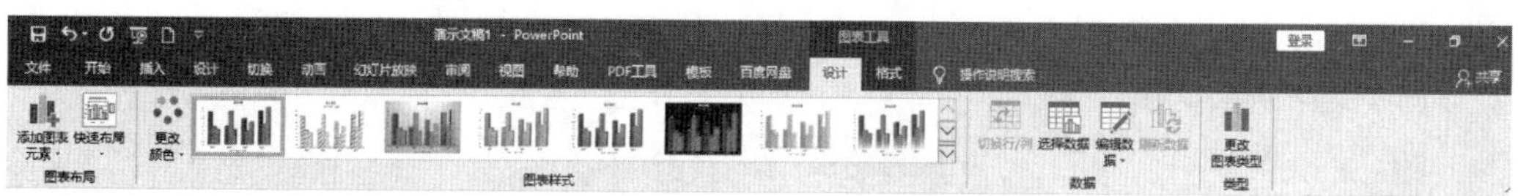

图 5－21　“图表工具”选项卡

例题 5－6　打开演示文稿“垃圾分类. pptx”,按要求完成以下操作并保存,效果如图 5－22 所示。

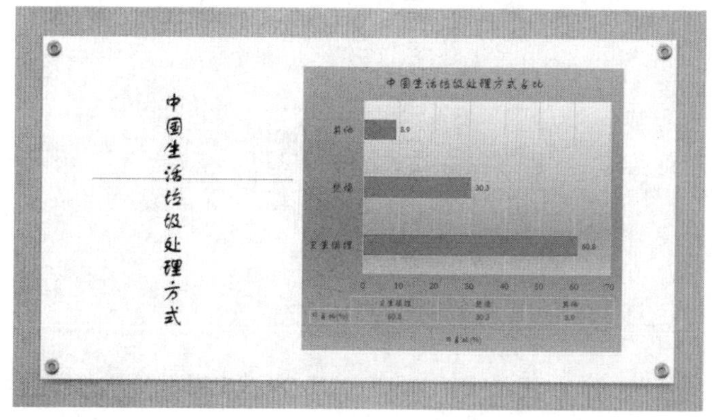

图 5－22　例题 5－6 效果图

要求如下：

(1)在第七张幻灯片后插入 1 张新幻灯片，版式为“内容与标题”，标题为“中国生活垃圾处理方式”，文字方向为竖排。

(2)在内容处插入一个图表，图表类型为簇状条形图，添加图表标题为“中国生活垃圾处理方式占比”，添加数据标签为“数据标签外”，显示数据表选项为“显示图例项标示”。

(3)设置绘图区为渐变填充/预设渐变/浅色渐变——个性 2，设置图表区为渐变填充/预设渐变/中等渐变——个性 3，调整颜色。

本例题相关操作步骤如下：

(1)选择第七张幻灯片，按 Enter 键即可插入一张新的幻灯片，更改版式为“内容与标题”。

(2)标题占位符输入为“中国生活垃圾处理方式”，在“开始”→“段落”组中单击“文字方向”按钮，在打开的下拉列表框中选择“竖排”选项。

(3)在内容处单击“图表”图标，插入一个簇状条形图图表，按效果图编辑图表数据。

(4)选择图表，添加图表标题“中国生活垃圾处理方式占比”。

(5)选择图表，在“图表工具”→“设计”→“图表布局”组中单击“添加图表元素”按钮，在打开的下拉列表框中选择“数据标签”→“数据标签外”选项。用相同的方法，在打开的下拉列表框选择“数据表”→“显示图例项标示”选项，即可显示数据表。

(6)选择图表，双击绘图区，打开“设置绘图区格式”窗格，如图 5－23 所示，选择“填充”→“渐变填充”，在“预设渐变”下拉列表中选择“浅色渐变——个性 2”选项，用相同的方法设置图表区填充效果。

(7)保存演示文稿。

图 5－23 “设置绘图区格式”窗格

5.3.8　插入艺术字

在制作幻灯片的过程中，为了美化幻灯片，使其更加引人注目，可以向其中插入艺术字来增强演示效果。

1. 插入艺术字

(1)在“插入”→“文本”组中单击“艺术字”按钮 A，在打开的下拉列表中选择一种艺术字样式。

(2)选择了艺术字样式后，幻灯片中将出现艺术字占位符，在占位符中输入内容即可，如图 5－24 所示。

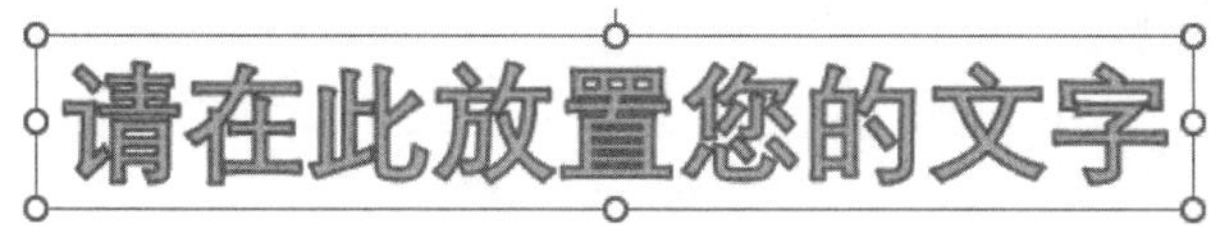

图 5－24　输入的艺术字

2. 编辑艺术字

向幻灯片中添加了艺术字后，为了使其更加美观、有个性，还可以编辑艺术字，如改变艺术字的样式、设置形状效果等，这些操作需要在“绘图工具”→“格式”选项卡中来完成，如图 5－25 所示。

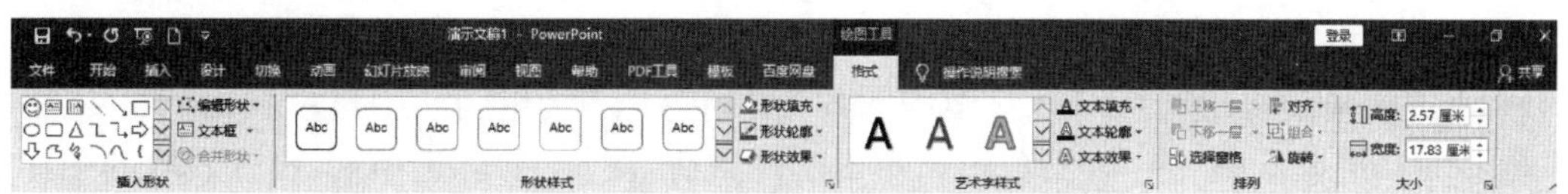

图 5－25　“绘图工具”选项卡

例题 5－7　打开演示文稿“垃圾分类. pptx”，按要求完成以下操作并保存，效果如图 5－26 所示。

图 5－26　例题 5－7 效果图

要求如下：

(1)在第八张幻灯片后插入 1 张新幻灯片，版式为“空白”。

(2)插入艺术字,样式为"第 1 行第 3 列"的艺术字,输入文字为"垃圾分类,人人有责",字体为华为行楷,字号为 72。

(3)设置艺术字文本效果为"映像"/"全映像:接触"。

本例题相关操作步骤如下:

(1)选择第八张幻灯片,按 Enter 键即可插入一张新的幻灯片,更改版式为"空白"。

(2)在"插入"→"文本"组中单击"艺术字"按钮,在打开的下拉列表中选择第 1 行第 3 列的艺术字样式,在占位符输入文字"垃圾分类,人人有责"并设置格式。

(3)选择艺术字,在"绘图工具"→"格式"→"艺术字样式"组,单击"文本效果"按钮,在打开的下拉列表框中选择"映像"→"全映像:接触"选项。

(4)保存演示文稿。

5.3.9 插入屏幕截图

屏幕截图的方法很多,PowerPoint 2016 的截图功能为用户提供了方便。

1. 插入屏幕截图

在"插入"→"图像"组中单击"屏幕截图"按钮,下拉列表有两项,分别为"可用视窗"和"屏幕剪辑"。如果用户要将当前屏幕整个插入到当前幻灯片中,则可选择"可用视窗";如果用户要将当前屏幕一部分直接插入到幻灯片中,即可选择"屏幕剪辑",此时鼠标指标将变为十字形,按住鼠标左键并拖动鼠标即可截取屏幕中所需区域。

2. 格式设置

通过屏幕截图插入到幻灯片中的图片与"插入图片"相同。用户可利用"插入"→"图像"→"屏幕截图"→"屏幕剪辑",单击图片激活"图片工具"选项卡,设置截取的图片格式。

5.3.10 插入音频对象

PowerPoint 2016 是一个简捷易用的多媒体集成系统,用户既可以在其中插入文本、图形、图片或图表,也可以插入音频等对象。

1. 插入音频

在 PowerPoint 中可以插入文件中的音频,并可以根据演示文稿的内容录制音频等。在演示文稿中插入剪贴画音频的操作步骤如下:

(1)切换到要插入音频的幻灯片中。

(2)在"插入"→"媒体"组中单击"音频"按钮下方的三角箭头,在打开的下拉列表中选择"PC 上的音频"选项。

(3)这时将打开"插入音频"对话框,选择需要的背景音乐,单击"插入"按钮,如图 5-27所示。

(4)自动在幻灯片中插入一个声音图标显示播放控制条,单击播放按钮可以控制音频的播放,如图 5-28 所示。

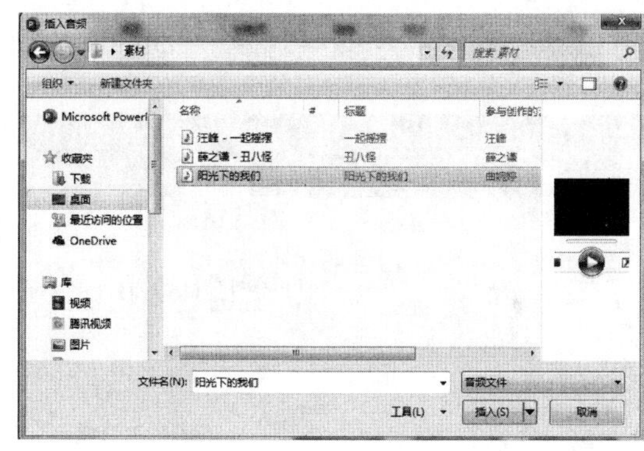

图 5－27　“插入音频”对话框

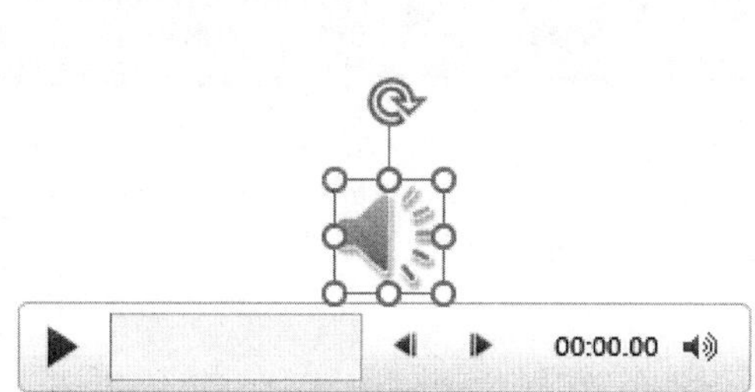

图 5－28　插入的音频

提示：单击“插入”按钮右侧的小三角形，在打开的下拉列表中可以选择音频的插入方式。

选择“插入”选项，可以将音频文件插入到幻灯片中，幻灯片放映时不必担心音频文件丢失。

选择“链接到文件”选项，将在幻灯片中插入指向音频的地址而不是文件本身，这种插入方式可以减小演示文稿的文件大小，但是要使音频在幻灯片中正常播放，必须保证音频文件的存储位置不发生改变。

2. 录制音频

用户可以为幻灯片录制音频，以产生更好的音频效果。如果需要，还可以为整个演示文稿录制旁白。在演示文稿中录制音频的操作步骤如下：

（1）选择要录制音频的幻灯片。

（2）在“插入”→“媒体”组中单击“音频”按钮下方的三角箭头，在打开的下拉列表中选择“录制音频”选项，则弹出“录制声音”对话框，如图 5－29 所示。

图 5－29　“录制声音”对话框

（3）在“名称”文本框中输入录制音频的文件名称后，单击按钮，即可开始录制音频，这时按钮将为形状。

（4）播放要录制的音频或者通过麦克进行录音。

（5）单击按钮可以结束录音，然后单击“确定”按钮返回幻灯片，则新录制的音频以扬声器图标显示。

3. 编辑音频

在幻灯片中插入音频文件后，将自动激活“音频工具”→“格式”选项卡和“播放”选项卡，通过这两个选项卡，可以对音频文件的外观样式和播放方式进行编辑，如图 5－30 所示。

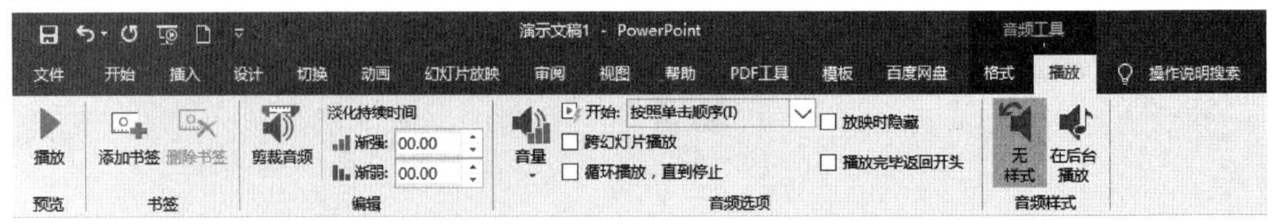

图 5－30 “播放”选项卡

“预览”组主要用于播放与暂停声音。

“书签”组主要用于在音频的某个位置插入标记点，以便于准确定位。

“编辑”组主要用于编辑音频，可以对音频进行简单的剪裁，也可以设置淡入与淡出效果。

“音频选项”组主要用于设置音频播放方式与触发方式，例如是否循环播放、触发音频的方式等。

例题 5－8 打开演示文稿“垃圾分类. pptx”，按要求完成以下操作并保存。

要求如下：

（1）在第一张幻灯片插入音频“清晨”。

（2）从第一张播放，并到最后一张幻灯片后停止播放；播放时隐藏，并自动播放。

本例题相关操作步骤如下：

（1）选择第一张幻灯片，在“插入”→“媒体”组中单击“音频”按钮下方的三角箭头，在打开的下拉列表中选择“PC 上的音频”选项，在打开的“插入音频”对话框中选择“清晨”的背景音乐，即可插入到幻灯片中。

（2）选择幻灯片中的“声音”图标，在“动画”→“高级动画”组中单击“动画窗格”按钮，打开“动画窗格”。

（3）在“动画窗格”中，选择“清晨”，单击下三角按钮，如图 5－31 所示，在打开的菜单中选择“效果选项”，打开“播放音频”对话框，如图 5－32 所示。

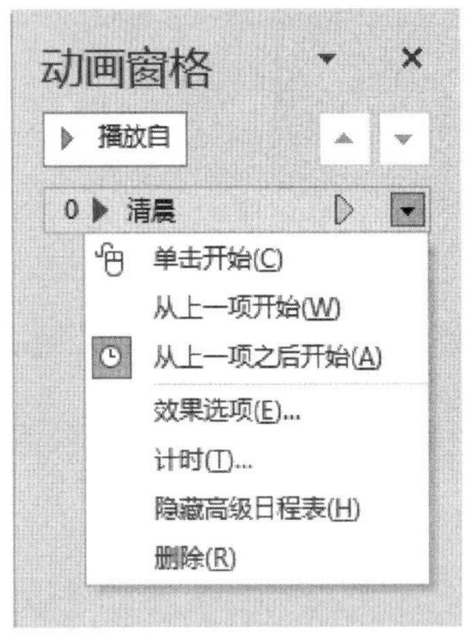

图 5－31 动画窗格

图 5－32 “播放音频”对话框

(4)在“播放音频”对话框的“效果”选项卡中,“开始播放”选择“从头开始”选项,“停止播放”选择“在 10 张幻灯片后”选项。

(5)在“音频工具”→“播放”→“音频选项”组,勾选“放映时隐藏”“循环播放,直到停止”复选框,在“开始”下拉列表框中选择“自动”选项。

(6)保存演示文稿。

5.3.11　插入视频对象

在 PowerPoint 演示文稿的幻灯片中,除了可以插入音频对象,还可以插入视频,使幻灯片由静态变为动态。在 PowerPoint 中主要可以插入文件中的视频和来自网站的视频。

选择幻灯片,可以在“插入”→“媒体”组中单击视频按钮下方的三角箭头,打开的下拉列表中选择“PC 上的视频”选项, 在打开的“插入视频文件”对话框,从中选择要插入的视频即可,如图 5－33 所示。

图 5－33　“插入视频文件”对话框

与音频类似,在幻灯片中插入视频文件后,切换到“音频”选项卡,在这里可以对视频文件进行简单的编辑,视频的编辑方法与音频完全类似,这里不再赘述。

例题 5－9　打开演示文稿“垃圾分类. pptx”,按要求完成以下操作并保存,效果如图 5－34 所示。

图 5－34　例题 5－9 效果图

要求如下：

(1)第九张幻灯片后插入1张新幻灯片，版式为“内容与标题”。

(2)标题为“垃圾分类宣传片”，字体为华文隶书，字号为54，文字方向为竖排。

(3)在内容处插入一个“垃圾分类宣传”视频，设置自动播放，循环播放，直到停止。

本例题相关操作步骤如下：

(1)选择第九张幻灯片，按 Enter 键即可插入一张新的幻灯片，更改版式为“内容与标题”。

(2)标题占位符输入为“垃圾分类宣传片”，在“开始”→“段落”组中单击“文字方向”按钮，在打开的下拉列表框中选择“竖排”选项，并设置字体、字号。

(3)在内容处单击“视频”图标，插入“垃圾分类宣传”视频。

(4)在“视频工具”→“播放”→“视频选项”组，勾选“循环播放，直到停止”复选框，在“开始”下拉列表框中选择“自动”选项。

(6)保存演示文稿。

5.3.12 插入超链接和动作

在播放演示文稿时，单击事先插入在幻灯片中的超链接或动作可将页面跳转到链接所指向的幻灯片进行播放，从而提高演示文稿的交互性。通过设置超链接和动作可以在幻灯片放映时突出内容效果，改变默认的播放顺序，但超链接和动作只在幻灯片放映时才有效。

1. 创建超链接

超链接是超级链接的简称，它是控制演示文稿放映时的一种重要手段。PowerPoint 中可以创建指向网页、图片、电子邮件地址或程序的超链接，在幻灯片播放时以定位的方式进行跳转，使用超链接可以制作出具有交互功能的演示文稿。

(1)插入超链接。选中要链接的对象，在“插入”→“链接”组中单击“超链接”按钮或按 Ctrl + K 快捷键，打开“插入超链接”对话框，如图 5 - 35 所示。在左侧的“链接到”列表中提供了四种不同的链接方式，选择所需链接方式后，在中间列表中按实际链接要求进行设置，完成后单击“确定”按钮，即可为选择的对象添加超链接效果。在放映幻灯片时，单击添加链接的对象，即可快速转至所链接的页面或程序。

在“插入超链接”对话框中，左边有一个“链接到”的选项区，在该选项区中有四个选项：现有文件或网页、本文档中的位置、新建文档和电子邮件地址。

①现有文件或网页。选中该选项后，在对话框的中间部分有当前文件夹、浏览过的网页和最近使用过的文件三个选项。

当前文件夹：通过查找本地文件夹建立超链接。

浏览过的网页：在列表中列出最近浏览过的网页。

最近使用过的文件：在列表中列出最近使用的文件。

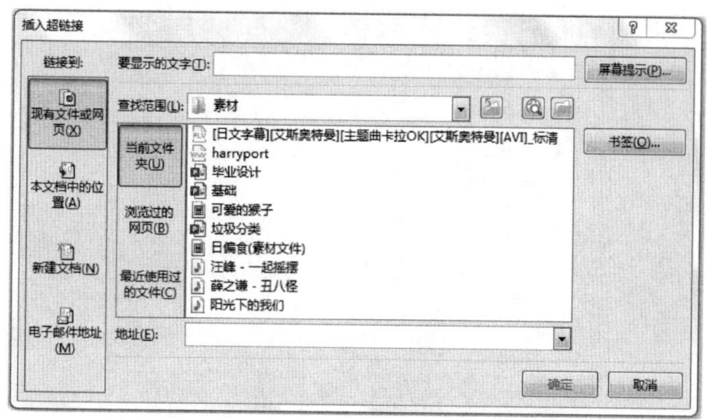

图 5－35　“插入超链接”对话框

②本文档中的位置。选中此选项后，可以从幻灯片列表中选择要链接的幻灯片或自定义放映，并且可通过“幻灯片预览”区域对链接的幻灯片进行预览。

③新建文档。选择“新建文档”，则可以链接到一个新的演示文档，默认情况下为“开始编辑新文档”，并以指定的名称和位置编辑，窗格下方还可以再编辑新文档和开始编辑新文档等设置。

④电子邮件地址。通过输入新的电子邮件地址、主题，可以为所选定的电子邮件等内容建立超链接。另外，也可以选择“最近使用过的电子邮件地址”来设置超链接。

(2)编辑超链接。创建好的超链接后，右键单击设置超链接的对象，在弹出的快捷菜单中选择“编辑超链接”命令，可以对已建立的超链接进行编辑。

(3)打开超链接。右键单击设置超链接的对象，在弹出的快捷菜单中选择“打开超链接”命令，将会打开超链接目标，如链接的文件、网站、本文档中的幻灯片等。

(4)删除超链接。选中要删除超链接的对象，右键在弹出的快捷菜单中选择“删除超链接”命令，将删除当前的超链接。

2. 插入动作

“动作”按钮可以为所选的对象添加一个动作，比如指定单击该对象时或鼠标光标在其上移过时应执行的操作。

选择要添加动作按钮的幻灯片，在“插入”→“插图”组中单击“形状”按钮，在打开的列表的“动作按钮”栏中选择要绘制的动作按钮，绘制完动作按钮后，将弹出“操作设置”对话框，如图 5－36 所示。根据需要单击“单击鼠标”或“鼠标悬停”选项卡，在其中可以设置单击鼠标或悬停鼠标时要执行的操作，如链接到其他幻灯片、演示文稿、运行程序等。

图 5－36　“操作设置”对话框

动作的取消与编辑要通过“操作设置”对话框来完成，用户选择要进行编辑或取消的动作后，在“插入”→“链接”组中单击“动作”按钮★，在对话框中进行相应的设置。

例题 5－10　打开演示文稿“垃圾分类. pptx”，按要求完成以下操作并保存，效果如图 5－37 所示。

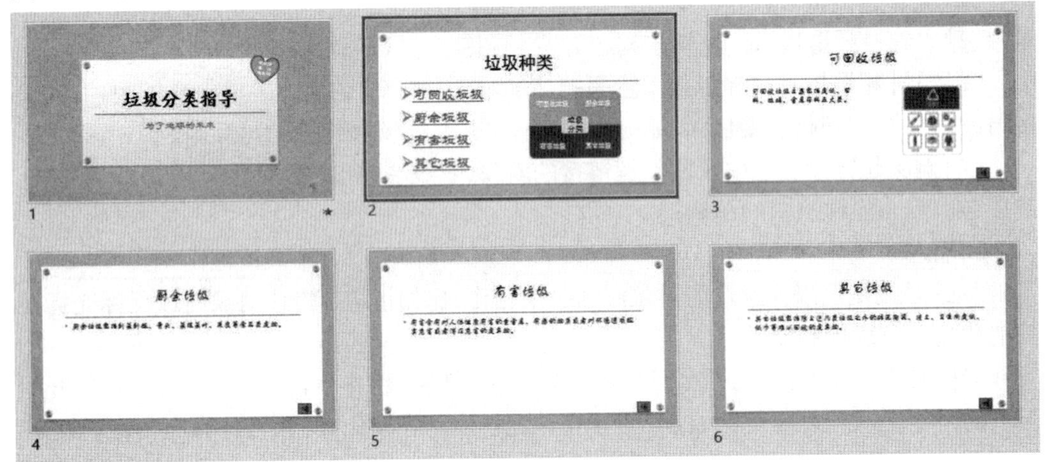

图 5－37　例题 5－10 效果图

要求如下：

(1)为第 2 张幻灯片的各项文本创建超链接，分别链接到相关联的第 3、4、5、6 张幻灯片。

(2)分别在第 3、4、5、6 张幻灯片中插入“后退或前一项”动作按钮，单击后返回第 2 张幻灯片。

本例题相关操作步骤如下：

(1)选择第 2 张幻灯片中的“可回收垃圾”文本，在“插入”→“链接”组，单击“超链接”按钮。

(2)打开“插入超链接”对话框,单击“链接到”列表框中的“本文档中的位置”按钮,在“请选择文档中的位置”列表框中选择要链接到的第 3 张幻灯片,单击“确定”按钮,如图 5 - 38 所示。

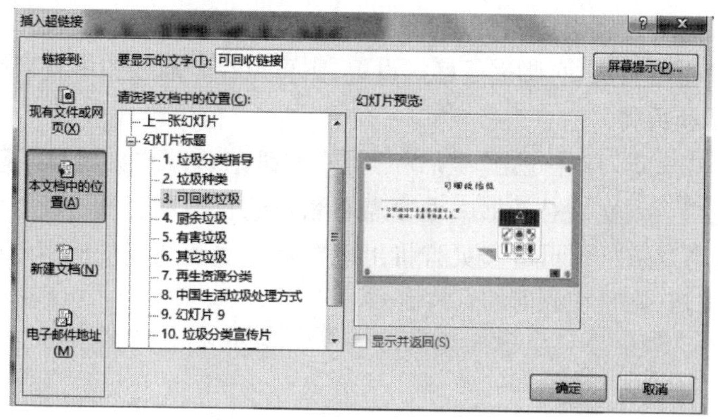

图 5 - 38　“插入超链接”对话框

(3)使用相同的方法,依次为其他文本创建超链接。

(4)选择第 3 张幻灯片,在“插入”→“插图”组中单击“形状”按钮,在打开的列表中的“动作按钮”栏中选择第 1 个动作按钮。

(5)此时鼠标指针变为十字形状,在幻灯片右下角空白位置按住鼠标左键不放并拖动鼠标,绘制一个动作按钮。

(6)绘制动作按钮后会自动打开“动作设置”对话框,单击选中“超链接到”单选项,在下拉列表框中选择“幻灯片…”选项,打开“超链接到幻灯片”对话框,选择第 2 张幻灯片,依次单击“确定”按钮,如图 5 - 39 所示。

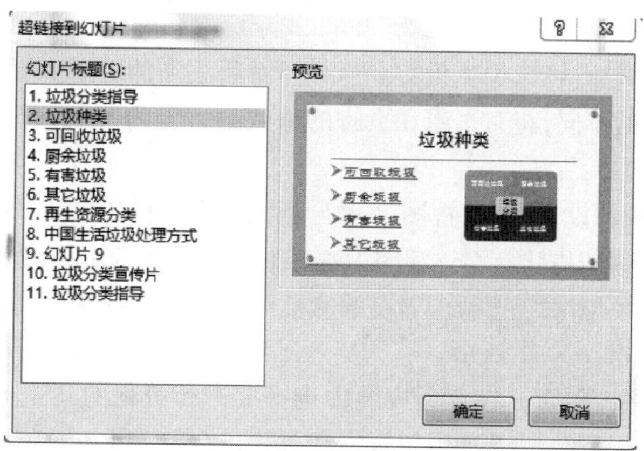

图 5 - 39　“超链接到幻灯片”对话框

(7)用相同的方法,完成第 4、5、6 张幻灯片的动作按钮效果。

(8)保存演示文稿。

5.3.13 插入页眉、页脚

页眉、页脚一般是在每张幻灯片的固定位置添加“日期和时间”“幻灯片编号”等内容，被添加的内容以占位符的形式出现，用户可以像操作文本框一样对相应占位符进行格式的设置。如果要设置页眉与页脚的格式一致，需要通过母版视图来完成；如果只是对某一张幻灯片中的页眉、页脚进行格式设置，则可以在普通视图中直接操作。

1. 插入页眉和页脚

在“插入”→“文本”组中单击“页眉和页脚”按钮，打开“页眉和页脚”对话框，如图5－40所示。用户可以在该对话框中设置需要添加的页眉和页脚。设置完成后，如果用户单击“全部应用”按钮，则页眉和页脚将出现在整个演示文稿的所有幻灯片中；如果用户单击“应用”按钮，则只在当前幻灯片有效。

图5－40 “页眉和页脚”对话框

2. 格式设置

添加页眉和页脚后，可以像美化文本框一样对所添加的页眉和页脚进行设计。根据格式设置应用范围的不同，将对页眉和页脚的格式设置分为“通过母版视图设置”和“在普通视图中设置”两种。

（1）通过母版视图设置。在“视图”→“母版试图”组中单击“幻灯片母版”按钮，进入“幻灯片母版”视图模式。在该视图中选择要设置效果的页眉或页脚占位符，用户可以通过“绘图工具”→“格式”选项卡对页眉和页脚进行格式设置，即可统一所有幻灯片页眉和页脚的格式，如图5－41所示。

（2）通过普通视图设置。在普通视图中选择要进行美化的某一页眉和页脚，同样可以通过“绘图工具”→“格式”选项卡对页眉和页脚进行格式设置。需要注意的是，通过普通视图设置的页眉和页脚优先于通过母版视图进行的设置。经过普通视图格式化的页眉、页脚如图5－42所示。

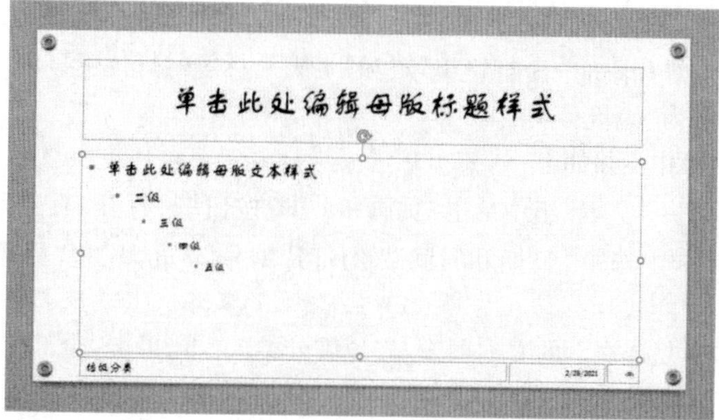

图 5 - 41 幻灯片母版视图设置页眉和页脚

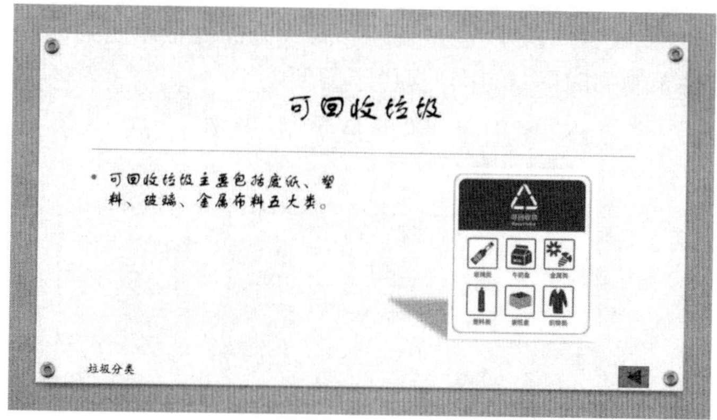

图 5 - 42 普通视图设置页眉和页脚

例题 5 - 11 打开演示文稿"垃圾分类. pptx",按要求完成以下操作并保存,效果如图 5 - 43 所示。

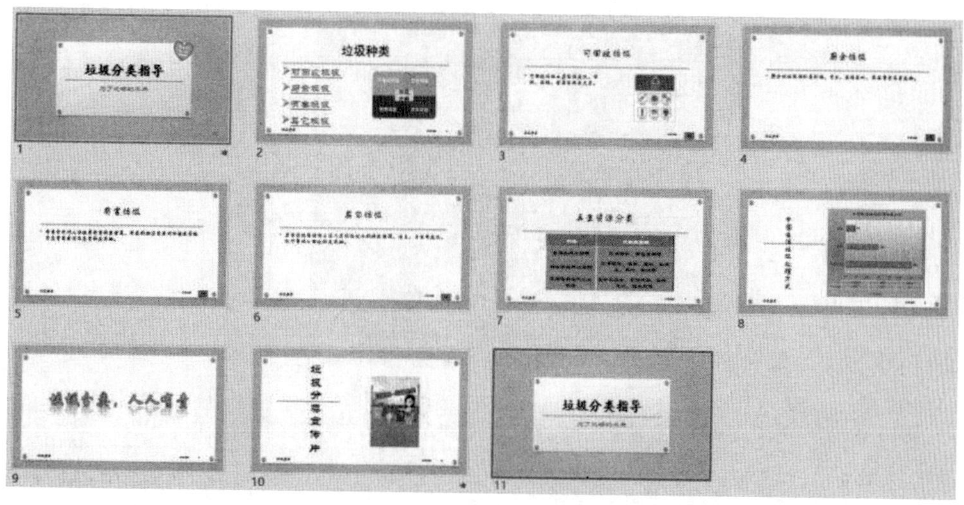

图 5 - 43 例题 5 - 11 效果图

要求如下：

(1)为所有幻灯片添加“日期”“编号”和“页脚”，标题幻灯片不显示。

(2)页脚内容为“垃圾分类”。

本例题相关操作步骤如下：

(1)在“插入”→“文本”组中单击“页眉和页脚”按钮，打开“页眉和页脚”对话框，在“幻灯片”选项卡中选中“日期和时间”“幻灯片编号”“页脚”和“标题幻灯片中不显示”复选框。

(2)在“页脚”复选框下的文本框输入“垃圾分类”文本，单击“全部应用”按钮。

(3)保存演示文稿。

5.3.14 插入屏幕录制

PowerPoint 2016 最显著的新功能是创建和直接添加屏幕录制到幻灯片。屏幕录制可以节省用其他软件录制的时间，给用户提供了方便。

(1)在“插入”→“媒体”组中单击“屏幕录制”按钮，进入屏幕录制界面，如图 5－44 所示。

图 5－44 “屏幕录制”界面

(2)单击“录制区域”按钮，拖动鼠标，选择需要录制屏幕的区域，并单击红色的“录制”按钮，即可进行屏幕录制，如图 5－45 所示。

图 5－45 屏幕录制

(3)录制完毕后按 Win＋Shift＋Q 快捷键便可退出屏幕录制，录制的视频即可插入幻灯片中。

(4)选择刚才录制的视频,单击鼠标右键,选择“将媒体另存为”,就可以把录制的视频保存下来。

5.4　PowerPoint 2016 演示文稿设计

由于通常情况下整个演示文稿要求风格统一,因此对演示文稿的整体设计就显得更为重要。对演示文稿的整体设计包括母版的使用、背景的使用以及应用主题的设置。

5.4.1　幻灯片的母版使用

幻灯片母版可以统一和存储幻灯片的模板信息,在完成母版的编辑后,即可对母版样式进行快速应用,减少重复输入,提高工作效率。

1. 母版类型

在 PowerPoint 2016 有三种类型的母版,分别是幻灯片母版、讲义母版和备注母版,使用它们可以统一标志和背景内容、设置标题和文字的格式。

幻灯片母版是模板的一部分,它存储的信息包括文本和对象在幻灯片上的放置位置、文本和对象占位符的大小、文本样式、背景、颜色主题、效果和动画等。

讲义母版用于控制讲义的格式。如果要更改讲义中页眉和页脚内的文本、日期或页码的外观、位置和大小,可以只更改讲义母版。

母版主要用于对幻灯片备注窗格中的内容格式进行设置。

2. 编辑幻灯片母版

对幻灯片母版所做的任何修改,都将影响到所有基于该母版的幻灯片。具体操作步骤如下:

(1)在“视图”→“母版视图”组中单击“幻灯片母版”按钮,或者按住 Shift 键的同时单击“普通视图”按钮,可以进入幻灯片母版视图,并显示幻灯片母版,如图 5-46 所示。

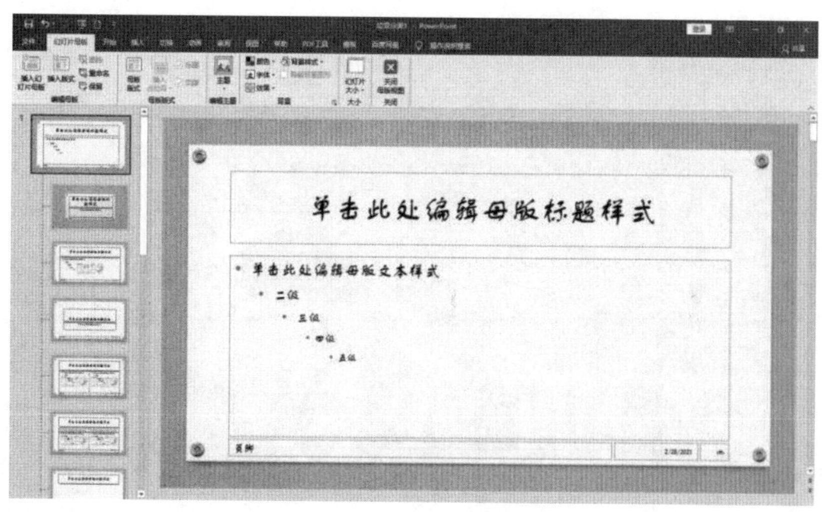

图 5-46　幻灯片母版视图

(2)选择母版标题样式占位符,然后在"幻灯片母版"→"背景"组中单击"字体"按钮 文字体,在打开的下拉列表中选择一种字体,如图 5-47 所示。

(3)如果下拉列表中没有需要的字体,可以选择列表最下方的"自定义字体"选项,在弹出的"新建主题字体"对话框中设置更丰富的字体,如图 5-48 所示。

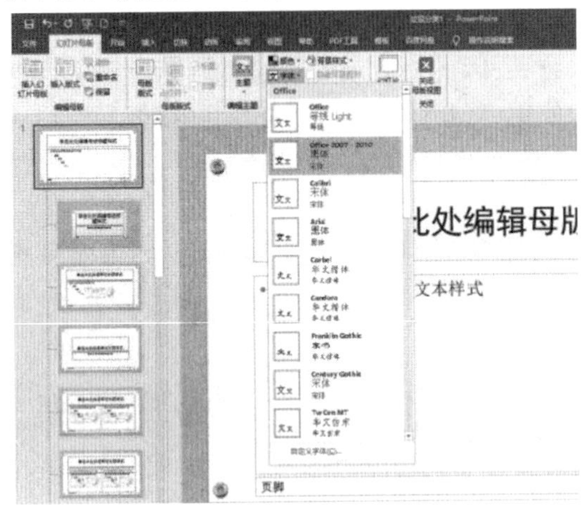

图 5-47 选择母版标题字体

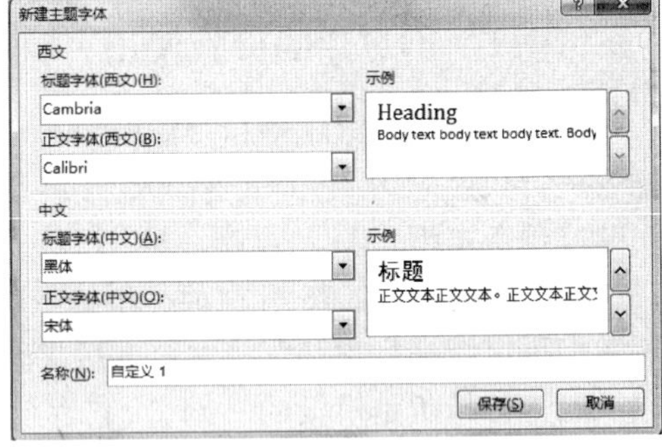

图 5-48 "新建主题字体"对话框

(4)通过插入对象,可以在母版上添加图形图表。

(5)添加"页眉和页脚",在"母版编辑"状态中"幻灯片编辑窗格"的下方显示"页脚区""日期区""编号区"三个区域。为了给每一张幻灯片添加页眉和页脚,可以在"插入"→"文本"组中单击"页眉和页脚"按钮,在"页眉和页脚"对话框中可以对幻灯片的页脚、日期、编号等内容进行时行设置。

(6)修改母版以后,在"幻灯片母版"→"关闭"组中单击"关闭母版视图"按钮,退出幻灯片母版视图,则所有应用了该母版的幻灯片都随之发生变化。

例题 5-12 打开演示文稿"垃圾分类. pptx",利用母版幻灯片按要求修改幻灯片的内容和格式,效果如图 5-49 所示。

图 5-49 例题 5-12 效果图

要求如下：

(1)将应用“标题和内容”版式的所有幻灯片标题文本字体修改为华文隶书，字号为48。

(2)将所有幻灯片的页脚“垃圾分类”文本字体修改为隶书，字号为 18。

(3)将所有幻灯片插入一个名为“标志”图片，调整合适大小并放置右上角(除标题幻灯片外)。

本例题相关操作步骤如下：

(1)在“视图”→“母版视图”组中单击“幻灯片母版”按钮，进入幻灯片母版编辑状态。

(2)选择第一张幻灯片母版，按要求修改幻灯片标题的格式。

(3)在“插入”→“图像”组中单击“图片”按钮，打开“插入图片”对话框，选择“标志”图片。

(4)将“标志”图片插入幻灯片中，适当缩小后移动到幻灯片右上角。

(5)在“幻灯片母版”→“关闭”组中单击“关闭母版视图”按钮，退出幻灯片母版视图，此时可以发现设置已应用各张幻灯片。

(6)保存演示文稿。

5.4.2　幻灯片的主题和变体

为了使幻灯片具有统一美观的显示效果，PowerPoint 2016 提供了丰富的主题供用户选择。主题是一组预先设置好的格式选项，包括颜色、字体、效果等，可以直接应用于幻灯片，既可以使幻灯片颜色丰富、重点突出，又可以提高工作效率。

1. 应用主题

应用主题的操作非常简单，具体步骤如下：

(1)打开要应用主题的演示文稿。

(2)在“设计”→“主题”组中单击要使用的文档主题即可，单击按钮可以打开主题列表，查看所有可用的文档主题，如图 5－50 所示。

图 5－50　“所有主题”列表

(3)选择了一种主题以后,演示文稿中所有的幻灯片会自动更新,或者右键选择“应用选定的幻灯片”命令。

(4)在选择一个主题后,若对该主题中的配色方案或者字体样式不满意,此时可通过“设计”→“变体”组,单击按钮打开变体列表,如图 5-51 所示,“颜色”按钮配置新的配色方案,利用“字体”按钮为主题选择新的字体设置,利用“效果”选项,可以快速更改图表、SmartArt 图形、形状、图片、表格和艺术字等幻灯片对象的外观。

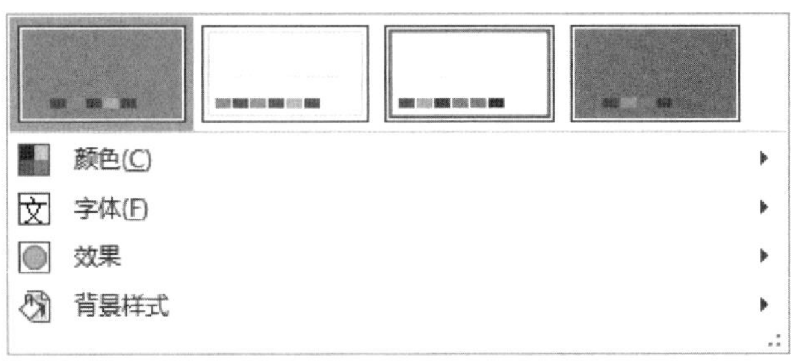

图 5-51 “变体”列表

例题 5-13 打开演示文稿“垃圾分类.pptx”,将第 10 幻灯片应用“基础”主题,设置颜色为“绿色”,效果如图 5-52 所示。

图 5-52 例题 5-13 效果图

本例题相关操作步骤如下:

(1)选择第 10 张幻灯片,在“设计”→“主题”组列表中选择“基础”主题,右键选择“应用选定的幻灯片”命令。

(2)在“设计”→“变体”组,单击按钮,在打开的下拉列表框中选择“颜色”的“绿色”选项。

(3)保存演示文稿。

5.4.3 设置幻灯片大小和设置背景格式

1. 设置幻灯片大小

(1)在“设计”→“自定义”组中单击“幻灯片大小”按钮,打开“幻灯片大小”下拉列表,如图 5-53 所示,选择“自定义幻灯片大小”按钮。

(2)打开“幻灯片大小”对话框,自定义好宽度和高度,单击“确定”按钮即可,如图 5 - 54 所示。

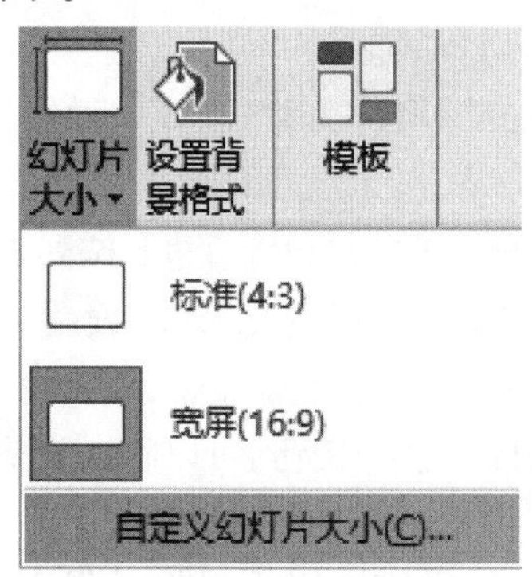

图 5 - 53　“幻灯片大小”下拉列表

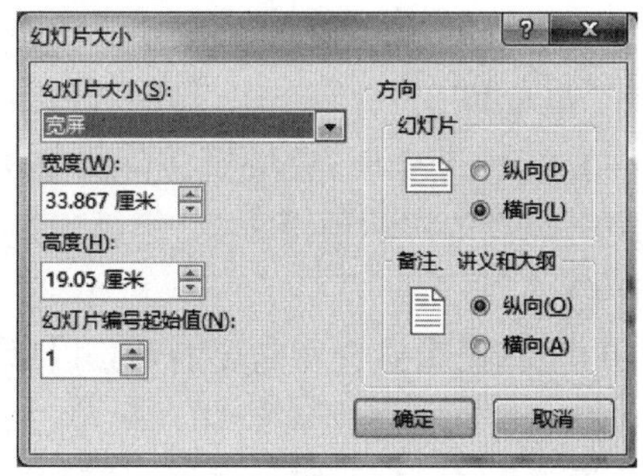

图 5 - 54　“幻灯片大小”对话框

2. 设置背景格式

在 PowerPoint 2016 中,用户既可以为幻灯片设置单一的背景颜色,也可以使用填充效果作为幻灯片的背景,而且方法非常简单,具体操作步骤如下:

(1)打开一个演示文稿,将当前视图切换到普通视图中。

(2)在“设计”→“自定义”组中单击“设置背景格式”按钮,在窗口右侧会出现一个“设置背景格式”窗格,如图 5 - 55 所示。

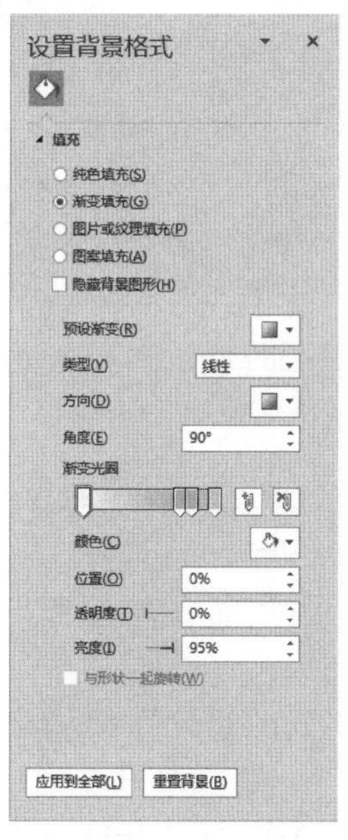

图 5 - 55　“设置背景格式”窗格

(3)“填充”选项卡中主要设置选项是四个单选按钮:“纯色填充”“渐变填充”“图片或纹理填充”和“图案填充”,可在四个按钮中选中任何一种背景效果进行设置。

①纯色填充:使用一种单一的颜色作为幻灯片背景。

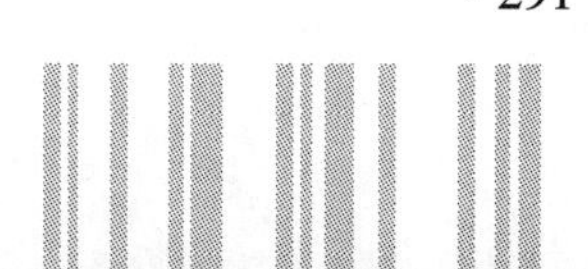

②渐变填充:可以将幻灯片的背景设置为过渡色,即两种或两种以上的颜色,并且可以设置不同的过渡类型,如线性、射线、矩形、路径等。

③图片或纹理填充:可以将指定的图片或纹理作为背景。

④图案填充:将一些简单的线条、点、方框等组成的图案作为背景。

以“渐变填充”为例介绍设置幻灯片背景的操作方法,接着上面的步骤继续操作。

(4)单击“渐变填充”按钮,将在下面出现设置选项。在“预设渐变”下拉列表框中选择系统已经设置好的预设方案,然后通过下面其他的选项进行变化修改,设置为需要的填充颜色。

(6)根据要求设置所需要的背景以后,单击“应用到全部”按钮,可以将所设置的背景应用到演示文稿中的所有幻灯片上,否则将只应用到被选择的幻灯片。

例题 5-14 打开演示文稿“垃圾分类. pptx”,按要求完成以下操作并保存,效果如图 5-56 所示。

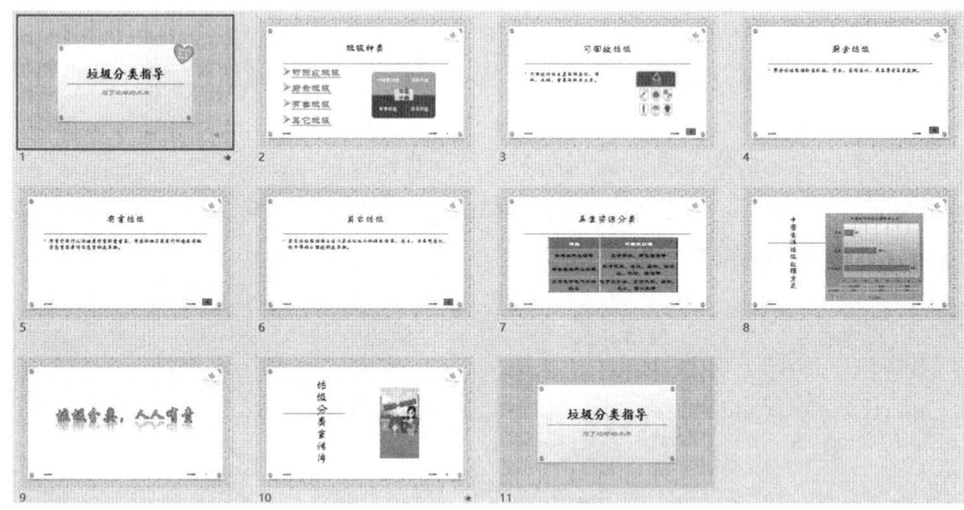

图 5-56 例题 5-14 效果图

要求如下:

(1)将幻灯片 1、11 的背景填充为纸莎草纸纹理,将其他幻灯片的背景设置为水滴纹理。

(2)更改幻灯片大小,宽为 34 厘米,高为 20 厘米。

本例题相关操作步骤如下:

(1)选择第 1 张和 11 张幻灯片,在“设计”→“自定义”组中单击“设置背景格式”按钮。

(2)在打开的“设置背景格式”窗格,单击“图片或纹理填充”单选项,单击“纹理”栏中的▦ ▾按钮,打开纹理列表,如图 5-57 所示。

(3)打开的纹理列表中选择“纸莎草纸”纹理。

(4)用同样的方法为其他幻灯片设置“水滴”纹理效果。

(5)在“设计”→“自定义”组中单击“幻灯片大小”按钮,打开“幻灯片大小”下拉列表,选择“自定义幻灯片大小”按钮。

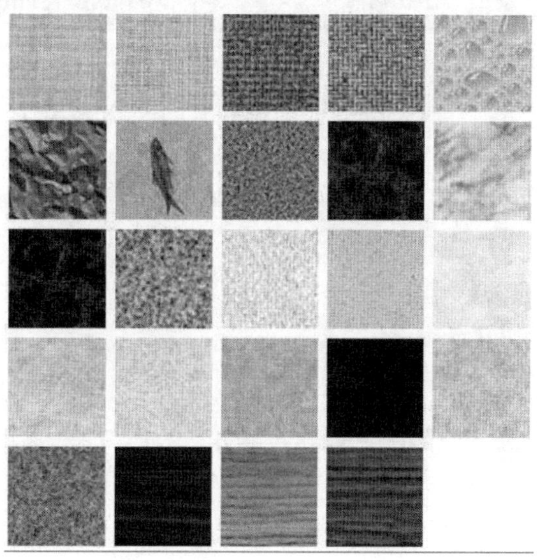

图 5 - 57　纹理列表

(6)在打开的“幻灯片大小”对话框中,按要求设置幻灯片的宽度为 34 厘米,高为 20 厘米。

(7)保存演示文稿。

5.5　PowerPoint 2016 动画效果

PowerPoint 文稿的最大特点是动态演示,既可以设置丰富的幻灯片切换效果,也可以为幻灯片中的对象添加各种动画效果,从而提高演示文稿的趣味性与观赏性,吸引用户的注意力。

5.5.1　幻灯片的切换

幻灯片的切换效果是指放映时幻灯片进入和离开屏幕时的方式。使用 PowerPoint 制作演示文稿时,一般情况下需要为幻灯片添加切换效果,这样,幻灯片在放映时将以多种不同的切换效果出现在屏幕上,动态效果显著。

1. 添加幻灯片切换效果

在 PowerPoint 2016 中,用户可以为任何一张、一组或全部幻灯片添加切换效果。为幻灯片添加切换效果的操作步骤如下:

(1)选择要添加切换效果的幻灯片。

(2)在“切换”→ “切换到此幻灯片”组中单击相应的切换效果,如图 5 - 58 所示,则所选幻灯片将应用该效果,并在当前视图中可以预览到该效果,也可以单击“预览”组中的预览按钮预览切换效果。

图 5-58 选择切换效果

2. 设置幻灯片切换选项

为幻灯片添加了切换效果以后，还可以设置切换选项，如切换声音、持续时间、换片方式等，具体操作步骤如下：

(1)选择添加了切换效果的幻灯片。

(2)在“切换”→“切换到此幻灯片”组中打开“效果选项”下拉列表，可以设置所选切换效果的方向，不同的切换效果，其效果选项也不同。图 5-59 所示为“立方体”效果的选项。

(3)在“计时”组中打开“声音”下拉列表，如图 5-60 所示。在该列表中选择一种系统内置的音效，当幻灯片过渡到所选幻灯片时将播放该声音；除此之外，还可以设置声音的播放方式，如无声音、停止前一声音、播放下一段声音之前一直循环等。

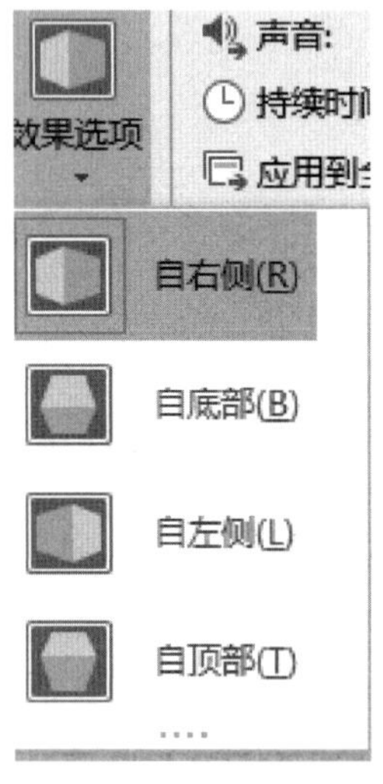

图 5-59 效果选项

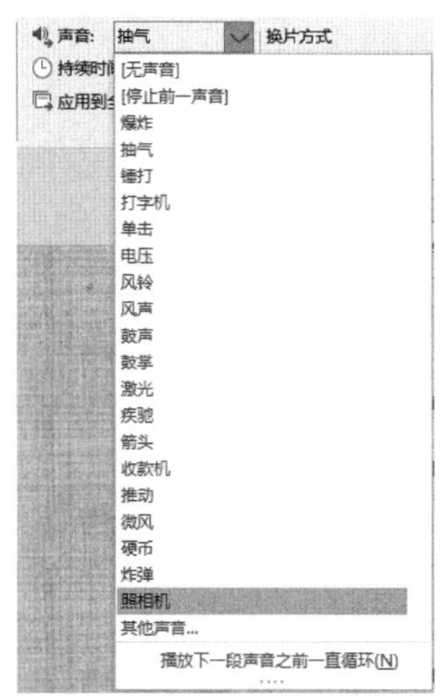

图 5-60 系统内置的音效

(4)通过更改“持续时间”,可以设置幻灯片切换的时间长度,单位为秒。

(5)如果要将所有幻灯片应用统一的切换效果,可以单击“应用到全部”按钮。

(6)在“换片方式”选项中可以设置幻灯片是手工切换还是自动切换。选择“单击鼠标时”选项,可以在放映时单击鼠标切换幻灯片;选择“设置自动换片时间”选项,在其右侧的文本框中输入数值,则放映时将每隔所设时间就自动切换幻灯片。

例题 5 - 15　打开演示文稿“垃圾分类. pptx”,为所有的幻灯片设置“立方体”切换效果,然后设置切换声音为“照相机”。

本例题相关操作步骤如下:

(1)选择第 1 张幻灯片,在“切换”→ “切换到此幻灯片”组中列表框单击“立方体”选项,如图 5 - 57 所示。

(2)选择“切换”→“计时”组,在“声音”下拉列表框中选择“照相机”选项,将设置应用到幻灯片中,如图 5 - 59 所示。

(3)选择“切换”→“计时”组,在“换片方式”栏下勾选“单击鼠标时”复选框,表示在放映幻灯片时,单击鼠标将进行切换操作。

(4)选择“切换”→“计时”组,单击“应用到全部”按钮,可将设置的切换效果应用到所有幻灯片中。

(5)保存演示文稿。

5.5.2　设置对象的动画效果

为幻灯片中的对象添加动画效果后,当播放幻灯片时,其中的对象将以动画的形式出现,非常生动。例如:可以让幻灯片的标题文字逐字出现。

1. 添加动画效果

在 PowerPoint 2016 中,几乎可以为幻灯片中的所有对象添加动画效果,如标题、文本、图片等。添加动画效果后,这些对象将以动态的方式出现在屏幕中。

为幻灯片中的对象添加动画效果的操作方法如下:

(1)在幻灯片中选择要添加动画效果的对象。

(2)在“动画”→“动画”组中显示了一部分动画效果,单击相应的动画效果,即可将其应用到选择的对象上,如图 5 - 61 所示。

图 5 - 61　应用运动效果

(3)在“动画”→“动画”组中单击右侧的下三角按钮,则打开动画效果下拉列表,这里可以看到更多的动画效果,PowerPoint 提供了进入、强调、退出和动作路径四种动画类型。在列表中单击所需的动画效果即可,如图 5 - 62 所示。

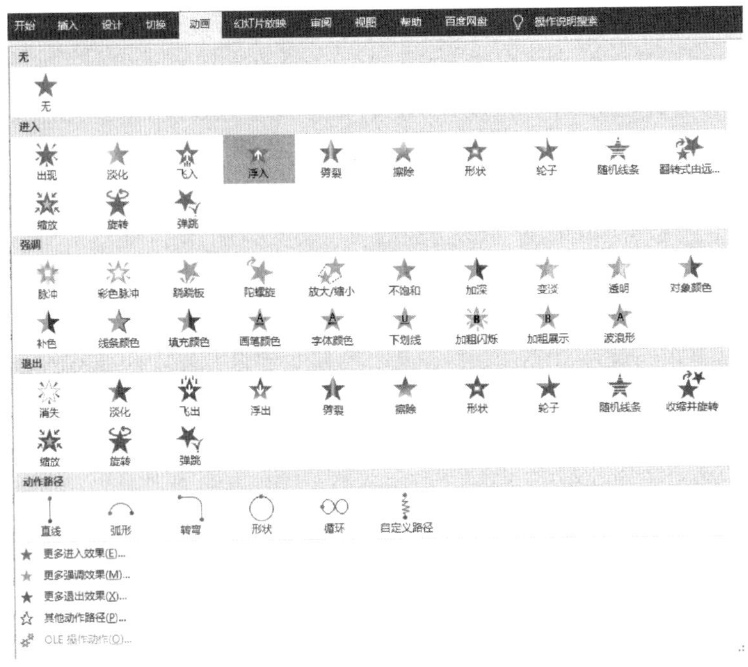

图 5－62　动画效果

①在“进入”组中选择动画效果，可以设置对象进入屏幕时的动画形式，即对象以何种形式切入到屏幕中。

②在“强调”组中选择动画效果，则对象进入屏幕后将以该效果突出显示。

③在“退出”组中选择动画效果，可以设置对象退出幻灯片时的动画形式。

④在“动作路径”组中选择动画效果，可以为对象应用动作路径，使对象根据选择的动作路径出现。如果系统内置的动作路径不能满足设计需要，可以选择“自定义路径”选项，然后在幻灯片中绘制所需的动作路径。

(4)如果还要得到更多的动画效果，可以在动画列表的下方选择相应的选项，这时将打开相应的对话框。

2. 编辑动画

为幻灯片中的对象添加了动画效果以后，在“动画”选项卡中可以对动画效果进行相应的编辑操作，如设置动画开始时间、调整动画的播放顺序、添加/删除动画效果等，如图 5－63 所示。

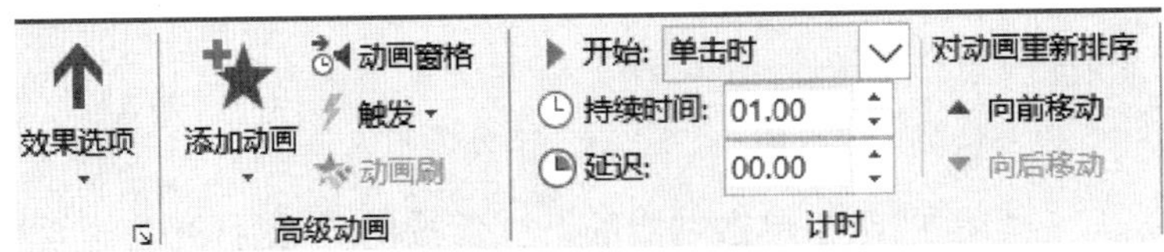

图 5－63　“动画”选项卡

(1)效果选项：用于更改所选动画效果的运动方向、颜色或图案等选项，不同的动画效果，其选项也不一样。

(2)添加动画:单击该按钮,可以为所选对象添加一个新的动画效果,这个动画将应用到该幻灯片上现在动画的后面。

(3)动画窗格:单击该按钮,可以打开“动画窗格”,这里以列表的形式显示了当前幻灯片中所有对象的动画效果,包括动画类型、对象名称、先后顺序等。在“动画窗格”中选择一个动画效果,单击鼠标右键,在弹出的快捷菜单中可以重新设置动画的开始方式、效果选项、计时等操作,如图 5－64 所示。

图 5－64　动画窗格

(4)触发:单击该按钮,可以设置动画的触发条件,既可以设置为单击某个对象播放动画,也可以设置为当媒体播放到书签时播放动画。

(5)动画刷:该工具类似于 Word 或 Excel 中的格式刷,可以复制一个对象的动画,并将其应用到另一个对象上。双击该按钮,可以将同一个动画应用到演示文稿的多个对象中。

(6)开始:用于设置动画效果的开始方式。

(7)持续时间:用于设置动画的时间长度。

(8)延迟:用于设置经过几秒后开始播放动画,即上一个动画结束到本动画开始之间的时间差。

(9)对动画重新排序:单击其下方的按钮,可以重新调整动画的播放顺序。

3. 设置动画参数

每一个动画效果都有自己的参数,例如播放方式、时间、速度、运动方向等,下面以“飞入”动画效果为例,介绍如何设置动画参数。

(1)确保为对象添加了“飞入”动画效果。

(2)在“动画”→“高级动画”组中单击“动画窗格”按钮,打开“动画窗格”。

(3)单击“飞入”动画右侧的小箭头,在打开的下拉列表中可以设置开始方式、效果选项、计时等,如图 5－63 所示。

①选择“单击开始”“从上一项开始”“从上一项之后开始”选项时,可以设置动画的开始方式。

②选择“效果选项”选项时,则打开“上浮”对话框,在“效果”选项卡中可以设置动画的运动方向、平滑开始和结束、是否添加音效等选项,如图 5－65 所示。

③选择“计时”选项时,则打开“飞入”对话框,在“计时”选项卡中可以设置动画的触

发事件、延迟时间、运动速度及重复次数等选项,如图 5－66 所示。

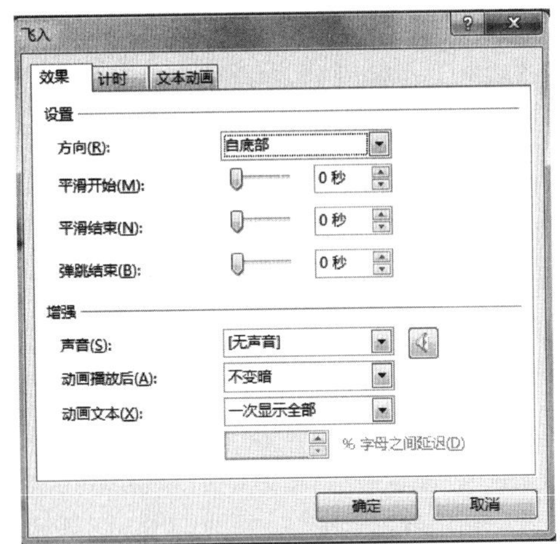

图 5－65　“效果”选项卡

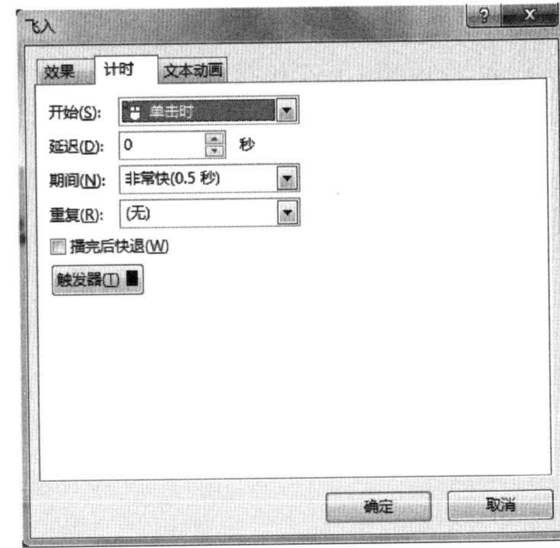

图 5－66　“计时”选项卡

④选择“隐藏高级日程表”选项时,可以隐藏“动画窗格”下方的日程表,它类似于 Flash 中的时间轴,用来设置动画顺序、动画时间等。

⑤选择“删除”选项时,将删除该动画效果。

以上介绍了动画参数的设置,但并不是每次都需要设置全部参数,用户可以根据动画需要进行设置。另外,不同的动画,参数也有所区别,但设置方法是一样的,读者要做到举一反三。

例题 5－16　打开演示文稿“垃圾分类. pptx”,按要求完成以下操作并保存。

要求如下:

(1)为第 1 张幻灯片设置动画播放效果,为标题设置“飞入”动画,播放序列设置为“作为一个对象”播放。

(2)设置副标题“上浮”动画,为副标题再次添加一个“对象颜色”强调动画,其效果选项为“红色”。

(3)为最后一个动画效果设置开始为“上一动画之后”,持续时间为 1 秒,延迟 1 秒。

(4)将标题动画的顺序调整到最后,并设置播放该动画时有“爆炸”声音。

本例题相关操作步骤如下:

(1)选择第 1 张幻灯片的标题,在“动画”→“动画”组的列表框中选择“飞入”动画效果。

(2)在“动画”→“动画”组中单击“效果选项”按钮,在打开的下拉列表中选择“作为一个对象”选项。

(3)选择副标题,在“动画”→“高级动画”组中单击“添加动画”按钮,在打开的下拉列表中选择“更多进入效果”选项。

(4)打开“添加进入效果”对话框,选择“温和”栏的“上浮”选项,单击“确定”按钮。

(5)继续选择副标题,在“动画”→“高级动画”组中单击“添加动画”按钮,在打开的下拉列表中选择“强调”栏的“对象颜色”选项。

(6)在“动画”→“动画”组中单击“效果选项”按钮,在打开的下拉列表中选择“红色”选项。

(7)打开动画窗格,选择第 3 个选项,在“动画”→“计时”组中单击“开始”下拉列表,从中选择“上一动画之后”选项,在“持续时间”数值框中输入“01.00”,在“延迟”数值框中输入“01.00”。

(8)选择动画窗格中的第一个选项,按住鼠标左键不放,将其拖到最后,调整动画的播放顺序。

(9)在调整后的最后一个动画选项上单击鼠标右键,在弹出的快捷菜单中选择“效果选项”命令。

(10)在“飞入”对话框中,“声音”下拉列表框中选择“爆炸”选项,单击“确定”按钮。

(11)保存演示文稿。

5.6　PowerPoint 2016 演示文稿的放映

使用 PowerPoint 制作演示文稿的最终目的就是要将幻灯片效果展示给观众,即放映幻灯片。同时,幻灯片的音频效果、视频效果、动画效果都需要通过放映功能进行展示。除了放映之处,用户还可以对幻灯片进行打印并留档保存。

5.6.1　设置幻灯片放映

1. 设置放映方式

设置幻灯片的放映方式主要包括设置放映类型、放映幻灯片的数量和换片方式等。

(1)在“幻灯片放映”→“设置”组中单击“设置幻灯片放映”按钮,打开“设置放映方式”对话框,如图 5-67 所示。

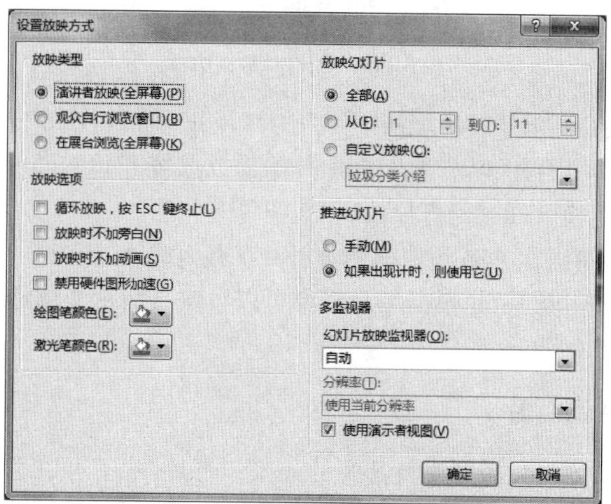

图 5-67　“设置放映方式”对话框

(2)在“放映类型”选项组中选择幻灯片的放映类型。

①选择“演讲者放映(全屏幕)”选项时,将以全屏幕方式播放幻灯片,演讲者可以手动控制放映过程,这是最常用的放映方式。

②选择“观众自行浏览(窗口)”选项时,可以在屏幕中放映幻灯片,观众可以使用窗口中的菜单命令自己动手控制幻灯片的放映。

③选择“在展台浏览(全屏幕)”选项时,将以全屏幕方式播放幻灯片,这是一种自动运行的全屏幕幻灯片放映方式。

(3)在“放映选项”选项组中确定放映时是否循环放映、加旁白或动画。

(4)在“放映幻灯片”选项组中指定要放映的幻灯片。

①选择“全部”选项时,将放映演示文稿中的所有幻灯片。

②选择“从…到…”选项时,在其后的文本框中输入数值,可以确定要放映的幻灯片从第几张开始,到第几张结束。

(5)在“换片方式”选项组中确定放映幻灯片时的换片方式。

①选择“手动”选项时,则放映幻灯片时必须手动切换幻灯片,同时系统将忽略预设的排练时间。

②选择“如果出现计时,则使用它”选项,将使用预设的排练时间自动运行幻灯片放映。如果没有预设的排练时间,则必须手动切换幻灯片。

(6)单击“确定”按钮确认设置。

2. 演示文稿的放映

若要播放幻灯片,在“幻灯片放映”→“开始放映幻灯片”组中选择放映方式,如图 5－68 所示。幻灯片的放映方法有以下四种。

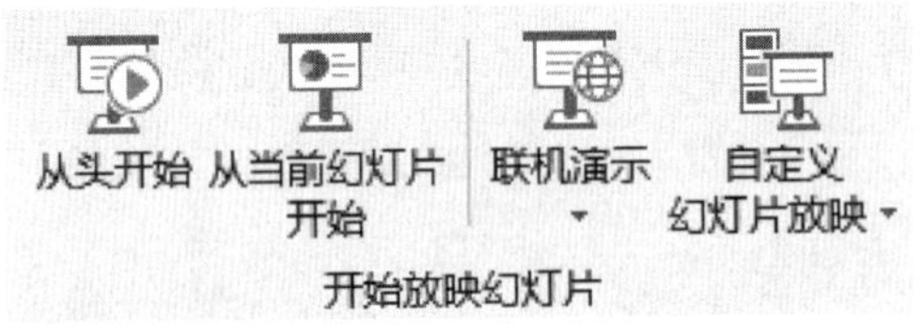

图 5－68　幻灯片放映方式

(1)从头开始:所在演示文稿就从第一张幻灯片开始放映或 F5 键。

(2)从当前幻灯片开始:从当前幻灯片开始播放或按 Shift + F5 快捷键,或单击状态栏中“幻灯片视图切换”中的“幻灯片放映”按钮。

(3)联机演示:可以在 Web 浏览器中观看并下载内容。

(4)自定义幻灯片放映:是根据用户需要可以自定义演示文稿放映的张数和播放幻灯片的顺序。

5.6.2　隐藏幻灯片

放映幻灯片时,如果只需要放映其中的几张幻灯片,除了可以通过自定义放映来选择幻灯片之外,还可将不需要放映的幻灯片隐藏起来,需要放映时再将其重新显示。

在“幻灯片”窗格中选择需要隐藏的幻灯片,在“幻灯片放映”→“设置”组中单击“隐藏”幻灯片按钮,即可隐藏幻灯片,两次单击该按钮就可再重新显示。被隐藏的幻灯片上将出现 8 标志。

5.6.3　自定义幻灯片放映

针对不同的场合或观众,演示文稿的放映顺序或内容也可能随之不同,因此,放映者可以自定义放映顺序或内容。下面以“垃圾分类. pptx”演示文稿介绍自定义放映幻灯片的操作方法。

例题 5 - 17　打开演示文稿“垃圾分类. pptx”,按要求完成以下操作并保存。

要求:按照第 9 张、第 7 张、第 8 张 第 2 张、第 3 张、第 4 张、第 5 张、第 6 张的顺序自定义放映,命名为“垃圾分类介绍”,并进行播放。

本例题相关操作步骤如下:

(1)打开垃圾分类. ppt,在“幻灯片放映”→“开始放映幻灯片”组中单击“自定义幻灯片放映”按钮下方的下拉列表,选择“自定义放映”选项。

(2)在“自定义放映”对话框中单击“新建”按钮,如图 5 - 69 所示,则打开“定义自定义放映”对话框。

图 5 - 69　“自定义放映”对话框

(3)在打开的“定义自定义放映”对话框的“幻灯片放映名称”文本框中输入“垃圾分类介绍”。

(4)在“在演示文稿中的幻灯片”列表中勾选要放映的幻灯片前的复选框,单击“添加”按钮,将其添加到右侧的“在自定义放映中的幻灯片”列表中,如图 5 - 70 所示。

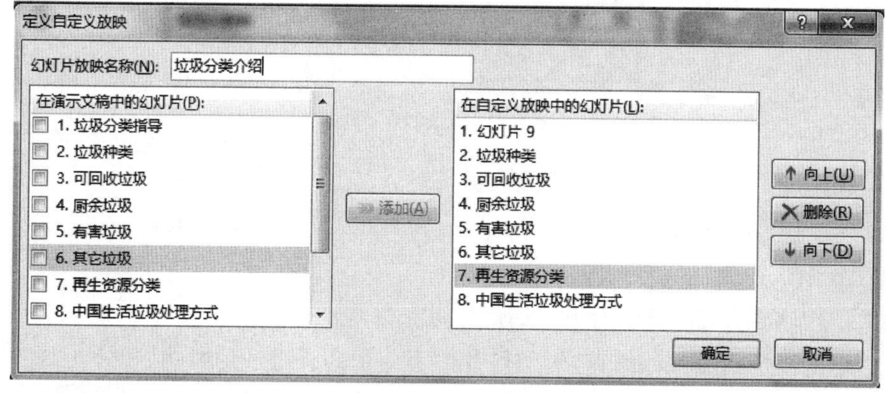

图 5 - 70　“定义自定义放映”对话框

(5)添加后单击其右侧的“向上”按钮和“向下”按钮，可以调整幻灯片的顺序。

(6)单击“确定”按钮，返回到“自定义放映”对话框。

(7)单击“放映”按钮，可以在屏幕中放映选定的幻灯片，单击“关闭”按钮，可以退出“自定义放映”对话框。

通过这种方式可以建立多种自定义放映，这时在“幻灯片放映”→“开始放映幻灯片”组中，单击“自定义幻灯片放映”按钮，在打开的下拉列表中将出现自定义放映，要使用哪一种放映，选择它即可，如图5-71所示。

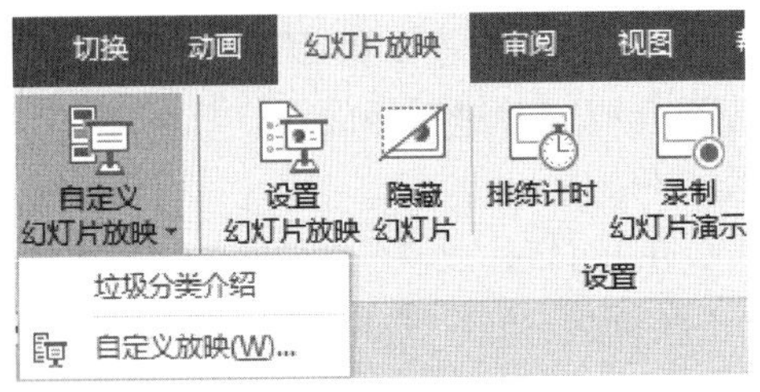

图5-71 选择自定义放映

5.6.4 排练计时

幻灯片的放映有两种方式：人工放映和自动放映。当使用自动放映时，需要为每张幻灯片设置放映时间。设置放映时间的方法分为两种：一是由用户为每张幻灯片设置放映时间；二是使用排练计时，在排练放映的过程中，用户可以根据幻灯片的内容设置幻灯片在屏幕上的停留时间。排练计时结束后，这种放映方式将被系统记录下来，以后再放映时就可以自动按照排练时设置的时间进行幻灯片的切换。

例题5-18 打开演示文稿“垃圾分类.pptx”，为演示文稿中各动画进行排练计时。

本例题相关操作步骤如下：

(1)在“幻灯片放映”→“设置”组中单击“排练计时”按钮，进入录制放映界面，同时打开“录制”工具栏自动为该幻灯片计时，如图5-72所示。在“录制”工具栏中，左侧时间用来显示当前幻灯片的放映时间；右侧时间显示整个演示文稿总的放映时间。

图5-72 “录制”工具栏

(2)在录制过程中可以随时单击“录制”工具栏中的按钮来控制排练计时。

①单击➔按钮，可以播放下一张幻灯片，同时左侧时间重新计时。

②单击❚❚按钮，可以暂停计时。

③单击↶按钮，可以重新对当前幻灯片进行排练计时。

(3)单击鼠标或按Enter键控制幻灯片中下一个动画出现的时间。

(4)一张幻灯片播放完成后，单击鼠标切换到下一张幻灯片，“录制”工具栏中将从头开始为该张幻灯片的放映计时。

（5）放映结束后，打开提示框，提示排练计时时间，并询问是保留新的幻灯片排练时间，击“是”按钮保存，击“否”按钮可以重新设置排练计时，如图 5－73 所示。

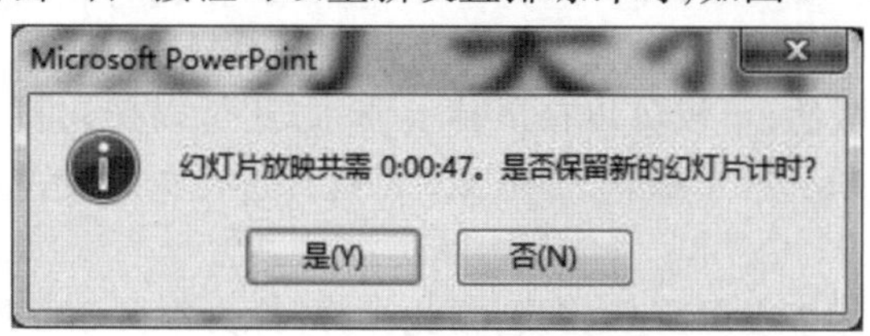

图 5－73　是否保留排练计时

设置排练计时之后，再次放映演示文稿时，系统就会自动按照预演的时间进行放映。如果要恢复手动的切换方式，只需在“设置放映方式”对话框中选择“手动”换片方式即可。

5.6.5　录制幻灯片演示

用户演示幻灯片时，需要对一张或多张幻灯片录制旁白，使页面更加生动，可以通过“录制幻灯片演示”功能实现。

录制幻灯片演示步骤如下：

（1）在“幻灯片放映”→“设置”组中单击“录制幻灯片演示”按钮，在打开的列表中选择相应的命令对演示文稿进行录制，如图 5－74 所示。

（2）在打开的“录制幻灯片演示”对话框，勾选“幻灯片和动画计时”和“旁白、墨迹和激光笔”，单击“开始录制”按钮，如图 5－75 所示。

（3）在录制过程中，单击播放幻灯片即可，可以根据需要单击、暂停等，然后可以根据需要是否配上配音。

（4）录制好之后，在演示文稿放映时就会以用户设置的计时时间，并以带有旁白的效果进行放映。

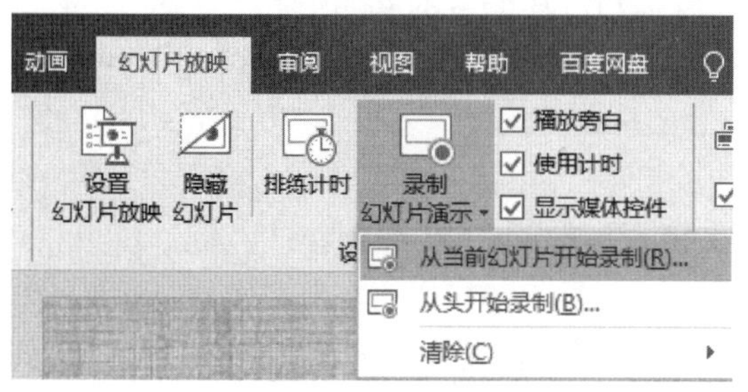

图 5－74　录制幻灯片演示

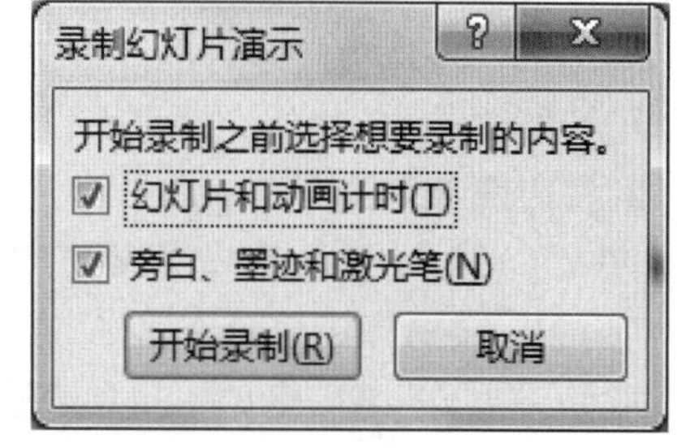

图 5－75　“录制幻灯片演示”对话框

如果对计时或旁白效果不满意，可以通过“录制幻灯片演示”列表中的“清除”命令进行清除。

5.7 PowerPoint 2016 演示文稿的打印

演示文稿制作完成后,不仅可以在屏幕上演示,还可以把它打印到纸上进行更直观的查阅和备用。在打印演示文稿前,首先要对幻灯片进行页面设置。

1. 页面设置

由于幻灯片主要用于在屏幕上放映,因此,幻灯片大小并不是默认的 A4 纸张,而是在屏幕上显示的大小,用户可以根据实际需要更改页面设置,具体操作步骤如下:

(1)在“设计”→“自定义”组中单击“幻灯片大小”按钮,打开“幻灯片大小”下拉列表,选择“自定义幻灯片大小”按钮,打开“幻灯片大小”对话框,如图 5-76 所示。

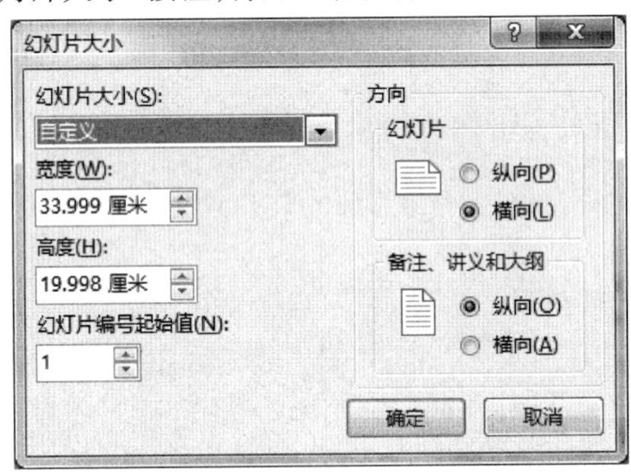

图 5-76 “幻灯片大小”对话框

(2)在对话框中设置相应的选项。

①在“幻灯片大小”下拉列表中可以设置幻灯片的大小或纸张大小。

②在“宽度”和“高度”文本框中可以自定义幻灯片的大小。

③在“幻灯片编号起始值”文本框中可以设置幻灯片编号的起始值。

④在“方向”选项组中可以设置幻灯片或备注、讲义的方向。

(3)单击“确定”按钮完成页面设置。

2. 打印演示文稿

完成了页面设置以后,如果要打印演示文稿,可以按如下步骤操作:

(1)打开要打印的演示文稿。

(2)在“文件”选项卡的下拉列表选择“打印”命令,将显示“打印”窗格内容区域,如图 5-77 所示。

①在“份数”选项中可以设置要打印的份数。

②单击“打印全部幻灯片”按钮,在打开的下拉列表中可以设置要打印幻灯片的范围,如“打印全部幻灯片”“打印所选幻灯片”“打印当前幻灯片”。

③单击“整页幻灯片”按钮,在打开的下拉列表中可以设置要打印的内容,可以是幻灯片、讲义、备注页或大纲等。如果选择打印讲义,还可以在“讲义”选项组中设置讲义的打印版式。

④单击“对照”按钮,在打开的下拉列表中可以设置要打印的顺序。

⑤单击“颜色”按钮,在打开的下拉列表中可以选择彩色打印或黑白打印。

(3)设置好相应的参数以后,单击“打印”按钮,即可开始打印工作。

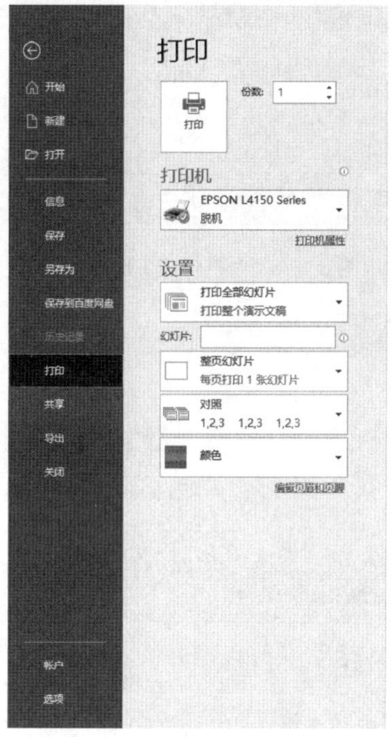

图 5－77 打印选项

5.8 演示文稿打包成 CD

打包的目的就是使演示文稿可以跨平台展示,或者进行异地播放,即使计算机上没有安装 PowerPoint 也不影响幻灯片的放映。打包演示文稿的具体操作步骤如下:

(1)打开要打包的演示文稿。

(2)在“文件”选项卡的下拉列表选择“保存并发送”命令,在“导出”栏中选择“将演示文稿打包成 CD”命令,在右侧的列表中单击“打包成 CD”按钮,将打开“打包成 CD”对话框,如图 5－78 所示。

(3)在“打包成 CD”对话框中,在“将 CD 命名为”文本框中,为 CD 输入名称。

(4)若要打包多个演示文稿,单击“添加”按钮,可以添加其他演示文稿或不能自动包括的文件;单击“删除”按钮,可以删除已添加的演示文稿。

(5)单击“选项”按钮,在打开的“选项”对话框中可以设置是否包含链接文件以及密码等打包选项,如图 5－79 所示。

(6)完成选项设置后,单击“确定”按钮返回“打包成 CD”对话框。

(7)如果要将演示文稿打包到某一个文件夹下,则单击“复制到文件夹”按钮,这时将打开“复制到文件夹”对话框,设置文件夹的名称和位置,如图 5－80 所示。

图 5 - 78　“打包成 CD”对话框

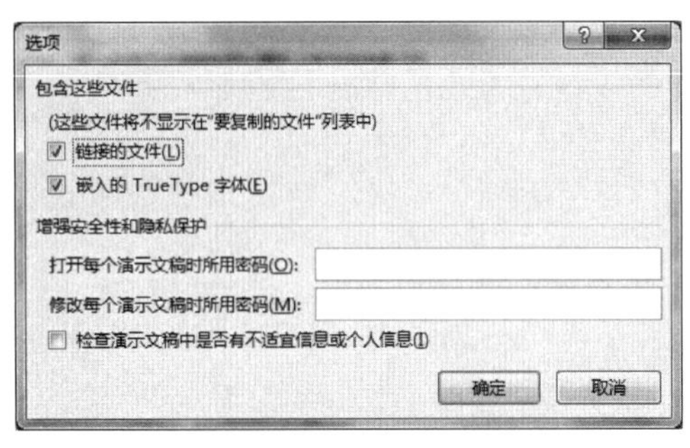

图 5 - 79　“选项”对话框

图 5 - 80　“复制到文件夹”对话框

(8)单击“确定”按钮,可将打包后的演示文稿存放到计算机中的文件夹。

(9)返回“打包成 CD”对话框,单击“关闭”按钮,完成打包操作。

思 考 题

练习 1　“冰心简介”演示文稿

根据资料,设计出“冰心简介”的演示文稿,效果如图 5 - 81 所示。

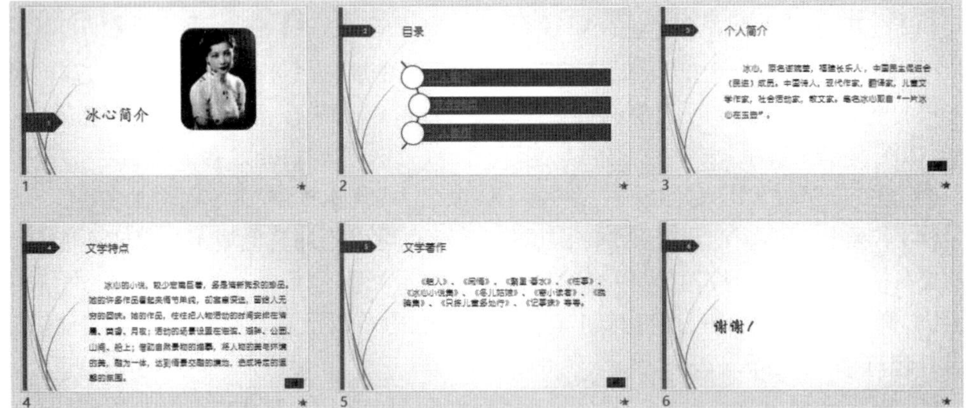

图 5 - 81　练习 1 效果图

要求如下：

(1)插入 6 张幻灯片，第 1 张、第 6 张幻灯片的版式为“仅标题”，第 2、3、4、5 张幻灯片的版式为“标题和内容”。

(2)设置幻灯片主题为“丝状”，为每张幻灯片插入编号。

(3)第 1 张幻灯片标题为“冰心简介”，并插入素材中 “冰心”图片。调整图片大小，设置字体为楷体，字号为 54。图片样式：棱台矩形。

(4)第 2 张幻灯片标题为“目录”，下面插入 SmartArt 图形，类型为“列表” –“垂直曲形列表”。列表里分别输入“个人简介”“文学特点”“个人著作”，将素材中“冰心简介.txt”里的内容分别复制到第 3、4、5 张幻灯片里。

(5)第 6 张幻灯片标题为“谢谢！”，字体为华文行楷，字号为 54 磅。

(6)给第 2 张幻灯片上的“个人简介、文学特点、个人著作”设置超链接，分别链接到第 3、4、5 张幻灯片。在第 3、4、5 张幻灯片右下角分别插入一个“后退或前一项”动作按钮，链接到第 2 张幻灯片。

(7)对所有幻灯片设置切换效果：分割，中央向上下展开。

(8)为每张幻灯片里内容设置“浮入，上浮”动画效果。

练习 2　按要求进行操作并保存，效果如图 5 – 82 所示。

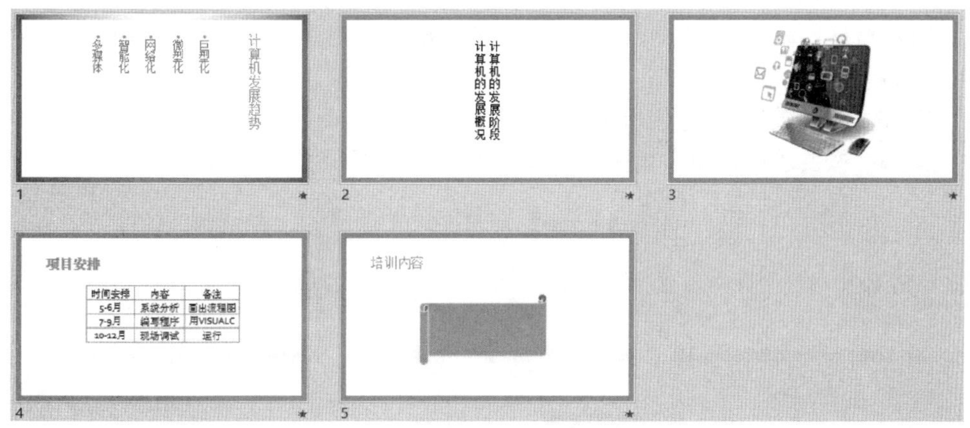

图 5 – 82　练习 2 效果图

要求如下：

(1)新建空白演示文稿，第 1 张幻灯片要求使用“竖排标题与文本”版式，标题为“计算机发展趋势”，内容为“巨型化”“微型化”“网络化”“智能化”“多媒体”，分行显示。

(2)设置该幻灯片背景填充为渐变填充“顶部聚光灯 – 个性色 4”。

(3)设置文本框文本行距为 1.5 倍行距，所有文字字号为 36 磅，颜色更改为 RGB(0,255,0)。

(4)插入第 2 张幻灯片，要求使用“空白”版式，插入一个文本框，并在这个文本框内输入“计算机的发展阶段”和“计算机的发展概况”。

(5)插入第 3 张幻灯片，要求使用“空白”版式，插入来自文件的图片，调整图片大小。

(6)利用图片超链接到第 1 张幻灯片。

(7)插入第 4 张幻灯片,要求使用“仅标题”版式,输入标题文字“项目安排”,字体为华文中宋,字号为 44 磅,字形为加粗。

(8)插入如图 5－83 所示的表格,清除自带的表格样式,要求宋体、32 磅、蓝色,表格框线为绿色,2.25 磅。

时间安排	内容	备注
5-6月	系统分析	画出流程图
7-9月	编写程序	用VISUALC
10-12月	现场调试	运行

图 5－83　表格中的内容

(9)插入第 5 张幻灯片,要求使用“标题和内容”版式,标题为“培训内容”,在标题下方插入自选图形“横卷形”旗帜,填充颜色设置为浅橘黄色(RGB(255,153,0)),线条颜色为黄色。

(10)设置第 1 张幻灯片标题为强调“陀螺旋”动画。

(11)设置第 3 张幻灯片中的图片设置动画效果为“自顶部飞入”,持续时间为 1.5 秒,声音为“风铃”。

(12)设置所有幻灯片切换方式为“自底部揭开”,速度为 1.5 秒,按每张幻灯片放映 3 秒进行自动切换。

(13)选择“基础”主题应用所有幻灯片。

练习 3　按要求进行操作并保存,效果如图 5－84 所示。

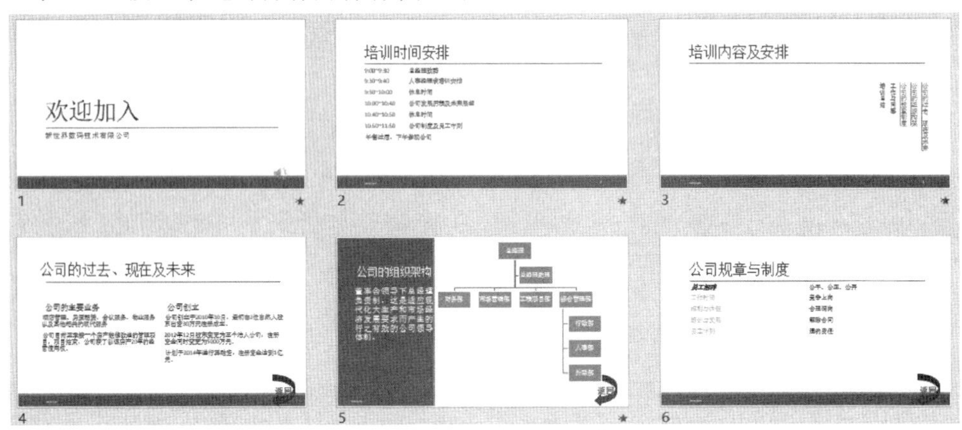

图 5－84　练习 3 效果图

(1)利用重用幻灯片,将“test. pptx”演示文稿中的所有幻灯片导入已建好的演示文稿中,并为整个演示文稿指定“回顾”的设置主题。

(2)将第 3 页幻灯片版式设为“标题和竖排文字”,将第 4 页幻灯片的版式设为“比较”。

(3)在第 3 页幻灯片中建立第 1～3 个项目的链接,可转到与其对应的幻灯片上,同时取消这 3 页幻灯片单击切换的功能,另外,为第 4～6 页幻灯片各自定义一个图形链接

(右弧形箭头),要求图形中包含“返回”两字,并创建超链接返回到第 3 页幻灯片。

(4)将第 5 页幻灯片右侧的文字内容创建成一个组织结构图,其中总经理助理为助理级别,并为该组织结构图添加“轮子”动画效果。

(5)除标题幻灯片外,其他幻灯片的页脚均包含幻灯片编号、日期和时间。

(6)为演示文稿 1、2、3 页设置幻灯片切换方式,其他无切换(分别为分割、随机线条、覆盖,其他无切换)。

(7)为演示文稿设置背景音乐“清晨”,要求:播放时隐藏,并自动播放。

练习 4　按要求进行操作并保存,效果如图 5－85 所示。

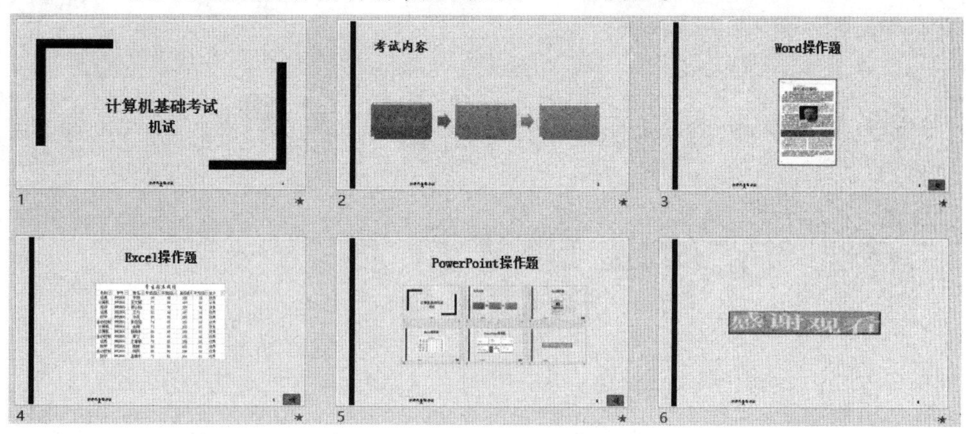

图 5－85　练习 4 效果图

(1)插入第 1 张幻灯片,将幻灯片的版式设置为“标题幻灯片”,主标题的内容为“计算机基础考试”,字体设置为宋体、54 磅加粗,副标题为“机试”,字体设置为宋体、44 磅加粗。

(2)插入第 2 张幻灯片,“标题和内容”版式,标题为“考试内容”,字体为楷体,44 磅加粗,蓝色;内容框占位符内,插入一个 SmartArt 图形,选择“流程”下的“基本流程”,颜色设置为“彩色范围－个性色 3 至 4”,向其中分别输入文本内容“Word 操作题、Excel 操作题、PPT 操作题”,字体为楷体,字号 36 磅,SmartArt 样式设为三维优雅。

(3)插入第 3、4、5 张幻灯片,版式为“标题和内容”,标题内容分别为“Word 操作题、Excel 操作题、PPT 操作题”,字体为宋体,加粗,居中对齐;内容框占位符内分别插入三个操作题的截图。

(4)最后一张幻灯片版式为“空白”,并插入艺术字“感谢观看!”,样式选择“填充:金色、强调颜色 4;棱台:斜面”,字体为华文中宋,加粗,设置文本效果为转换－弯曲－波形下。

(5)为整个 PPT 应用主题:“剪切”。

(6)为第 2 张幻灯片设置超链接:分别为“Word 操作题”“Excel 操作题”“PPT 操作题”设置超链接到对应内容幻灯片页面,同时在相应的页面上做“返回”动作按钮,返回至第 2 张幻灯片。

(7)为整个 PPT 设置溶解的切换效果。

(8)对第3、4、5张幻灯片中插入的图片设置动画效果,分别设置为:飞入(自底部)、浮入(上浮)、形状(切入、菱形)。

(9)为幻灯片插入编号及页脚,页脚内容:计算机基础考试。

(10)设置幻灯片放映方式为:循环放映,按ESC键终止。

练习5 利用自己积累的照片制作一个内容为“感动中国2020年度人物”的演示文稿,效果如图5-86所示。

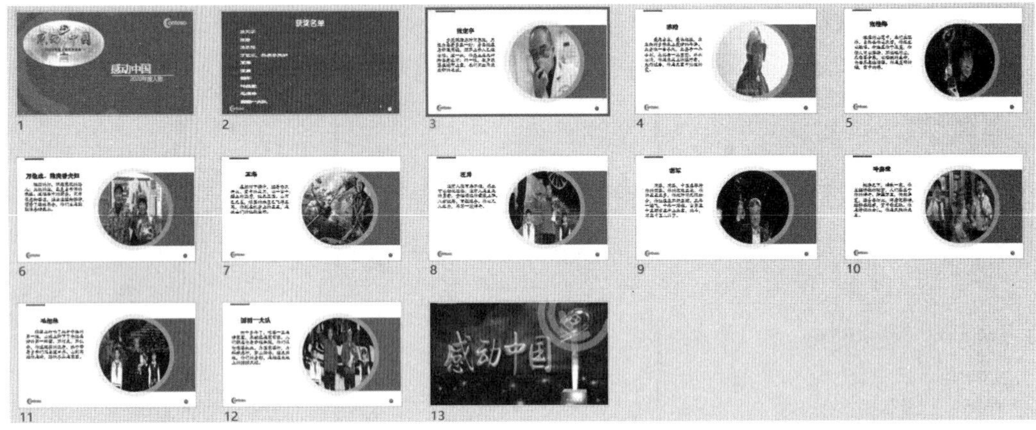

图5-86 练习5效果图

(1)基于“玫瑰色套件演示文稿”模板新建一个PPT演示文稿,保存在计算机中,命名为“感动中国.pptx”。

(2)根据要求编辑现有的幻灯片(默认的演示文稿中有13张幻灯片)。

①除了第2、3、5张幻灯片,删除其他幻灯片。

②删除指定的幻灯片以后,再复制第3张幻灯片,共复制9次。

③在最后插入一张幻灯片,版式为“空白”。

(3)编辑每一张幻灯片中的内容。

①第1张幻灯片中更换图片,适当调整大小,并输入文字和调整字体、字号,如图5-87所示。

图5-87 第1张幻灯片效果

②第2张幻灯片中删除图片,输入获奖名单内容并设置格式,自定义项目符号,如图

5－88 所示。

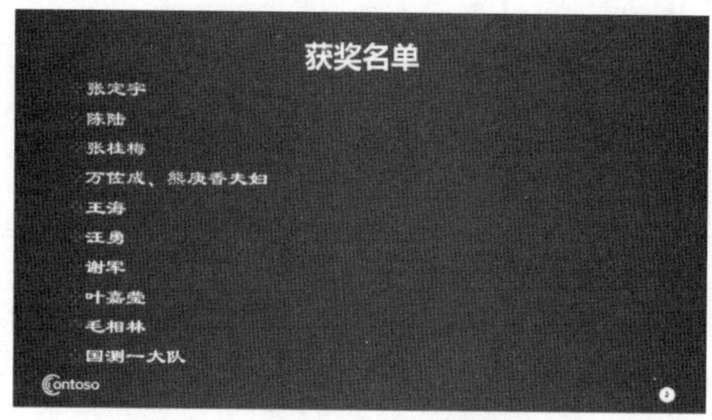

图 5－88　第 2 张幻灯片效果

③第 3～12 张幻灯片中更换图片，调整图片大小，并输入对应文字，以第 3 张幻灯片为例，如图 5－89 所示。

图 5－89　第 3 张幻灯片效果

④在最后一张幻灯片，以“图片”填充背景，如图 5－90 所示。

图 5－90　最后一张幻灯片效果

（4）切换到幻灯片浏览视图进行观察，最后进行幻灯片放映，观看演示文稿的效果。

第 6 章 计算机网络与应用

在当今社会生活中,计算机网络已成为人们日常工作、学习、生活中不可缺少的一部分,不仅为人们的生活带来了极大的便利,同时也改变了人类社会的生活方式。现在,计算机网络的应用几乎覆盖各个领域,从某种意义上说,计算机网络的应用水平已成为一个国家信息化水平的重要标志,反映了一个国家的现代化程度。因此,对计算机网络的研究、开发和应用越来越受到各国的重视。

6.1 数据通信基础

数据通信是通信技术和计算机技术相结合而产生的一种新的通信方式。要在两地间传输信息必须有传输信道,通过传输信道将数据终端与计算机联结起来,使不同地点的数据终端实现软、硬件和信息资源的共享。

6.1.1 数据通信

1. 通信

通信指人与人或人与自然之间通过某种行为或媒介进行的信息交流与传递。从广义上来说,是指需要信息的双方或多方在不违背各自意愿的情况下,采用任意方法、任意媒介,将信息从某方准确、安全地传送到另一方。通信的方式包括以视觉、声音传递为主(如古代的烽火台、击鼓、旗语等)、以实物传递为主(如驿站、信鸽、邮政通信等)和以电信方式为主的现代通信(如电报、电话、短信、E - mail 等),无论采用何种方式,通信的根本目的就是传递信息。

2. 数据通信

数据通信指依照通信协议,利用数据传输技术在两个功能单元之间传递数据信息。数据通信包含两方面内容,即数据传输和数据传输前后的处理,数据传输是数据通信的基础,数据传输前后的处理则使数据的远距离交互得以实现。

数据通信是通信技术和计算机技术相结合而产生的一种新的通信方式。由于现在的信息传输与交换大多是在计算机之间或计算机与外围设备之间进行的,所以数据通信有时也称为计算机通信。

3. 通信信号

信号是数据的载体，通常可以分为数字信号和模拟信号两类，从时间的角度来看，数字信号是一种离散信号，模拟信号是一组连续变化的信号。数据既可以是模拟的，也可以是数字的，不同的数据必须转换为相应的信号才能进行传输，模拟数据一般采用模拟信号，数字数据则采用数字信号，模拟信号和数字信号之间可以进行相互转换。

4. 通信信道

通信信道是数据传输的通路，根据传输介质的不同可分为有线信道和无线信道，按传输数据类型的不同可分为数字信道和模拟信道。

5. 数据通信系统

数据通信系统指的是通过数据电路将分布在远地的数据终端设备(DTE)与计算机系统连接起来，实现数据传输、交换、存储和处理的系统。典型的数据通信系统主要由中央计算机系统、数据终端设备、数据电路 3 部分构成。

6.1.2　数据通信主要技术指标

1. 传输速率

在数字信道中，传输速率用"比特率"表示，比特率用单位时间内传输的二进制代码的有效位数来表示，其单位为每秒比特数[bit/s(bps)]；在模拟信道中，传输速率用"波特率"表示，波特率指数据信号对载波的调制速率，它用单位时间内载波调制状态改变次数来表示，其单位为波特(Baud)。

波特率与比特率的关系为

比特率 = 波特率 × 单个调制状态对应的二进制位数

2. 信道带宽

带宽即传输信号的最高频率与最低频率之差。

3. 误码率

误码率指在数据传输中的错误率。

6.1.3　通信介质

通信介质(即传输介质)是指网络通信的线路，是网络中传输信息的载体。常用的传输介质分为有线传输介质和无线传输介质两大类，有线传输介质包括同轴电缆、双绞线、光纤等，无线传输介质包括无线电波、微波、红外线、蓝牙、激光、卫星通信等。

6.1.4　数据传输方式

数据传输方式是指数据在信道上传送所采取的方式。若按数据传输的顺序可以分为并行传输和串行传输；若按数据传输的同步方式可分为同步传输和异步传输；若按数据传输的流向和时间关系可以分为单工数据传输、半双工数据传输和全双工数据传输；若按被传输的数据信号特点可以分为基带传输、频带传输和数字数据传输。

1. 串行传输和并行传输

串行传输是数据流以串行方式在一条信道上传输。该方法易于实现，缺点是解决收、发双方码组或字符的同步问题需外加同步措施。当前串行传输应用较多。

并行传输是将数据以成组的方式在两条以上的并行信道上同时传输。该方法不需另外措施就实现了收发双方的字符同步,缺点是传输信道多,设备复杂,成本较高。当前并行传输应用较少。

2. 同步传输和异步传输

同步传输是以同步的时钟节拍来发送数据信号的,因此在一个串行的数据流中,各信号码元之间的相对位置都是固定的(即同步的)。在同步传输的模式下,数据的传送是以一个数据区块为单位的,因此同步传输又称为区块传输。

异步传输一般以字符为单位,不论所采用的字符代码长度为多少位,在发送每一字符代码时,前面均加上一个“起”信号,字符代码后面均加上一个“止”信号,作用就是区分串行传输的字符,也就是实现了串行传输收、发双方码组或字符的同步。

同步传输方式中发送方和接收方的时钟是统一的、字符与字符间的传输是同步无间隔的;异步传输方式并不要求发送方和接收方的时钟完全一样,字符与字符间的传输是异步的。

3. 单工数据传输、半双工数据传输和全双工数据传输

单工数据传输是两数据站之间只能沿一个指定的方向进行数据传输,即一端的数据终端设备固定为数据源,另一端的数据终端设备固定为数据宿。例如,无线电广播和电视信号传播都是单工数据传输。

半双工数据传输是两数据站之间可以在两个方向上进行数据传输,但不能同时进行,即每一端的数据终端设备既可作为数据源,也可作为数据宿,但不能同时作为数据源与数据宿。例如,对讲机是半双工数据传输。

全双工数据传输是在两数据站之间,可以在两个方向上同时进行传输,即每一端的数据终端设备均可同时作为数据源与数据宿。例如,电话、计算机与计算机通信都是全双工数据传输。

4. 基带传输、频带传输和数字数据传输

未对载波调制的待传信号称为基带信号,它所占的频带称为基带。基带传输就是一种不搬移基带信号频谱的传输方式。基带传输的优点是设备较简单,线路衰减小,有利于增加传输距离。

频带传输是一种利用调制器对传输信号进行频率变换,通过模拟通信信道传输数字信号的方法,频带传输是在计算机网络系统的远程通信中常采用的一种传输技术。

数字数据传输是采用数字信道来传输数据信号的传输方式。与采用模拟信道的传输方式相比,数字数据传输方式传输质量高,信道利用率高,不需要模拟信道传输用的调制解调器。

6.1.5 数据交换方式

在数据通信系统中,当终端与计算机之间,或者计算机与计算机之间不是直通专线连接,而是要经过通信网的接续过程来建立连接的时候,那么两端系统之间的传输通路就是通过通信网络中若干节点转接而成的所谓的“交换线路”。在一种任意拓扑的数据通信网络中，通过网络节点的某种转接方式来实现从任意一端系统到另一端系统之间接通数据通路的技术，就称为数据交换技术。数据交换技术主要包括电路交换、报文交换和分组交换。

1. 电路交换

电路交换是通过交换节点在一对站点之间建立专用通信通道而进行直接通信的方式。电话网中就是采用电路交换方式。

2. 报文交换

报文交换是以报文为数据交换的单位，报文携带有目标地址、源地址等信息，在交换结点采用“存储—转发”的传输方式，不需要在两个通信节点之间建立专用的物理线路。电报的发送、电子邮件系统（E - mail）适合采用报文交换方式。

3. 分组交换

分组交换不需要事先建立物理通路，只要前方线路空闲，就以分组为单位发送，中间节点接收到一个分组后，不必等到所有的分组都收到就可以转发。分组交换是通过标有地址的分组进行路由选择传送数据，使信道仅在传送分组期间被占用的一种交换方式。因特网采用的就是典型的分组交换方式。

6.1.6　多路复用技术

在数据通信系统或计算机网络系统中，传输媒体的带宽或容量往往会大于传输单一信号的需求，为了有效地利用通信线路，希望一个信道能同时传输多路信号，这就是所谓的“多路复用技术”。采用多路复用技术能把多个信号组合起来在一条物理信道上进行传输，在远距离传输时可大大节省电缆的安装和维护费用。

1. 频分多路复用

频分多路复用是一种将多路基带信号调制到不同频率载波上再进行叠加形成一个复合信号的多路复用技术。在物理信道的可用带宽超过单个原始信号所需带宽的情况下，可将该物理信道的总带宽分割成若干个与传输单个信号带宽相同（或略宽）的子信道，每个子信道传输一种信号，这就是频分多路复用。

2. 时分多路复用

时分多路复用适用于数字信号的传输。由于信道的位传输率超过每一路信号的数据传输率，因此可将信道按时间分成若干片段并轮换地给多个信号使用，每一时间片段由复用的一个信号单独占用，在规定的时间内，多个数字信号都可按要求传输到达，从而也实现了在一条物理信道上传输多个数字信号。

3. 波分多路复用

将两种或多种不同波长的、携带各种信息的光载波信号在发送端经复用器（也称合波器）汇合在一起，并耦合到光线路的同一根光纤中进行传输；在接收端，经解复用器（也称分波器或去复用器）将各种波长的光载波分离，然后由光接收机做进一步处理以恢复原信号，这种在同一根光纤中同时传输两个或多种不同波长光信号的技术，称为波分复用。

6.2 计算机网络基础

计算机网络(Computer Network)是计算机技术和通信技术相结合的产物,是信息高速公路的重要组成部分,是一种涉及多门学科和多个技术领域的综合性技术。

6.2.1 计算机网络的概念

关于计算机网络的定义有很多,最简单的定义是指一些相互连接的、以共享资源为目的的、自治的计算机的集合。

从逻辑功能上看,计算机网络是以传输信息为基础目的,用通信线路将多个计算机连接起来的计算机系统的集合。一个计算机网络由传输介质和通信设备组成。

从用户角度看,计算机网络是指存在着一个能为用户自动管理的网络操作系统,由它调用完成用户所需的资源,而整个网络像一个大的计算机系统一样,对用户而言是透明的。

从整体上来说,计算机网络就是把分布在不同地理区域的计算机与专门的外部设备用通信线路互联成一个规模大、功能强的系统,从而使众多的计算机可以方便地互相传递信息,共享硬件、软件、数据信息等资源。简单来说,计算机网络就是由通信线路互相连接的、许多自主工作的计算机构成的集合体。

通过以上分析,可以给计算机网络下定义:计算机网络是指将地理位置不同的、具有独立功能的多台计算机及其外部设备,通过通信线路连接起来,在网络操作系统、网络管理软件及网络通信协议的管理和协调下,实现资源共享和信息传递的计算机系统。

6.2.2 计算机网络的形成与发展

20 世纪 60 年代,美国国防部为了保证美国本土防卫力量和海外防御武装在受到打击以后仍然具有一定的生存和反击能力,认为有必要设计出一种分散的指挥系统。它由一个个分散的指挥点组成,当部分指挥点被摧毁后,其他指挥点仍能正常工作,并且在这些指挥点之间能够绕过那些已被摧毁的指挥点而继续保持联系。为了对这一构思进行验证,1969 年,美国国防部国防高级研究计划署资助建立了一个名为 ARPAnet(即"阿帕网")的网络,这个网络把位于洛杉矶的加利福尼亚大学、位于圣塔芭芭拉的加利福尼亚大学、斯坦福大学,以及位于盐湖城的犹他州州立大学的计算机主机联结起来,位于各个结点的大型计算机采用分组交换技术,通过专门的通信交换机和专门的通信线路相互连接。这个"阿帕网"就是 Internet 最早的雏形。

20 世纪 80 年代初,ARPAnet 取得了巨大成功,但没有获得美国联邦机构合同的学校仍不能使用。为解决这一问题,美国国家科学基金会(NSF)开始着手建立提供给各大学计算机系使用的计算机科学网(CSnet)。1986 年,NSF 投资在美国普林斯顿大学、匹兹堡大学、加州大学圣地亚哥分校、依利诺斯大学和康纳尔大学建立 5 个超级计算中心,并通过 56 kbps 的通信线路连接形成 NSFNet 的雏形。从 1986 年至 1991 年,NSFNet 的子网从 100 个迅速增加到 3 000 多个。NSFNet 的正式营运及实现与其他已有网络和新建网络的连接开始真正成为 Internet 的基础。

Internet 的迅速崛起引起了全世界的瞩目,我国也非常重视信息基础设施的建设,注重与 Internet 的连接。

1987 年至 1993 年是 Internet 在中国的起步阶段,国内的科技工作者开始接触 Internet 资源。在此期间,以中国科学院高能物理研究所为首的一批科研院所与国外机构合作开展了一些与 Internet 联网的科研课题,通过拨号方式使用 Internet 的 E - mail 电子邮件系统,并为国内一些重点院校和科研机构提供了国际 Internet 电子邮件服务。1990 年 10 月,中国正式向国际互联网络信息中心(InterNIC)登记注册了最高域名"CN",从而开通了使用自己域名的 Internet 电子邮件服务。1994 年 1 月,美国国家科学基金会接受我国正式接入 Internet 的要求。同年 3 月,我国开通并测试了 64 kbps 专线,中国获准加入 Internet。同年 4 月初,胡启恒院士在中美科技合作联委会上,代表中国政府向美国国家科学基金会(NSF)正式提出要求连入 Internet 并得到认可。

从 1994 年开始至今,中国实现了和 Internet 的 TCP/IP 连接,从而逐步开通了 Internet 的全功能服务。大型计算机网络项目的正式启动,Internet 在我国进入了飞速发展时期。1995 年 1 月,中国电信分别在北京、上海设立的 64 kbps 专线开通,并且通过电话网、DDN 专线及 X. 25 网等方式开始向社会提供 Internet 接入服务。同年 4 月,中国科学院启动京外单位联网工程(俗称"百所联网"工程),取名"中国科技网"(CSTNet),其目标是把网络扩展到全国 24 个城市,实现国内各学术机构的计算机互联并和 Internet 相连,该网络逐步成为一个面向科技用户、科技管理部门及与科技有关的政府部门服务的全国性网络。同年 5 月,ChinaNET 全国骨干网开始筹建。同年 7 月,CERNet 连入美国的 128 kbps 国际专线开通。同年 12 月,中国科学院"百所联网"工程完成。1996 年 1 月,ChinaNET 全国骨干网建成并正式开通,全国范围的公用计算机互联网络开始提供服务。同年 9 月 6 日,中国金桥信息网宣布开始提供 Internet 服务。

1997 年 5 月 30 日,国务院信息化工作领导小组办公室发布《中国互联网络域名注册暂行管理办法》,授权中国科学院组建和管理中国互联网络信息中心(CNNIC),授权中国教育和科研计算机网网络中心与 CNNIC 签约并管理二级域名". edu. cn"。1997 年 6 月 3 日,受国务院信息化工作领导小组办公室的委托,中国科学院在中国科学院计算机网络信息中心组建了中国互联网络信息中心(CNNIC),行使国家互联网络信息中心的职责。

计算机网络从无到有,从小到大,从局部应用发展到现在的全球互联,其发展过程大致分为 3 个阶段。

(1)第一阶段:以单个计算机为中心的联机终端系统。

在 20 世纪 50 年代以前,因为计算机主机相当昂贵,而通信线路和通信设备相对便宜,为了共享计算机主机资源和进行信息的综合处理,形成了第一代的以单主机为中心的联机终端系统。在第一代计算机网络中,因为所有的终端共享主机资源,因此终端到主机都单独占一条线路,所以使得线路利用率低。因为主机既要负责通信又要负责数据处理,因此主机的效率低。而且这种网络组织形式是集中控制形式,如果主机出问题,所有终端都被迫停止工作,所以可靠性较低。面对这样的情况,当时人们提出了一种改进方法,就是在远程终端聚集的地方设置一个终端集中器,把所有的终端聚集到终端集中器内,而且终端与集中器之间是低速线路,而终端与主机之间是高速线路,这样使得主机只需负责数据处理而不需负责通信工作,大大提高了主机的利用率。

(2)第二阶段:以通信子网为中心的主机互联。

到20世纪60年代中期,计算机网络不再局限于单计算机网络,许多单计算机网络相互连接形成了由多个单主机系统相连接的计算机网络。这样连接起来的计算机网络体系有2个特点:多个终端主机系统互联,形成了多主机互联网络;网络结构体系由主机到终端变为主机到主机。后来这样的计算机网络体系在慢慢演变,向两种形式演变,第一种就是把主机的通信任务从主机中分离出来,由专门的通信控制处理机(CCP)来完成,CCP组成了一个单独的网络体系,称它为通信子网,而在通信子网基础上连接起来的计算机主机和终端则形成了资源子网,导致两层结构体系出现;第二种就是通信子网规模逐渐扩大成为社会公用的计算机网络,原来的CCP成为公共数据通用网。

(3)第三阶段:计算机网络体系结构标准化。

随着计算机网络技术的飞速发展,以及计算机网络的逐渐普及,各种计算机网络要如何连接起来就显得相当复杂,需要为计算机网络制定一个统一的标准,使之更好地连接,因此网络体系结构标准化就显得相当重要。也正是在这样的背景下形成了体系结构标准化的计算机网络。计算机结构标准化有两个原因:一是为了使不同设备之间的兼容性和互操作性更加紧密;二是为了更好地实现计算机网络的资源共享。所以,计算机网络体系结构标准化具有相当重要的作用。

6.2.3 计算机网络的功能与分类

1. 计算机网络功能

计算机网络如今已经广泛应用于人们的生活、学习和工作中,其功能主要体现在以下几个方面:

(1)数据通信。

数据通信是依照一定的通信协议,利用数据传输技术在两个终端之间传递数据信息的一种通信方式和通信业务,它可实现计算机和计算机、计算机和终端,以及终端与终端之间的数据信息传递,是继电报、电话业务之后的第三大通信业务。

(2)资源共享。

计算机网络中的资源包括硬件资源、软件资源、数据资源、信道资源。共享是指计算机网络中的用户都能够部分或全部地使用这些资源。

硬件资源包括各种类型的计算机、大容量存储设备、计算机外部设备(如彩色打印机、静电绘图仪等);软件资源包括各种应用软件、工具软件、系统开发所用的支撑软件、语言处理程序、数据库管理系统等;数据资源包括数据库文件、数据库、办公文档资料、企业生产报表等;信道资源(通信信道)可以理解为电信号的传输介质。

(3)分布式处理。

一个大的程序可通过计算机网络进行分布处理,由不同地点的计算机来协助处理这个大的程序。目前来讲,计算机网络达到了数据通信和资源共享的功能,分布处理只是在一部分计算机网络中得以实现,普遍实现还存在一定的困难。

2. 计算机网络分类

从不同角度观察网络、划分网络,有利于全面了解网络系统的各种特性。

(1)按地理范围分类。

①局域网 LAN(Local Area Network)。

局域网是最常见且应用最广的一种网络。现在局域网随着计算机网络技术的发展和提高得到了充分的应用和普及,几乎每个单位都有自己的局域网,甚至有的家庭也建立了自己的小型局域网。所谓“局域网”就是在局部范围内的网络,它所覆盖的地区范围较小。局域网在计算机数量配置上没有太多的限制,少的可以只有两台,多的可达几百台。一般来说,在企业局域网中,工作站的数量在几十台到两百台。在网络所涉及的地理距离上,可以是几米至 10 千米。局域网一般位于一个建筑物或一个单位内,不存在寻径问题,不包括网络层的应用。局域网最主要的特点是网络为一个单位所拥有,且地理范围和站点数目均有限。

此外,局域网还具有如下的一些主要特点:

a. 共享传输信道。

b. 传输速率较高,延时较低。

c. 误码率较低。

d. 支持多种媒体访问协议。

e. 能进行广播或组播。

②城域网 MAN(Metropolitan Area Network)。

城域网一般来说是在一个城市,但不在同一地理小区范围内的计算机的互联。这种网络的连接距离在 10 ~ 100 千米,它采用的是 IEEE 802.6 标准。MAN 与 LAN 相比,扩展距离更长,连接计算机的数量更多,在地理范围上可以说是 LAN 网络的延伸。在一个大型城市等地区,一个 MAN 网络通常连接着多个 LAN 网,如连接政府机构的 LAN、医院的 LAN、电信的 LAN、公司企业的 LAN 等。光纤连接的引入使 MAN 中高速的 LAN 互连成为可能。

城域网具有如下一些主要特点:

a. 传输速率高。

b. 用户投入少,接入简单。

c. 技术先进、安全。

d. 采用光纤直连技术。

e. 多任务传送平台应用广泛。

③广域网 WAN(Wide Area Network)。

广域网也称为远程网,所覆盖的范围比城域网(MAN)更广,它一般是不同城市之间的 LAN 或 MAN 网络互联,地理范围可从几百千米到几千千米。因为距离较远,信息衰减比较严重,所以这种网络一般是要租用专线,通过 IMP(接口信息处理)协议和线路连接起来,构成网状结构,解决寻径问题。这种网络因为所连接的用户多,总出口带宽有限,所以用户的终端连接速率一般较低,通常为 9.6 kbps ~ 45 Mbps,如邮电部的 ChinaNET, ChinaPAC 和 ChinaDDN 网。

广域网具有如下的一些主要特点：

a. 适应大容量与突发性通信。

b. 适应综合业务服务。

c. 开放的设备接口与规范化的协议。

d. 完善的通信服务与网络管理。

(2)按传输速率分类。

网络的传输速率有快有慢，传输速率的单位是bps(每秒比特数)，一般将传输速率在300 kbps～1.4 Mbps的网络称为低速网；在1.5～45 Mbps的网络称为中速网，在50～750 Mbps的网络称为高速网。

(3)按传输介质分类。

传输介质是指数据传输系统中发送装置和接收装置间的物理媒体，按其物理形态可以划分为有线和无线两大类。

①有线网。

传输介质采用物理介质连接的网络称为有线网，常用的有线传输介质有双绞线、同轴电缆和光导纤维。

双绞线是由两根绝缘金属线互相缠绕而成，这样的一对线作为一条通信线路，由4对双绞线构成双绞线电缆。目前，计算机网络上使用的双绞线按其传输速率分为三类线、五类线、六类线、七类线等，传输速率在10～600 Mbps，双绞线电缆的连接器一般为RJ－45，双绞线点到点的通信距离一般不能超过100米。

同轴电缆是由内、外两个导体组成，内导体可以由单股或多股线组成，外导体一般由金属编织网组成。同轴电缆分为粗缆和细缆，粗缆用DB－15连接器，细缆用BNC和T型连接器。

光缆又称光纤，由两层折射率不同的材料组成，内层由具有高折射率的单根玻璃纤维体组成，外层为一层折射率较低的材料。光纤的优点是不会受到电磁波的干扰，传输的距离也比电缆远，传输速率高，但安装和维护比较困难，需要专用的设备。光纤分为单模光纤和多模光纤，单模光纤的传输距离为几十千米，多模光纤为几千米，传输速率可达到每秒几百兆位，光纤用ST或SC连接器。

②无线网。

采用无线介质连接的网络称为无线网。目前无线网主要采用3种技术：微波通信、红外线通信和激光通信。目前的卫星网就是一种特殊形式的微波通信，它利用地球同步卫星作为中继站来转发微波信号，一个同步卫星可以覆盖地球表面的1/3，3个同步卫星就可以覆盖地球上的全部通信区域。

无线网特别是无线局域网有很多优点，如易于安装和使用；但无线局域网也有许多不足之处，如数据传输率一般比较低，远低于有线局域网，另外无线局域网的误码率也比较高，而且站点之间相互干扰比较厉害等。

(4)按拓扑结构分类。

网络拓扑是指网络中各个端点间相互连接的方法和形式，网络拓扑结构反映了组网的一种几何形式。局域网的拓扑结构主要有总线型、星型、环型及树型。

①总线型拓扑结构。

总线型拓扑结构采用一个信道作为传输媒体，所有站点都通过相应的硬件接口直接连到这一个公共传输媒体上，该公共传输媒体即称为总线。任何一个站点发送的信号都沿着传输媒体传播，而且能被其他所有站点接收。因为所有站点共享一条公用的传输信道，所以一次只能由一个设备传输信号，通常采用分布式控制策略来确定哪个站点可以发送。发送时，发送站点将报文分组，然后逐个依次发送这些分组，有时还要与其他站点的分组交替地在媒体上传输。当分组经过各站点时，其中的目的站点会识别到分组所携带的目的地址，然后复制下这些分组的内容。图 6－1 所示为总线型拓扑结构示意图。

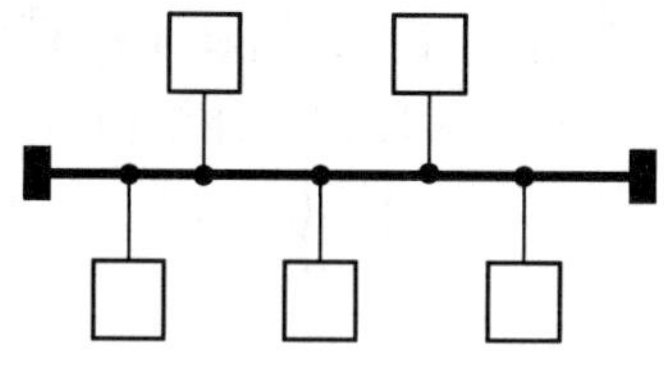

图 6－1　总线型拓扑结构

总线型拓扑结构的优点：总线结构所需要的电缆数量少，线缆长度短，易于布线和维护；总线结构简单，又是源工作，有较高的可靠性；传输速率高，可达 1～100 Mbps；易于扩充，增加或减少用户比较方便；结构简单，组网容易，网络扩展方便；多个节点共用一条传输信道，信道利用率高。

总线拓扑结构的缺点：总线的传输距离有限，通信范围受到限制；故障诊断和隔离较困难；分布式协议不能保证信息的及时传送，不具有实时功能；站点必须是智能的，要有媒体访问控制功能，从而增加了站点的硬件和软件开销。

②星型拓扑结构。

星形拓扑结构是由中央节点和通过点到点通信链路连接到中央节点的各个站点组成。中央节点执行集中式通信控制策略，因此中央节点相当复杂，而各个站点的通信处理负担都很小。星型拓扑结构采用的交换方式有电路交换和报文交换，尤以电路交换更为普遍。这种结构一旦建立了通道连接，就可以无延迟地在连通的两个站点之间传送数据。图 6－2 所示为星型拓扑结构示意图。

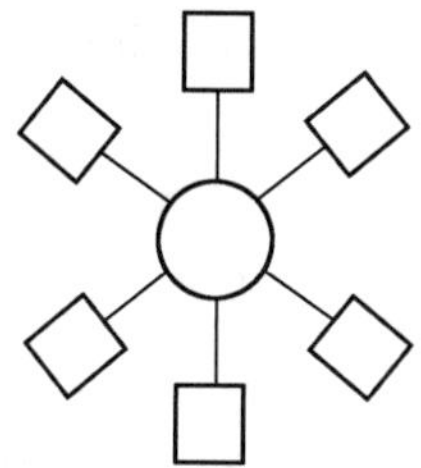

图 6－2　星型拓扑结构

星型拓扑结构的优点：结构简单，连接方便，管理和维护都相对容易，扩展性强；网络延迟时间较小，传输误差低；在同一网段内支持多种传输介质，除非中央节点故障，否则网络不会轻易瘫痪；每个节点直接连接到中央节点，故障容易检测和隔离，可以很方便地排除有故障的节点。

星型拓扑结构的缺点：安装和维护的费用较高；共享资源的能力较差；一条通信线路只被该线路上的中央节点和边缘节点使用，通信线路利用率不高；对中央节点要求相当高，一旦中央节点出现故障，则整个网络将瘫痪。

③环型拓扑结构。

在环型拓扑结构中，各节点通过环路接口连在一条首尾相连的闭合环形通信线路中，环路上任何节点均可以请求发送信息，请求一旦被批准，便可以向环路发送信息。环型拓扑结构中的数据可以是单向传输，也可以是双向传输。由于环线公用，一个节点发出的信息必须穿越环中所有的环路接口，信息流中目的地址与环上某节点地址相符时，信息被该节点的环路接口接收，而后信息继续流向下一环路接口，一直流回到发送该信息的环路接口节点为止。图6－3所示为环型拓扑结构示意图。

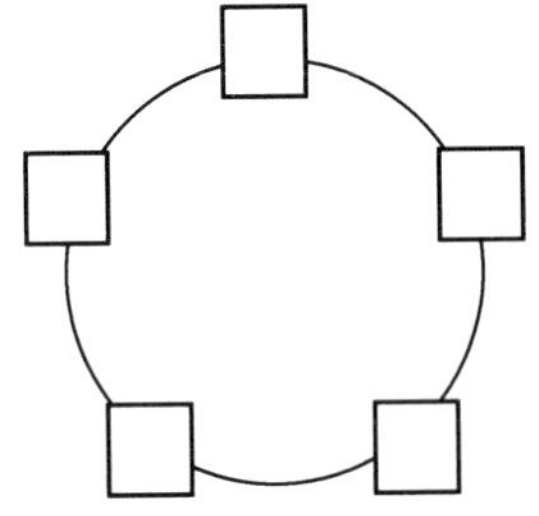

图6－3　环型拓扑结构

环型拓扑结构的优点：电缆长度短；增加或减少工作站时，仅需简单的连接操作；可使用光纤。

环型拓扑结构的缺点：节点的故障会引起全网故障；故障检测困难；环型拓扑结构的媒体访问控制协议都采用令牌传递的方式，在负载很轻时，信道利用率相对来说比较低。

④树型拓扑结构。

树型拓扑结构可以认为是由多级星型结构组成的，只不过这种多级星型结构自上而下呈三角形分布，就像一棵树一样，最顶端的枝叶少些，中间枝叶的多些，而最下面的枝叶最多。树的最下端相当于网络中的边缘层，树的中间部分相当于网络中的汇聚层，而树的顶端则相当于网络中的核心层。它采用分级的集中控制方式，其传输介质可有多条分支，但不形成闭合回路，每条通信线路都必须支持双向传输。图6－4所示为树型拓扑结构示意图。

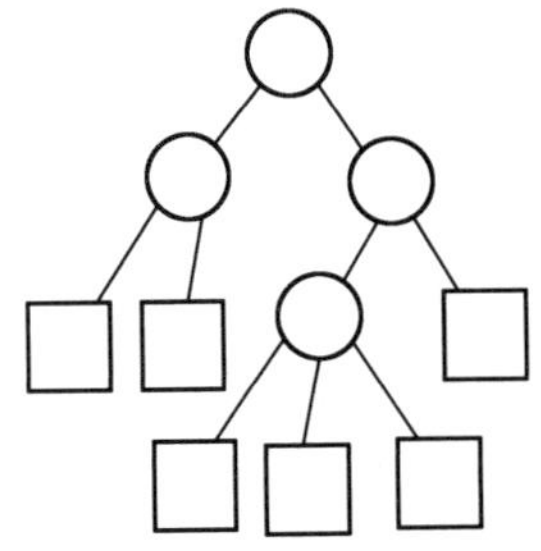

图6－4　树型拓扑结构

树型拓扑结构的优点：易于扩展；故障隔离较容易。

树型拓扑结构的缺点：各个节点对“根”的依赖性太大，如果“根”发生故障，则全网不能正常工作。

此外，还有将两种单一拓扑结构混合起来，取两者的优点构成的混合型拓扑结构；节点之间有许多条路径相连，可以为数据流的传输选择适当的路由，从而绕过失效的部件或过忙节点的网状拓扑结构等。

6.2.4　计算机网络体系结构

计算机网络体系结构可以从网络组织、网络配置、网络体系结构 3 个方面来描述，网络组织从网络的物理结构和网络的实现两方面来描述计算机网络；网络配置从网络应用方面来描述计算机网络的布局，从硬件、软件和通信线路来描述计算机网络；网络体系节构从功能上来描述计算机网络结构。计算机网络由多个互连的节点组成，节点之间不断地交换数据和控制信息。要做到有条不紊地交换数据，每个节点就必须遵守一整套合理而严谨的结构化管理体系。计算机网络就是按照高度结构化设计方法采用功能分层原理来实现的，各层功能相对独立，各层因技术进步而做的改动不会影响到其他层，从而保持体系结构的稳定性。

计算机网络体系结构可以定义为是网络协议的层次划分与各层协议的集合，同一层中的协议根据该层所要实现的功能来确定。各对等层之间的协议功能由相应的底层提供服务完成。

国际标准化组织 ISO（International Standards Organization）在 20 世纪 80 年代提出的开放系统互联参考模型 OSI（Open System Interconnection）是一个定义异构计算机连接标准的框架结构，这个模型将计算机网络通信协议分为以下 7 层：

（1）物理层（Physical Layer）。

物理层建立在物理通信介质的基础上，作为系统和通信介质的接口，用来实现数据链路实体间透明的比特（bit）流传输。只有该层为真实物理通信，其他各层为虚拟通信。物理层实际上是设备之间的物理接口，物理层传输协议主要用于控制传输媒体。主要协议有 FDDI、E1A/T1A RS－232、V.35、RJ－45 等。

（2）数据链路层（Data Link Layer）。

数据链路层为网络层相邻实体间提供传送数据的功能和过程；提供数据流链路控制；检测和校正物理链路的差错。物理层不考虑位流传输的结构，而数据链路层的主要职责是控制相邻系统之间的物理链路，传送数据以帧为单位，规定字符编码、信息格式，约定接收和发送过程，在一帧数据开头和结尾附加特殊二进制编码作为帧界识别符，在发送端处理接收端送回的确认帧，保证数据帧传输和接收的正确性，以及发送和接收速度的匹配，流量控制等。主要协议有 Frame Relay、HDLC、PPP、IEEE802.3/802.2、FDDL、ATM、Wi－Fi 等。

（3）网络层（Network Layer）。

广域网络一般都划分为通信子网和资源子网，物理层、数据链路层和网络层组成通信子网，网络层是通信子网的最高层，完成对通信子网的运行控制。网络层和传输层的界面，既是层间的接口，又是通信子网和用户主机组成的资源子网的界限，网络层利用本

层和数据链路层、物理层的功能向传输层提供服务。

网络层控制分组传送操作,即路由选择、拥塞控制、网络互连等功能,根据传输层的要求来选择服务质量,向传输层报告未恢复的差错。网络层传输的信息以报文分组为单位,它将来自源的报文转换成包文,经路径选择算法确定路径并送往目的地。网络层协议用于实现这种传送中涉及的中继节点路由选择、子网内的信息流量控制及差错处理等。主要协议有 IP、IPX、ARP、RARP、RIP、OSPF、BGP 等。

(4)传输层(Transport Layer)。

传输层是网络体系结构中最核心的一层,传输层将实际使用的通信子网与高层应用分开。从这层开始,各层通信全部是在源与目标主机上的各进程间进行的,通信双方可能经过多个中间节点。传输层为源主机和目标主机之间提供性能可靠、价格合理的数据传输。具体实现上是在网络层的基础上再增添一层软件,使之能屏蔽掉各类通信子网的差异,向用户提供一个通用接口,使用户进程通过该接口,方便地使用网络资源并进行通信。主要协议有 TCP、UDP、SPX 等。

(5)会话层(Session Layer)。

会话是指两个用户进程之间的一次完整通信。会话层提供不同系统间两个进程建立、维护和结束会话连接的功能;提供交叉会话的管理功能,有一路交叉、两路交叉和两路同时会话的 3 种数据流方向控制模式。会话层是用户连接到网络的接口。

(6)表示层(Presentation Layer)。

表示层的目的是处理信息传送中数据表示的问题。由于不同厂家的计算机产品常使用不同的信息表示标准,因此,表示层要完成信息表示格式转换。转换可以在发送前,也可以在接收后,也可以要求双方都转换为某标准的数据表示格式。表示层的主要功能是完成被传输数据表示的解释工作,包括数据转换、数据加密和数据压缩等。表示层协议的主要功能有为用户提供执行会话层服务原语的手段;提供描述负载数据结构的方法;管理当前所需的数据结构集和完成数据的内部与外部格式之间的转换。表示层提供了标准应用接口所需要的表示形式。

(7)应用层(Application Layer)。

应用层作为用户访问网络的接口层,给应用进程提供了访问 OSI 环境的手段。应用进程借助应用实体(AE)、应用协议和表示服务来交换信息,其作用是在实现应用进程相互通信的同时,完成一系列业务处理所需的服务功能。应用进程使用 OSI 定义的通信功能,这些通信功能是通过 OSI 参考模型各层实体来实现的。应用实体是应用进程利用 OSI 通信功能的唯一窗口。它按照应用实体间约定的通信协议(应用协议),传送应用进程的要求,并按照应用实体的要求在系统间传送应用协议控制信息,有些功能可由表示层和表示层以下各层实现。主要协议有 FTP、WWW、Telnet、NFS、SMTP、SNMP、Mail 等。

6.2.5 TCP/IP 协议

TCP/IP 协议(Transmission Control Protocol/Internet Protocol),即传输控制协议/因特网互联协议,又名网络通信协议,是 Internet 最基本的协议,也是 Internet 国际互联网络的基础,由网络层的 IP 协议和传输层的 TCP 协议组成。TCP/IP 协议定义了电子设备如何连入 Internet,以及数据如何在它们之间传输的标准。

TCP/IP 协议采用了 4 层的层级结构,从下到上分别为网络接口层、互联网络层、传输层和应用层,每一层都呼叫它的下一层所提供的协议来完成自己的需求。其中,网络访问层(Network Access Layer)指出主机必须使用某种协议与网络相连;互联网络层(Internet Layer)使主机可以把分组发往任何网络,并使分组独立地传向目标;传输层(Transport Layer)使源端和目的端机器上的对等实体可以进行会话,在这一层定义了 2 个端到端的协议,即面向连接的传输控制协议(TCP)和面向无连接的用户数据报协议(UDP);应用层(Application Layer)包含所有的高层协议,包括虚拟终端协议(TELNET)、文件传输协议(FTP)、电子邮件传输协议(SMTP)、域名服务(DNS)、网上新闻传输协议(NNTP)和超文本传送协议(HTTP)等。

6.2.6　IP 地址和域名

在 Internet 中,为了实现与其他用户的通信,使用 Internet 上的资源,需要为互联网上的每一个网络和每一台主机分配一个逻辑地址,以此来屏蔽物理地址的差异,这就是 IP 地址,它是能使连接到网上的所有计算机网络实现相互通信的一套规则,规定了计算机在 Internet 上进行通信时应当遵守的规则。由于 IP 地址是数字标识,使用时难以记忆和书写,因此在 IP 地址的基础上又发展出一种符号化的地址方案,来代替数字型的 IP 地址,每一个符号化的地址都与特定的 IP 地址对应,这样网络上的资源访问起来就容易得多了,这个与网络上的数字型 IP 地址相对应的字符型地址,就被称为域名。

1. IP 地址

IPv4,是互联网协议的第 4 版,也是第一个被广泛使用,构成现今互联网技术基础的协议,但是 IPv4 最大的问题是网络地址资源有限,从理论上讲,IPv4 可以编址 1 600 万个网络、40 亿台主机。虽然用动态 IP 及 NAT 地址转换等技术实现了一些缓冲,但 IPv4 地址枯竭已经成为不争的事实,为此,专家又提出并推行 IPv6 的互联网技术。IPv4 中规定 IP 地址长度为 32 位,而 IPv6 中规定 IP 地址的长度为 128 位,不仅能解决网络地址资源数量的问题,而且也解决了多种接入设备连入互联网的障碍。当然,IPv6 并非十全十美、一劳永逸,不可能解决所有问题,也不可能在一夜之间发生,过渡需要时间和成本,因此只能在发展中不断完善。

IPv4 地址是一个 32 位的二进制数,通常被分割为 4 个“8 位二进制数”(也就是 4 个字节),通常用“点分十进制”表示成“a. b. c. d”的形式,其中,a、b、c、d 都是 0 ~ 255 之间的十进制整数。例如,某个 IPv4 地址为“01000001100000110000011000001100”,其点分十进制表示为“65. 131. 6. 12”。每个 IP 地址包括 2 个 ID(标识码),即网络 ID 和宿主机 ID。同一个物理网络上的所有主机都用同一个网络 ID,网络上的一个主机(工作站、服务器和路由器等)对应有一个主机 ID。这样的 32 位地址又分为 5 类,分别对应于 A 类、B 类、C 类、D 类和 E 类 IP 地址。

(1)A 类 IP 地址。

一个 A 类 IP 地址由 1 个字节的网络地址和 3 个字节的主机地址组成,网络地址的最高位必须是“0”,即第一个字节的数字范围为 1 ~ 127。每个 A 类地址可连接 16 387 064

台主机,Internet 有 126 个 A 类地址。例如,“68.0.12.5”(“01000100 00000000 00001100 00000101”)就是 A 类 IP 地址。

(2)B 类 IP 地址。

一个 B 类 IP 地址由 2 个字节的网络地址和 2 个字节的主机地址组成,网络地址的最高位必须是“10”,即第一个字节的数字范围为 128 ~ 191。每个 B 类地址可连接 64 516 台主机,Internet 有 16 256 个 B 类地址。例如,“168.0.12.5”(“10101000 00000000 00001100 00000101”)就是 B 类 IP 地址。

(3)C 类 IP 地址。

一个 C 类 IP 地址是由 3 个字节的网络地址和 1 个字节的主机地址组成,网络地址的最高位必须是“110”,即第一个字节的数字范围为 192 ~ 223。每个 C 类地址可连接 254 台主机,Internet 有 2 054 512 个 C 类地址。例如,“200.0.12.5”(“11001000 00000000 00001100 00000101”)就是 C 类 IP 地址。

(4)D 类 IP 地址。

D 类 IP 地址用于多点播送,第一个字节以“1110”开始,即第一个字节的数字范围为 224 ~ 239,是多点播送地址,用于多目的地信息的传输和作为备用。全零地址“0.0.0.0”对应于当前主机,全“1”的 IP 地址“255.255.255.255”是当前子网的广播地址。

(5)E 类 IP 地址。

E 类 IP 地址以“11110”开始,即第一个字节的数字范围为 240 ~ 254。E 类地址保留,仅做实验和开发用。

(6)几种用作特殊用途的 IP 地址。

①主机段(即宿主机)ID 全部设为“0”的 IP 地址称为网络地址,如“129.45.0.0”就是 B 类网络地址。

②主机 ID 部分全部设为“1”的 IP 地址称为广播地址,如“129.45.255.255”就是 B 类的广播地址。

③网络 ID 不能以十进制“127”开头,在地址中数字 127 保留给诊断用。如“127.1.1.1”用于回路测试,同时网络 ID 的第一个字节也不能全置为“0”,全置为“0”表示本地网络。网络 ID 部分全为“0”和全部为“1”的 IP 地址被保留使用。

2. 域名系统

域名是 IP 地址的字符表示法,当用户键入某个域名的时候,这个信息首先到达提供此域名解析的服务器上,再将此域名解析为相应网站的 IP 地址,完成这一任务的过程就称为域名解析。域名解析的过程是当一台机器 a 向其域名服务器 A 发出域名解析请求时,如果 A 可以解析,则将解析结果发给 a,否则,A 将向其上级域名服务器 B 发出解析请求,如果 B 能解析,则将解析结果发给 a,如果 B 无法解析,则将请求发给再上一级域名服务器 C……如此下去,直至解析出结果为止。

域名简单地说就是 Internet 上主机的名字,它采用层次结构,每一层构成一个子域名,子域名之间用圆点隔开,自左至右分别为计算机名、网络名、机构名、最高域名。Internet 域名系统是一个树型结构,以机构区分的最高域名原来有 7 个:com(商业机构)、net

(网络服务机构)、gov(政府机构)、mil(军事机构)、org(非营利性组织)、edu(教育部门)、int(国际机构)。1997 年又新增 7 个最高级标准域名:firm(企业和公司)、store(商业企业)、web(从事与 WEB 相关业务的实体)、arts(从事文化娱乐的实体)、REC(从事休闲娱乐业的实体)、info(从事信息服务业的实体)、nom(从事个人活动的个体、发布个人信息)。

6.3　局域网基本技术

局域网是计算机网络的重要组成部分,是当今计算机网络技术应用与发展非常活跃的一个领域。公司、企业、政府部门及住宅小区内的计算机都通过局域网连接起来,以达到资源共享、信息传递和数据通信的目的,而信息化进程的加快,更是刺激了通过局域网进行网络互连需求的剧增,因此,理解和掌握局域网技术也就显得非常重要了。

6.3.1　局域网拓扑结构

由于局域网设计的主要目标是覆盖一个公司、一所大学或一幢甚至几幢大楼的有限的地理范围,因此它在基本通信机制上选择了“共享介质”方式和“交换”方式,其在传输介质的物理连接方式、介质访问控制方法上形成了自己的特点。局域网在网络拓扑上主要有总线型拓扑结构、星型拓扑结构、环型拓扑结构和树型拓扑结构等。

拓扑结构的选择往往和传输介质的选择及介质访问控制方法的确定紧密相关,选择拓扑结构时,应该考虑的主要因素有经济性、灵活性和可靠性。

6.3.2　局域网组成

局域网由网络硬件和网络软件两部分组成。网络硬件主要有服务器、工作站、传输介质和网络连接部件(包括网卡、中继器、集线器和交换机等)等;网络软件包括网络操作系统、控制信息传输的网络协议及相应的协议软件、大量的网络应用软件等。

1. 网卡

台式机的网卡分为有线网卡(图 6 -5)和无线网卡(图 6 -6)。此外,很多笔记本计算机已经集成无线网卡,但大多数的传输速率为 54 Mbps。

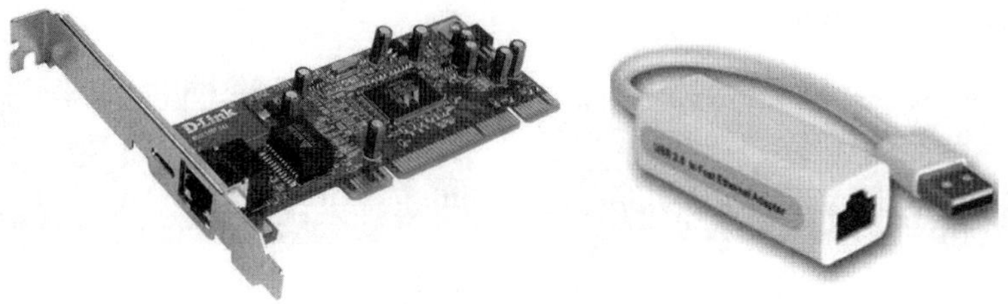

图 6 -5　有线网卡

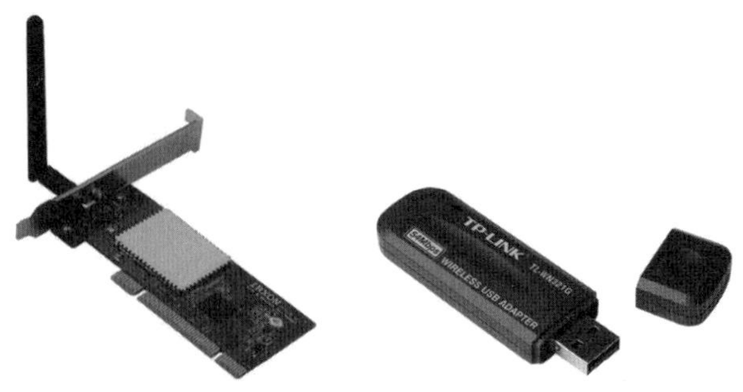

图 6-6　无线网卡

2. 中继器

中继器(Repeater)是连接网络线路的一种装置,常用于两个网络节点之间物理信号的双向转发工作,如图 6-7 所示。中继器主要完成物理层的功能,负责在两个节点的物理层上按位传递信息,完成信号的复制、调整和放大功能,以此来延长网络的长度。一般情况下,中继器的两端连接的是相同的媒体,但有的中继器也可以完成不同媒体的转接工作。

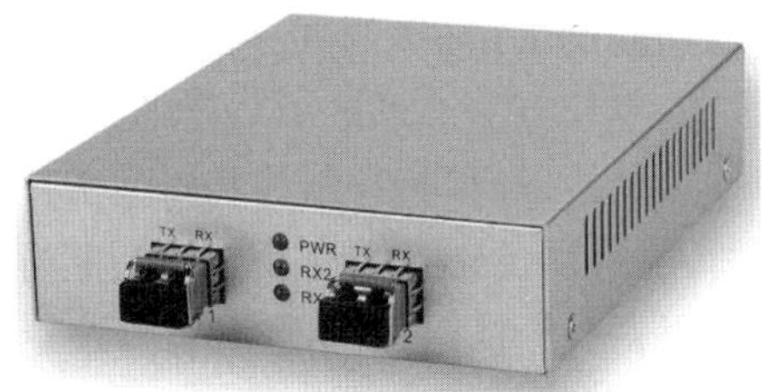

图 6-7　中继器

3. 交换机

交换机(Switch)是一种基于网卡的硬件地址 MAC 进行识别,能完成封装、转发数据包功能的网络设备,外形如图 6-8 所示。交换机可以"学习"MAC 地址,并把其存放在内部地址表中,通过在数据帧的始发者和目标接收者之间建立临时的交换路径,使数据帧直接由源地址到达目的地址。交换机分为二层交换机、三层交换机或是更高层的交换机。三层交换机同样可以有路由的功能,而且比低端路由器的转发速率更快,它的主要特点是一次路由,多次转发。

图 6-8　交换机

4. 网络传输介质

常见的网络传输介质包括有线介质(如光纤、同轴电缆、双绞线)和无线介质(如微波、红外线、激光),局域网中最常用到的就是双绞线。

(1)双绞线的两种国际标准。

①T568A 标准:绿白,绿,橙白,蓝,蓝白,橙,棕白,棕。

②T568B 标准:橙白,橙,绿白,蓝,蓝白,绿,棕白,棕。

(2)双绞线的做法。

有交叉线和直通线两种:交叉线的做法是一头采用 T568A 标准,另一头采用 T568B 标准;直通线的做法是两头同为 T568A 标准或同为 T568B 标准。

交叉线常用于交换机与交换机之间、路由器与交换机之间或计算机与计算机之间的连接;直通线一般用于计算机与交换机之间或计算机与路由器之间的连接。办公室的局域网通常是将计算机直接通过网线连接到交换机或路由器上,因此应该选择使用直通线。

5. 网络软件

组建局域网的基础是网络硬件,而对网络的使用和维护则要依赖于网络软件,其中,网络操作系统是网络环境下用户与网络资源之间的接口,用以实现对网络的管理和控制;网络协议软件主要任务是完成相应层协议所规定的功能,以及与上、下层的接口功能;网络应用软件的任务是实现网络总体规划所规定的各项业务,提供网络服务和资源共享。

6.4 Internet 应用

今天的 Internet 已不再是计算机人员和军事部门进行科研的领域,而是变成了一个开发和使用信息资源的覆盖全球的信息“海洋”,覆盖了社会生活的方方面面,构成了一个信息社会的缩影。

6.4.1 Internet 基础

1. 什么是 Internet

互联网(Internet)又称因特网,即广域网、城域网、局域网及单机按照一定的通信协议组成的国际计算机网络。互联网是指将两台计算机或者是两台以上的计算机终端、客户端、服务端通过计算机信息技术的手段互相联系起来的结果,人们可以与远在千里之外的朋友相互发送邮件、共同完成一项工作、共同娱乐。

如果从技术的角度来定义,互联网是计算机通过全球唯一的网络逻辑地址,在网络媒介基础之上逻辑地连接在一起,地址是建立在互联网协议(IP)或其他协议基础之上的。可以通过 TCP/IP 或其他接替的协议或兼容的协议来进行通信。公共用户或私人用户可享受现代计算机信息技术带来的高水平、全方位的服务,这种服务是建立在上述通信及相关的基础设施之上的。这个定义至少揭示了 3 个方面的内容:首先,互联网是全球性的;其次,互联网上的每一台主机都需要有地址;最后,这些主机必须按照共同的规则(协议)连接在一起。

2. Internet 的历史

Internet 是全世界最大的计算机网络,它起源于美国国防部高级研究计划局主持研制的、用于支持军事研究的计算机实验网 ARPAnet。ARPAnet 不仅能为各站点提供可靠连接,而且在部分物理部件受损的情况下仍能保持稳定,在网络的操作中可以不费力地增删节点。ARPAnet 可以在不同类型的计算机间互相通信。ARPAnet 做出了两大贡献:一是"分组交换"概念的提出;二是产生了今天的 Internet,即产生了 Internet 最基本的通信基础——传输控制协议/因特网互联协议(TCP/IP)。

1985 年,当时的美国国家科学基金会 NSF 利用 ARPAnet 发展出 TCP/IP 通信协议并自己出资建立名叫 NSFNet 的广域网。由于美国国家科学基金会的鼓励和资助,许多研究机构纷纷把自己的局域网并入 NSFNet,这样使 NSFNet 在 1986 年建成后取代 ARPANet 成为 Internet 的主干网。

在 20 世纪 90 年代以前,Internet 是由美国政府资助的,主要供大学和研究机构使用。但近年来,该网络商业用户数量日益增加,并逐渐从研究教育网络向商业网络过渡。Internet的商业化开拓了其在通信、信息检索、客户服务等方面的巨大潜力,使 Internet 有了新的发展并最终走向全球。

3. 中国互联网

中国互联网的产生虽然比较晚,但是经过几十年的发展,依托于中国国民经济和政府体制改革的成果,已经显露出巨大的发展潜力。Internet 在中国的发展经历了两个阶段:第一阶段是 1987 ~ 1993 年。这一阶段实际上只是为少数高等院校、研究机构提供了 Internet 的电子邮件服务,还谈不上真正的 Internet;第二阶段从 1994 年开始,实现了和 Internet 的 TCP/IP 连接,从而开通了 Internet 的全功能服务。

中国和国际 Internet 网络互联的主要网络有以下几个:

(1)中国公用计算机互联网(ChinaNET)

中国公用计算机互联网于 1994 年 2 月,由原邮电部与美国 Sprint 公司签约,通过其开通两条 64K 专线(一条在北京,另一条在上海),为全社会提供 Internet 的各种服务,1995 年 5 月正式对外服务。目前,全国大多数用户是通过该网进入 Internet 的。

(2)中国科技网(CSTNet)

中国科技网(China Science and Technology Network),也称中关村地区教育与科研示范网络(NCFC),于 1989 年立项,由中国科学院主持,联合北京大学、清华大学共同实施,采用高速光缆和路由器连接。直到 1994 年 4 月 20 日,NCFC 工程连入 Internet 的 64K 国际专线开通,实现了与 Internet 的全功能连接,整个网络正式运营。

(3)中国教育和科研计算机网(CERNet)

中国教育科研网(China Education and Research Network)是为了配合我国各院校更好地进行教育与科研工作,由国家教育部主持兴建的一个全国范围的教育科研互联网,于 1994 年开始兴建,同年 10 月,CERNET 开始启动。该项目的目标是建设一个全国性的教育科研基础设施,利用先进实用的计算机技术和网络通信技术,把全国大部分高等学校和中学连接起来,推动这些学校校园网的建设和资源的交流共享。该网络并非商业网,以公益性经营为主,所以采用免费服务或低收费方式经营。

(4)中国金桥信息网(China GBN)

中国金桥信息网(China Golden Bridge Network),也称作国家公用经济信息通信网,它是中国国民经济信息化的基础设施，由原电子部吉通通信有限公司承建；是建立“金桥工程”的业务网，支持“金关”“金税”“金卡”等“金”字头工程的应用；以卫星综合数字网为基础，以光纤、微波、无线移动等方式，形成空地一体的网络结构；是一个连接国务院、各部委专用网及各省市、大中型企业和国家重点工程的国家公用经济信息通信网。1994年6月8日，“金桥”前期工程建设全面展开。1994年底，“金桥网”全面开通，是在全国范围内进行Internet商业服务的两大互联网络之一。

随着国民经济信息化建设的迅速发展，又陆续建成了如下几个拥有连接国际出口的互联网络：中国联合通信网（http://www.cnuninet.com）、中国网络通信网（http://www.cnc.net.cn）、中国移动通信网（http://www.chinamobile.com.cn）、长城宽带网（http://www.gwbn.net.cn）和中国国际经济贸易网（http://cietu.net）。

6.4.2 Internet 接入技术

连接到Internet通常分两种情况，一种是单机接入互联网，另一种是局域网接入互联网。

1. 单个计算机以主机方式接入 Internet

采用主机方式入网的计算机直接与Internet连接，这时，它是正式的Internet主机，有一个NIC（Network Information Center）统一分配的IP地址。在这种情况下，用户计算机可以通过自己的软件工具实现Internet上的各种服务。当用户以拨号方式上网时，可分配到一个临时IP地址。将单个计算机以主机方式接入Internet通常包含以下操作：

（1）选择ISP

ISP是Internet服务提供商，即能够为用户提供Internet接入服务的公司，是用户与Internet之间的桥梁。上网的时候，计算机首先是与ISP连接，再通过ISP连接到Internet。现在国内有各种类型的ISP公司，最常见的ISP是各地的电信局或其下属的数据局。选择一家合适的ISP主要考虑的因素是该ISP跟Internet的接入带宽越高越好；为终端用户提供的带宽越高越好；ISP的收费标准最合理。

（2）申请上网账号。

当选定一家ISP之后，就可以向其提出上网的申请，得到一个上网账号后才能够上网。用户从ISP申请上网首先要确定上网的账号和密码，上网账号一般由几个字符组成，它由用户自己确定，而不是由ISP分配的，主要是便于用户记忆；密码也是由用户自己确定的，它可以是字符和数字的组合。在拨号的时候，必须同时输入上网的账号和密码，ISP确认无误后，计算机才能连上Internet。

（3）购买和安装上网设备。

Modem（调制解调器）是拨号上网时用来连接用户的计算机与Internet的工具，它一端连接到计算机上，另一端连接到电话线上。在电话线上传输的信号称为模拟信号，计算机不能识别；计算机能识别的信号称为数字信号。Modem的作用就是将电话线传来的模拟信号转换成计算机能识别的数字信号，然后将计算机传来的数字信号转换成能在电话线上传输的模拟信号，使得计算机能通过电话线与ISP的计算机连接，这是拨号上网所必须做的工作。

如果用户是通过局域网访问Internet的，那么不用专门为上网而安装电话，也不用安装 Modem，只需购买一块网卡，然后通过网卡将计算机连接到局域网上就可以了。

如果采用的是 ISDN、ADSL、Cable Modem 等上网方式，那么也不用购买普通的 Modem，而是需要购买相应的上网设备，一般由提供这种服务的 ISP 提供这些设备并上门安装。

（4）安装网络协议及配置上网参数。

现在用于上网的计算机一般都安装了 Windows 等操作系统，Windows 等操作系统本身自带这些网络协议（例如 TCP/IP 协议），只要将它们正常安装就可以了。此外，用户还必须根据 ISP 提供的信息设置计算机上的一些参数，当这些参数都设置正确后，就可以与 Internet 连接了。

（5）拨号网络连接的配置。

在上网之前的最后一个准备工作是配置拨号网络连接，只有配置好拨号网络，才能与 ISP 联系，连接 Internet。

以下叙述是基于 Windows 7 操作系统的，而且 Modem 已经正常安装完成的情况。

①执行“控制面板”的“网络和 Internet 连接”中的“网络和共享中心”命令，如图 6－9 所示。

②单击“更改网络设置”列表中的“设置新的连接或网络”选项，打开“设置连接或网络”对话框，如图 6－10 所示。

③在“设置连接或网络”对话框中选中“连接到 Internet”选项，单击“下一步”按钮。

④按照向导的提示，创建一个新的连接，设置“用户名”“密码”“连接名称”等信息，如图 6－11 所示。

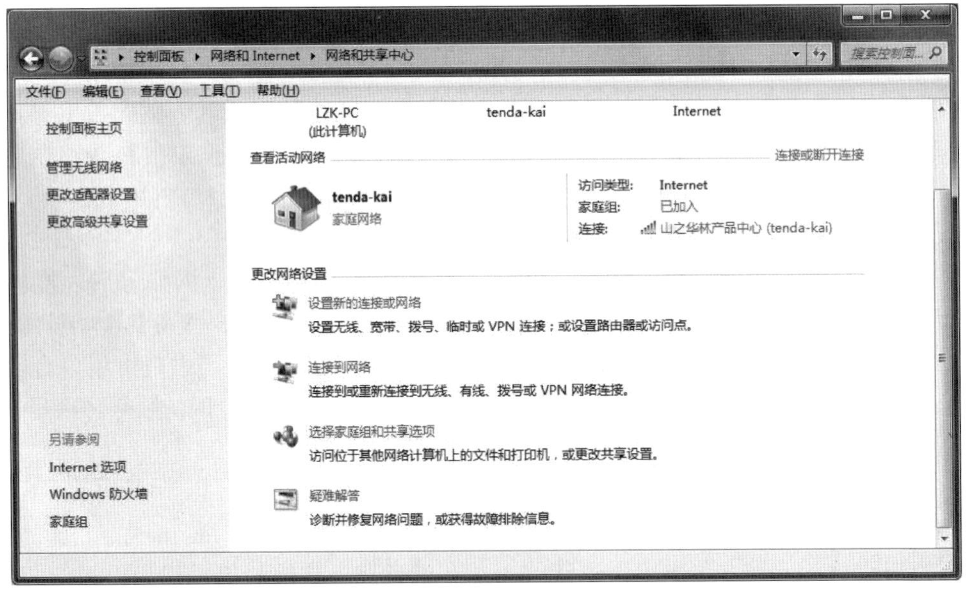

图 6－9　网络和共享中心

图 6－10　设置连接或网络

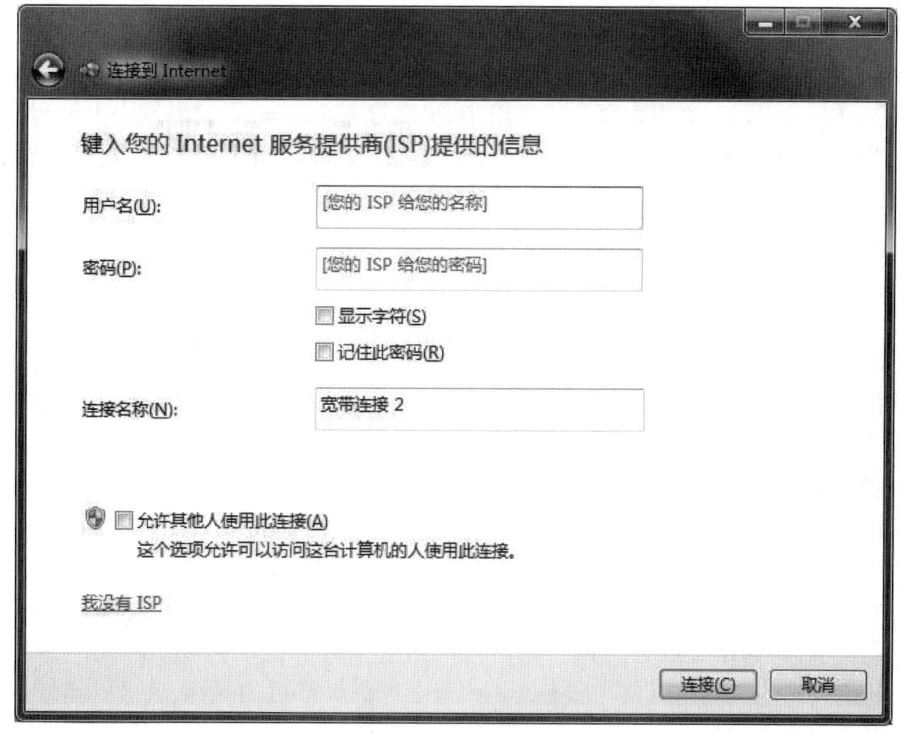

图 6－11　设置连接

⑤最后，双击打开桌面上刚才建立的连接，输入“用户名”“密码”，单击“连接”按钮进行网络连接，如图 6－12 所示。连接上网络后就尽情享受宽带“冲浪”的乐趣了！

图 6-12　网络连接

2. 局域网方式接入 Internet

如果计算机所处的环境中已经存在一个与 Internet 互联的局域网(如校园网),则可以将计算机连上局域网并由此进入 Internet。要使计算机连上局域网,必须在计算机机箱的扩展插槽内插入一块网卡,通过双绞线连到一个共享的集线器或交换机上,并由该设备以一定的方式连到一个更大范围的网络中,由此进入 Internet。这时网卡上拥有一个固定的网络地址,计算机上安装有网卡的驱动程序,使计算机能高效地发送和接收数据。由于局域网传输速率较高,通常可以达到 100 Mbps,因此通过局域网接入 Internet 后,上网速率通常较快。

6.4.3　WWW 浏览器

随着 Internet 技术的普及和发展,特别是 Web 应用的出现,改变了很多人的生活方式,利用网络快捷便利和信息容量大的特点,很多传统的事务也被转移到计算机网络中,人们开始尝试使用网络进行学习、工作和娱乐,还出现了一批使用网络进行工作的"SOHO(Small Office Home Office)一族",这些推动了 Internet 的进一步发展。

1. WWW 基础

WWW 是由欧洲粒子物理实验室(CERN)研制的,将位于全世界 Internet 网上不同地点的相关数据信息有机地编织在一起。WWW 提供了友好的信息查询接口,用户仅需要提出查询要求,而到什么地方查询及如何查询则由 WWW 自动完成。因此,WWW 为用户带来的是世界范围的超级文本服务。用户只要操纵计算机的鼠标,就可以通过 Internet 从全世界任何地方调来用户所希望得到的文本、图像、视频和声音等信息。

WWW 的成功在于它制定了一套标准的、易为人们掌握的超文本标记语言 HTML、信息资源的统一定位格式 URL 和超文本传输通信协议 HTTP。

2. 超文本标记语言

HTML(Hyper Text Mark-up Language),即超文本标记语言,是 WWW 的描述语言。

设计HTML语言的目的是为了能把存放在一台计算机中的文本或图形与另一台计算机中的文本或图形方便地联系在一起，形成有机的整体，人们不用考虑具体信息是在当前计算机上还是在网络上的其他计算机上，这样只要使用鼠标在某一文档中点取一个图标，Internet就会马上转到与此图标相关的内容上去，而这些信息可能存放在网络的另一台计算机中。

HTML文本是由HTML命令组成的描述性文本，HTML命令可以说明文字、图形、动画、声音、表格、链接等。HTML的结构包括头部(Head)、主体(Body)两大部分。头部描述浏览器所需的信息，主体包含所要说明的具体内容。

3. 统一资源定位器

URL(Uniform Resource Locator)，即统一资源定位器，是WWW网页的地址，从左到右由下述部分组成：

(1)Internet资源类型(scheme)：指出WWW客户程序用来操作的工具。例如，“http://”表示WWW服务器，“ftp://”表示FTP服务器，“gopher://”表示Gopher服务器。

(2)服务器地址(Host)：指出WWW页所在的服务器域名。

(3)端口(Port)：有时对某些资源的访问，需给出相应服务器提供的端口号。

(4)路径(Path)：指明服务器上某资源的位置(其格式与DOS系统中的格式一样，通常由“目录/子目录/文件名”这样结构组成)。与端口一样，路径并非总是需要的。

URL地址格式排列为“scheme://host:port/path”。

注意：WWW上的服务器都是区分大小写字母的，所以，千万要注意正确的URL中字母大小写表达形式。

4. Homepage

Homepage直译为主页，确切地说，Homepage是一种用超文本标记语言将信息组织好，再经过相应的解释器或浏览器翻译出的文字、图像、声音、动画等多种信息的组织方式，用户可以把它同报纸、杂志、电视、广播等等同对待。Homepage的传播方式是将原代码和与Homepage有关的图形文件、声音文件放在一台WWW服务器中以供查询。比如，若想了解IBM公司的情况，可以浏览IBM公司的Homepage，它应该放在IBM的WWW服务器上，那么可在浏览器URL地址栏输入“http://www.ibm.com”并运行，进入相关Homepage。

5. IE浏览器

浏览器是一种接受用户请求信息后，到相应网站中获取网页内容的专用软件。常用的浏览器有IE、Safari、Firefox、Opera、Chrome、世界之窗(TheWord)、傲游(Maxthon)、360安全浏览器、搜狗浏览器等。

Windows Internet Explorer，原称为Microsoft Internet Explorer(简称为MSIE)，一般称为Internet Explorer，简称为IE，是微软公司推出的一款网页浏览器。在地址栏中输入要浏览的网页地址，按Enter键进入浏览页后，可以对IE进行一些基本操作。

(1)保存网页。

在IE中，可以将当前页面内容保存到硬盘上，页面存盘格式可以是“.HTML”或

“. HTM”文档,也可以是文本文件“. TXT”。

保存网页的具体操作步骤为单击“文件”菜单下的“另存为”命令,打开“保存网页”对话框。在“文件名”位置输入要保存的网页名称,在“保存类型”下拉列表中如果选择“Web 网页,全部(*. htm; *. html)”选项,IE 自动将文件全部保存在“ *_files”目录下(* 为刚输入的网页名称),单击“保存”按钮,即可完成网页的保存;在“保存类型”下拉列表中如果选择“网页,仅 HTML(*. htm, *. html)”选项,保存的是当前 Web 页面中的图像、框架和样式表,Internet Explorer 将自动修改 Web 页中的链接,便于离线浏览。

(2)收藏夹的使用。

添加收藏夹:打开要收藏的网页,执行“收藏”菜单下的“添加到收藏夹”命令。

打开收藏夹:如果要打开收藏夹里的内容,在打开浏览器后,单击“收藏夹”按钮后会弹出收藏夹中所收藏的网页,单击要浏览的网页即可;也可以直接在“收藏夹”菜单下选择相应的网页链接浏览收藏的网页。

脱机浏览网页:打开“添加到收藏夹”对话框,选择“允许脱机使用”复选框,单击“自定义”按钮,然后按“脱机收藏夹”向导操作即可。要在脱机状态下浏览刚收藏的网页时,单击收藏夹中的相应网页,选择脱机工作即可。建议在设置中一般选用不使用密码。

(3)快速搜索。

IE 支持直接从地址栏中进行快速高效地搜索,而不需要通常的先进入网站后再利用关键词搜索的方式,同时 IE 也支持通过“查看→转到”或“编辑→在此页上查找”菜单进行搜索,也可以提高搜索速度。

(4)新建选项卡页。

使用“新建选项卡”页,管理常用网站,能将常用网站置于表面,通过一次单击即可访问。打开浏览器后,新建选项卡页可以开始快速浏览,提供有用的建议和信息便于浏览。

(5)复制不能选中的网页文字。

很多网页文字是无法选中的,通常情况可以采用两种方法解决此问题:一是按 Ctrl + A 键将网页全部选中,复制粘贴到其他文件中,然后从中选取需要的文字即可;二是单击 IE“工具”菜单下的“Internet 选项”命令,在“安全”选项卡中单击“自定义级别”按钮,将所有脚本全部禁用,然后按 F5 键刷新网页即可进行复制了(注意:操作结束后,需给脚本解禁,否则会影响到浏览网页)。

(6)IE 无痕迹浏览。

单击“工具”菜单中的“InPrivate 浏览”命令,在打开的新窗口中浏览网页就可以实现无痕迹浏览,关闭该窗口后,浏览痕迹会自动消失。

(7)文件管理。

IE 可以如同资源管理器一样快速地完成文件管理的功能,只需在地址栏中输入驱动器号或具体文件地址,然后按回车键,接下来的一切操作与在资源管理器中完全一样了。

6.4.4 搜索引擎

搜索引擎是指根据一定的策略、运用特定的计算机程序从互联网上搜集信息,在对信息进行组织和处理后,为用户提供检索服务,并将用户检索的相关信息展示给用户的系统。

1. 分类

(1)全文索引。

全文搜索引擎是名副其实的搜索引擎,国外具有代表性的是 Google,国内最著名的是百度搜索,它们从互联网提取各个网站的信息(以网页文字为主),建立起数据库,并能检索与用户查询条件相匹配的记录,按一定的排列顺序返回结果。

根据搜索结果来源的不同,全文搜索引擎可分为两类,一类拥有自己的检索程序(Indexer),俗称"蜘蛛(Spider)"程序或"机器人(Robot)"程序,能自建网页数据库,搜索结果直接从自身的数据库中调用,其中 Google 和百度就属于此类;另一类则是租用其他搜索引擎的数据库,并按自定的格式排列搜索结果,如 Lycos 搜索引擎。

(2)目录索引。

目录索引虽然有搜索功能,但严格意义上不能称为真正的搜索引擎,只是按目录分类的网站链接列表而已,用户可以按照分类目录找到所需要的信息,不依靠关键词(Keywords)进行查询。目录索引中最具代表性的是 Yahoo、新浪分类目录搜索。

(3)元搜索引擎。

元搜索引擎(META Search Engine)接受用户查询请求后,同时在多个搜索引擎上搜索,并将结果返回给用户。著名的元搜索引擎有 InfoSpace、Dogpile、Vivisimo 等,中文元搜索引擎中具代表性的是搜星搜索引擎。在搜索结果排列方面,有的直接按来源排列搜索结果,如 Dogpile;有的则按自定的规则将结果重新排列组合,如 Vivisimo。

其他非主流搜索引擎形式还有集合式搜索引擎、门户搜索引擎和免费链接列表(Free For All Links,FFA)等。

2. 百度搜索

(1)简介。

百度图标为Baidu百度,百度搜索使用了高性能的"网络蜘蛛"程序自动地在互联网中搜索信息,可定制、高扩展性的调度算法使得搜索器能在极短的时间内收集到最大数量的互联网信息。百度搜索在中国和美国均设有服务器,搜索范围涵盖了中国、新加坡等使用中文的地区及北美、欧洲的部分站点。百度搜索引擎目前已经拥有世界上最大的中文信息库,总量达到6 000 万页以上,并且还在以每天超过 30 万页的速度不断增长。

用百度搜索引擎查找相关资料十分便捷,具体方法如下:

①在搜索框中输入查询内容并按 Enter 键,即可得到相关资料。

②在搜索框中输入查询内容,用鼠标单击"百度一下"按钮,也可得到相关资料。

注意:输入的查询内容可以是一个词语、多个词语或一句话。例如,可以输入"王维""李白床前明月光""问君能有几多愁,恰似一江春水向东流"等。百度搜索引擎在搜索时要求输入内容准确,例如,分别搜索"李建"和"李健"会得到不同的结果。

(2)百度搜索方式。

百度的搜索方式可分为单个词语搜索、多个词语搜索、减除无关资料、并行搜索、相关检索和百度快照等。

①单个词语搜索。

输入单个词语搜索,可以直接获得搜索结果。例如,想了解哈尔滨相关信息,在搜索框中输入关键词“哈尔滨”后按 Enter 键,便可搜索到相关信息。

②多个词语搜索。

输入多个词语搜索(不同字词之间用一个空格隔开),可以获得更精确的搜索结果。例如,想了解哈尔滨身份证相关信息,在搜索框中输入关键词“哈尔滨 身份证”后按 Enter 键,获得的搜索效果会比输入“哈尔滨身份证”得到的结果更好。

注意:在百度查询时不需要使用“AND”或“ + ”,百度会在多个以空格隔开的词语之间自动添加“ + ”,并在搜索后提供符合用户全部查询条件的资料,并把最相关的网页排在前列。

③减除无关资料。

排除含有某些词语的资料有利于缩小查询范围。百度支持“ - ”功能,用于有目的地删除某些无关网页,但减号之前必须留一个空格。例如,要搜寻关于“武侠小说”,但不含“金庸”的资料,可在搜索框中输入关键词“武侠小说 - 金庸”进行搜索。

④并行搜索。

使用格式“A|B”来搜索“或者包含词语 A,或者包含词语 B”的网页。例如,要查询“金庸”或“古龙”的相关资料,无须分两次查询,只要在搜索框中输入关键词“金庸|古龙”搜索即可。百度会提供与“|”前后任何字词相关的资料,并把最相关的网页排在前列。

⑤相关检索。

当无法确定输入什么词语才能找到满意的资料时,可选择百度相关检索。先输入一个简单词语进行搜索,然后,百度搜索引擎会提供“其他用户搜索过的相关搜索词语”作为参考;单击其中任何一个相关搜索词,都能得到其搜索结果。

⑥百度快照。

百度搜索引擎事先已预览各网站并拍下网页的快照,为用户贮存大量的应急网页。用户单击每条搜索结果后的“百度快照”,可查看该网页的快照内容。百度快照不仅下载速度极快,而且搜索用的词语均已用不同颜色在网页中标明。

注意:原网页随时可能更新,因此或许跟百度快照内容有所不同,请注意查看新版;此外百度和网页作者无关,不对网页的内容负责。

(3)搜索结果页指南。

①搜索框:输入查询内容并按一下 Enter 键即可得到相关资料;或者输入待查询内容后,用鼠标单击“百度一下”按钮,也可得到相关资料。

②“百度一下”按钮:单击此按钮或按 Enter 键,百度搜索引擎便开始搜索。

③在结果中查询:选中该项后,重新输入查询内容,可在当前搜索结果中进行精确搜索。

④搜索结果统计:是对有关搜索结果数量、输入的词语及搜索时间的统计。

⑤相关检索:百度搜索引擎提供了“其他用户搜索过的相关搜索词语”作为参考,单击其中一个相关搜索词,都能得到其搜索结果。

⑥竞价排名服务链接:介绍百度搜索引擎竞价排名服务的链接。

⑦网页标题:搜索结果中该网页的标题,单击该网页标题可直达该网页。

⑧网页网址(URL):搜索结果中该网页的网址。

⑨网页大小:这是一个数字,它是该网页文本部分的大小。

⑩网页时间:该网页生成的时间。

⑪网页语言:说明该网页主要文字是哪一种语言。

⑫网页简介:通常是网页开始部分的摘要。其中输入搜索的词语都已高亮显示,以便阅读。

⑬百度快照:单击每条搜索结果后的“百度快照”,可查看该网页的快照内容。

⑭网站类聚更多结果:为了便于阅读更多网站的内容,百度搜索引擎已经自动做了类聚,每个网站(或频道)只显示一个最相关网页的信息。单击此链接,可查看该网站(或频道)内更多的相关网页。

6.4.5　电子邮件

电子邮件(简称 E - mail,标志为“@”,也被大家昵称为“伊妹儿”),是一种用电子手段提供信息交换的通信方式,是互联网应用最广的服务。通过网络的电子邮件系统,用户可以以非常低廉的价格(不管发送到哪里,都只需负担网费)、非常快速的方式(几秒钟之内可以发送到世界上任何指定的目的地),与世界上任何一个角落的网络用户联系。电子邮件可以是文字、图像、声音等多种形式。同时,用户可以得到大量免费的新闻、专题邮件,并实现轻松的信息搜索。

使用电子邮件最基本的前提就是用户必须拥有一个电子邮箱,其实质是邮件服务器上对应某一用户的一个文件夹,用户对该文件夹中的内容有完全的控制权限。该邮箱表示为一个电子邮件地址,地址格式为“用户标识符@域名”,其中,“@”是“at”的符号,表示“在”的意思。

1. 收、发电子邮件

一封电子邮件从发送到接收,一般需要经过以下几个过程:

①从邮件客户机上使用客户端软件(如 Outlook、Foxmail 等)创建新邮件,输入收件人的电子邮件地址、邮件主题和正文,需要时可添加邮件附件,编辑完毕后即可进行发送。

②当电子邮件开始发送时,计算机根据 SMTP 协议的要求将邮件打包,并添加邮件头,然后传送给用户指定的发送邮件服务器(SMTP 或 IMAP Server)。

③SMTP 服务器根据自身邮件中继服务器(Relay SMTP Server)的设置和收件人的邮件地址(域名地址)来寻找接收邮件服务器。

④电子邮件最终被传送到收件人邮箱所在的接收邮件服务器(POP3 或 IMAP4)上对应的文件夹中。

⑤收件人使用邮件客户端软件连接到邮件服务器上,将邮件下载到本地硬盘(也可在服务器上直接阅读)。

2. 使用 Web Mail

目前,许多网站提供免费的电子邮件服务,下面以网易的 E-mail 服务为例,简要介绍 Web Mail 的注册和使用过程。

(1)注册免费邮箱

启动 IE 浏览器,登录网易网站(http://www.163.com),注册邮箱的操作步骤为:

①单击网易主页上方的“注册免费邮箱”按钮,进入注册免费邮箱页面。

②填写个人信息后,单击“立即注册”按钮,打开验证手机页面进行验证(也可以跳过此步)。

③屏幕显示注册成功信息,此时就拥有了一个由“网易”网站提供的免费电子邮箱了。

(2)收、发电子邮件。

利用注册的账号和密码成功登录电子邮箱后,就可以收、发电子邮件了。

①发送邮件的具体过程为:

a. 单击邮件管理首页的“写信”按钮 写信,打开电子邮件编辑页面。

b. 填写收件人邮箱地址、抄送人邮箱地址、邮件的标题和正文,需要时可添加附件。

c. 填写完毕后,单击“发送”按钮,可将邮件送给邮件服务器进入邮件发送队列。

注意:页面中的“密送”是指将邮件的副本抄送给某人,但不在收件人收到的邮件中显示该信息。

②收取和阅读邮件的具体过程为:

a. 在邮件管理页面左侧窗格中,单击“收件箱”选项或单击“收信”按钮 收信,系统会自动检查是否有新邮件,在右侧窗格中会显示收件箱中的所有邮件。其中标记加粗的邮件表示还没有被阅读过的新邮件。

b. 单击想要阅读的邮件,收取并阅读邮件。其中显示内容有收到邮件的时间、发送人、收件人及抄送地址、邮件的主题及正文等。

c. 如果邮件带有附件,将被显示到附件列表中,单击附件名称可将其打开或下载。

d. 单击“回复”按钮,可将“发件人”改为“收件人”,对收到的邮件内容进行答复。

e. 单击“转发”按钮,可将该邮件发送给其他人。

f. 单击“删除”按钮,可将邮件删除。

3. 使用 Outlook Express

Outlook Express 是 Microsoft 自带的一种电子邮件处理程序,简称为 OE,既是Microsoft 公司出品的一款电子邮件客户端,也是一个基于 NNTP 协议的 Usenet 客户端。Microsoft 将这个软件与操作系统及 Internet Explorer 网页浏览器捆绑在一起。

Outlook Express 建立在开放的 Internet 标准基础之上,适用于任何 Internet 标准系统,例如,简单邮件传输协议(SMTP)、邮局协议 3(POP3)和 Internet 邮件访问协议(IMAP)。它提供对电子邮件、新闻和目录标准的完全支持,这些标准包括轻型目录访问协议(LDAP)、多用途网际邮件扩充协议超文本标记语言(MHTML)、超文本标记语言(HTML)、安全/多用途网际邮件扩充协议(S/MIME)和网络新闻传输协议(NNTP),这种完全支持可确保用户能够充分利用新技术,并能够无缝地发送和接收电子邮件。

(1)配置账户。

初次启动 Outlook Express 时,需要对用户账号进行配置,配置过程如下:

首先输入“用户名”,单击“下一步”按钮,配置“电子邮件服务器名”,如图 6 - 13 所示;然后单击“下一步”按钮,在打开的“Internet Mail 登录”对话框中设置“账户名”和“密码”,如图 6 - 14 所示;单击“下一步”按钮,完成配置。

Internet 连接向导
电子邮件服务器名
我的邮件接收服务器是(S) POP3 服务器。
接收邮件 (POP3, IMAP 或 HTTP) 服务器(I):
pop3.163.com
SMTP 服务器是您用来发送邮件的服务器。
发送邮件服务器(SMTP)(O):
smtp.163.com
< 上一步(B)
下一步(N) >
取消

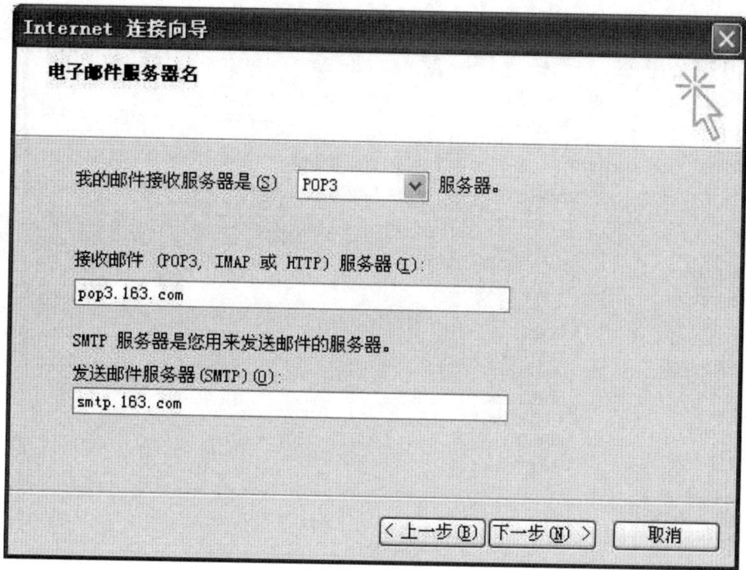

图 6 – 13　配置“电子邮件服务器名”

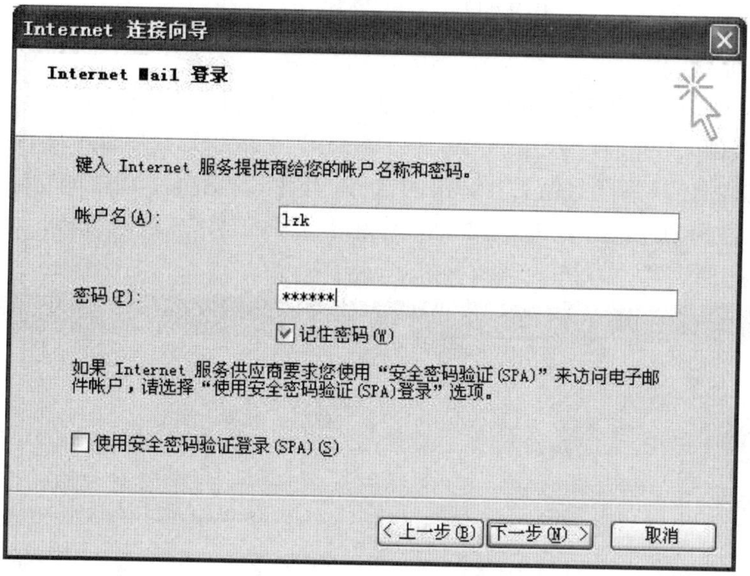

Internet 连接向导
Internet Mail 登录
键入 Internet 服务提供商给您的帐户名称和密码。
帐户名(A):
lzk
密码(P):
******
记住密码(W)
如果 Internet 服务供应商要求您使用“安全密码验证(SPA)”来访问电子邮件帐户，请选择“使用安全密码验证(SPA)登录”选项。
使用安全密码验证登录(SPA)(S)
< 上一步(B)
下一步(N) >
取消

图 6 – 14　配置用户账号

(2)发送、接收服务器邮件。

打开 Outlook Express 软件，在工具栏上单击“发送/接收”按钮，如图 6 – 15 所示，可以将暂存在服务器内的邮件进行发送或接收。

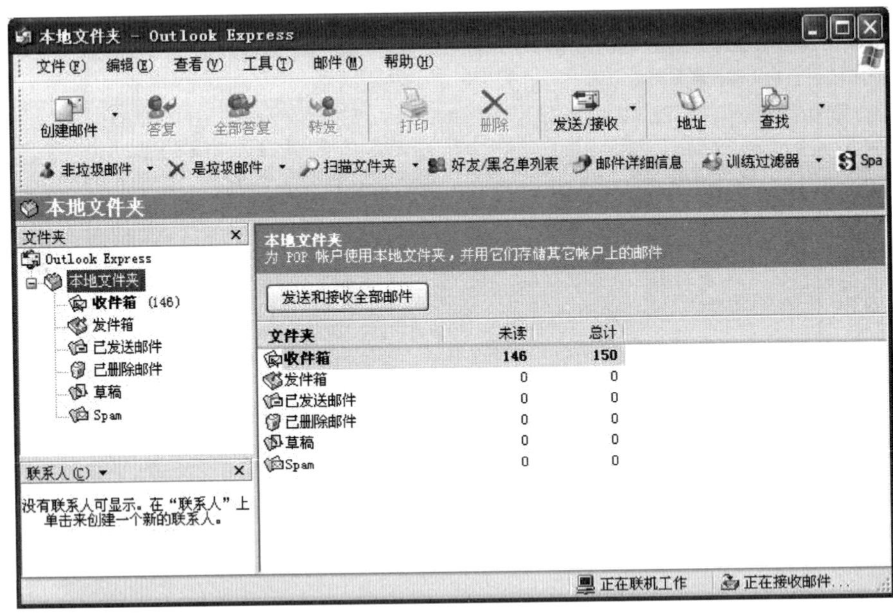

图 6－15　发送、接收服务器邮件

(3)创建邮件。

在 Outlook Express 工具栏上单击“创建邮件”按钮，打开“新邮件”窗口，如图 6－16 所示；输入“收件人”地址、“抄送”地址、“主题”和“内容”的信息，如果需要附加其他文件，单击工具栏上的“附件”按钮，在弹出的“插入附件”对话框中选中需要附加的文件后确认，完成邮件的创建；在“新邮件”对话框中单击工具栏上的“发送”按钮，可以将创建的邮件发送出去。

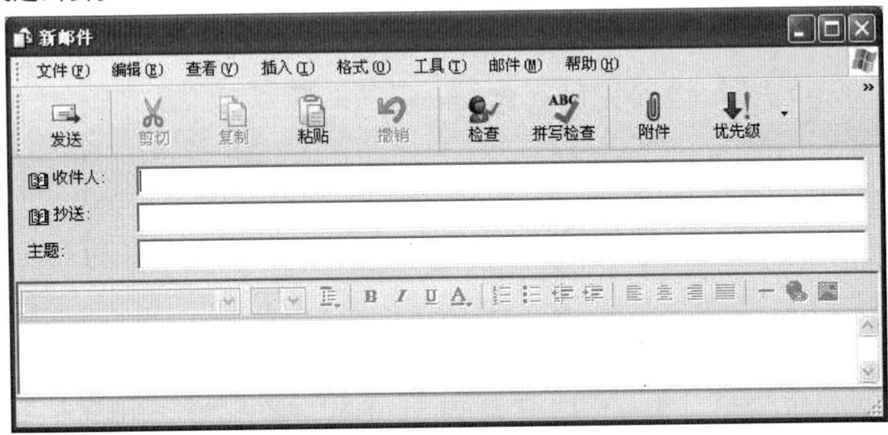

图 6－16　创建新邮件

(4)阅读邮件。

打开 Outlook Express 软件左侧“文件夹”列表，选中“收件箱”选项，在右侧上方的窗口中单击需要阅读的邮件，在右侧下方的窗口中可以显示邮件的内容。

6.4.6　文件传输

1. 文件传输协议 FTP

文件传输协议 FTP(File Transfer Protocol)是 Internet 文件传送的基础,曾经是 Internet 中的一种重要的交流形式。通过该协议,用户可以从一个 Internet 主机向另一个 Internet 主机拷贝文件。

与大多数 Internet 服务一样,FTP 也是一个客户机/服务器系统。用户通过一个支持 FTP 协议的客户机程序,连接到远程主机上的 FTP 服务器程序。用户可以通过客户机程序向服务器程序发出命令,服务器程序执行用户所发出的命令,并将执行的结果返回到客户机。例如,用户发出一条命令,要求服务器向用户传送某一个文件的一份拷贝,服务器会响应这条命令,将指定文件送至用户的机器上;客户机程序代表用户接收到这个文件,将其存放在用户目录中。

在 FTP 的使用当中,经常遇到两个概念:下载和上载。下载文件就是从远程主机拷贝文件至自己的计算机上;上载文件就是将文件从自己的计算机中拷贝至远程主机上。用 Internet 语言来说,用户可通过客户机程序向远程主机上载文件或从远程主机下载文件到客户机。

2. 匿名 FTP

使用 FTP 时必须先登录,在远程主机上获得相应的权限以后,方可上载或下载文件。也就是说,要想同哪一台计算机传送文件,就必须具有哪一台计算机的适当授权,换言之,除非有用户 ID 和口令,否则无法传送文件,这违背了 Internet 的开放性。Internet 上的 FTP 主机何止千万,不可能要求每个用户在每一台主机上都拥有账号。匿名 FTP 就是为解决这个问题而产生的。

系统管理员建立了一个特殊的用户 ID,名为 anonymous,Internet 上的任何人在任何地方都可使用该用户 ID,通过它连接到远程主机上并下载文件,而无须成为其注册用户,这就是匿名 FTP 机制。匿名 FTP 不适用于所有的 Internet 主机,它只适用于那些提供了这项服务的主机。

值得注意的是,当远程主机提供匿名 FTP 服务时,会指定某些目录向公众开放,允许匿名存取,系统中的其余目录则处于隐匿状态。作为一种安全措施,大多数匿名 FTP 主机都允许用户下载文件,而不允许用户上载文件;即使有些匿名 FTP 主机确实允许用户上载文件,用户也只能将文件上载至某一指定上载目录中供系统管理员检查,避免有人上载有问题的文件。

6.4.7　远程登录

远程登录(Telnet)是指用户使用 telnet 命令,使自己的计算机暂时成为远程主机的一个仿真终端的过程。仿真终端等效于一个非智能的机器,它只负责把用户输入的每个字符传递给主机,再将主机输出的每个信息回显在屏幕上。telnet 是进行远程登录的标准协议和主要方式,它为用户提供了在本地计算机上完成远程主机工作的能力。通过使用 telnet,Internet 用户可以与全世界许多信息中心、图书馆及其他信息资源联系,可在远程

计算机上启动一个交互式程序,可以检索远程计算机上的某个数据库,可以利用远程计算机强大的运算能力对某个方程式求解等。

当用 telnet 登录进入远程计算机系统时,事实上启动了两个程序,一个叫 telnet 客户程序,它运行在本地机上;另一个叫 telnet 服务器程序,它运行在要登录的远程计算机上。

(1)本地机上的客户程序要完成如下功能:

①建立与服务器的 TCP 连接。

②从键盘上接收输入的字符。

③把输入的字符串变成标准格式并送给远程服务器。

④从远程服务器接收输出的信息。

⑤把该信息显示在屏幕上。

(2)远程计算机的"服务"程序通常被称为"精灵",它平时不声不响地等候在远程计算机上,一接到用户的请求,它马上活跃起来并完成如下功能:

①通知用户计算机,远程计算机已经准备好了。

②等候用户输入命令。

③对用户的命令做出反应(如显示目录内容或执行某个程序等)。

④把执行命令的结果送回给用户的计算机。

⑤重新等候用户的命令。

6.4.8 电子商务

1. 电子商务基本知识

电子商务是指通过计算机和网络进行商务活动,它代表着未来贸易方式的发展方向。电子商务旨在通过网络完成核心业务,改善售后服务,缩短周转时间,从有限的资源中获取更大的收益,从而达到销售商品的目的。真正的电子商务的实质其实是企业经营各个环节的信息化过程,并且不是简单地将过去的工作流程和规范信息化,而是以新的手段和条件对旧有的流程进行变革的过程。

从通信的角度看,电子商务是通过电话线、计算机网络或其他方式实现信息、产品、服务或结算款项的传送。

从业务流程的角度看,电子商务是实现业务和工作流程自动化的技术应用。

从服务的角度看,电子商务是要满足企业、消费者和管理者的愿望,如降低服务成本,同时改进商品的质量并提高服务的速度。

(1)电子商务的优势。

①对企业来说,电子商务可以增加销售额并降低成本。

②企业在销售商品和处理订单时,用电子商务可以降低询价、提供报价和确定存货等活动的处理成本。

③电子商务可以增加卖主的销售机会,企业在采购时用电子商务可以找到新的供应商和贸易伙伴,而且议价过程和交易条款的传递都十分便捷。电子商务提高了企业间信息交换的速度和准确性,降低了交易双方的成本。

④电子商务也增加了买主的购买机会。买主 24 小时都可以与卖主接触,可以及时、

大量地获得所需要的信息。

⑤电子商务的应用范围广泛。除利用互联网可以安全、迅速、低成本地实现税收、退休金和社会福利金的电子支付外，电子商务还可以满足人们在家工作的需求，交通拥堵和环境污染等问题也可以得到缓解，而且电子商务还可以使产品或服务到达边远地区。

(2)电子商务的劣势。

①有些重要的业务流程还无法用电子商务取代。

②企业在采用任何新技术之前都要计算投资的收益情况。对电子商务进行投资时，其收益计算是很难的，这是因为实施电子商务的成本和收益很难定量计算。招募和留住那些精通技术和设计、熟悉业务流程的员工也是件难事。此外，完成传统业务的数据库和交易处理软件很难与支持电子商务的软件有效地兼容。

③在实施电子商务时还会遇到不少文化和法律上的障碍。

2. 电子商务分类与应用

(1)按照商业活动的运作方式分类。

①完全电子商务。

指完全通过计算机网络完成的商品或服务的整个交易过程。

②非完全电子商务。

指不能完全依靠电子方式实现整个交易过程。它还要依靠一些外部因素如配送系统等，才能完成的交易过程。

(2)按照开展电子交易的范围分类。

①本地电子商务。

指利用本地区或本城市内的计算机网络实现的电子商务活动。

②国内电子商务。

指在本国范围内进行的网上电子交易活动。

③全球电子商务。

指在全世界范围内进行的电子交易活动，交易各方通过网络进行交易。

(3)按照交易对象分类。

①企业对企业的电子商务。

企业与企业之间的电子商务(Business to Business，B2B)是企业之间通过专用网络或 Internet，进行数据信息的交换、传递，开展贸易活动的商业模式。IDC(互联网数据中心)的调查数据显示，全球电子商务产业的收入主要来自 B2B。例如，阿里巴巴电子商务模式。

②企业对消费者的电子商务。

企业对消费者的业务(Business to Consumer，B2C)，也被称作直接市场销售，主要包括有形商品的电子订货和付款，无形商品和服务产品的销售。例如，卓越亚马逊电子商务模式。

③消费者对消费者的电子商务。

消费者与消费者之间的电子商务(Consumer to Consumer，C2C)是指消费者与消费者之间的互动交易行为，这种交易方式是多变的。例如，淘宝电子商务模式。

④企业对政府的电子商务。

企业与政府之间的电子商务(Business to Government,B2G),涵盖了政府与企业间的各项事务,包括政府采购、税收、商检、管理条例发布,以及法规政策颁布等。

电子商务作为现代服务业中的重要组成部分,具有交易连续化、市场全球化、资源集约化、成本低廉化等优势。电子商务服务已经全面覆盖了商业经济的各个方面,不管是制造业领域,还是服务业领域,无论是企业应用、个人应用,还是政府采购,都有电子商务的渗透。越来越多的大、小企业也都看到了电子商务带来的好处,不论是自主建立的官方电子商务平台,还是使用第三方电子商务平台,都让电子商务渗透率不断增长。

随着信息科技和互联网络不断深入人们的生活,电子商务在未来的消费和营销中将发挥非常重要的作用。随着网上支付、物流配送的逐渐成熟,未来的电子商务必将形成规模庞大的经济体,并通过与实体经济的切实结合,给社会、经济的发展注入动力,呈现出高普及化、常态化的趋势。

3. 网络购物基本流程

在网上购物,可以选择很多的购物平台,也可以到一些知名的独立网店中购买商品。

下面以淘宝网为例,介绍一下网购的基本要点。

(1)开通网上银行。

首先,要有一张储蓄卡或信用卡,但是很多银行卡默认没有开通网上银行,所以需要用户先到银行开通网上银行。

(2)到购物网站注册购物账号和支付账号。

打开淘宝网选择注册账号,在填写用户名、设置密码、邮箱以后,可以注册一个淘宝购物账号,在此过程中也会自动生成一个支付账号(支付宝账号)。

(3)购物。

注册成功后,就可以用自己的ID(注册的用户名)登录淘宝网并选购商品了。购物的一般流程如下:

①选购商品后,选择支付宝支付。

②支付宝会提示用户选择开通网上银行功能的银行卡。

③选择开通网上银行功能的银行卡。

④输入卡号、密码等。

⑤货款付给支付宝,完成购物过程。

(4)收货。

商家看到客户已付款到支付宝,就会给客户发货了。收到货后,客户最好在1~2天的时间内确认所购商品是否存在质量问题,如果没有问题就可以在淘宝网上单击“确认收货”,并评价卖家的服务质量;客户付到支付宝上的货款会自动转到商家的账户上;至此,交易成功。

实验1:WWW信息浏览和下载

一、实验目的

1. 掌握IE浏览器的使用方法。

2. 掌握收藏网页的过程。

3. 掌握保存网页和图片的过程。

二、实验内容

网络信息资源是指通过计算机网络可以利用的各种信息资源的总和,具体地说是指所有以电子数据形式把文字、图像、声音、动画等多种形式的信息存储在光、磁等非纸介质的载体中,并通过网络通信、计算机或终端等方式再现出来的资源。利用浏览器或搜索引擎可以查找网络资源并将其保存在本地计算机中供用户使用。

三、实验要求

从网上查找并下载任意一首mp3格式的音乐文件,将该音乐文件压缩并保存在“D:\第6章实验”文件夹中。

四、实验步骤

信息浏览和下载的操作步骤如下:

(1)打开浏览器,在地址栏中输入并执行“www.baidu.com”,打开“百度”主页。

(2)在“百度”的搜索栏输入关键字“mp3”,并选择类别“音乐”进行搜索。

(3)选择用户需要的某首mp3文件,单击“下载”按钮,在打开的“另存为”对话框中选择保存路径“D:\第6章实验”,单击“保存”按钮进行文件存盘。

(4)打开“D:\第6章实验”文件夹,右键单击要压缩的mp3文件,在打开的快捷菜单中执行“添加到压缩文件”命令,打开“压缩文件名和参数”对话框,如图6-17所示。

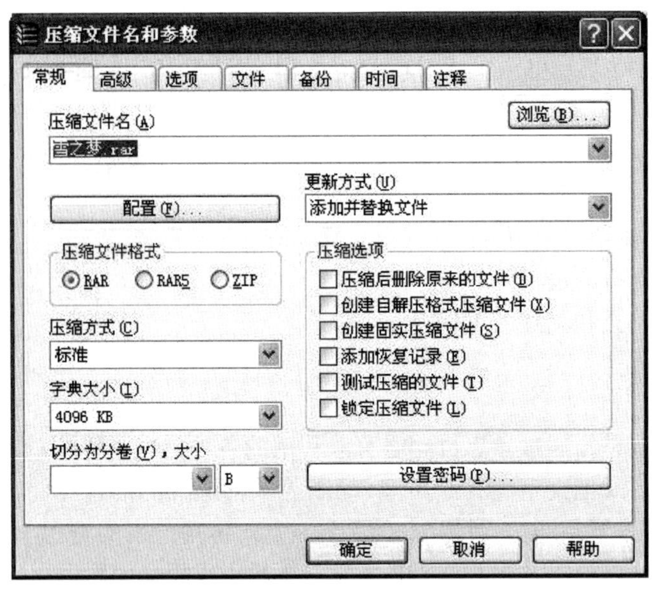

图 6-17　设置压缩文件名和参数

(5)在"压缩文件名和参数"对话框中按要求完成设置,单击"确定"按钮完成 mp3 文件的压缩。

实验 2:电子邮件的发送

一、实验目的

1. 掌握在 Outlook Express 中建立和发送普通电子邮件的过程。
2. 掌握在 Outlook Express 中建立和发送带附件的电子邮件的过程。

二、实验内容

网络交流平台是以互联网作为交流分享的平台,综合运用 BBS、E-mail、QQ(群)、Blog(博客)等网络交流载体,提高双方思想交流的广泛性,最大限度地实现社会化网络信息的可选择性、平等性。充分利用网络信息资源和交流平台日益成为现代网络应用必不可少的组成部分。

三、实验要求

将下载并压缩后的 mp3 文件作为电子邮件的附件进行发送,要求:收件人为任课教师的电子邮箱地址,邮件的主题为"学生班级+学生姓名",邮件的内容为 mp3 歌曲文件名。

四、实验步骤

(1)启动 Outlook Express 软件。

(2)在 Outlook Express 工具栏上单击“创建邮件”按钮,打开“新邮件”窗口。

(3)输入“收件人”地址、“主题”和“内容”的信息,然后单击工具栏上的“附件”按钮,在弹出的“插入附件”对话框中选中“D:\第 6 章实验”文件夹中需要附加的压缩 mp3 文件后确认,完成邮件的创建。

(4)在“新邮件”对话框中单击工具栏上的“发送”按钮,可以将创建的邮件发送出去。

测试练习

测试 6 – 1:

(1)进入首都经济贸易大学首页(index.htm),将首页另存为“wy1”,保存到当前试题文件夹中,保存类型为“网页,仅 HTML”。

(2)将首页添加到收藏夹,名称为“首都经贸”。

(3)将首页上的标志性图片(首经贸 Logo)保存到当前试题文件夹中,文件名为:wytp1。

测试 6 – 2:

(1)将主页(index.htm)另存为“科学技术”,保存到当前试题文件夹内。

(2)将主页添加到收藏夹,名称为“科学技术”。

(3)将“QQ 科技”另存为“新 QQ 科技”,保存到当前试题文件夹内。

测试 6 – 3:

(1)将主页(index.htm)另存为“分层列表”,保存到当前试题文件夹内。

(2)将主页添加到收藏夹,名称为“分层列表”。

测试 6 – 4:

将自己搜集的关于 VB 学习资料,通过 Outlook Express 发送邮件与好友分享(注:试题中如果要求添加附件,请自己建立相应文件并附加)。

(1)邮箱地址为:xiaohang@foxmail.com。

(2)主题为:我搜集的关于 VB 的学习资料。

(3)邮件内容为:附件中,是我搜集的一些关于 VB 的学习资料,希望对你能有帮助。

(4)附件为:VB 学习资料.rar。

测试 6 – 5:

春节到了,请使用 Outlook Express 发送邮件给朋友王明,新年祝福(注:试题中如果要求添加附件,请自己建立相应文件并附加)。

(1)邮箱地址为:wangming@sina.com。

(2)抄送地址为:xiaoming@sina.com。

(3)主题为:新年快乐。

(4)邮件内容为:身体健康,一切顺利!

测试 6 – 6:

请使用 Outlook Express 发送邮件收集各部门的工作完成情况,了解各部门的工作进度(注:试题中如果要求添加附件,请自己建立相应文件并附加)。

(1)邮箱地址为:sung@163.com,weny@163.com.cn,yaozhj@163.com.cn,mengw@163.com.cn,zhaochy@163.com。

(2)主题为:年度工作计划。

(3)邮件内容为:请在本周五之前,将各部门的工作总结发送到公司邮箱中,便于我们掌握各部门工作的进度。

参 考 文 献

[1] 彭宣戈.计算机应用基础[M].北京:北京航空航天大学出版社,2009.
[2] 姜丽荣,李厚刚.大学计算机基础[M].北京:北京大学出版社,2010.
[3] 白秀轩.多媒体技术基础与应用[M].北京:清华大学出版社,2008.
[4] 谢希仁.计算机网络教程[M].2 版.北京:人民邮电出版社,2010.
[5] 余江.计算机网络技术与应用[M].天津:天津科技大学出版社,2011.